高等代数考研解析

吴水艳　著

汕頭大學出版社

图书在版编目（CIP）数据

高等代数考研解析 / 吴水艳著. -- 汕头 : 汕头大学出版社, 2025. 1. -- ISBN 978-7-5658-5519-1

Ⅰ. 015

中国国家版本馆 CIP 数据核字第 2025N6A896 号

高等代数考研解析

GAODENG DAISHU KAOYAN JIEXI

著　　者：吴水艳
责任编辑：汪艳蕾
责任技编：黄东生
封面设计：寒　露
出版发行：汕头大学出版社
　　　　　广东省汕头市大学路 243 号汕头大学校园内　邮政编码：515063
电　　话：0754-82904613
印　　刷：定州启航印刷有限公司
开　　本：787 mm×1092 mm　1/16
印　　张：18.5
字　　数：300 千字
版　　次：2025 年 1 月第 1 版
印　　次：2025 年 1 月第 1 次印刷
定　　价：98.00 元
ISBN 978-7-5658-5519-1

前　言

当前，考研队伍越来越庞大，考生的需求也不断扩大。高等代数是数学类考生必考的一门课程，笔者根据考生需求，编写了这本高等代数考研复习的参考书，希望对广大考生复习备考有所帮助。

本书有以下特点：

（1）内容丰富、全面。本书系统地总结了高等代数这门课程的基本概念、基本结论及基本方法，并结合近6年有代表性的试题进行讲解，利于考生全面、系统地复习。

（2）试题选择范围广、具有代表性。本书选择了全国几十所高校近6年有代表性的试题，给出了详细的解题思路及解答。

（3）每章的基本方法是笔者在教学过程中总结的，具有一般性。

本书的试题大部分是由笔者的学生收集的，在此表示感谢。

限于笔者水平，书中难免存在不足之处，试题的解答方法可能不是最简单的，恳请专家和读者不吝赐教。

吴水艳

2024年6月于咸阳师范学院

目录

1 多项式

1.1 基本内容与考点综述

1.1.1 基本概念

1.1.1.1 数域

若P是数环，若①P含有一个不等于零的数；②若$\forall a,b\in P$，$b\neq 0$，$\frac{a}{b}\in P$，则称P是一个数域。

若在非空数集S上定义两个运算：加法和乘法，对于$\forall a,b\in S$，$b\neq 0$，有$a+b\in S$，$a-b\in S$，$a\cdot b\in S$，$\frac{a}{b}\in S$，则称S是一个数域。

1.1.1.2 一元多项式

设x是一个文字（符号），n是非负整数，形如$a_nx^n+a_{n-1}x^{n-1}+\cdots+a_1x+a_0$，其中$a_i\in P$，$i=0,1,\cdots,n$的表达式称为数域$P$上关于$x$的一元多项式，通常记为$f(x)$。

1.1.1.3 整除

设$f(x),g(x)\in P[x]$，若存在$h(x)\in P[x]$，使$f(x)=g(x)h(x)$，则称$g(x)$整除$f(x)$，记为$g(x)|f(x)$，称$g(x)$为$f(x)$的因式，称$f(x)$为$g(x)$的倍式。

1.1.1.4 最大公因式

设$f(x),g(x)\in P[x]$，$P[x]$中的多项式$d(x)$称为$f(x),g(x)$的一个最大公因式，如果它满足以下两个条件：

（1）$d(x)$是$f(x),g(x)$的公因式。

（2）$f(x),g(x)$的公因式全是$d(x)$的因式。

1.1.1.5　互素

设$f(x),g(x)\in P[x]$，若$(f(x),g(x))=1$，则多项式$f(x),g(x)$称为互素的。

1.1.1.6　不可约多项式

对于多项式$p(x)\in P[x]$，$\partial p(x)\geqslant 1$，且不能表示成数域P上两个次数比它低的多项式的乘积，则称$p(x)$为数域P上的不可约多项式。

（1）一次多项式是不可约多项式。

（2）多项式是否可约与数域有关。

（3）零多项式与零次多项式不谈可约与不可约。

1.1.1.7　重因式

设$f(x)\in P[x]$，$p(x)$为数域P上的不可约多项式，k为非负整数，若$p^k(x)|f(x)$，且$p^{k+1}(x)$不整除$f(x)$，则称$p(x)$为$f(x)$的k重因式。

当$k=0$时，$p(x)$不是$f(x)$的因式；当$k=1$时，称$p(x)$为$f(x)$的单因式；当$k\geqslant 2$时，称$p(x)$为$f(x)$的重因式。

1.1.1.8　多项式函数

设$f(x)=a_nx^n+a_{n-1}x^{n-1}+\cdots+a_1x+a_0$，其中$a_i\in P$，$i=0,1,\cdots,n$，数$\alpha\in P$，将$f(x)$中的$x$用$\alpha$代替得到$P$中的数$a_n\alpha^n+a_{n-1}\alpha^{n-1}+\cdots+a_1\alpha+a_0$，称之为当$x=\alpha$时$f(x)$的值，记为$f(\alpha)$；即：

$$f(a)=a_n\alpha^n+a_{n-1}\alpha^{n-1}+\cdots+a_1\alpha+a_0$$

这样对每个数$\alpha\in P$，由多项式$f(x)$确定唯一的数$f(\alpha)$与之对应，称$f(x)$为数域P上的一个多项式函数。

1.1.1.9　根

若多项式$f(x)$在$x=\alpha$时$f(\alpha)=0$，则α称为$f(x)$的一个根或零点。

若$x-\alpha$是$f(x)$的k重因式，则称α为$f(x)$的k重根。

当$k=1$时，称α为$f(x)$的单根；当$k>1$时，称α为$f(x)$的k重根。

1.1.1.10　本原多项式

若一个非零的整系数多项式$f(x)$的系数互素，则称$f(x)$为本原多项式。

1.1.1.11　多元多项式

设P是数域，$x_1,x_2,\cdots,x_n$为文字，形式为$ax_1^{k_1}x_2^{k_2}\cdots x_n^{k_n}$的式子，其中$a\in P$，$k_1,k_2,\cdots,k_n\in Z^*$称为一个单项式；此类单项式之和：

$$f(x_1,x_2,\cdots,x_n)=\sum_{k_1k_2\cdots k_n}a_{k_1k_2\cdots k_n}x_1^{k_1}x_2^{k_2}\cdots x_n^{k_n}$$

称为n元多项式；当$n\geqslant 2$时统称为多元多项式。

1.1.1.12　对称多项式

设$f(x_1,x_2,\cdots,x_n)$为数域P上n元多项式，若对于$\forall i,j,1\leqslant i<j\leqslant n$都有：

$$f(x_1,\cdots,x_i,\cdots,x_j,\cdots,x_n)=f(x_1,\cdots,x_j,\cdots,x_i,\cdots,x_n),$$

则这个多项式称为对称多项式。

n元多项式：

$$\sigma_1=x_1+x_2+\cdots+x_n;\quad \sigma_2=x_1x_2+x_1x_3+\cdots+x_1x_n+\cdots+x_{n-1}x_n;$$

$$\sigma_3=x_1x_2x_3+x_1x_2x_4+\cdots+x_1x_2x_n+\cdots+x_{n-2}x_{n-1}x_n;\cdots;\sigma_n=x_1x_2\cdots x_n$$

都为对称多项式，称之为初等对称多项式。

1.1.2　本章结论

1.1.2.1　次数定理

（1）若非零$f(x),g(x)\in P[x]$时，则当$\partial(f(x)\pm g(x))\neq 0$时，则有：

$$\partial(f(x)\pm g(x))\leqslant \max\{\partial f(x),\partial g(x)\}$$

（2）若非零$f(x),g(x)\in P[x]$时，则：

$$\partial(f(x)g(x))=\partial f(x)+\partial g(x)$$

1.1.2.2 带余除法

设$f(x),g(x)\in P[x]$，$g(x)\neq 0$，则存在唯一的$q(x),r(x)\in P[x]$，使：

$$f(x)=g(x)q(x)+r(x)$$

成立，其中$r(x)=0$或者$\partial r(x)<\partial g(x)$，且$q(x),r(x)$是唯一确定的。

1.1.2.3 整除的性质

（1）自反性：任一多项式都整除它自身。

（2）传递性：若$f(x)|g(x)$，$g(x)|h(x)$，则$f(x)|h(x)$。

（3）互伴性：互相整除的两多项式相差一个非零常数倍。

若$f(x)|g(x)$，$g(x)|f(x)$，则$f(x)=cg(x)$，其中c为非零常数。

（4）一个多项式能整除几个多项式就能整除它们的组合。

若$f(x)|g_i(x)$，$i=1,2,\cdots,r$，则$f(x)|(u_1(x)g_1(x)+\cdots+u_r(x)g_r(x))$，其中$u_i(x)$是数域$P$上的多项式。

若 $g(x)|f_1(x)$， $g(x)|f_2(x)$， 则 $g(x)|(f_1(x)\pm f_2(x))$； 若 $g(x)|(f_1(x)+f_2(x))$，$g(x)|f_1(x)$， 则 $g(x)|f_2(x)$； 若 $g(x)|(f_1(x)+f_2(x))$， $g(x)$ 不整除 $f_1(x)$， 则 $g(x)$ 不整除$f_2(x)$。但是若$g(x)$不整除$f_1(x)$，$g(x)$不整除$f_2(x)$，不能得出$g(x)$不整除$f_1(x)+f_2(x)$。

（5）任一多项式都能整除零多项式。

（6）零多项式只能整除零多项式。

（7）零次多项式能整除任一多项式，但它只能被零次多项式整除。

1.1.2.4 最大公因式的性质

（1）若$d(x)$称为$f(x),g(x)$的一个最大公因式，则存在$u(x),v(x)\in P[x]$，使：

$$u(x)f(x)+v(x)g(x)=d(x)$$

（2）设$f(x),g(x)\in P[x]$，$g(x)\neq 0$，若$f(x)=g(x)q(x)+r(x)$，则$(f(x),g(x))=(g(x),r(x))$。

1.1.2.5 互素的性质

（1）$P[x]$中多项式$f(x),g(x)$互素的充分必要条件为存在$u(x),v(x)\in P[x]$，使得$u(x)f(x)+v(x)g(x)=1$。

（2）若$f(x)|g(x)h(x)$，且$(f(x),g(x))=1$，则$f(x)|h(x)$。

（3）若$f(x)|h(x)$，$g(x)|h(x)$，且$(f(x),g(x))=1$，则$f(x)g(x)|h(x)$。

（4）若$(f(x),g(x))=1$，$(f(x),h(x))=1$，则$(f(x),g(x)h(x))=1$。

（5）在复数域上，非零多项式$f(x),g(x)$没有公共根的充分必要条件为$f(x),g(x)$互素。

1.1.2.6 不可约多项式的性质

设$p(x)$为数域P上的不可约多项式，则有

（1）$cp(x)$为数域P上的不可约多项式，其中$0\neq c\in P$；

（2）对于P上任意多项式$f(x)$，必有$(p(x),f(x))=1$或$p(x)|f(x)$；

（3）对于任意$f(x),g(x)\in P[x]$，若$p(x)|f(x)g(x)$，则必有$p(x)|f(x)$或$p(x)|g(x)$；

（4）若$p(x)|f_1(x)f_2(x)\cdots f_s(x)$，其中$s\geqslant 2$，则$p(x)$至少可以整除这些多项式中的一个。

1.1.2.7 重因式的性质

设$p(x)$为数域P上的不可约多项式，则

（1）$p(x)$为$f(x)$的k（$k\geqslant 1$）重因式，则$p(x)$为$f(x)$的微商$f'(x)$的$k-1$重因式。

（2）$p(x)$为$f(x)$的k（$k\geqslant 1$）重因式，则$p(x)$也为$f(x),f'(x),\cdots,f^{(k-1)}(x)$的因式，不是$f^{(k)}(x)$的因式。

（3）$p(x)$为$f(x)$的重因式的充要条件为$p(x)$为$f(x),f'(x)$的公因式，即$p(x)|(f(x),f'(x))$。

（4）多项式$f(x)$无重因式的充要条件为$(f(x),f'(x))=1$。

（5）设多项式$f(x)$为数域P上次数≥1的多项式，则多项式$\dfrac{f(x)}{(f(x),f'(x))}$是一个没有重因式的多项式，但它与$f(x)$有完全相同的不可约因式。

1.1.2.8　**多项式函数的性质**

（1）余数定理：设$f(x)\in P(X)$，$\alpha\in P$，一次多项式$x-\alpha$除$f(x)$所得的余式是一个常数，这个常数等于函数值$f(\alpha)$。

（2）因式定理：设$f(x)\in P(X)$，$\alpha\in P$，$x-\alpha\mid f(x)$的充要条件为$f(\alpha)=0$。

（3）根的个数定理：在$P[x]$中，n（$n\geqslant 0$）次多项式在数域P中的根不可能超过n个（重根按重数算）。

（4）设$f(x),g(x)\in P[x]$，且$f(x),g(x)$的次数不超过n，若对于$n+1$个不同的数$a_i(i=1,2,\cdots,n+1)$，均有$f(a_i)=g(a_i)$，则$f(x)=g(x)$。

这表明两个非零多项式若作为函数相等，则作为多项式必相等；若两个多项式相等，则作为函数也相等，即在数域P上多项式相等与函数相等是一回事。

1.1.2.9　**因式分解及根的性质**

（1）复数域。

①代数基本定理：每个次数$n\geqslant 1$的复系数多项式在复数域中至少有一根。

由此可知：次数$n\geqslant 1$的复系数多项式在复数域内恰有n个复根（重根按重数算）。

②因式分解定理：次数$n\geqslant 1$的复系数多项式在复数域上可唯一地分解为一次因式的乘积；即复数域上次数大于1的多项式都是可约的。

③标准分解式：复系数n次（$n\geqslant 1$）多项式$f(x)$具有标准分解式：

$$f(x)=a_n(x-a_1)^{r_1}(x-a_2)^{r_2}\cdots(x-a_s)^{r_s}$$

其中a_n为多项式的首项系数，$a_i(i=1,2,\cdots,s)$为不同复数，$r_i\in Z^+$，$\sum\limits_{i=1}^{s}r_i=n$。

④根与系数关系：设$\alpha_i(i=1,2,\cdots,n)$为多项式$f(x)=a_nx^n+a_{n-1}x^{n-1}+\cdots+a_1x+a_0$，$a_n\neq 0$的根，则根与多项式的系数的关系为：

$$\sum_{i=1}^{n}\alpha_i=-\frac{a_{n-1}}{a_n}, \quad \sum_{1\leqslant i<j\leqslant n}\alpha_i\alpha_j=\frac{a_{n-2}}{a_n}$$

$$\sum_{1\leqslant i<j<k\leqslant n}\alpha_i\alpha_j\alpha_k=-\frac{a_{n-3}}{a_n},\cdots,a_1a_2\cdots a_n=(-1)^n\frac{a_0}{a_n}$$

（2）实数域。

①因式分解定理：实系数 n 次（$n\geqslant1$）多项式在实数域上可被唯一地分解为一次因式与二次不可约因式的乘积，即实系数多项式 $f(x)$ 在实数域上不可约的充分必要条件为 $\partial f(x)=1$ 或 $f(x)=ax^2+bx+c, b^2-4ac<0$。

②标准分解式：实系数 n（$n\geqslant1$）次多项式 $f(x)$ 具有标准分解式：

$$f(x)=a_n(x-a_1)^{r_1}\cdots(x-a_s)^{r_s}(x^2+p_1x+q_1)^{t_1}\cdots(x^2+p_lx+q_l)^{t_l}$$

其中 a_n 为多项式的首项系数，$a_i(i=1,2,\cdots,s)$ 为不同实数，p_i,q_i 为互异实数对，且有：

$$p_i^2-4q_i<0, \quad r_i,t_j\in Z^+, \quad \sum_{i=1}^{s}r_i+2\sum_{j=1}^{l}t_j=n$$

③根的性质：若 α 是实系数多项式 $f(x)$ 的一个非实的复根，则它的共轭数 $\bar{\alpha}$ 也是 $f(x)$ 的根，并且 α 与 $\bar{\alpha}$ 有相同的重数。

（3）有理数域。

①高斯引理：两个本原多项式的乘积还是本原多项式。

由此可以推出：若一个非零的整系数多项式可以分解为两个次数较低的有理系数多项式的乘积，则一定可以分解为两个次数较低的整系数多项式的乘积，故设 $f(x)$ 是整系数多项式，$g(x)$ 是本原多项式，若 $f(x)=g(x)h(x)$，其中 $h(x)$ 是有理系数多项式，则 $h(x)$ 一定是整系数多项式。

②艾森斯坦（Eisenstein）判别法：设 $f(x)=a_nx^n+a_{n-1}x^{n-1}+\cdots+a_0$ 是一个整系数多项式，若存在一个素数 p，使得

a. p 不整除 a_n；

b. $p\mid a_{n-1},a_{n-2},\cdots,a_0$；

c. p^2不整除a_0；

则$f(x)$在有理数域上不可约。

注意：有理数域Q上有任意次不可约多项式（如x^n+2）。

该判别法为判别一个整系数多项式不可约的充分条件，即若一个整系数多项式不满足判别法条件，则多项式既可能是可约的，又可能是不可约的。有些多项式不能直接用判别法，可以对多项式进行线性替换，用$x=ay+b$，使$f(ay+b)=g(y)$，来满足判别法条件，从而判断原多项式$f(x)$不可约。

③有理根的判定：设$f(x)=a_nx^n+a_{n-1}x^{n-1}+\cdots+a_0$是一个整系数多项式，而$\frac{s}{r}$是其有理根，$(r,s)=1$，则必有$s\mid a_n, r\mid a_0$。

特别地，若$f(x)$的首项系数$a_n=1$，则$f(x)$的有理根都是整数根，而且是a_0的因子。

给定多项式$f(x)$，判定有理根，一种方法是先写出所有可能的有理根$\frac{s}{r}$，逐个检验是否有$f\left(\frac{s}{r}\right)=0$。若有，则$\frac{s}{r}$可能是根，最后通过综合除法检验余数是否为零。另一种方法是先检验$f(\pm1)$是否为零。若不为零，则可检验$\frac{f(1)}{1-\alpha},\frac{f(-1)}{1+\alpha}$是否均为整数。若为整数，则$\alpha$可能为有理根，再利用综合除法检验余数是否为零。

1.1.3 基本方法

1.1.3.1 多项式相等的证明方法

（1）定义法：同次项的系数相等。

（2）利用多项式函数相等（证明多项式是零多项式常用反证法，由根的个数定理引出矛盾）。

（3）利用次数定理：常用反证法。

（4）利用整除性质：证明多项式能互相整除，再比较首项系数相等。

1.1.3.2 整除性的证明

（1）利用定义及其性质。

（2）利用带余除法：余式为零。

（3）利用多项式的标准分解。

（4）利用因式分解及n次单位根的性质。

（5）利用不可约多项式的性质。

（6）利用多项式的最大公因式及互素的性质。

1.1.3.3　最大公因式的证明

（1）定义法。

（2）最大公因式性质：多项式$d(x)$为$f(x),g(x)$的最大公因式的充分必要条件为存在$u(x),v(x)$，使得$u(x)f(x)+v(x)g(x)=d(x)$，且$d(x)\mid f(x)$，$d(x)\mid g(x)$。

（3）反证法。

（4）设$f(x)=q(x)g(x)+r(x)$，则$(f(x),g(x))=(g(x),r(x))$。

（5）互素的性质。

1.1.3.4　重因式（重根）的判定

（1）$f(x)$无重因式$\Leftrightarrow (f(x),f'(x))=1$（$(f(x),f'(x))\neq 1$或$f(x),f'(x)$有公共根）。

（2）$p(x)$为$f(x)$的$k+1$重因式$\Leftrightarrow p(x)$为$f'(x)$的k重因式，且$p(x)\mid f(x)$（$p(x)$为$f(x)$的重因式的充要条件为$p(x)$为$f(x),f'(x)$的公因式）。

（3）待定系数法。

（4）$\dfrac{f(x)}{(f(x),f'(x))}$是一个与$f(x)$有相同的不可约因式，且无重因式的多项式。

1.1.3.5　不可约多项式的判别方法

（1）定义法。

（2）反证法。

（3）艾森斯坦判别法：注意如果不能找到满足定理的素数，可用线性替换重新进行判定。

1.2　试题解析

<u>例 1</u>（延安大学，2021）设$f(x),g_1(x),g_2(x),h_1(x),h_2(x)$都是数域$P$上的多项式，且$f(x)\big|(g_1(x)-g_2(x))$，$f(x)\big|(h_1(x)-h_2(x))$，则：

$$f(x)\big|(g_1(x)h_1(x)-g_2(x)h_2(x))$$

证明：由$f(x)\big|(g_1(x)-g_2(x))$，$f(x)\big|(h_1(x)-h_2(x))$得：

$$g_1(x)-g_2(x)=f(x)f_0(x)\text{，}\quad h_1(x)-h_2(x)=f(x)f_1(x)$$

从而$g_1(x)=g_2(x)+f(x)f_0(x)$，$h_1(x)=h_2(x)+f(x)f_1(x)$，进而可得：

$$g_1(x)h_1(x)=(g_2(x)+f(x)f_0(x))(h_2(x)+f(x)f_1(x))$$

$$g_1(x)h_1(x)-g_2(x)h_2(x)=(f_1(x)g_2(x)+f(x)f_0(x)f_1(x)+f_0(x)h_2(x))f(x)$$

故$f(x)\big|(g_1(x)h_1(x)-g_2(x)h_2(x))$。

<u>例 2</u>（西北师范大学，2024）当m,p,q满足什么条件时，有：

$$x^2+mx+1\big|x^4+px^2+q$$

解：利用多项式整除性的等价条件：带余除法的余式为零。由题可知：

$$x^4+px^2+q=(x^2+mx+1)[x^2-mx+(p+m^2-1)]+$$

$$[m-m(p+m^2-1)]x+[q-(p+m^2-1)]$$

满足整除的条件为$[m-m(p+m^2-1)]x+[q-(p+m^2-1)]=0$，即：

$$m(1-q)=0,q=p+m^2-1$$

故满足整除的条件为$\begin{cases} m=0 \\ p=q+1 \end{cases}$或$\begin{cases} q=1 \\ p+m^2=2 \end{cases}$。

<u>例 3</u>（中国科学院大学，2019）已知$(x-1)^2(x+1)\big|ax^4+bx^2+cx+1$，求$a,b,c$。

解：令$f(x)=ax^4+bx^2+cx+1$，由$(x-1)^2(x+1)\big|ax^4+bx^2+cx+1$，得 1 为$f(x)$的二重根，－1 为$f(x)$的单根，从而有：

$$\begin{cases} f(1)=0 \\ f'(1)=0 \\ f(-1)=0 \end{cases}$$

即：

$$\begin{cases} a+b+c+1=0 \\ 4a+2b+c=0 \\ a+b-c+1=0 \end{cases}$$

$$\begin{cases} a=1 \\ b=-2 \\ c=0 \end{cases}$$

例 4（北京科技大学，2020）设$f(x),g(x)$是多项式，m为任意正整数，证明$f^m(x)\,|\,g^m(x)$的充分必要条件为$f(x)\,|\,g(x)$。

证明：由$f(x)\,|\,g(x)$，得$g(x)=f(x)h(x)$，从而得：

$$g^m(x)=f^m(x)h^m(x)$$

即$f^m(x)\,|\,g^m(x)$。

若$\partial f(x)=0$，则$g(x)=0$，结论成立。

若$\partial f(x)\neq 0$，不妨$\partial f(x)>0$，若$g(x)=0$，结论成立。

又$f^m(x)\,|\,g^m(x)$，则存在多项式$h(x)$使得$g^m(x)=f^m(x)h(x)$。

令$(f(x),g(x))=d(x)$，则$f(x)=d(x)f_1(x)$，$g(x)=d(x)g_1(x)$，且：

$$(f_1(x),g_1(x))=1$$

从而有$d^m(x){g_1}^m(x)=d^m(x)f_1^m(x)h(x)$，即${g_1}^m(x)=f_1^m(x)h(x)$，从而得$f_1(x)=a\neq 0$，即$f(x)=ad(x)$，故：

$$g(x)=\frac{1}{a}f(x)g_1(x)$$

即$f(x)\,|\,g(x)$。

例 5（西北大学，2023）已知$f(x)$是数域P上的一元多项式，$a,b\in P$，$a\neq b$，求多项式$x^2-(a+b)x+ab$除以$f(x)$的余式。

解：由$x^2-(a+b)x+ab=(x-a)(x-b)$，则$f(x)$被$x-a,x-b$除的余数分别

为$f(a),f(b)$。

设$x^2-(a+b)x+ab$除以$f(x)$的余式为$mx+n$，则$f(x)=(x-a)(x-b)q(x)+mx+n$，从而有$f(a)=ma+n$，$f(b)=mb+n$，联立求解可得：

$$m=\frac{f(a)-f(b)}{a-b}$$

$$n=\frac{af(b)-bf(a)}{a-b}$$

即所求余式为：

$$\frac{f(a)-f(b)}{a-b}x+\frac{af(b)-bf(a)}{a-b}$$

例 6（华南理工大学、兰州大学，2019）设$f(x),g(x)\in P[x]$，$d(x)=(f(x),g(x))$，且$\partial\left(\frac{f(x)}{d(x)}\right)\geqslant 1$，$\partial\left(\frac{g(x)}{d(x)}\right)\geqslant 1$，则存在唯一的$u(x),v(x)$使得$u(x)f(x)+v(x)g(x)=d(x)$，其中$\partial(u(x))<\partial\left(\frac{g(x)}{d(x)}\right)$，$\partial(v(x))<\partial\left(\frac{f(x)}{d(x)}\right)$。

证明：对于$f(x),g(x)$，必存在唯一$s(x),t(x)$使得$s(x)f(x)+t(x)g(x)=(f(x),g(x))$

令$\frac{f(x)}{d(x)}=F(x)$，$\frac{g(x)}{d(x)}=G(x)$，则$s(x)F(x)+t(x)G(x)=1$，其中$G(x)\nmid s(x)$，否则若$G(x)\mid s(x)$，则$G(x)\mid 1$，即$\partial(G(x))=0$，矛盾！同理$F(x)\nmid t(x)$。

由带余除法有：

$$s(x)=G(x)q_1(x)+u(x)，\ \partial(u(x))<\partial(G(x))$$

$$t(x)=F(x)q_2(x)+v(x)，\ \partial(v(x))<\partial(F(x))$$

代入上式可得$u(x)F(x)+v(x)G(x)+[q_1(x)+q_2(x)]F(x)G(x)=1$

又$\partial(u(x)F(x)+v(x)G(x))<\partial(F(x)G(x))$，则$q_1(x)+q_2(x)=0$，否则：

$$\partial([q_1(x)+q_2(x)]F(x)G(x))>\partial(F(x)G(x))>0$$

矛盾！从而$u(x)F(x)+v(x)G(x)=1$，即存在唯一的$u(x),v(x)$使得：

$$u(x)f(x)+v(x)g(x)=d(x)$$

例 7（重庆大学，2019）设多项式$f(x),g(x),p(x),q(x)$满足：

$$\begin{cases}(x^2+1)p(x)+(x-3)f(x)+(x+5)g(x)=0 & (1)\\ (x^2+1)q(x)+(x+3)f(x)+(x-5)g(x)=0 & (2)\end{cases}$$

则$(x^2+1)\mid f(x)$，$(x^2+1)\mid g(x)$。

证明：由题$(1)\times q(x)-(2)\times p(x)$得$6f(x)(q(x)-p(x))=10g(x)(p(x)-q(x))$。

若$q(x)-p(x)\neq 0$，则$f(x)=\frac{5}{3}g(x)$，代入上式得$(x^2+1)p(x)=-\frac{8}{3}xg(x)$，则$(x^2+1)\mid xg(x)$，但$x^2+1$在实数域上不可约，且$x^2+1$不整除$x$，从而$(x^2+1)\mid g(x)$；同理$(x^2+1)\mid f(x)$。

若$q(x)-p(x)=0$，两式相减可得$f(x)=\frac{5}{3}g(x)$，代入原式得：

$$(x^2+1)p(x)=-\frac{8}{3}xg(x)$$

则$(x^2+1)\mid xg(x)$，但x^2+1不整除x，从而$(x^2+1)\mid g(x)$；同理$(x^2+1)\mid f(x)$。

例 8（中山大学，2019）设m,n为正整数，则$(x^m-1,x^n-1)=x^{(m,n)}-1$。

证明：令$d=(m,n)$，则$d\mid m,d\mid n$，从而存在s,t，使得$m=ds$，$n=dt$，故：

$$x^m-1=(x^d)^s-1=(x^d-1)((x^d)^{s-1}+(x^d)^{s-2}+\cdots+x^d+1)$$

即$x^d-1\mid x^m-1$；同理，$x^d-1\mid x^n-1$。

设$\varphi(x)$为x^m-1,x^n-1的一个公因式，则$\varphi(x)\big|x^m-1,\varphi(x)\big|x^n-1$；由于$u,v\in Z$，使得$d=um+vn$，所以：

$$x^d-1=x^{um+vn}-1=(x^{um}-1)x^{vn}-(x^{vn}-1)$$

而$x^m-1\big|x^{um}-1,x^n-1\big|x^{vn}-1$，从而可得$\varphi(x)\big|x^d-1$，故$(x^m-1,x^n-1)=x^d-1$。

例 9（长安大学，2020）若$(f(x),g(x))=1$，则$(f(x)+g(x),f(x)g(x))=1$。

证明：由$(f(x),g(x))=1$，则存在$u(x),v(x)$，使得$u(x)f(x)+v(x)g(x)=1$，从而有$u(x)(f(x)+g(x))+(v(x)-u(x))g(x)=1$，即$(f(x)+g(x),g(x))=1$；同理可知$(f(x)+g(x),f(x))=1$，从而存在$u_1(x),v_1(x),u_2(x),v_2(x)$，使得：

$$u_1(x)(f(x)+g(x))+v_1(x)g(x)=1\text{，}\quad u_2(x)(f(x)+g(x))+v_2(x)f(x)=1$$

以上两式两边分别相乘有：

$$U(x)(f(x)+g(x))+V(x)(f(x)g(x))=1$$

故$(f(x)+g(x),f(x)g(x))=1$。

例 10（郑州大学，2021）设$f_n(x)=x^{n+2}-(x+1)^{2n+1}$，则对于任意的正整数$n$，总有$(x^2+x+1,f_n(x))=1$。

证明：（方法一）由$x^3-1=(x-1)(x^2+x+1)$，设t为x^2+x+1的根，则$t\neq 0$，$t^3=1$，$t^2+t+1=0$，从而$t+1=-t^2$，故：

$$f_n(t)=t^{n+2}-(t+1)^{2n+1}=t^{n+2}-(-t^2)^{2n+1}=t^{n+2}+t^{4n+2}$$

当$n=3k$，$k\in\mathbb{N}$时，$f_n(t)=t^2+t^2=2t^2\neq 0$；

当$n=3k+1$，$k\in\mathbb{N}$时，$f_n(t)=1+1=2\neq 0$；

当$n=3k+2$，$k\in\mathbb{N}$时，$f_n(t)=t+t=2t\neq 0$；

综上所述，对于任意的正整数n，t都不是$f_n(x)$的根，故$(x^2+x+1,f_n(x))=1$。

（方法二）由于

$$\begin{aligned}f_n(x)&=x^{n+2}-(x+1)(x^2+2x+1)^n=x^{n+2}-(x+1)(x^2+x+1+x)^n\\&=x^{n+2}-(x+1)[(x^2+x+1)^n+nx(x^2+x+1)^{n-1}+\cdots+nx^{n-1}(x^2+x+1)+x^n]\\&=x^n(x^2+x+1)-(x+1)[(x^2+x+1)^n+nx(x^2+x+1)^{n-1}+\cdots+\\&\quad nx^{n-1}(x^2+x+1)]-2x^n(x+1)\end{aligned}$$

而$(x^2+x+1,x^n)=1,(x^2+x+1,x+1)=1$，则$x^2+x+1$不能整除$x^n(x+1)$，从而一定不整除$f_n(x)$；又$x^2+x+1$在实数域上不可约，则$(x^2+x+1,f_n(x))=1$。

例 11（广西大学，2023）设$f(x)$是数域P上一个次数大于 0 的一元多项式，则$f(x)$是一个不可约多项式的方幂的充要条件为对数域P上的任意多项式$g(x)$，必有$(f(x),g(x))=1$或存在某个正整数m，使得$f(x)\mid g^m(x)$。

证明：设$f(x)=p^m(x)$，其中$p(x)$是不可约多项式，则对于任意多项式$g(x)$，只有两种情况：$(p(x),g(x))=1$或$p(x)\mid g(x)$。

若$(p(x),g(x))=1$，则$(f(x),g(x))=1$。

若$p(x)\mid g(x)$，则$p^m(x)\mid g^m(x)$，即$f(x)\mid g^m(x)$

反之，用反证法。设$f(x)$不是一个不可约多项式的方幂，则：

$$f(x)=p_1^{\lambda_1}(x)p_2^{\lambda_2}(x)\cdots p_n^{\lambda_n}(x)\text{，}n>1\text{，}\lambda_i\in Z^+$$

令$g(x)=p_1(x)$，则$f(x),g(x)$只有两种情况：$(f(x),g(x))=1$或$f(x)\mid g^m(x)$，但这样的情况不可能同时成立，矛盾！故$f(x)$是一个不可约多项式的方幂。

例 12（云南大学，2019）设$f(x)$是数域P上一个n次多项式（$n>0$），则$f'(x)\mid f(x)$的充要条件为$f(x)$有一个根是n重的。

证明：由$f(x)$有一个根是n重的，且$f(x)$的次数为n，故$f(x)=a(x-b)^n$，于是$f'(x)=an(x-b)^{n-1}$，因而$f'(x)\mid f(x)$。

反之，（方法一）采用典型分解法，设$f(x)=ap_1^{k_1}(x)p_2^{k_2}(x)\cdots p_r^{k_r}(x)$，其中$p_i(x)$为$P$上首 1 的互异的不可约多项式，$\sum_{i=1}^{n}k_i=n$，则：

$$f'(x)=p_1^{k_1-1}(x)p_2^{k_2-1}(x)\cdots p_r^{k_r-1}(x)g(x)$$

且$g(x)$不能被$p_i(x)$整除；由$f'(x)\mid f(x)$有$g(x)\mid p_1(x)p_2(x)\cdots p_r(x)$，$g(x)$只能是非零

常数，即$g(x)=c\neq 0$。

设$\partial p_i(x)=n_i$，则$\sum_{i=1}^{n}n_ik_i=n$，$\sum_{i=1}^{n}n_i=1$，而n_i为整数，则$n_1=k_1=1$，从而有$f(x)=ap_1^{\ n}(x)$。

设$p_1(x)=x-b$，则$f(x)=a(x-b)^n$，即$f(x)$有n重根。

（方法二）采用待定系数法，设$f(x)=a_nx^n+a_{n-1}x^{n-1}+\cdots+a_1x+a_0$，$a_n\neq 0$，则：

$$f'(x)=na_nx^{n-1}+(n-1)a_{n-1}x^{n-2}+\cdots+a_1$$

由$f'(x)\mid f(x)$及$\partial f'(x)+1=\partial f(x)$，则存在$cx+d$使得$f(x)=(cx+d)f'(x)$，因而$c=\frac{1}{n}$，此时：

$$f(x)=\left(\frac{1}{n}x+d\right)f'(x)=\frac{1}{n}(x+nd)f'(x)=\frac{1}{n}(x-b)f'(x)$$

于是$(f(x),f'(x))=\frac{1}{na_n}f'(x)$为首 1 的$n-1$次的多项式，故：

$$\frac{f(x)}{(f(x),f'(x))}=\frac{\frac{1}{n}(x-b)f'(x)}{\frac{1}{na_n}f'(x)}=a_n(x-b)$$

而$\frac{f(x)}{(f(x),f'(x))}$包含$f(x)$的所有不可约因式，所以$f(x)$的不可约因式只能是$x-b$及其非零常数倍，$f(x)$为$n$次的，则$f(x)=a(x-b)^n$，即$f(x)$有$n$重根。

（方法三）采用重因式法，由$f'(x)\mid f(x)$，令$nf(x)=(x-b)f'(x)$，求导得：

$$(n-1)f'(x)=(x-b)f''(x),\cdots,f^{(n-1)}(x)=(x-b)f^{(n)}(x)，\ f^{(n)}(x)=n!a$$

a为首项系数，由后向前得$f(x)=a(x-b)^n$，即$f(x)$有n重根。

（方法四）采用重根法，设α为$f(x)$的r重根，则$f(x)=(x-\alpha)^r g(x)$，$g(\alpha)\neq 0$，

$x-\alpha$不能整除$rg(x)+(x-\alpha)g'(x)$。

由$f'(x)|f(x)$，得$rg(x)+(x-\alpha)g'(x)\mid g(x)$，即$g(x)|g'(x)$，从而$\partial g(x)=0$，$r=n$，$g(x)=b$，于是有$f(x)=b(x-\alpha)^n$，即$f(x)$有$n$重根。

例 13（陕西师范大学，2023）设$f_1(x),\cdots,f_n(x)$是数域P上的多项式，则$(x^n+x^{n-1}+x^{n-2}+\cdots+x+1)\left|x^{n-1}f_1(x^{n+1})+x^{n-2}f_2(x^{n+1})+\cdots+xf_{n-1}(x^{n+1})+f_n(x^{n+1})\right.$的充分必要条件为$(x-1)|f_i(x)$，$i=1,2,\cdots,n$。

此类型题都与单位根有关，首先明确单位根的定义、每个单位根的性质。

证明：由已知可知存在多项式$h(x)$使$x^{n-1}f_1(x^{n+1})+x^{n-2}f_2(x^{n+1})+\cdots+xf_{n-1}(x^{n+1})+f_n(x^{n+1})=(x^n+x^{n-1}+x^{n-2}+\cdots+x+1)h(x)$，把$x^{n+1}-1$除1外的$n-1$个相异单位根$\varepsilon_1,\varepsilon_2,\cdots,\varepsilon_{n-1},\varepsilon_n$代入，得：

$$\begin{cases}\varepsilon_1^{\ n-1}f_1(1)+\varepsilon_1^{\ n-2}f_2(1)+\cdots+f_n(1)=0\\ \varepsilon_2^{n-1}f_1(1)+\varepsilon_2^{\ n-2}f_2(1)+\cdots+f_n(1)=0\\ \qquad\cdots\\ \varepsilon_{n-1}^{n-1}f_1(1)+\varepsilon_{n-1}^{\ \ n-2}f_2(1)+\cdots+f_n(1)=0\\ \varepsilon_n^{n-1}f_1(1)+\varepsilon_n^{\ n-2}f_2(1)+\cdots+f_n(1)=0\end{cases}$$

故$f_1(1),f_2(1),\cdots,f_n(1)$是齐次线性方程组的一组解。该齐次线性方程为：

$$\begin{cases}\varepsilon_1^{n-1}x_1+\varepsilon_1^{n-2}x_2+\cdots+x_n=0\\ \varepsilon_2^{n-1}x_1+\varepsilon_2^{n-2}x_2+\cdots+x_n=0\\ \qquad\cdots\\ \varepsilon_{n-1}^{n-1}x_1+\varepsilon_{n-1}^{n-2}x_2+\cdots+x_n=0\\ \varepsilon_n^{n-1}x_1+\varepsilon_n^{n-2}x_2+\cdots+x_n=0\end{cases}$$

其系数矩阵的行列式为范德蒙德行列式，因此其只有零解，即：

$$f_1(1)=f_2(1)=\cdots=f_n(1)=0$$

故$(x-1)|f_i(x)$，$i=1,2,\cdots,n$。

反之，由$(x-1)|f_i(x)$，得$f(1^{n+1})=f(1)=0$。

令$f_i(x)=(x-1)g_i(x)$，则有$f_i(x^{n+1})=(x^{n+1}-1)g_i(x^{n+1})$，即$(x^{n+1}-1)|f_i(x^{n+1})$，从而有：

$$(x^{n+1}-1)\mid x^{n-1}f_1(x^{n+1})+x^{n-2}f_2(x^{n+1})+\cdots+xf_{n-1}(x^{n+1})+f_n(x^{n+1})$$

即$x^n+x^{n-1}+\cdots+x+1\mid x^{n-1}f_1(x^{n+1})+x^{n-2}f_2(x^{n+1})+\cdots+xf_{n-1}(x^{n+1})+f_n(x^{n+1})$。

例 14（西北大学，2022）设$f(x)$是整系数多项式，$\frac{q}{p}$是$f(x)$的有理根，其中p,q为整数，且$(p,q)=1$，试问p^2-q^2是否整除$f(1)f(-1)$。

解：由$f(x)$是整系数多项式，$\frac{q}{p}$是$f(x)$的有理根，可得$x-\frac{q}{p}\Big|f(x)$，即$px-q\big|f(x)$。

又$(p,q)=1$，则$g(x)=px-q$为本原多项式，从而$f(x)=g(x)h(x)$，其中$h(x)$为有理系数多项式，即$h(x)$为整系数多项式，从而得：

$$f(1)=g(1)h(1)=(p-q)h(1)$$

$$f(-1)=g(-1)h(-1)=-(p+q)h(-1)$$

即$p-q\big|f(1)$，$p+q\big|f(-1)$，故$(p+q)(p-q)\big|f(1)f(-1)$。

例 15（南京师范大学,2024）设$f(x)$是一个整系数多项式，$\frac{p}{q}$是$f(x)$的有理根，且$(p,q)=1$，则存在任意整数m，使得$qm-p\big|f(m)$。

证明：设$f(x)=a_0x^n+a_1x^{n-1}+\cdots+a_{n-1}x+a_n$，$\partial f(x)=n$，由$\frac{p}{q}$是$f(x)$的有理根，则$\left(x-\frac{p}{q}\right)\Bigg|f(x)$。

设$f(x)=\left(x-\frac{p}{q}\right)(b_0x^{n-1}+b_1x^{n-2}+\cdots+b_{n-2}x+b_{n-1})$，比较两式的系数可得$b_0=a_0$，

$b_i = a_i + \frac{p}{q} b_{i-1} = \frac{c_i}{q^i}$，$i = 1,2,\cdots,n-1$，其中$c_i$为整数，从而得：

$$f(x) = \left(x - \frac{p}{q}\right)\left(a_0 x^{n-1} + \frac{c_1}{q} x^{n-2} + \cdots + \frac{c_{n-2}}{q^{n-2}} x + \frac{c_{n-1}}{q^{n-1}}\right)$$

令$x = m$，并给上式两边同时乘$b_0 = q^n$，可得：

$$q^n f(m) = (qm - p)[a_0 (qm)^{n-1} + c_1 (qm)^{n-2} + \cdots + c_{n-2} qm + c_{n-1}]$$

则$(qm - p) \mid q^n f(m)$；又$(p,q) = 1$，则$(qm - p, q^n) = 1$，即$(qm - p) \mid f(m)$。

例 16（北京师范大学，2024）（1）设$f(x)$是实系数多项式，且$a + bi$是$f(x)$的一个虚根，其中a,b是实数，则$a - bi$也是$f(x)$的一个虚根。

（2）已知$\sqrt{2} + i$是方程$x^6 - 3x^4 + 11x^2 - 9 = 0$的一个根，求该方程的其余根。

解：（1）设$f(x) = a_n x^n + a_{n-1} x^{n-1} + \cdots + a_1 x + a_0$，$\partial f(x) = n$，由$a + bi$是$f(x)$的一个虚根，则：

$$f(a + bi) = a_n (a + bi)^n + a_{n-1} (a + bi)^{n-1} + \cdots + a_1 (a + bi) + a_0 = 0$$

从而有：

$$f(\overline{a + bi}) = a_n (\overline{a + bi})^n + a_{n-1} (\overline{a + bi})^{n-1} + \cdots + a_1 (\overline{a + bi}) + a_0 = \bar{0}$$

$$f(a - bi) = \overline{a_n (a + bi)^n + a_{n-1} (a + bi)^{n-1} + \cdots + a_1 (a + bi) + a_0} = 0$$

即$a - bi$也是$f(x)$的一个虚根。

（2）令$f(x) = x^6 - 3x^4 + 11x^2 - 9$，由$\sqrt{2} + i$是方程的一个根，得$\sqrt{2} - i$，$-\sqrt{2} - i$，$-\sqrt{2} + i$也是方程的根，从而有：

$$f(x) = (x - \sqrt{2} - i)(x - \sqrt{2} + i)(x + \sqrt{2} - i)(x + \sqrt{2} + i) g(x)$$

$$= (x^4 - 2x^2 + 9)(x^2 - 1)$$

故方程的其余根为 1,−1, $\sqrt{2} - i, -\sqrt{2} - i, -\sqrt{2} + i$。

例 17（西北大学，2020）设$f(x)$是有理数域上的 n 次不可约多项式（$n\geqslant 2$），若$f(x)$的某一个根的倒数也是$f(x)$的根，则$f(x)$的每一个根的倒数也是$f(x)$的根。

证明：设α是$f(x)$的一个根，且$\frac{1}{\alpha}$也是$f(x)$的根，若β为$f(x)$的任意一根，令$\frac{1}{a_n}f(x)=g(x)$，其中a_n为$f(x)$的首项系数，则$g(x)$和$f(x)$具有相同的根，且$g(x)$在有理数域上也是不可约的。

设$g(x)=x^n+b_{n-1}x^{n-1}+\cdots+b_1x+b_0$，$a_0\neq 0$，又：

$$g(\alpha)=\alpha^n+b_{n-1}\alpha^{n-1}+\cdots+b_1\alpha+b_0=0$$

$$g\left(\frac{1}{\alpha}\right)=\left(\frac{1}{\alpha}\right)^n+b_{n-1}\left(\frac{1}{\alpha}\right)^{n-1}+\cdots+b_1\left(\frac{1}{\alpha}\right)+b_0=0$$

式子两边同时乘α^n，则有：

$$1+b_{n-1}\alpha+\cdots+b_1\alpha^{n-1}+b_0\alpha^n=0$$

式子两边同时除以a_0，则有：

$$\alpha^n+\left(\frac{b_1}{b_0}\right)\alpha^{n-1}+\cdots+\left(\frac{b_{n-1}}{b_0}\right)\alpha+\left(\frac{1}{b_0}\right)=0$$

从而有：

$$b_{n-1}=\frac{b_1}{b_0},b_{n-2}=\frac{b_2}{b_0},\cdots,b_1=\frac{b_{n-1}}{b_0},b_0=\frac{1}{b_0}$$

即$b_0=\pm 1,b_1=\pm b_{n-1},\cdots,b_{n-2}=\pm b_2,b_{n-1}=\pm b_1$。

又$g(\beta)=0$，则：

$$g(\beta)=\beta^n+b_{n-1}\beta^{n-1}+\cdots+b_1\beta+b_0=\beta^n+b_1\beta^{n-1}+\cdots+b_{n-1}\beta+1$$

$$g\left(\frac{1}{\beta}\right)=\left(\frac{1}{\beta}\right)^n+b_{n-1}\left(\frac{1}{\beta}\right)^{n-1}+\cdots+b_1\left(\frac{1}{\beta}\right)+b_0$$

$$\beta^n g\left(\frac{1}{\beta}\right)=1+b_{n-1}\beta+\cdots+b_1\beta^{n-1}+b_0\beta^n=0$$

从而得$g\left(\frac{1}{\beta}\right)=0$，即$f\left(\frac{1}{\beta}\right)=0$，故结论成立。

例 18（沈阳工业大学，2023）利用多项式有理根的判别方法，求多项式：

$$f(x)=x^5+x^4-6x^3-14x^2-11x-3$$

的标准分解式。

解：由有理根的判别方法可知多项式可能的有理根为±1、±3，由综合除法可知-1为多项式的四重根，则$f(x)=(x+1)^4(x-3)$为其标准分解式。

例 19（西安电子科技大学、苏州大学，2017）设$f(x)=x^3+bx^2+cx+d$是整系数多项式，若$bd+dc$是奇数，则$f(x)$在有理数域上不可约。

证明：由$bd+dc=(b+c)d$为奇数，则$b+c,d$均为奇数。

若$f(x)$在有理数域上可约，则$f(x)$在整数环上可约，从而存在整数p,q,r，使得$f(x)=(x+p)(x^2+qx+r)$，从而有$f(0)=pr=d$，即p,r均为奇数。

又$f(1)=(1+p)(1+q+r)=1+b+c+d$，且$b+c,d$均为奇数，则式子右边为奇数，而式子左边为偶数，矛盾！故$f(x)$在有理数域上不可约。

例 20（哈尔滨工业大学，2020）n满足什么条件时，多项式$x^{2n}+x^n+1$不可约。

解：在复数域上，没有满足条件的n使得$x^{2n}+x^n+1$在复数域上不可约。

在实数域上，满足条件的$n=1$使得$x^{2n}+x^n+1$在实数域上不可约。

在有理数域上，当$n=3$时，多项式x^6+x^3+1在有理数域上不可约。

事实上，令$x=y+1$，则x^6+x^3+1与$(y+1)^6+(y+1)^3+1$具有相同的可约性，从而：

$$(y+1)^6+(y+1)^3+1=y^6+C_6^1y^5+\cdots+C_6^5y+C_6^6+y^3+C_3^1y^2+C_3^2y+C_3^3+1$$

$$=y^6+6y^5+15y^4+21y^3+18y^2+9y+3$$

令$p=3$，则由艾森斯坦判别法可知$(y+1)^6+(y+1)^3+1$在有理数域上不可约，由此可知x^6+x^3+1在有理数域上不可约。

例 21（同济大学，2020）已知$\sqrt{2}-\sqrt{3}$为首项系数为 1 的有理系数多项式$f(x)$的根，求$f(x)$并证明$f(x)$在有理数域上不可约。

解：令$x=\sqrt{2}-\sqrt{3}$，将两边平方可得$x^2=5-2\sqrt{6}$，即$x^2-5=-2\sqrt{6}$。将$x^2-5=-2\sqrt{6}$两边平方，可得$x^4-10x^2+1=0$。下面用反证法证明$f(x)$在有理数域上不可约。

由$f(x)$有理系数多项式可能的有理根为±1，而$f(\pm1)\neq0$，则不会有一次因式，从而$f(x)$可分解为两个二次因式乘积，不妨令：

$$f(x)=(x^2+ax+b)(x^2+cx+d)$$

比较系数可得：

$$\begin{cases}a+c=0\\b+d+ac=-10\\bc+ad=0\\bd=1\end{cases}$$

由最后一个式子可得$b=d=1$或$b=d=-1$。

若$b=d=1$，则$a=-c$，$c^2=12$，矛盾！

若$b=d=-1$，则$a=-c$，$c^2=8$，矛盾！

综上所述，可得$f(x)$在有理数域上不可约。

例 22（中国矿业大学，2020）证明数域P上多项式$f(x)=kx$的充要条件为$f(a+b)=f(a)+f(b)$，$\forall a,b\in P$。

证明：若$f(x)=kx$，则$f(a+b)=k(a+b)=ka+kb=f(a)+f(b)$。

反之，（方法一）设$f(x)=a_nx^n+a_{n-1}x^{n-1}+\cdots+a_1x+a_0$，由题设，对于任意$c\in P$，

有$f(2c)=f(c)+f(c)=2f(c)$，所以：

$$0=f(2c)-2f(c)=(2^n-2)a_nc^n+(2^{n-1}-2)a_{n-1}c^{n-1}+\cdots+(2^2-2)a_2c^2-a_0$$

因为$2^i-2\neq 0$，$i=2,\cdots,n$，结合c的任意性得$a_n=\cdots=a_2=a_0=0$，所以$f(x)=a_1x$，即$f(x)=kx$。

（方法二）设$f(x)=a_nx^n+a_{n-1}x^{n-1}+\cdots+a_1x+a_0$，$a_0\neq 0$，因为：

$$f(a+0)=f(a)+f(0)，\ a\in P$$

所以$f(0)=0$，即$f(x)$的常数项为0。

当$f(0)=0$时，结论成立。

当$f(0)\neq 0$时，设$\partial f(x)=n>1$，则$f(x)\neq a_nx^n$。

否则，$f(1+1)=f(2)=a_n2^n$，$f(1+1)=f(1)+f(1)=2a_n$，则$a_n2^n=2a^n$，即$n=1$，矛盾！由此$f(x)$有非零复根α，且由题设有$f(2\alpha)=f(\alpha)+f(\alpha)=0$，$f(3\alpha)=f(\alpha)+f(2\alpha)=0$，以此类推，说明$f(x)$有无穷多个根，与$f(0)\neq 0$矛盾，因此$f(x)$为常数项为0的一次多项式。

（方法三）由题意有$f(0+0)=f(0)+f(0)$，从而$f(0)=0$，$f(x)$的常数项为零，且$f(x)=xg(x)$。下证$g(x)$为常数：

对任意正整数m，有$f(m)=mg(1)$，$f(m)=mg(m)$，故$g(m)=f(1)=g(1)$，即$g(x)-g(1)=0$有无穷解，$g(x)=g(1)$；令$g(1)=k$，则$f(x)=kx$。

（方法四）对任意正整数m，由题意有$f(m)=mf(1)$，即$f(x)-xf(1)$有无穷根，因此$f(x)-xf(1)=0$，$f(x)=xf(1)$；令$f(1)=k$，则$f(x)=kx$。

例 23（西南交通大学，2023）设$f(x)$是数域K上的次数小于5的一元多项式，若x^2+1整除$f(x)$，且x^3+x^2+1整除$f(x)+1$，求$f(x)$。

解：设$f(x)=(x^2+1)g(x)=(x^3+x^2+1)h(x)-1$，而$f(x)$次数小于5，则：

$$(x^2+1)g(x)=(x^3+x^2+1)(ax+b)-1$$

从而$(x^2+1)\mid(x^3+x^2+1)(ax+b)-1$，其中：

$$(x^3+x^2+1)(ax+b)-1=(x^3+x+x^2+1)(ax+b)+(-x)(ax+b)-1$$

则$(x^2+1)\mid -ax^2+bx-1$，故$a=1$，$b=0$，从而$f(x)=x^4+x^3+x-1$。

例 24（西安工程大学，2022）设x_1,x_2,x_3为方程$x^3+px+q=0$的根，计算：

$$\begin{vmatrix} x_1 & x_2 & x_3 \\ x_3 & x_1 & x_2 \\ x_2 & x_3 & x_1 \end{vmatrix}$$

解：利用根与系数关系、初等对称多项式与对称多项式的关系求解。由题有$\sigma_1=x_1+x_2+x_3=0$，$\sigma_2=x_1x_2+x_1x_3+x_2x_3=p$，$\sigma_3=x_1x_2x_3=-q$，则：

$$f=\begin{vmatrix} x_1 & x_2 & x_3 \\ x_3 & x_1 & x_2 \\ x_2 & x_3 & x_1 \end{vmatrix}=x_1^3+x_2^3+x_3^3-3x_1x_2x_3$$

上式的首项为x_1^3，写出不先于首项的所有二次指数组及相应的初等对称多项式方幂的乘积。

指数组	对应σ的方幂乘积
3 0 0	$\sigma_1^{3-0}\sigma_2^{0-0}\sigma_3^0=\sigma_1^3$
2 1 0	$\sigma_1^{2-1}\sigma_2^{1-0}\sigma_3^0=\sigma_1\sigma_2$
1 1 1	$\sigma_1^{1-1}\sigma_2^{1-1}\sigma_3^1=\sigma_3$

则$f=\sigma_1^3+a\sigma_1\sigma_3+b\sigma_3=-bq$，$b$待定，取$x_1=x_2=x_3=1$，则$\sigma_3=1=-q$，$f=0$，解之可得$b=0$，故$f=0$。

例 25 将多项式$f=x_1^2+x_2^2+x_3^2+x_4^2+(x_1x_2+x_3x_4)(x_1x_3+x_2x_4)(x_1x_4+x_2x_3)$表示成初等对称多项式的形式。

解：令$g=x_1^2+x_2^2+x_3^2+x_4^2$，$h=(x_1x_2+x_3x_4)(x_1x_3+x_2x_4)(x_1x_4+x_2x_3)$；分别将$g,h$化为初等对称多项式。

（方法一）采用逐步消去首项法。

对于g：g的首项为x_1^2，作$\phi_1=\sigma_1^{2-0}\sigma_2^{0-0}\sigma_3^{0-0}\sigma_4^0=\sigma_1^2$，则：

$$
\begin{aligned}
g_1&=g-\phi_1\\
&=(x_1^2+x_2^2+x_3^2+x_4^2)-(x_1+x_2+x_3+x_4)^2\\
&=-2(x_1x_2+x_1x_3+x_1x_4+x_2x_3+x_2x_4+x_3x_4)\\
&=-2\sigma_2
\end{aligned}
$$

从而得$g=g_1+\phi_1=-2\sigma_2+\sigma_1^2$。

对于h：h的首项为$x_1^3x_2x_3x_4$，作$\psi_1=\sigma_1^{3-1}\sigma_2^{1-1}\sigma_3^{1-1}\sigma_4^1=\sigma_1^2\sigma_4$，则：

$$
\begin{aligned}
h_1&=h-\psi_1\\
&=(x_1x_2+x_3x_4)(x_1x_3+x_2x_4)(x_1x_4+x_2x_3)-(x_1+x_2+x_3+x_4)x_1x_2x_3x_4\\
&=x_1^2x_2^2x_3^2+x_1^2x_2^2x_4^2+x_1^2x_3^2x_4^2+x_2^2x_3^2x_4^2-\\
&\quad 2(x_1^2x_2^2x_3x_4+x_1^2x_2x_3^2x_4+x_1^2x_2x_3x_4^2+x_1x_2^2x_3^2x_4+x_1x_2^2x_3x_4^2+x_1x_2x_3^2x_4^2)
\end{aligned}
$$

h_1的首项为$x_1^2x_2^2x_3^2$，作$\psi_2=\sigma_1^{2-2}\sigma_2^{2-2}\sigma_3^{2-0}\sigma_4^0=\sigma_1^2$，则：

$$h_2=h_1-\psi_2=-4x_1x_2x_3x_4(x_1x_2+x_1x_3+x_1x+x_2x_3+x_2x_3+x_3x_4)=-4\sigma_2\sigma_4$$

从而有：

$$h=h_1+\psi_1=(h_2+\psi_2)+\psi_1=-4\sigma_2\sigma_4+\sigma_3^2+\sigma_1^2\sigma_4$$

故$f=(-2\sigma_2+\sigma_1^2)+(-4\sigma_2\sigma_4+\sigma_3^2+\sigma_1^2\sigma_4)$。

（方法二）采用待定系数法。

g的首项为x_1^2，写出不先于首项的所有二次指数组及相应的初等对称多项式方幂的乘积。

指数组	对应σ的方幂乘积
2 0 0 0	$\sigma_1^{2-0}\sigma_2^{0-0}\sigma_3^{0-0}\sigma_4^0=\sigma_1^2$
1 1 0 0	$\sigma_1^{1-1}\sigma_2^{1-0}\sigma_3^{0-0}\sigma_4^0=\sigma_2$

故 $g=\sigma_1^2+a\sigma_2$，a 待定；取 $x_1=x_2=x_3=x_4=1$，则 $\sigma_1=4,\sigma_2=6$，$g=4$，故可得 $a=-2$，即 $g=\sigma_1^2-2\sigma_2$；

h 的首项为 $x_1^3x_2x_3x_4$，写出不先于首项的所有二次指数组及相应的初等对称多项式方幂的乘积。

指数组	对应σ的方幂乘积
3 1 1 1	$\sigma_1^{3-1}\sigma_2^{1-1}\sigma_3^{1-1}\sigma_4^1=\sigma_1^2\sigma_4$
2 2 2 0	$\sigma_1^{2-2}\sigma_2^{2-2}\sigma_3^{2-0}\sigma_4^0=\sigma_3^2$
2 2 1 1	$\sigma_1^{2-2}\sigma_2^{2-1}\sigma_3^{1-1}\sigma_4^1=\sigma_2\sigma_4$

故 $h=\sigma_1^2\sigma_4+a\sigma_3^2+b\sigma_2\sigma_4$，$a,b$ 待定；取 $x_1=x_2=x_3=x_4=1$，则 $\sigma_1=4,\sigma_2=6,\sigma_3=4$，$\sigma_4=1$，$h=4$。

取 $x_1=x_2=x_3=1,x_4=0$，则 $\sigma_1=3,\sigma_2=3,\sigma_3=1,\sigma_4=0$，$h=1$；从而有：

$$1=3^2\times0+a\times1^2+b\times3\times0,\quad 8=4^2\times1+a\times4^2+b\times6\times1$$

求解上式可得 $a=1$，$b=-4$，故 $h=-4\sigma_2\sigma_4+\sigma_3^2+\sigma_1^2\sigma_4$，从而可得：

$$f=(-2\sigma_2+\sigma_1^2)+(-4\sigma_2\sigma_4+\sigma_3^2+\sigma_1^2\sigma_4)$$

2 行列式

2.1 基本内容与考点综述

2.1.1 基本概念

2.1.1.1 逆序、逆序数

在一个排列中，若一对数的前后位置与大小顺序相反，即前面的数大于后面的数，则它们就称为一个逆序，一个排列中逆序的总数称为这个排列的逆序数。

2.1.1.2 n阶行列式

n阶行列式：

$$D_n=\begin{vmatrix} a_{11} & a_{12} & \cdots & a_{1n} \\ a_{21} & a_{22} & \cdots & a_{2n} \\ \vdots & \vdots & & \vdots \\ a_{n1} & a_{n2} & \cdots & a_{nn} \end{vmatrix}=\sum_{j_1\cdots j_n}(-1)^{\tau(j_1\cdots j_n)}a_{1j_1}\cdots a_{nj_n}=\sum_{i_1\cdots i_n}(-1)^{\tau(i_1\cdots i_n)}a_{i_1 1}\cdots a_{i_n n}$$

$$=\sum_{i_1\cdots i_n,j_1\cdots j_n}(-1)^{\tau(i_1\cdots i_n)+\tau(j_1\cdots j_n)}a_{i_1 j_1}\cdots a_{i_n j_n}$$

2.1.1.3 余子式、代数余子式

在n阶行列式中，去掉元素a_{ij}所在的行与列，剩下元素按照原来位置构成的$n-1$阶行列式称为a_{ij}的余子式，记为M_{ij}，而$(-1)^{i+j}M_{ij}$称为a_{ij}的代数余子式，记为A_{ij}。

2.1.2 基本性质

（1）行列式与其转置行列式相等，即$D=D'$（或D^{T}）。

（2）用一个数乘行列式等于用这个数乘行列式某一行（列）的所有元素；行列式中某一行（列）的所有元素的公因子可以提到行列式符号的外面。

（3）若行列式中有两行（列）元素对应相等，则行列式为零；若行列式中有两行（列）元素对应成比例，则行列式为零；若行列式中有一行（列）元素都为零，则行列式为零。

（4）交换行列式中任意两行（列），则行列式反号。

（5）将行列式中某一行（列）的k倍加到另一行（列），则行列式不变。

（6）$$\begin{vmatrix} a_{11} & a_{12} & \cdots & a_{1n} \\ \vdots & \vdots & & \vdots \\ b_1+c_1 & b_2+c_2 & \cdots & b_n+c_n \\ \vdots & \vdots & & \vdots \\ a_{n1} & a_{n2} & \cdots & a_{nn} \end{vmatrix} = \begin{vmatrix} a_{11} & a_{12} & \cdots & a_{1n} \\ \vdots & \vdots & & \vdots \\ b_1 & b_2 & \cdots & b_n \\ \vdots & \vdots & & \vdots \\ a_{n1} & a_{n2} & \cdots & a_{nn} \end{vmatrix} + \begin{vmatrix} a_{11} & a_{12} & \cdots & a_{1n} \\ \vdots & \vdots & & \vdots \\ c_1 & c_2 & \cdots & c_n \\ \vdots & \vdots & & \vdots \\ a_{n1} & a_{n2} & \cdots & a_{nn} \end{vmatrix}$$。

（7）（按行按列展开定理）行列式D_n等于行列式某一行（列）元素与其代数余子式的乘积的代数和，但行列式的某一行（列）元素与另一行（列）的代数余子式的代数和为零，即：

$$a_{k1}A_{i1}+a_{k2}A_{i2}+\cdots+a_{kn}A_{in}=\begin{cases} d & i=k \\ 0 & i\neq k \end{cases}$$

$$a_{1l}A_{1j}+a_{2l}A_{2j}+\cdots+a_{nl}A_{nj}=\begin{cases} d & j=l \\ 0 & j\neq l \end{cases}$$

（8）（拉普拉斯定理）设在行列式D_n中，任取k（$1\leqslant k\leqslant n-1$）个行（列），由这行（列）元素所组成的一切$k$阶子式与它们的代数余子式的乘积的和等于行列式$D_n$。

2.1.3 基本方法

本章的重点内容是行列式的计算方法，核心是通过观察、分析行列式的元素特点，探索、寻找最佳的解题思路，常见的计算方法有以下几种。

2.1.3.1 定义法

定义法适用于计算低阶或非零元素较少（稀疏行列式）的行列式。

2.1.3.2 三角化法

利用性质化为上（下）三角行列式。

2.1.3.3 滚动相消法

若行列式中两行元素的值比较接近，可用相邻两行中的一行加上（减去）另一行的若干倍。

2.1.3.4 降阶法

利用按行按列展开定理将高阶行列式化为较低阶的行列式，再进行计算。

2.1.3.5 加边法（升阶法）

给行列式D_n添加一行一列得到D_{n+1}，使得$D_{n+1}=D_n$。此方法添加的行与列通常为第一行一列或最后一行一列，添加行列的交叉位置的元素为1，剩下的行元素（或列元素）均为零，列元素（或行元素）根据行列式的元素适当添加。

2.1.3.6 拆分法

若行列式的第i行（列）由k个数码的和，则行列式按此行（列）可以拆分为k个行列式，其余位置的元素不变。

$$\begin{vmatrix} a_{11} & a_{12} & \cdots & a_{1n} \\ \vdots & \vdots & & \vdots \\ b_1+c_1 & b_2+c_2 & \cdots & b_n+c_n \\ \vdots & \vdots & & \vdots \\ a_{n1} & a_{n2} & \cdots & a_{nn} \end{vmatrix} = \begin{vmatrix} a_{11} & a_{12} & \cdots & a_{1n} \\ \vdots & \vdots & & \vdots \\ b_1 & b_2 & \cdots & b_n \\ \vdots & \vdots & & \vdots \\ a_{n1} & a_{n2} & \cdots & a_{nn} \end{vmatrix} + \begin{vmatrix} a_{11} & a_{12} & \cdots & a_{1n} \\ \vdots & \vdots & & \vdots \\ c_1 & c_2 & \cdots & c_n \\ \vdots & \vdots & & \vdots \\ a_{n1} & a_{n2} & \cdots & a_{nn} \end{vmatrix}$$

2.1.3.7 数学归纳法

行列式的阶数为自然数。先求出$A^2,A^3,A^4,A^5,\cdots$，通过观察元素与幂的关系猜测出A^n，再用数学归纳法加以证明。

2.1.3.8 递推法

（1）若n阶行列式D_n满足$aD_n+bD_{n-1}+c=0$，再找一个这样的等式，二式联立消去D_{n-1}即可得D_n。

（2）若n阶行列式D_n满足$aD_n+bD_{n-1}+cD_{n-2}=0$，则特征方程为$ax^2+bx+c=0$。

①若$\Delta \neq 0$，则特征方程有两个复根x_1,x_2，$x_1 \neq x_2$，令$D_n = Ax_1^{n-1} + Bx_2^{n-1}$，其中$A,B$为待定系数，令$n=1,2$可求出$A,B$。

②若$\Delta = 0$，则特征方程有重根$x_1 = x_2$，令$D_n = (A+nB)x_1^{n-1}$，其中A,B为待定系数，令$n=1,2$可求得A,B。

特别地，三对角行列式的求解经常采用此方法。

2.1.3.9　利用重要公式与结论

（1）对角、三角行列式。

（2）范德蒙德行列式。

（3）a,b行列式公式$\begin{vmatrix} a & b & \cdots & b \\ b & a & \cdots & b \\ \vdots & \vdots & & \vdots \\ b & b & \cdots & a \end{vmatrix} = (a-b)^{n-1}[a+(n-1)b]$。

（4）箭形行列式。

2.2　试题解析

<u>例 1</u>（中国人民大学，2024）计算行列式$\begin{vmatrix} 1 & 0 & 0 & 0 & 0 \\ 2 & 3 & 0 & 0 & 0 \\ 4 & 5 & 6 & 0 & 0 \\ 7 & 8 & 9 & 1 & -2 \\ 10 & 11 & 12 & 3 & 4 \end{vmatrix}$。

解：行列式阶数较低，零元素主要集中在右上角，容易求解。

（方法一）按第一行展开，即：

$$\begin{vmatrix} 1 & 0 & 0 & 0 & 0 \\ 2 & 3 & 0 & 0 & 0 \\ 4 & 5 & 6 & 0 & 0 \\ 7 & 8 & 9 & 1 & -2 \\ 10 & 11 & 12 & 3 & 4 \end{vmatrix} = 1 \cdot (-1)^{1+1} \begin{vmatrix} 3 & 0 & 0 & 0 \\ 5 & 6 & 0 & 0 \\ 8 & 9 & 1 & -2 \\ 11 & 12 & 3 & 4 \end{vmatrix} = 3 \begin{vmatrix} 6 & 0 & 0 \\ 9 & 1 & -2 \\ 12 & 3 & 4 \end{vmatrix} = 18 \begin{vmatrix} 1 & -2 \\ 3 & 4 \end{vmatrix} = 180$$

（方法二）利用拉普拉斯定理。

$$\begin{vmatrix} 1 & 0 & 0 & 0 & 0 \\ 2 & 3 & 0 & 0 & 0 \\ 4 & 5 & 6 & 0 & 0 \\ 7 & 8 & 9 & 1 & -2 \\ 10 & 11 & 12 & 3 & 4 \end{vmatrix} = \begin{vmatrix} 1 & 0 & 0 \\ 2 & 3 & 0 \\ 4 & 5 & 6 \end{vmatrix} \begin{vmatrix} 1 & -2 \\ 3 & 4 \end{vmatrix} = 180$$

例 2（南京师范大学，西南大学，2024）计算行列式

$$D_n = \begin{vmatrix} a+x_1 & a+x_1^2 & \cdots & a+x_1^n \\ a+x_2 & a+x_2^2 & \cdots & a+x_2^n \\ \vdots & \vdots & & \vdots \\ a+x_n & a+x_n^2 & \cdots & a+x_n^n \end{vmatrix}。$$

解：先采用加边法，再利用拆分法。

$$D_n = D_{n+1} = \begin{vmatrix} 1 & 1 & 1 & \cdots & 1 \\ 0 & a+x_1 & a+x_1^2 & \cdots & a+x_1^n \\ 0 & a+x_2 & a+x_2^2 & \cdots & a+x_2^n \\ \vdots & \vdots & \vdots & & \vdots \\ 0 & a+x_n & a+x_n^2 & \cdots & a+x_n^n \end{vmatrix} = \begin{vmatrix} 1 & 1 & 1 & \cdots & 1 \\ -a & x_1 & x_1^2 & \cdots & x_1^n \\ -a & x_2 & x_2^2 & \cdots & x_2^n \\ \vdots & \vdots & \vdots & & \vdots \\ -a & x_n & x_n^2 & \cdots & x_n^n \end{vmatrix}$$

$$= \begin{vmatrix} a+1 & 1 & 1 & \cdots & 1 \\ 0 & x_1 & x_1^2 & \cdots & x_1^n \\ 0 & x_2 & x_2^2 & \cdots & x_2^n \\ \vdots & \vdots & \vdots & & \vdots \\ 0 & x_n & x_n^2 & \cdots & x_n^n \end{vmatrix} + \begin{vmatrix} -a & 1 & 1 & \cdots & 1 \\ -a & x_1 & x_1^2 & \cdots & x_1^n \\ -a & x_2 & x_2^2 & \cdots & x_2^n \\ \vdots & \vdots & \vdots & & \vdots \\ -a & x_n & x_n^2 & \cdots & x_n^n \end{vmatrix}$$

$$= (a+1)x_1x_2\cdots x_n \begin{vmatrix} 1 & x_1 & \cdots & x_1^{n-1} \\ 1 & x_2 & \cdots & x_2^{n-1} \\ \vdots & \vdots & & \vdots \\ 1 & x_n & \cdots & x_n^{n-1} \end{vmatrix} + (-a) \begin{vmatrix} 1 & 1 & 1 & \cdots & 1 \\ 1 & x_1 & x_1^2 & \cdots & x_1^n \\ 1 & x_2 & x_2^2 & \cdots & x_2^n \\ \vdots & \vdots & \vdots & & \vdots \\ 1 & x_n & x_n^2 & \cdots & x_n^n \end{vmatrix}$$

$$= (a+1)\prod_{i=1}^{n} x_i \prod_{1 \leqslant j < i \leqslant n} (x_i - x_j) - a \prod_{1 \leqslant j < i \leqslant n} (x_i - x_j) \prod_{i=1}^{n} (x_i - 1)$$

$$= \left[(a+1)\prod_{i=1}^{n} x_i - a\prod_{i=1}^{n} (x_i - 1) \right] \prod_{1 \leqslant j < i \leqslant n} (x_i - x_j)$$

例 3（集美大学，2024）计算行列式$D_n=\begin{vmatrix}1&1&\cdots&1&2-n\\1&1&\cdots&2-n&1\\\vdots&\vdots&&\vdots&\vdots\\1&2-n&\cdots&1&1\\2-n&1&\cdots&1&1\end{vmatrix}$。

解：将所有行元素加到第一行。

$$D_n=\begin{vmatrix}1&1&\cdots&1&2-n\\1&1&\cdots&2-n&1\\\vdots&\vdots&&\vdots&\vdots\\1&2-n&\cdots&1&1\\2-n&1&\cdots&1&1\end{vmatrix}=\begin{vmatrix}1&1&\cdots&1&1\\1&1&\cdots&2-n&1\\\vdots&\vdots&&\vdots&\vdots\\1&2-n&\cdots&1&1\\2-n&1&\cdots&1&1\end{vmatrix}$$

$$=\begin{vmatrix}1&1&\cdots&1&1\\0&0&\cdots&1-n&0\\\vdots&\vdots&&\vdots&\vdots\\0&1-n&\cdots&0&0\\1-n&0&\cdots&0&0\end{vmatrix}=(-1)^{\frac{n(n-1)}{2}}(1-n)^{n-1}$$

例 4（陕西科技大学，2019）计算行列式$D_n=\begin{vmatrix}a^2&a^2\rho&\cdots&a^2\rho\\a^2\rho&a^2&\cdots&a^2\rho\\\vdots&\vdots&&\vdots\\a^2\rho&a^2\rho&\cdots&a^2\end{vmatrix}$，其中$a\neq0,\rho\neq1$。

解：先提取公因子，再利用行列式性质将该行列式化为三角行列式。

$$D_n=\begin{vmatrix}a^2&a^2\rho&\cdots&a^2\rho\\a^2\rho&a^2&\cdots&a^2\rho\\\vdots&\vdots&&\vdots\\a^2\rho&a^2\rho&\cdots&a^2\end{vmatrix}=(a^2)^n\begin{vmatrix}1&\rho&\cdots&\rho\\\rho&1&\cdots&\rho\\\vdots&\vdots&&\vdots\\\rho&\rho&\cdots&1\end{vmatrix}$$

$$=a^{2n}[1+(n-1)\rho](1-\rho)^{n-1}$$

例 5（湘潭大学，2024）计算行列式$D_n=\begin{vmatrix} x+y & xy & & & \\ 1 & x+y & \ddots & & \\ & \ddots & \ddots & xy \\ & & 1 & x+y \end{vmatrix}$。

解：三对角行列式可以采用递推法计算。

（1）将行列式按第一行展开，可得：

$$D_n=(x+y)D_{n-1}-xyD_{n-2}$$

$$D_n-(x+y)D_{n-1}+xyD_{n-2}=0$$

设α,β为特征值方程$m^2-(x+y)m+xy=0$的根，则$\alpha+\beta=x+y$，$\alpha\beta=xy$，于是有$\alpha=x$，$\beta=y$；可设$D_n=Ax^{n-1}+By^{n-1}$，又$D_1=x+y$，$D_2=x^2+y^2+xy$，则$(x-y)A=x^2$，$(x-y)B=-y^2$；

若$x\neq y$，则$A=\dfrac{x^2}{x-y}$，$B=\dfrac{-y^2}{x-y}$，从而得$D_n=\dfrac{x^{n+1}-y^{n+1}}{x-y}$；

若$x=y$，则$D_n=(A+nB)x^{n-1}$，同理得$A=B=x$，从而得$D_n=(n+1)x^n$。

（2）由（1）$D_n=(x+y)D_{n-1}-xyD_{n-2}$，则：

$$D_n-yD_{n-1}=x(D_{n-1}-yD_{n-2})$$

$$D_n-xD_{n-1}=y(D_{n-1}-xD_{n-2})$$

若$x\neq y$，则：

$$D_n=\frac{x^{n-1}(D_2-yD_1)-y^{n-1}(D_2-xD_1)}{x-y}$$

从而得：

$$D_n=\frac{x^{n+1}-y^{n+1}}{x-y}$$

若$x=y$，则$D_n=(n+1)x^n$。

例6（北京交通大学，2024；西安电子科技大学，2023）计算行列式

$$D_n=\begin{vmatrix} x & y & \cdots & y \\ z & x & \cdots & y \\ \vdots & \vdots & & \vdots \\ z & z & \cdots & x \end{vmatrix}。$$

解：此题可以用拆分法。

$$D_n=\begin{vmatrix} z+(x-z) & y & \cdots & y \\ z+0 & x & \cdots & y \\ \vdots & \vdots & & \vdots \\ z+0 & z & \cdots & x \end{vmatrix}=\begin{vmatrix} z & y & \cdots & y \\ z & x & \cdots & y \\ \vdots & \vdots & & \vdots \\ z & z & \cdots & x \end{vmatrix}+\begin{vmatrix} x-z & y & \cdots & y \\ 0 & x & \cdots & y \\ \vdots & \vdots & & \vdots \\ 0 & z & \cdots & x \end{vmatrix}$$

$$=z(x-y)^{n-1}+(x-z)D_{n-1}$$

$$D_n=\begin{vmatrix} y+(x-y) & y+0 & \cdots & y+0 \\ z & x & \cdots & y \\ \vdots & \vdots & & \vdots \\ z & z & \cdots & x \end{vmatrix}=\begin{vmatrix} y & y & \cdots & y \\ z & x & \cdots & y \\ \vdots & \vdots & & \vdots \\ z & z & \cdots & x \end{vmatrix}+\begin{vmatrix} x-y & 0 & \cdots & 0 \\ 0 & x & \cdots & y \\ \vdots & \vdots & & \vdots \\ 0 & z & \cdots & x \end{vmatrix}$$

$$=y(x-z)^{n-1}+(x-y)D_{n-1}$$

若$z\neq y$，将两式联立消去D_{n-1}可得$D_n=\dfrac{z(x-y)^n-y(x-z)^n}{z-y}$。

若$z=y$，可得$D_n=(x-y)^{n-1}[x+(n-1)y]$。

例7（浙江大学，2020）设$s(x)=\begin{cases} \dfrac{x}{|x|} & x\neq 0 \\ 0 & x=0 \end{cases}$，已知$A=(a_{ij})$，$a_{ij}=s(i-j)$，求$|A|$。

解：由题可知，当$i=j$时，$a_{ii}=0$，$a_{ij}=\dfrac{i-j}{|i-j|}$，从而有：

$$D_n=\begin{vmatrix}0&-1&-1&\cdots&-1\\1&0&-1&\cdots&-1\\1&1&0&\cdots&-1\\\vdots&\vdots&\vdots&&\vdots\\1&1&1&\cdots&0\end{vmatrix}=\begin{vmatrix}1-1&-1&-1&\cdots&-1\\1+0&0&-1&\cdots&-1\\1+0&1&0&\cdots&-1\\\vdots&\vdots&\vdots&&\vdots\\1+0&1&1&\cdots&0\end{vmatrix}$$

$$=\begin{vmatrix}1&0&0&\cdots&0\\1&1&0&\cdots&0\\1&2&1&\cdots&0\\\vdots&\vdots&\vdots&&\vdots\\1&2&2&\cdots&1\end{vmatrix}+(-1)D_{n-1}=1+(-1)D_{n-1}$$

$$D_n=\begin{vmatrix}0&-1&-1&\cdots&-1\\1&0&-1&\cdots&-1\\1&1&0&\cdots&-1\\\vdots&\vdots&\vdots&&\vdots\\1&1&1&\cdots&0\end{vmatrix}=\begin{vmatrix}1-1&0-1&0-1&\cdots&0-1\\1&0&-1&\cdots&-1\\1&1&0&\cdots&-1\\\vdots&\vdots&\vdots&&\vdots\\1&1&1&\cdots&0\end{vmatrix}$$

$$=1\cdot D_{n-1}+\begin{vmatrix}-1&-1&-1&\cdots&-1\\0&-1&2&\cdots&-2\\0&0&-1&\cdots&-2\\\vdots&\vdots&\vdots&&\vdots\\0&0&0&\cdots&-1\end{vmatrix}=1\cdot D_{n-1}+(-1)^n$$

即$D_n=1+(-1)D_{n\text{-}1}$，$D_n=1\cdot D_{n\text{-}1}+(-1)^n$，解$D_n=\dfrac{1+(-1)^n}{2}$。

当n为奇数时，有$D_n=0$；当n为偶数时，有$D_n=1$。

<u>例 8</u>（陕西师范大学，2024）已知$n\geqslant 2$阶行列式

$$D_n=\begin{vmatrix}1&2&3&\cdots&n-1&n\\1&-1&0&\cdots&0&0\\0&2&-2&\cdots&0&0\\\vdots&\vdots&\vdots&&\vdots&\vdots\\0&0&0&\cdots&2-n&0\\0&0&0&\cdots&n-1&1-n\end{vmatrix}$$

A_{ij}为D的第i行j列元素a_{ij}的代数余子式，求$A_{11}+A_{12}+\cdots+A_{1n}$。

解：此行列式属于三线型行列式。由题可知：

$$A_{11}+A_{12}+\cdots+A_{1n}=\begin{vmatrix}1&1&1&\cdots&1&1\\1&-1&0&\cdots&0&0\\0&2&-2&\cdots&0&0\\\vdots&\vdots&\vdots&&\vdots&\vdots\\0&0&0&\cdots&2-n&0\\0&0&0&\cdots&n-1&1-n\end{vmatrix}$$

将所有列加到最后一列，有：

$$A_{11}+A_{12}+\cdots+A_{1n}=\begin{vmatrix}1&1&1&\cdots&1&n\\1&-1&0&\cdots&0&0\\0&2&-2&\cdots&0&0\\\vdots&\vdots&\vdots&&\vdots&\vdots\\0&0&0&\cdots&2-n&0\\0&0&0&\cdots&n-1&0\end{vmatrix}$$

$$=n\cdot(-1)^{1+n}\begin{vmatrix}1&-1&&&\\&2&-2&&\\&&\ddots&\ddots&\\&&&n-2&2-n\\&&&&n-1\end{vmatrix}$$

$$=(-1)^{1+n}n!$$

例 9（云南大学，2020）计算行列式$D_n=\begin{vmatrix}a&b&0&\cdots&0&0\\0&a&b&\cdots&0&0\\0&0&a&\cdots&0&0\\\vdots&\vdots&\vdots&&\vdots&\vdots\\0&0&0&\cdots&a&b\\b&0&0&\cdots&0&a\end{vmatrix}$。

解：按第一列展开：

$$D_n=a(-1)^{1+1}\begin{vmatrix}a&b&\cdots&0&0\\0&a&\cdots&0&0\\\vdots&\vdots&&\vdots&\vdots\\0&0&\cdots&a&b\\0&0&\cdots&0&a\end{vmatrix}+b(-1)^{n+1}\begin{vmatrix}b&0&\cdots&0&0\\a&b&\cdots&0&0\\\vdots&\vdots&&\vdots&\vdots\\0&0&\cdots&b&0\\0&0&\cdots&a&b\end{vmatrix}$$

$$=a^n+(-1)^{n+1}b^n$$

例 10（北京科技大学，2024）计算行列式$D=\begin{vmatrix}1 & 2 & 3 & \cdots & n\\ 2 & 1 & 2 & \cdots & n-1\\ 3 & 2 & 1 & \cdots & n-2\\ \vdots & \vdots & \vdots & & \vdots\\ n & n-1 & n-2 & \cdots & 1\end{vmatrix}$。

解：从最后一行开始每行减去前一行，再每列加上第一列：

$$D=\begin{vmatrix}1 & 2 & 3 & 4 & \cdots & n\\ 1 & -1 & -1 & -1 & \cdots & -1\\ 1 & 1 & -1 & -1 & \cdots & -1\\ \vdots & \vdots & \vdots & \vdots & & \vdots\\ 1 & 1 & 1 & 1 & \cdots & -1\end{vmatrix}=\begin{vmatrix}1 & 3 & 4 & 5 & \cdots & n+1\\ 1 & 0 & 0 & 0 & \cdots & 0\\ 1 & 2 & 0 & 0 & \cdots & 0\\ \vdots & \vdots & \vdots & \vdots & & \vdots\\ 1 & 2 & 2 & 2 & \cdots & 0\end{vmatrix}$$

$$=(-1)^{n+1}(n+1)\begin{vmatrix}1 & 0 & 0 & 0 & \cdots & 0\\ 1 & 2 & 0 & 0 & \cdots & 0\\ 1 & 2 & 2 & 0 & \cdots & 0\\ \vdots & \vdots & \vdots & \vdots & & \vdots\\ 1 & 2 & 2 & 2 & \cdots & 2\end{vmatrix}=(-1)^{n+1}(n+1)2^{n-2}$$

例 11（长安大学，2024）设$x_1x_2\cdots x_n\neq 0$，计算行列式$D=\begin{vmatrix}1 & 1 & \cdots & 1\\ x_1^2 & x_2^2 & \cdots & x_n^2\\ \vdots & \vdots & & \vdots\\ x_1^n & x_2^n & \cdots & x_n^n\end{vmatrix}$。

解：此行列式为缺少一行一列的范德蒙德行列式，给此行列式添加第二行和最后一列构成范德蒙德行列式，而添加行列交叉位置元素的系数与所求行列式有关。

设：

$$D_1=\begin{vmatrix}1 & 1 & \cdots & 1 & 1\\ x_1 & x_2 & \cdots & x_n & z\\ x_1^2 & x_2^2 & \cdots & x_n^2 & z^2\\ \vdots & \vdots & & \vdots & \vdots\\ x_1^n & x_2^n & \cdots & x_n^n & z^n\end{vmatrix}=\prod_{1\leqslant j<i\leqslant n}(x_i-x_j)\prod_{i=1}^{n}(z-x_i)$$

令$f(z)=D_1$，则$(-1)^{n+3}D$是$f(z)$中z的系数；由等式右边知z的系数为

$(-1)^{n-1}\sum_{i=1}^{n}\frac{1}{x_i}\prod_{i=1}^{n}x_i\prod_{1\leqslant j<i\leqslant n}(x_i-x_j)$，得：

$$D=(-1)^{n+3}(-1)^{n-1}\sum_{i=1}^{n}\frac{1}{x_i}\prod_{i=1}^{n}x_i\prod_{1\leqslant j<i\leqslant n}(x_i-x_j)=\sum_{i=1}^{n}\frac{1}{x_i}\prod_{i=1}^{n}x_i\prod_{1\leqslant j<i\leqslant n}(x_i-x_j)$$

<u>例 12</u>（新疆大学，2024）计算行列式$D_n=\begin{vmatrix}a_1&b&b&\cdots&b\\b&a_2&b&\cdots&b\\b&b&a_3&\cdots&b\\\vdots&\vdots&\vdots&&\vdots\\b&b&b&\cdots&a_n\end{vmatrix}$。

解：行列式元素除主对角线元素以外的元素都相同，此类行列式多采用加边法计算。

$$D_n=\begin{vmatrix}1&b&b&\cdots&b\\0&a_1&b&\cdots&b\\0&b&a_2&\cdots&b\\\vdots&\vdots&\vdots&&\vdots\\0&b&b&\cdots&a_n\end{vmatrix}=\begin{vmatrix}1&1&1&\cdots&1\\-1&a_1-b&0&\cdots&0\\-1&0&a_2-b&\cdots&0\\\vdots&\vdots&\vdots&&\vdots\\-1&0&0&\cdots&a_n-b\end{vmatrix}$$

$$=(a_1-b)(a_2-b)\cdots(a_n-b)\begin{vmatrix}1&\frac{1}{a_1-b}&\frac{1}{a_2-b}&\cdots&\frac{1}{a_n-b}\\-1&1&0&\cdots&0\\-1&0&1&\cdots&0\\\vdots&\vdots&\vdots&&\vdots\\-1&0&0&\cdots&1\end{vmatrix}$$

$$=(a_1-b)(a_2-b)\cdots(a_n-b)\begin{vmatrix}1+\sum_{i=1}^{n}\frac{1}{a_i-b}&\frac{1}{a_1-b}&\frac{1}{a_2-b}&\cdots&\frac{1}{a_n-b}\\0&1&0&\cdots&0\\0&0&1&\cdots&0\\\vdots&\vdots&\vdots&&\vdots\\0&0&0&\cdots&1\end{vmatrix}$$

$$=\left(1+\sum_{i=1}^{n}\frac{1}{a_i-b}\right)\prod_{i=1}^{n}(a_i-b)$$

例 13（首都师范大学，2024）计算行列式$D_n=\begin{vmatrix}1+x_1 & x_1 & \cdots & x_1\\ x_2 & 1+x_2 & \cdots & x_2\\ \vdots & \vdots & & \vdots\\ x_n & x_n & \cdots & 1+x_n\end{vmatrix}$。

解：此题通常采用加边法计算，也可以将所有行加到第一行，提取公因子。

$$D_n=\begin{vmatrix}1+x_1 & x_1 & \cdots & x_1\\ x_2 & 1+x_2 & \cdots & x_2\\ \vdots & \vdots & & \vdots\\ x_n & x_n & \cdots & 1+x_n\end{vmatrix}=\begin{vmatrix}1 & 0 & 0 & \cdots & 0\\ x_1 & 1+x_1 & x_1 & \cdots & x_1\\ x_2 & x_2 & 1+x_2 & \cdots & x_2\\ \vdots & \vdots & \vdots & & \vdots\\ x_n & x_1 & x_1 & \cdots & 1+x_n\end{vmatrix}$$

$$=\begin{vmatrix}1 & -1 & -1 & \cdots & -1\\ x_1 & 1 & 0 & \cdots & 0\\ x_2 & 0 & 1 & \cdots & 0\\ \vdots & \vdots & \vdots & & \vdots\\ x_n & 0 & 0 & \cdots & 1\end{vmatrix}=\begin{vmatrix}1+\sum\limits_{i=1}^{n}x_i & 0 & 0 & \cdots & 0\\ x_1 & 1 & 0 & \cdots & 0\\ x_2 & 0 & 1 & \cdots & 0\\ \vdots & \vdots & \vdots & & \vdots\\ x_n & 0 & 0 & \cdots & 1\end{vmatrix}=1+\sum_{i=1}^{n}x_i$$

例 14（南开大学，2024）计算行列式$D=\begin{vmatrix}1+x & x & 0 & 0\\ x & x+x^2 & x^2 & 0\\ 0 & x^2 & x^2+x^3 & x^3\\ 0 & 0 & x^3 & x^3+x^4\end{vmatrix}$。

解：根据元素特点，本题先提取公因子，再利用多项式性质计算或按行列展开。

$$D=x\cdot x^2\cdot x^3\begin{vmatrix}1+x & x & 0 & 0\\ 1 & 1+x & x & 0\\ 0 & 1 & 1+x & x\\ 0 & 0 & 1 & 1+x\end{vmatrix}$$

$$=x^6(1+x)\begin{vmatrix}1+x & x & 0\\ 1 & 1+x & x\\ 0 & 1 & 1+x\end{vmatrix}-x^6\cdot x\begin{vmatrix}1 & x & 0\\ 0 & 1+x & x\\ 0 & 1 & 1+x\end{vmatrix}$$

$$=x^6(1+x)^2\begin{vmatrix}1+x & x\\ 1 & 1+x\end{vmatrix}-x^6(1+x)\cdot x\begin{vmatrix}1 & x\\ 0 & 1+x\end{vmatrix}-x^6\cdot x\begin{vmatrix}1+x & x\\ 1 & 1+x\end{vmatrix}$$

$$=x^6(1+x)^4-3x^7(1+x)^2+x^8$$

例 15（河北工业大学，2024）计算 $D_{2024}=\begin{vmatrix} x & 0 & 0 & \cdots & 0 & 1 \\ -1 & x & 0 & \cdots & 0 & 2 \\ 0 & -1 & x & \cdots & 0 & 3 \\ \vdots & \vdots & \vdots & & \vdots & \vdots \\ 0 & 0 & 0 & \cdots & x & 2023 \\ 0 & 0 & 0 & \cdots & -1 & x+2024 \end{vmatrix}$。

解：按最后一列展开：

$$D_{2024}=(-1)^{2024+2024}(x+2024)\begin{vmatrix} x & 0 & 0 & \cdots & 0 & 0 \\ -1 & x & 0 & \cdots & 0 & 0 \\ 0 & -1 & x & \cdots & 0 & 0 \\ \vdots & \vdots & \vdots & & \vdots & \vdots \\ 0 & 0 & 0 & \cdots & x & 0 \\ 0 & 0 & 0 & \cdots & -1 & x \end{vmatrix}_{2023}+$$

$$(-1)^{2023+2024}\cdot 2023\cdot(-1)(-1)^{2023+2023}\begin{vmatrix} x & 0 & 0 & \cdots & 0 & 0 \\ -1 & x & 0 & \cdots & 0 & 0 \\ 0 & -1 & x & \cdots & 0 & 0 \\ \vdots & \vdots & \vdots & & \vdots & \vdots \\ 0 & 0 & 0 & \cdots & x & 0 \\ 0 & 0 & 0 & \cdots & -1 & x \end{vmatrix}_{2022}+$$

$$(-1)^{2022+2024}\cdot 2022\cdot(-1)(-1)^{2023+2023}(-1)(-1)^{2022+2022}\begin{vmatrix} x & 0 & 0 & \cdots & 0 & 0 \\ -1 & x & 0 & \cdots & 0 & 0 \\ 0 & -1 & x & \cdots & 0 & 0 \\ \vdots & \vdots & \vdots & & \vdots & \vdots \\ 0 & 0 & 0 & \cdots & x & 0 \\ 0 & 0 & 0 & \cdots & -1 & x \end{vmatrix}_{2021}+\cdots+$$

$$(-1)^{2+2024}\cdot 2\cdot(-1)^{1+1}\cdot x\begin{vmatrix} -1 & x & 0 & \cdots & 0 & 0 \\ 0 & -1 & x & \cdots & 0 & 0 \\ 0 & 0 & -1 & \cdots & 0 & 0 \\ \vdots & \vdots & \vdots & & \vdots & \vdots \\ 0 & 0 & 0 & \cdots & -1 & x \\ 0 & 0 & 0 & \cdots & 0 & -1 \end{vmatrix}_{2022}+$$

$$(-1)^{1+2024}\cdot 1\begin{vmatrix} -1 & x & 0 & \cdots & 0 & 0 \\ 0 & -1 & x & \cdots & 0 & 0 \\ 0 & 0 & -1 & \cdots & 0 & 0 \\ \vdots & \vdots & \vdots & & \vdots & \vdots \\ 0 & 0 & 0 & \cdots & -1 & x \\ 0 & 0 & 0 & \cdots & 0 & -1 \end{vmatrix}_{2023}$$

$$= x^{2024} + 2024x^{2023} + 2023x^{2022} + \cdots + 2x + 1$$

例 16（云南大学，2024）计算行列式$D_n = \begin{vmatrix} 1 & 2 & 3 & \cdots & n-1 & n \\ 2 & 2 & 3 & \cdots & n-1 & n \\ 3 & 3 & 3 & \cdots & n-1 & n \\ \vdots & \vdots & \vdots & & \vdots & \vdots \\ n-1 & n-1 & n-1 & \cdots & n-1 & n \\ n & n & n & \cdots & n & n \end{vmatrix}$。

解：最后一列提取公因子，再用最后一列乘$-i$，加到第i列（$i=1,2,\cdots,n-1$）。

$$D_n = n\begin{vmatrix} 1 & 2 & 3 & \cdots & n-1 & 1 \\ 2 & 2 & 3 & \cdots & n-1 & 1 \\ 3 & 3 & 3 & \cdots & n-1 & 1 \\ \vdots & \vdots & \vdots & & \vdots & \vdots \\ n-1 & n-1 & n-1 & \cdots & n-1 & 1 \\ n & n & n & \cdots & n & 1 \end{vmatrix} = n\begin{vmatrix} 0 & 0 & 0 & \cdots & 0 & 1 \\ 1 & 0 & 0 & \cdots & 0 & 1 \\ 3 & 1 & 0 & \cdots & 0 & 1 \\ \vdots & \vdots & \vdots & & \vdots & \vdots \\ n-2 & n-3 & n-4 & \cdots & 0 & 1 \\ n-1 & n-2 & n-3 & \cdots & 1 & 1 \end{vmatrix}$$

$$= n\cdot 1\cdot(-1)^{1+n}\begin{vmatrix} 1 & 0 & 0 & \cdots & 0 & 0 \\ 3 & 1 & 0 & \cdots & 0 & 0 \\ 4 & 3 & 1 & \cdots & 0 & 0 \\ \vdots & \vdots & \vdots & & \vdots & \vdots \\ n-2 & n-3 & n-4 & \cdots & 1 & 0 \\ n-1 & n-2 & n-3 & \cdots & 2 & 1 \end{vmatrix}_{n-1} = (-1)^{1+n} n$$

例 17（中南大学，2024）计算行列式$D_n = \begin{vmatrix} \frac{1-a_1^n b_1^n}{1-a_1 b_1} & \frac{1-a_1^n b_2^n}{1-a_1 b_2} & \cdots & \frac{1-a_1^n b_n^n}{1-a_1 b_n} \\ \frac{1-a_2^n b_1^n}{1-a_2 b_1} & \frac{1-a_2^n b_2^n}{1-a_2 b_2} & \cdots & \frac{1-a_2^n b_n^n}{1-a_2 b_n} \\ \vdots & \vdots & & \vdots \\ \frac{1-a_n^n b_1^n}{1-a_n b_1} & \frac{1-a_n^n b_2^n}{1-a_n b_2} & \cdots & \frac{1-a_n^n b_n^n}{1-a_n b_n} \end{vmatrix}$。

解：行列式中元素可以分解为：

$$1-a_i^n b_j^n=(1-a_i b_j)(1+a_i b_j+a_i^2 b_j^2+\cdots+a_i^{n-1}b_j^{n-1})$$

根据行列式中元素特点可知，原行列式为两个范德蒙德行列式的乘积。

$$D_n=\begin{vmatrix}1 & a_1 & a_1^2 & \cdots & a_1^{n-1}\\ 1 & a_2 & a_2^2 & \cdots & a_2^{n-1}\\ \vdots & \vdots & \vdots & & \vdots\\ 1 & a_n & a_n^2 & \cdots & a_n^{n-1}\end{vmatrix}\cdot\begin{vmatrix}1 & 1 & \cdots & 1\\ b_1 & b_2 & \cdots & b_n\\ b_1^2 & b_2^2 & \cdots & b_n^2\\ \vdots & \vdots & & \vdots\\ b_1^{n-1} & b_2^{n-1} & \cdots & b_n^{n-1}\end{vmatrix}$$

$$=\prod_{1\leqslant j<i\leqslant n}(a_i-a_j)\cdot\prod_{1\leqslant j<i\leqslant n}(b_i-b_j)=\prod_{1\leqslant j<i\leqslant n}[(a_i-a_j)(b_i-b_j)]$$

例 18（西安交通大学，2023）计算行列式$D_n=\begin{vmatrix}1 & 3 & 3 & \cdots & 3 & 3 & 1\\ 3 & 1 & 3 & \cdots & 3 & 3 & 1\\ 3 & 3 & 1 & \cdots & 3 & 3 & 1\\ \vdots & \vdots & \vdots & & \vdots & \vdots & \vdots\\ 3 & 3 & 3 & \cdots & 1 & 3 & 1\\ 3 & 3 & 3 & \cdots & 3 & 1 & 1\\ 1 & 1 & 1 & \cdots & 1 & 1 & 1\end{vmatrix}$。

解：根据元素特点，将最后一行的-3倍加到上面所有行，得箭形行列式。

$$D_n=\begin{vmatrix}-2 & 0 & 0 & \cdots & 0 & 0 & -2\\ 0 & -2 & 0 & \cdots & 0 & 0 & -2\\ 0 & 0 & -2 & \cdots & 0 & 0 & -2\\ \vdots & \vdots & \vdots & & \vdots & \vdots & \vdots\\ 0 & 0 & 0 & \cdots & -2 & 0 & -2\\ 0 & 0 & 0 & \cdots & 0 & -2 & -2\\ 1 & 1 & 1 & \cdots & 1 & 1 & 1\end{vmatrix}=\begin{vmatrix}-2 & 0 & 0 & \cdots & 0 & 0 & 0\\ 0 & -2 & 0 & \cdots & 0 & 0 & 0\\ 0 & 0 & -2 & \cdots & 0 & 0 & 0\\ \vdots & \vdots & \vdots & & \vdots & \vdots & \vdots\\ 0 & 0 & 0 & \cdots & -2 & 0 & 0\\ 0 & 0 & 0 & \cdots & 0 & -2 & 0\\ 1 & 1 & 1 & \cdots & 1 & 1 & 1-(n-1)\end{vmatrix}$$

$$=(2-n)(-2)^{n-1}$$

例 19（长安大学，2023）给定数域P上n个数$x_1,x_2,\cdots,x_n$，令$S_k=x_1^k+x_2^k+\cdots+x_n^k$，$k=0,1,2,3,\cdots$，其中约定$x_i^0=1$，计算行列式$D_n=\begin{vmatrix}S_0 & S_1 & \cdots & S_{n-1}\\ S_1 & S_2 & \cdots & S_n\\ \vdots & \vdots & & \vdots\\ S_{n-1} & S_n & \cdots & S_{2n-2}\end{vmatrix}$。

解：根据行列式元素特点，本题采用行列式乘法规则。

$$D=\begin{vmatrix} n & \sum_{i=1}^{n}x_i & \cdots & \sum_{i=1}^{n}x_i^{n-1} \\ \sum_{i=1}^{n}x_i & \sum_{i=1}^{n}x_i^2 & \cdots & \sum_{i=1}^{n}x_i^{n} \\ \vdots & \vdots & & \vdots \\ \sum_{i=1}^{n}x_i^{n-1} & \sum_{i=1}^{n}x_i^{n} & \cdots & \sum_{i=1}^{n}x_i^{2n-2} \end{vmatrix}=\begin{vmatrix} 1 & 1 & \cdots & 1 \\ x_1 & x_2 & \cdots & x_n \\ \vdots & \vdots & & \vdots \\ x_1^{n-1} & x_2^{n-1} & \cdots & x_n^{n-1} \end{vmatrix}\cdot\begin{vmatrix} 1 & x_1 & \cdots & x_1^{n-1} \\ 1 & x_2 & \cdots & x_2^{n-1} \\ \vdots & \vdots & & \vdots \\ 1 & x_n & \cdots & x_n^{n-1} \end{vmatrix}$$

$$=\sum_{1\leqslant j<i\leqslant n}(x_i-x_j)^2$$

例 20（首都师范大学，2023）计算行列式$D_n=\begin{vmatrix} \frac{1}{z_1-c_1} & \frac{1}{z_1-c_2} & \cdots & \frac{1}{z_1-c_n} \\ \frac{1}{z_2-c_1} & \frac{1}{z_2-c_2} & \cdots & \frac{1}{z_2-c_n} \\ \vdots & \vdots & & \vdots \\ \frac{1}{z_n-c_1} & \frac{1}{z_n-c_2} & \cdots & \frac{1}{z_n-c_n} \end{vmatrix}$。

解：第一行提取公因子$\frac{1}{z_1-c_1}$，再将第一列的$-\frac{z_1-c_1}{z_1-c_j}$（$j=2,3,\cdots,n$）倍加到其余各列，降阶并提取公因子，以此类推。

$$D_n=\frac{1}{z_1-c_1}\begin{vmatrix} 1 & \frac{z_1-c_1}{z_1-c_2} & \cdots & \frac{z_1-c_1}{z_1-c_n} \\ \frac{1}{z_2-c_1} & \frac{1}{z_2-c_2} & \cdots & \frac{1}{z_2-c_n} \\ \vdots & \vdots & & \vdots \\ \frac{1}{z_n-c_1} & \frac{1}{z_n-c_2} & \cdots & \frac{1}{z_n-c_n} \end{vmatrix}$$

$$=\frac{1}{z_1-c_1}\begin{vmatrix} 1 & 0 & \cdots & 0 \\ \frac{1}{z_2-c_1} & \frac{(z_2-z_1)(c_1-c_2)}{(z_1-c_2)(z_2-c_1)(z_2-c_2)} & \cdots & \frac{(z_2-z_1)(c_1-c_n)}{(z_1-c_n)(z_2-c_1)(z_2-c_n)} \\ \vdots & \vdots & & \vdots \\ \frac{1}{z_n-c_1} & \frac{(z_n-z_1)(c_1-c_2)}{(z_n-c_2)(z_2-c_1)(z_n-c_1)} & \cdots & \frac{(z_n-z_1)(c_1-c_2)}{(z_1-c_n)(z_n-c_n)(z_n-c_1)} \end{vmatrix}$$

$$=\frac{\prod_{i=2}^{n}(z_i-c_1)\prod_{i=2}^{n}(c_1-c_i)}{\prod_{i=2}^{n}(z_i-c_1)\prod_{i=2}^{n}(z_1-c_i)}\begin{vmatrix}\frac{1}{z_2-c_2} & \frac{1}{z_2-c_3} & \cdots & \frac{1}{z_2-c_n}\\ \frac{1}{z_3-c_2} & \frac{1}{z_3-c_3} & \cdots & \frac{1}{z_3-c_n}\\ \vdots & \vdots & & \vdots\\ \frac{1}{z_n-c_2} & \frac{1}{z_n-c_3} & \cdots & \frac{1}{z_n-c_n}\end{vmatrix}_{n-1}$$

$$=\frac{\prod\limits_{1\leqslant i<j\leqslant n}(z_i-z_j)(c_j-c_i)}{\prod\limits_{1\leqslant i,j\leqslant n}(z_i-c_j)}$$

例 21（北京邮电大学，2020）计算行列式$D_{n-1}=\begin{vmatrix}2^n-2 & 2^{n-1}-2 & \cdots & 2^2-2\\ 3^n-2 & 3^{n-1}-2 & \cdots & 3^2-2\\ \vdots & \vdots & & \vdots\\ n^n-2 & n^{n-1}-2 & \cdots & n^2-2\end{vmatrix}$。

解：本题先采用加边法，再进行拆分，通过变形得到范德蒙德行列式。

$$D_{n-1}=\begin{vmatrix}1 & 1 & 1 & \cdots & 1\\ 0 & 2^n-2 & 2^{n-1}-2 & \cdots & 2^2-2\\ 0 & 3^n-2 & 3^{n-1}-2 & \cdots & 3^2-2\\ \vdots & \vdots & \vdots & & \vdots\\ 0 & n^n-2 & n^{n-1}-2 & \cdots & n^2-2\end{vmatrix}=\begin{vmatrix}1 & 1 & 1 & \cdots & 1\\ 2 & 2^n & 2^{n-1} & \cdots & 2^2\\ 2 & 3^n & 3^{n-1} & \cdots & 3^2\\ \vdots & \vdots & \vdots & & \vdots\\ 2 & n^n & n^{n-1} & \cdots & n^2\end{vmatrix}$$

$$=\begin{vmatrix}2-1 & 1 & 1 & \cdots & 1\\ 2+0 & 2^n & 2^{n-1} & \cdots & 2^2\\ 2+0 & 3^n & 3^{n-1} & \cdots & 3^2\\ \vdots & \vdots & \vdots & & \vdots\\ 2+0 & n^n & n^{n-1} & \cdots & n^2\end{vmatrix}=\begin{vmatrix}2 & 1 & 1 & \cdots & 1\\ 2 & 2^n & 2^{n-1} & \cdots & 2^2\\ 2 & 3^n & 3^{n-1} & \cdots & 3^2\\ \vdots & \vdots & \vdots & & \vdots\\ 2 & n^n & n^{n-1} & \cdots & n^2\end{vmatrix}+\begin{vmatrix}-1 & 1 & 1 & \cdots & 1\\ 0 & 2^n & 2^{n-1} & \cdots & 2^2\\ 0 & 3^n & 3^{n-1} & \cdots & 3^2\\ \vdots & \vdots & \vdots & & \vdots\\ 0 & n^n & n^{n-1} & \cdots & n^2\end{vmatrix}$$

$$=2\begin{vmatrix}1 & 1 & 1 & \cdots & 1\\ 1 & 2^n & 2^{n-1} & \cdots & 2^2\\ 1 & 3^n & 3^{n-1} & \cdots & 3^2\\ \vdots & \vdots & \vdots & & \vdots\\ 1 & n^n & n^{n-1} & \cdots & n^2\end{vmatrix}+(n!)^2\begin{vmatrix}-1 & 1 & 1 & \cdots & 1\\ 0 & 2^{n-2} & 2^{n-3} & \cdots & 1\\ 0 & 3^{n-2} & 3^{n-3} & \cdots & 1\\ \vdots & \vdots & \vdots & & \vdots\\ 0 & n^{n-2} & n^{n-3} & \cdots & 1\end{vmatrix}$$

上式中第一个式子适当变形就是缺一行一列的范德蒙德行列式，通过添加一行一列构成范德蒙行列式，由此可得第一个行列式的值为：

$$2(-1)^{\frac{n(n-1)}{2}}n!(n-1)!(n-2)!\cdots 3!2!\sum_{i=1}^{n}\frac{1}{-i}$$

第二个行列式按第一列展开后调整列位置得到范德蒙德行列式，由此可得第二个行列式的值为：

$$(-1)^{\frac{n^2-3n+3}{2}}(n!)^2\prod_{n\geqslant i>j\geqslant 2}(i-j)$$

所以原行列式的值为：

$$D_{n-1}=2(-1)^{\frac{n(n-1)}{2}}n!(n-1)!(n-2)!\cdots 3!2!\sum_{i=1}^{n}\frac{1}{-i}+(-1)^{\frac{n^2-3n+3}{2}}(n!)^2\prod_{n\geqslant i>j\geqslant 2}(i-j)$$

例 22（太原理工大学，2020）设$D_n=\begin{vmatrix}1 & 2 & 3 & \cdots & n\\ y+1 & x & y+1 & \cdots & y+1\\ y+1 & y+1 & x & \cdots & y+1\\ \vdots & \vdots & \vdots & & \vdots\\ y+1 & y+1 & y+1 & \cdots & x\end{vmatrix}$，求$A_{11}+A_{12}+\cdots+A_{1n}$，其中$A_{ij}$为$D_n$中第$i$行第$j$列的代数余子式。

解：由题可知：

$$A_{11}+A_{12}+\cdots+A_{1n}=\begin{vmatrix}1 & 1 & 1 & \cdots & 1\\ y+1 & x & y+1 & \cdots & y+1\\ y+1 & y+1 & x & \cdots & y+1\\ \vdots & \vdots & \vdots & & \vdots\\ y+1 & y+1 & y+1 & \cdots & x\end{vmatrix}$$

$$=\begin{vmatrix}1 & 0 & 0 & \cdots & 0\\ y+1 & x-y-1 & 0 & \cdots & 0\\ y+1 & 0 & x-y-1 & \cdots & 0\\ \vdots & \vdots & \vdots & & \vdots\\ y+1 & 0 & 0 & \cdots & x-y-1\end{vmatrix}=(x-y-1)^{n-1}$$

例 23（长安大学，西南财经大学，2023）计算行列式$D=\begin{vmatrix}a & b & c & d\\ b & a & d & c\\ c & d & a & b\\ d & c & b & a\end{vmatrix}$。

解：（方法一）

$$D=(a+b+c+d)\begin{vmatrix}1&b&c&d\\1&a&d&c\\1&d&a&b\\1&c&b&a\end{vmatrix}=(a+b+c+d)\begin{vmatrix}a-b&d-c&c-d\\d-b&a-c&b-d\\c-b&b-c&a-d\end{vmatrix}$$

$$=(a+b+c+d)\begin{vmatrix}a-b+d-c&d-c&c-d\\d-b+a-c&a-c&b-d\\0&b-c&a-d\end{vmatrix}$$

$$=(a+b+c+d)(a-b+d-c)\begin{vmatrix}1&d-c&c-d\\1&a-c&b-d\\0&b-c&a-d\end{vmatrix}$$

$$=(a+b+c+d)(a-b+d-c)(a+b-c-d)(a-b+c-d)$$

（方法二）由于

$$A=\begin{vmatrix}1&1&1&1\\1&1&-1&-1\\1&-1&1&-1\\1&-1&-1&1\end{vmatrix}=-16\neq 0$$

而

$$\begin{vmatrix}a&b&c&d\\b&a&d&c\\c&d&a&b\\d&c&b&a\end{vmatrix}\begin{vmatrix}1&1&1&1\\1&1&-1&-1\\1&-1&1&-1\\1&-1&-1&1\end{vmatrix}$$

$$=\begin{vmatrix}a+b+c+d&a+b-c-d&a-b+c-d&a-b-c+d\\a+b+c+d&a+b-c-d&-a+b-c+d&-a+b+c-d\\a+b+c+d&-a-b+c+d&a-b+c-d&a-b-c+d\\a+b+c+d&-a-b+c+d&-a+b-c+d&-a+b+c-d\end{vmatrix}$$

$$=(a+b+c+d)(a+b-c-d)(a-b+c-d)(a-b-c+d)A$$

故$D=(a+b+c+d)(a-b+d-c)(a+b-c-d)(a-b+c-d)$。

例 24（西安电子科技大学、东北师范大学，2024）计算n阶行列式

$$D=\begin{vmatrix}1+x_1 & 1+x_1^2 & 1+x_1^3 & \cdots & 1+x_1^n\\1+x_2 & 1+x_2^2 & 1+x_2^3 & \cdots & 1+x_2^n\\1+x_3 & 1+x_3^2 & 1+x_3^3 & \cdots & 1+x_3^n\\ \vdots & \vdots & \vdots & & \vdots\\1+x_n & 1+x_n^2 & 1+x_n^2 & \cdots & 1+x_n^n\end{vmatrix}。$$

解：$D=\begin{vmatrix}1 & 1 & 1 & \cdots & 1\\0 & 1+x_1 & 1+x_1^2 & \cdots & 1+x_1^n\\0 & 1+x_2 & 1+x_2^2 & \cdots & 1+x_2^n\\ \vdots & \vdots & \vdots & & \vdots\\0 & 1+x_n & 1+x_n^2 & \cdots & 1+x_n^n\end{vmatrix}=\begin{vmatrix}1 & 1 & 1 & \cdots & 1\\-1 & x_1 & x_1^2 & \cdots & x_1^n\\-1 & x_2 & x_2^2 & \cdots & x_2^n\\ \vdots & \vdots & \vdots & & \vdots\\-1 & x_n & x_n^2 & \cdots & x_n^n\end{vmatrix}$

$$=-\begin{vmatrix}1 & 1 & 1 & \cdots & 1\\1 & x_1 & x_1^2 & \cdots & x_1^n\\1 & x_2 & x_2^2 & \cdots & x_2^n\\ \vdots & \vdots & \vdots & & \vdots\\1 & x_n & x_n^2 & \cdots & x_n^n\end{vmatrix}+\begin{vmatrix}2 & 1 & 1 & \cdots & 1\\0 & x_1 & x_1^2 & \cdots & x_1^n\\0 & x_2 & x_2^2 & \cdots & x_2^n\\ \vdots & \vdots & \vdots & & \vdots\\0 & x_n & x_n^2 & \cdots & x_n^n\end{vmatrix}$$

$$=-\prod_{1\leqslant i<j\leqslant n}(x_j-x_i)-\prod_{1\leqslant i\leqslant n}(x_i-1)+2x_1x_2\cdots x_n\prod_{1\leqslant i<j\leqslant n}(x_j-x_i)$$

$$=(2x_1x_2\cdots x_n-1)\prod_{1\leqslant i\leqslant n}(x_i-1)-\prod_{1\leqslant i\leqslant n}(x_j-x_i)$$

例 25（暨南大学，2023）计算行列式$D_n=\begin{vmatrix}a_0 & x & x & \cdots & x\\x & a_1 & 0 & \cdots & 0\\x & 0 & a_2 & \cdots & 0\\ \vdots & \vdots & \vdots & & \vdots\\x & 0 & 0 & \cdots & a_{n-1}\end{vmatrix}$，$a_1a_2\cdots a_{n-1}\neq 0$。

解：本行列式是箭形行列式。从第二列开始，每列乘$-\dfrac{x}{a_i}$，加到第一列。

$$D_n=\begin{vmatrix}a_0 & x & x & \cdots & x\\x & a_1 & 0 & \cdots & 0\\x & 0 & a_2 & \cdots & 0\\ \vdots & \vdots & \vdots & & \vdots\\x & 0 & 0 & \cdots & a_{n-1}\end{vmatrix}=\begin{vmatrix}a_0-\sum\limits_{i=1}^{n-1}\dfrac{x^2}{a_i} & x & x & \cdots & x\\0 & a_1 & 0 & \cdots & 0\\0 & 0 & a_2 & \cdots & 0\\ \vdots & \vdots & \vdots & & \vdots\\0 & 0 & 0 & \cdots & a_{n-1}\end{vmatrix}$$

$$=a_1a_2\cdots a_{n-1}\left(a_0-\sum_{i=1}^{n-1}\frac{x}{a_i}\right)$$

例 26（华南师范大学，2023）计算行列式$D=\begin{vmatrix} x_1y_1 & x_1y_2 & x_1y_3 & x_1y_4 \\ x_2y_1 & x_2y_2 & x_2y_3 & x_2y_4 \\ x_3y_1 & x_3y_2 & x_3y_3 & x_3y_4 \\ x_4y_1 & x_4y_2 & x_4y_3 & x_4y_4 \end{vmatrix}$。

解：本题采用降级公式求得矩阵的特征值，再利用特征值的性质：所有特征值的乘积等于矩阵行列式的值。记：

$$\boldsymbol{A}=\begin{pmatrix} x_1y_1 & x_1y_2 & x_1y_3 & x_1y_4 \\ x_2y_1 & x_2y_2 & x_2y_3 & x_2y_4 \\ x_3y_1 & x_3y_2 & x_3y_3 & x_3y_4 \\ x_4y_1 & x_4y_2 & x_4y_3 & x_4y_4 \end{pmatrix}=\begin{pmatrix} x_1 \\ x_2 \\ x_3 \\ x_4 \end{pmatrix}(y_1,y_2,y_3,y_4)=\boldsymbol{BC}$$

则：

$$|\lambda\boldsymbol{E}-\boldsymbol{BC}|=\lambda^3|\lambda-\boldsymbol{CB}|(a_{ij})_{n\times n}$$

从而矩阵的特征值为 0（三重），$x_1y_1+x_2y_2+x_3y_3+x_4y_4$，故$D=0$。

例 27（安徽大学，2023）设$\boldsymbol{A}=(a_{ij})_{n\times n}$为$n$阶实方阵，$n\geqslant 2$，其中：

$$a_{ij}=\begin{cases} \dfrac{i}{j} & i\neq j \\ 0 & i=j \end{cases},1\leqslant i,j\leqslant n$$

求$|\boldsymbol{A}|$。

解：由题可知矩阵的元素，行列式求解先提取公因子，再利用加边法。

$$|A|=\begin{vmatrix} 0 & \frac{1}{2} & \frac{1}{3} & \cdots & \frac{1}{n} \\ 2 & 0 & \frac{2}{3} & \cdots & \frac{2}{n} \\ 3 & \frac{3}{2} & 0 & \cdots & \frac{3}{n} \\ \vdots & \vdots & \vdots & & \vdots \\ n & \frac{n}{2} & \frac{n}{3} & \cdots & 0 \end{vmatrix}=\begin{vmatrix} 1 & 1 & \frac{1}{2} & \frac{1}{3} & \cdots & \frac{1}{n} \\ 0 & 0 & \frac{1}{2} & \frac{1}{3} & \cdots & \frac{1}{n} \\ 0 & 2 & 0 & \frac{2}{3} & \cdots & \frac{2}{n} \\ 0 & 3 & \frac{3}{2} & 0 & \cdots & \frac{3}{n} \\ \vdots & \vdots & \vdots & \vdots & & \vdots \\ 0 & n & \frac{n}{2} & \frac{n}{3} & \cdots & 0 \end{vmatrix}=n!\begin{vmatrix} 1 & 1 & \frac{1}{2} & \frac{1}{3} & \cdots & \frac{1}{n} \\ -1 & -1 & 0 & 0 & \cdots & 0 \\ -1 & 0 & -\frac{1}{2} & 0 & \cdots & 0 \\ -1 & 0 & 0 & -\frac{1}{3} & \cdots & 0 \\ \vdots & \vdots & \vdots & \vdots & & \vdots \\ -1 & 0 & 0 & 0 & \cdots & -\frac{1}{n} \end{vmatrix}$$

$$=n!\begin{vmatrix} 1+(-n) & 1 & \frac{1}{2} & \frac{1}{3} & \cdots & \frac{1}{n} \\ 0 & -1 & 0 & 0 & \cdots & 0 \\ 0 & 0 & -\frac{1}{2} & 0 & \cdots & 0 \\ 0 & 0 & 0 & -\frac{1}{3} & \cdots & 0 \\ \vdots & \vdots & \vdots & \vdots & & \vdots \\ 0 & 0 & 0 & 0 & \cdots & -\frac{1}{n} \end{vmatrix}=n!(1-n)(-1)^n\frac{1}{n!}=(-1)^n(1-n)$$

<u>例 28</u>（华中科技大学 2023，陕西科技大学）计算行列式

$$D=\begin{vmatrix} 2^2-2 & 2^3-2 & 2^4-2 & \cdots & 2^{2023}-2 \\ 3^2-3 & 2^3-3 & 3^4-3 & \cdots & 3^{2023}-3 \\ 4^2-4 & 4^3-4 & 4^4-4 & \cdots & 4^{2023}-4 \\ \vdots & \vdots & \vdots & & \vdots \\ 2023^2-2023 & 2023^3-2023 & 2023^4-2023 & \cdots & 2023^{2023}-2023 \end{vmatrix}。$$

解：利用加边法计算。

$$D=\begin{vmatrix} 1 & 0 & 0 & \cdots & 0 \\ 2 & 2^2-2 & 2^3-2 & \cdots & 2^{2023}-2 \\ 3 & 3^2-3 & 3^2-3 & \cdots & 3^{2023}-3 \\ \vdots & \vdots & \vdots & & \vdots \\ 2023 & 2023^2-2023 & 2023^3-2023 & \cdots & 2023^{2023}-2023 \end{vmatrix}$$

$$=\begin{vmatrix} 1 & 1 & 1 & \cdots & 1 \\ 2 & 2^2 & 2^3 & \cdots & 2^{2023} \\ 3 & 3^2 & 3^2 & \cdots & 3^{2023} \\ \vdots & \vdots & \vdots & & \vdots \\ 2023 & 2023^2 & 2023^3 & \cdots & 2023^{2023} \end{vmatrix}$$

$$=\prod_{2023\geqslant i>j\geqslant 1}(i-j)$$

<u>例 29</u>（兰州交通大学，2020）设$\boldsymbol{A}=(a_{ij})_{n\times n}$，$a_{ij}=|i-j|$，$1\leqslant i,j\leqslant n$，求$|\boldsymbol{A}|$。

解：从倒数第二行开始，前一行的-1倍加到下一行，则：

$$|\boldsymbol{A}|=\begin{vmatrix} 0 & 1 & 2 & \cdots & n-2 & n-1 \\ 1 & 0 & 1 & \cdots & n-3 & n-2 \\ 2 & 1 & 0 & \cdots & n-4 & n-3 \\ \vdots & \vdots & \vdots & & \vdots & \vdots \\ n-2 & n-3 & n-4 & \cdots & 0 & 1 \\ n-1 & n-2 & n-3 & \cdots & 1 & 0 \end{vmatrix}$$

$$=\begin{vmatrix}0&1&2&\cdots&n-2&n-1\\1&-1&-1&\cdots&-1&-1\\1&1&-1&\cdots&-1&-1\\\vdots&\vdots&\vdots&&\vdots&\vdots\\1&1&1&\cdots&-1&-1\\1&1&1&\cdots&1&-1\end{vmatrix}=\begin{vmatrix}0&1&2&\cdots&n-2&n-1\\1&0&0&\cdots&0&0\\1&2&0&\cdots&0&0\\\vdots&\vdots&\vdots&&\vdots&\vdots\\1&2&2&\cdots&0&0\\1&2&2&\cdots&2&0\end{vmatrix}$$

$$=(-1)^{n+1}(n-1)2^{n-2}$$

<u>例 30</u>（中南大学，2023）计算行列式$D_{n+1}=\begin{vmatrix}a&-1&0&0&\cdots&0\\ax&a&-1&0&\cdots&0\\ax^2&ax&a&-1&\cdots&0\\ax^3&ax^2&ax&a&\cdots&0\\\vdots&\vdots&\vdots&\vdots&&\vdots\\ax^n&ax^{n-1}&ax^{n-2}&ax^{n-3}&\cdots&a\end{vmatrix}$。

解：从第 2 列开始，每列乘$-x$加到前一列，则：

$$D_{n+1}=\begin{vmatrix}a+x&-1&0&0&\cdots&0\\0&a+x&-1&0&\cdots&0\\0&0&a+x&-1&\cdots&0\\0&0&0&a+x&\cdots&0\\\vdots&\vdots&\vdots&\vdots&&\vdots\\0&0&0&0&\cdots&a\end{vmatrix}=a(a+x)^n$$

3　线性方程组

3.1　基本内容与考点综述

3.1.1　基本概念

3.1.1.1　线性组合、线性表出

设$\boldsymbol{\alpha}_1,\boldsymbol{\alpha}_2,\cdots,\boldsymbol{\alpha}_n$为一组向量，$k_1,k_2,\cdots,k_n$为一组数，且：

$$\boldsymbol{\beta}=k_1\boldsymbol{\alpha}_1+k_2\boldsymbol{\alpha}_2+\cdots+k_n\boldsymbol{\alpha}_n$$

则称向量$\boldsymbol{\beta}$为向量组$\boldsymbol{\alpha}_1,\boldsymbol{\alpha}_2,\cdots,\boldsymbol{\alpha}_n$的一个线性组合，也称$\boldsymbol{\beta}$可由$\boldsymbol{\alpha}_1,\boldsymbol{\alpha}_2,\cdots,\boldsymbol{\alpha}_n$线性表出。

3.1.1.2　向量组等价

设向量组①$\boldsymbol{\alpha}_1,\boldsymbol{\alpha}_2,\cdots,\boldsymbol{\alpha}_n$，②$\boldsymbol{\beta}_1,\boldsymbol{\beta}_2,\cdots,\boldsymbol{\beta}_m$，若向量组①中每个向量都可由向量组②线性表出，且向量组②中的每个向量都可由向量组①线性表出，则称两组向量等价，即两组向量相互线性表出。

3.1.1.3　线性相关、线性无关

设$\boldsymbol{\alpha}_1,\boldsymbol{\alpha}_2,\cdots,\boldsymbol{\alpha}_n$为一组向量，若存在不全为零的数$k_1,k_2,\cdots,k_n$，使得：

$$k_1\boldsymbol{\alpha}_1+k_2\boldsymbol{\alpha}_2+\cdots+k_n\boldsymbol{\alpha}_n=0$$

则称向量组$\boldsymbol{\alpha}_1,\boldsymbol{\alpha}_2,\cdots,\boldsymbol{\alpha}_n$线性相关。

当且仅当$k_1=k_2=\cdots=k_n=0$时，$k_1\boldsymbol{\alpha}_1+k_2\boldsymbol{\alpha}_2+\cdots+k_n\boldsymbol{\alpha}_n=0$，则称向量组$\boldsymbol{\alpha}_1,\boldsymbol{\alpha}_2,\cdots,\boldsymbol{\alpha}_n$线性无关。

3.1.1.4　极大线性无关组

设向量组$\boldsymbol{\alpha}_{i_1},\boldsymbol{\alpha}_{i_2},\cdots,\boldsymbol{\alpha}_{i_m}$（$m\leqslant n$）是向量组$\boldsymbol{\alpha}_1,\boldsymbol{\alpha}_2,\cdots,\boldsymbol{\alpha}_n$的部分组，且满足

（1）$\boldsymbol{\alpha}_{i_1},\boldsymbol{\alpha}_{i_2},\cdots,\boldsymbol{\alpha}_{i_m}$线性无关；

（2）$\boldsymbol{\alpha}_1,\boldsymbol{\alpha}_2,\cdots,\boldsymbol{\alpha}_n$中任一向量$\boldsymbol{\alpha}_j$（$j=1,2,\cdots,n$）可由$\boldsymbol{\alpha}_{i_1},\boldsymbol{\alpha}_{i_2},\cdots,\boldsymbol{\alpha}_{i_m}$线性表出。

则称向量组$\boldsymbol{\alpha}_{i_1},\boldsymbol{\alpha}_{i_2},\cdots,\boldsymbol{\alpha}_{i_m}$为向量组$\boldsymbol{\alpha}_1,\boldsymbol{\alpha}_2,\cdots,\boldsymbol{\alpha}_n$的一个极大线性无关组。

3.1.1.5 向量组的秩

向量组的极大无关组所含向量的个数称为该向量组的秩。

3.1.1.6 矩阵的行秩、列秩、矩阵的秩

矩阵的行构成的行向量组的秩称为矩阵的行秩；矩阵的列构成的列向量组的秩称为矩阵的列秩；矩阵的行秩或列秩称为矩阵的秩，矩阵的行秩与列秩相等。

3.1.1.7 基础解系

设$\boldsymbol{\eta}_1,\boldsymbol{\eta}_2,\cdots,\boldsymbol{\eta}_r$为齐次线性方程组$\boldsymbol{AX}=\boldsymbol{0}$的一组解，若

（1）$\boldsymbol{\eta}_1,\boldsymbol{\eta}_2,\cdots,\boldsymbol{\eta}_r$线性无关；

（2）$\boldsymbol{AX}=\boldsymbol{0}$的任一解均可由$\boldsymbol{\eta}_1,\boldsymbol{\eta}_2,\cdots,\boldsymbol{\eta}_r$线性表出。

则称$\boldsymbol{\eta}_1,\boldsymbol{\eta}_2,\cdots,\boldsymbol{\eta}_r$为齐次线性方程组$\boldsymbol{AX}=\boldsymbol{0}$的一个基础解系。

3.1.2 基本结论

判定向量组$\boldsymbol{\alpha}_1,\boldsymbol{\alpha}_2,\cdots,\boldsymbol{\alpha}_n$线性相关性时，往往采用以下结论：

（1）向量组$\boldsymbol{\alpha}_1,\boldsymbol{\alpha}_2,\cdots,\boldsymbol{\alpha}_n$线性相关的充分必要条件为存在不全为零的数$k_1,k_2,\cdots,k_n$，使得$k_1\boldsymbol{\alpha}_1+k_2\boldsymbol{\alpha}_2+\cdots+k_n\boldsymbol{\alpha}_n=\boldsymbol{0}$；

向量组$\boldsymbol{\alpha}_1,\boldsymbol{\alpha}_2,\cdots,\boldsymbol{\alpha}_n$线性无关的充分必要条件为$k_1\boldsymbol{\alpha}_1+k_2\boldsymbol{\alpha}_2+\cdots+k_n\boldsymbol{\alpha}_n=\boldsymbol{0}$，当且仅当$k_1=k_2=\cdots=k_n=0$。

（2）向量组$\boldsymbol{\alpha}_1,\boldsymbol{\alpha}_2,\cdots,\boldsymbol{\alpha}_n$线性相关的充分必要条件为$\boldsymbol{\alpha}_1,\boldsymbol{\alpha}_2,\cdots,\boldsymbol{\alpha}_n$中至少一个向量是其余向量的线性组合。

（3）向量组$\boldsymbol{\alpha}_1,\boldsymbol{\alpha}_2,\cdots,\boldsymbol{\alpha}_n$线性相关的充分必要条件为$R(\boldsymbol{A})=R(\boldsymbol{\alpha}_1,\boldsymbol{\alpha}_2,\cdots,\boldsymbol{\alpha}_n)<n$。

（4）$m>n$，m个n维向量必线性相关。

（5）$\boldsymbol{\alpha}_1,\boldsymbol{\alpha}_2,\cdots,\boldsymbol{\alpha}_s$ 可由 $\boldsymbol{\beta}_1,\boldsymbol{\beta}_2,\cdots,\boldsymbol{\beta}_t$ 线性表出，且 $s>t$，则 $\boldsymbol{\alpha}_1,\boldsymbol{\alpha}_2,\cdots,\boldsymbol{\alpha}_s$ 必线性相关。

（6）$\boldsymbol{\alpha}_1,\boldsymbol{\alpha}_2,\cdots,\boldsymbol{\alpha}_s$ 线性无关，若 $\boldsymbol{\alpha}_1,\boldsymbol{\alpha}_2,\cdots,\boldsymbol{\alpha}_s,\boldsymbol{\beta}_i$（$i=1,2,\cdots,m$）线性相关，则 $\boldsymbol{\alpha}_1,\boldsymbol{\alpha}_2,\cdots,\boldsymbol{\alpha}_s,\boldsymbol{\beta}_1,\cdots,\boldsymbol{\beta}_m$ 线性相关。

（7）设 $\boldsymbol{\beta}_1,\boldsymbol{\beta}_2,\cdots,\boldsymbol{\beta}_t$ 为 n 维向量组 $\boldsymbol{\alpha}_1,\boldsymbol{\alpha}_2,\cdots,\boldsymbol{\alpha}_t$ 添加分量后的 m（$m>n$）维向量组，若 $\boldsymbol{\alpha}_1,\boldsymbol{\alpha}_2,\cdots,\boldsymbol{\alpha}_t$ 线性无关，则 $\boldsymbol{\beta}_1,\boldsymbol{\beta}_2,\cdots,\boldsymbol{\beta}_t$ 线性无关；若 $\boldsymbol{\beta}_1,\boldsymbol{\beta}_2,\cdots,\boldsymbol{\beta}_t$ 线性相关，则 $\boldsymbol{\alpha}_1,\boldsymbol{\alpha}_2,\cdots,\boldsymbol{\alpha}_t$ 线性相关。

（8）设 $\boldsymbol{\alpha}_1,\boldsymbol{\alpha}_2,\cdots,\boldsymbol{\alpha}_s$ 为 $\boldsymbol{\alpha}_1,\boldsymbol{\alpha}_2,\cdots,\boldsymbol{\alpha}_n$ 的部分组，若 $\boldsymbol{\alpha}_1,\boldsymbol{\alpha}_2,\cdots,\boldsymbol{\alpha}_s$ 线性相关，则 $\boldsymbol{\alpha}_1,\boldsymbol{\alpha}_2,\cdots,\boldsymbol{\alpha}_n$ 线性相关；若 $\boldsymbol{\alpha}_1,\boldsymbol{\alpha}_2,\cdots,\boldsymbol{\alpha}_n$ 线性无关，则 $\boldsymbol{\alpha}_1,\boldsymbol{\alpha}_2,\cdots,\boldsymbol{\alpha}_s$ 线性无关。

（9）$\boldsymbol{\beta}_1,\boldsymbol{\beta}_2,\cdots,\boldsymbol{\beta}_n$ 线性无关，且 $\boldsymbol{\beta}_1,\boldsymbol{\beta}_2,\cdots,\boldsymbol{\beta}_n$ 可由 $\boldsymbol{\alpha}_1,\boldsymbol{\alpha}_2,\cdots,\boldsymbol{\alpha}_n$，则 $\boldsymbol{\alpha}_1,\boldsymbol{\alpha}_2,\cdots,\boldsymbol{\alpha}_n$ 线性无关。

（10）若 $\boldsymbol{\alpha}_1,\boldsymbol{\alpha}_2,\cdots,\boldsymbol{\alpha}_n$ 两两正交，则 $\boldsymbol{\alpha}_1,\boldsymbol{\alpha}_2,\cdots,\boldsymbol{\alpha}_n$ 线性无关。

（11）矩阵（线性变换）属于不同特征值的特征向量线性无关。

（12）设 $\boldsymbol{A}=(\boldsymbol{\alpha}_1,\boldsymbol{\alpha}_2,\cdots,\boldsymbol{\alpha}_n)$，则 $\boldsymbol{Ax}=\boldsymbol{0}$ 只有零解的充分必要条件为 $\boldsymbol{\alpha}_1,\boldsymbol{\alpha}_2,\cdots,\boldsymbol{\alpha}_n$ 线性无关；$\boldsymbol{Ax}=\boldsymbol{0}$ 有非零解的充分必要条件为 $\boldsymbol{\alpha}_1,\boldsymbol{\alpha}_2,\cdots,\boldsymbol{\alpha}_n$ 线性相关。

（13）若 $\boldsymbol{A}=(\boldsymbol{\alpha}_1,\boldsymbol{\alpha}_2,\cdots,\boldsymbol{\alpha}_n)$，则 $|\boldsymbol{A}|\neq 0$ 的充分必要条件为 $\boldsymbol{\alpha}_1,\boldsymbol{\alpha}_2,\cdots,\boldsymbol{\alpha}_n$ 线性无关；$|\boldsymbol{A}|=0$ 的充分必要条件为 $\boldsymbol{\alpha}_1,\boldsymbol{\alpha}_2,\cdots,\boldsymbol{\alpha}_n$ 线性相关。

3.1.3 基本方法

令 $\boldsymbol{A}=(a_{ij})_{n\times n}$，$\boldsymbol{x}=(x_1,\cdots,x_n)^{\mathrm{T}}$，$\boldsymbol{b}=(x_1,\cdots,x_n)^{\mathrm{T}}$，则线性方程组 $\boldsymbol{Ax}=\boldsymbol{b}$ 利用向量组表示为 $\boldsymbol{\alpha}_1x_1+\boldsymbol{\alpha}_2x_2+\cdots+\boldsymbol{\alpha}_nx_n=\boldsymbol{b}$，

（1）若 $\boldsymbol{R}(\boldsymbol{A})=r$，则 $\boldsymbol{Ax}=\boldsymbol{0}$ 只有零解的充分必要条件为 $\boldsymbol{R}(\boldsymbol{A})=r=n$。

（2）齐次线性方程组 $\boldsymbol{Ax}=\boldsymbol{0}$ 有非零解的充分必要条件为 $\boldsymbol{R}(\boldsymbol{A})=r<n$。

（3）线性方程组$\boldsymbol{Ax}=\boldsymbol{b}$有解的充分必要条件为$R(\boldsymbol{A})=R(\boldsymbol{Ab})$；

当$R(\boldsymbol{A})=R(\boldsymbol{Ab})=n$，则$\boldsymbol{Ax}=\boldsymbol{b}$有唯一解；

当$R(\boldsymbol{A})=R(\boldsymbol{Ab})<n$，则$\boldsymbol{Ax}=\boldsymbol{b}$有无穷多解。

（4）克莱姆法则：当$|\boldsymbol{A}|\neq \boldsymbol{0}$时，则$\boldsymbol{Ax}=\boldsymbol{b}$有唯一解$x_i=\dfrac{D_i}{D}$，（$i=1,2,\cdots,n$）.

（5）齐次线性方程组$\boldsymbol{Ax}=\boldsymbol{0}$的解的线性组合仍为其解。$\boldsymbol{Ax}=\boldsymbol{0}$的解向量构成一个向量空间。$\boldsymbol{Ax}=\boldsymbol{0}$的基础解系为其解向量所构成的向量空间的基，基础解系中解向量的个数等于解空间的维数，也等于未知量的个数减去系数矩阵的秩。

（6）线性方程组通解（全部解）：设$\boldsymbol{\eta}_1,\boldsymbol{\eta}_2,\cdots,\boldsymbol{\eta}_{n-r}$为齐次线性方程组$\boldsymbol{Ax}=\boldsymbol{0}$的一个基础解系，则其通解为$\boldsymbol{\eta}=k_1\boldsymbol{\eta}_1+k_2\boldsymbol{\eta}_2+\cdots+k_{n-r}\boldsymbol{\eta}_{n-r}$，其中$n$是未知量的个数，$R(A)=r$；若$\boldsymbol{\eta}_0$是$\boldsymbol{Ax}=\boldsymbol{b}$的任一个解，则$\boldsymbol{Ax}=\boldsymbol{b}$的通解为：

$$\boldsymbol{\eta}=\boldsymbol{\eta}_0+k_1\boldsymbol{\eta}_1+k_2\boldsymbol{\eta}_2+\cdots+k_{n-r}\boldsymbol{\eta}_{n-r}$$

其中$k_1,k_2,\cdots,k_{n-r}$为常数。

3.2 线性方程组的同解

3.2.1 基本概念

若两个线性方程组的解集相等，则称这两个线性方程组是同解的，或是等价的。

高斯消元法求线性方程组的过程就是将原线性方程组化为与之同解的线性方程组。

3.2.2 基本结论

定理 1：设$\boldsymbol{A}=(a_{ij})_{m\times n}$，$\boldsymbol{B}=(b_{ij})_{s\times n}$，则下列命题等价。

（1）n元齐次线性方程组$\boldsymbol{Ax}=\boldsymbol{0}$与$\boldsymbol{Bx}=\boldsymbol{0}$同解。

（2）$\boldsymbol{Ax}=\boldsymbol{0}$与$\begin{pmatrix}\boldsymbol{A}\\\boldsymbol{B}\end{pmatrix}\boldsymbol{x}=\boldsymbol{0}$同解，且$\boldsymbol{Bx}=\boldsymbol{0}$与$\begin{pmatrix}\boldsymbol{A}\\\boldsymbol{B}\end{pmatrix}\boldsymbol{x}=\boldsymbol{0}$同解。

（3）$R(\boldsymbol{A})=R\begin{pmatrix}\boldsymbol{A}\\\boldsymbol{B}\end{pmatrix}=R(\boldsymbol{B})$。

（4）$\boldsymbol{A}$的行向量组与$\boldsymbol{B}$的行向量组等价。

（5）存在$\boldsymbol{P}_{m\times s}$，$\boldsymbol{Q}_{s\times m}$，使得$\boldsymbol{A}=\boldsymbol{PB}$，$\boldsymbol{B}=\boldsymbol{QA}$。

证明:（1）$\Rightarrow$（2）由$\boldsymbol{Ax}=\boldsymbol{0}$与$\boldsymbol{Bx}=\boldsymbol{0}$同解，可知$\begin{pmatrix}\boldsymbol{A}\\\boldsymbol{B}\end{pmatrix}\boldsymbol{x}=\boldsymbol{0}$的解是$\boldsymbol{Ax}=\boldsymbol{0}$的解。

设x_0为$\boldsymbol{Ax}=\boldsymbol{0}$的任一解，则$\boldsymbol{Ax}_0=\boldsymbol{0}$，从而$\boldsymbol{Bx}_0=\boldsymbol{0}$，即$\begin{pmatrix}\boldsymbol{Ax}_0\\\boldsymbol{Bx}_0\end{pmatrix}=\begin{pmatrix}\boldsymbol{A}\\\boldsymbol{B}\end{pmatrix}\boldsymbol{x}_0=\boldsymbol{0}$，故$\boldsymbol{x}_0$为$\begin{pmatrix}\boldsymbol{A}\\\boldsymbol{B}\end{pmatrix}\boldsymbol{x}=\boldsymbol{0}$，即$\boldsymbol{Ax}=\boldsymbol{0}$与$\begin{pmatrix}\boldsymbol{A}\\\boldsymbol{B}\end{pmatrix}\boldsymbol{x}=\boldsymbol{0}$同解。同理$\boldsymbol{Bx}=\boldsymbol{0}$与$\begin{pmatrix}\boldsymbol{A}\\\boldsymbol{B}\end{pmatrix}\boldsymbol{x}=\boldsymbol{0}$同解。

（2）$\Rightarrow$（3）由$\boldsymbol{Ax}=\boldsymbol{0}$与$\begin{pmatrix}\boldsymbol{A}\\\boldsymbol{B}\end{pmatrix}\boldsymbol{x}=\boldsymbol{0}$同解，则两个方程组具有相同的解，即有相同的基础解系，从而基础解系所含向量个数相等，即$n-R(\boldsymbol{A})=n-R\begin{pmatrix}\boldsymbol{A}\\\boldsymbol{B}\end{pmatrix}$，$R(\boldsymbol{A})=R\begin{pmatrix}\boldsymbol{A}\\\boldsymbol{B}\end{pmatrix}$；同理$R\begin{pmatrix}\boldsymbol{A}\\\boldsymbol{B}\end{pmatrix}=R(\boldsymbol{B})$，故$R(\boldsymbol{A})=R\begin{pmatrix}\boldsymbol{A}\\\boldsymbol{B}\end{pmatrix}=R(\boldsymbol{B})$。

（3）$\Rightarrow$（4）由$R(\boldsymbol{A})=R\begin{pmatrix}\boldsymbol{A}\\\boldsymbol{B}\end{pmatrix}$，可知$\boldsymbol{A}$的行向量组的极大无关组也是$\begin{pmatrix}\boldsymbol{A}\\\boldsymbol{B}\end{pmatrix}$的行向量组的极大无关组，从而$\boldsymbol{B}$的行向量组可由$\boldsymbol{A}$的行向量组的极大无关组线性表出，即$\boldsymbol{B}$的行向量组可由$\boldsymbol{A}$的行向量组线性表出；同理$\boldsymbol{A}$的行向量组可由$\boldsymbol{B}$的行向量组线性表出，从而$\boldsymbol{A}$的行向量组与$\boldsymbol{B}$的行向量组等价。

（4）$\Rightarrow$（5）由$\boldsymbol{A}$的行向量组与$\boldsymbol{B}$的行向量组等价，可知$\boldsymbol{A}$的行向量组可由$\boldsymbol{B}$的行向量组线性表出，从而存在$\boldsymbol{P}_{m\times s}$，使得$\boldsymbol{A}=\boldsymbol{PB}$；同理存在$\boldsymbol{Q}_{s\times m}$，使得$\boldsymbol{B}=\boldsymbol{QA}$。

（5）$\Rightarrow$（1）若存在$\boldsymbol{P}_{m\times s}$，$\boldsymbol{Q}_{s\times m}$，使得$\boldsymbol{A}=\boldsymbol{PB}$，$\boldsymbol{B}=\boldsymbol{QA}$，则对于$\boldsymbol{Ax}=\boldsymbol{0}$的任一

解$\boldsymbol{x}_0$，有$\boldsymbol{A}\boldsymbol{x}_0=\boldsymbol{0}$，从而由$\boldsymbol{B}=\boldsymbol{Q}\boldsymbol{A}$有$\boldsymbol{B}\boldsymbol{x}_0=\boldsymbol{Q}\boldsymbol{A}\boldsymbol{x}_0=\boldsymbol{0}$，可知$\boldsymbol{x}_0$也是$\boldsymbol{B}\boldsymbol{x}=\boldsymbol{0}$的解，即$\boldsymbol{A}\boldsymbol{x}=\boldsymbol{0}$的解都是$\boldsymbol{B}\boldsymbol{x}=\boldsymbol{0}$的解；同理$\boldsymbol{B}\boldsymbol{x}=\boldsymbol{0}$的解都是$\boldsymbol{A}\boldsymbol{x}=\boldsymbol{0}$的解，从而$\boldsymbol{A}\boldsymbol{x}=\boldsymbol{0}$与$\boldsymbol{B}\boldsymbol{x}=\boldsymbol{0}$同解。

定理2：设n元线性方程组$\boldsymbol{A}\boldsymbol{x}=\boldsymbol{b}$与$\boldsymbol{B}\boldsymbol{x}=\boldsymbol{d}$均有解，则下列命题等价。

（1）$\boldsymbol{A}\boldsymbol{x}=\boldsymbol{b}$与$\boldsymbol{B}\boldsymbol{x}=\boldsymbol{d}$同解。

（2）$\boldsymbol{A}\boldsymbol{x}=\boldsymbol{b}$，$\boldsymbol{B}\boldsymbol{x}=\boldsymbol{d}$，$\begin{pmatrix}\boldsymbol{A}\\ \boldsymbol{B}\end{pmatrix}\boldsymbol{x}=\begin{pmatrix}\boldsymbol{b}\\ \boldsymbol{d}\end{pmatrix}$三个方程组两两同解。

（3）$R(\boldsymbol{A})=R(\boldsymbol{A},\boldsymbol{b})=R\begin{pmatrix}\boldsymbol{A} & \boldsymbol{b}\\ \boldsymbol{B} & \boldsymbol{d}\end{pmatrix}=R(\boldsymbol{B},\boldsymbol{d})=R(\boldsymbol{B})$。

（4）$n+1$元方程组$(\boldsymbol{A},\boldsymbol{b})\boldsymbol{y}=\boldsymbol{0}$与$(\boldsymbol{B},\boldsymbol{d})\boldsymbol{y}=\boldsymbol{0}$同解。

（5）$(\boldsymbol{A},\boldsymbol{b})$的行向量组与$(\boldsymbol{B},\boldsymbol{d})$的行向量组等价。

（6）存在$\boldsymbol{P}_{m\times s}$，$\boldsymbol{Q}_{s\times m}$，使得$(\boldsymbol{A},\boldsymbol{b})=\boldsymbol{P}(\boldsymbol{B},\boldsymbol{d})$，$(\boldsymbol{B},\boldsymbol{d})=\boldsymbol{Q}(\boldsymbol{A},\boldsymbol{b})$。

证明：条件中（4）⇒（5）⇒（6）⇒（4）的证明仿定理1。

（1）⇒（2）由$\boldsymbol{A}\boldsymbol{x}=\boldsymbol{b}$与$\boldsymbol{B}\boldsymbol{x}=\boldsymbol{d}$同解，则$\begin{pmatrix}\boldsymbol{A}\\ \boldsymbol{B}\end{pmatrix}\boldsymbol{x}=\begin{pmatrix}\boldsymbol{b}\\ \boldsymbol{d}\end{pmatrix}$的解为$\boldsymbol{A}\boldsymbol{x}=\boldsymbol{b}$的解。设$\boldsymbol{x}_0$为$\boldsymbol{A}\boldsymbol{x}=\boldsymbol{b}$的任一解，则$\boldsymbol{A}\boldsymbol{x}_0=\boldsymbol{b}$，且有$\boldsymbol{B}\boldsymbol{x}_0=\boldsymbol{d}$，从而$\begin{pmatrix}\boldsymbol{A}\boldsymbol{x}_0\\ \boldsymbol{B}\boldsymbol{x}_0\end{pmatrix}=\begin{pmatrix}\boldsymbol{A}\\ \boldsymbol{B}\end{pmatrix}\boldsymbol{x}_0=\begin{pmatrix}\boldsymbol{b}\\ \boldsymbol{d}\end{pmatrix}$，即$\boldsymbol{x}_0$为$\begin{pmatrix}\boldsymbol{A}\\ \boldsymbol{B}\end{pmatrix}\boldsymbol{x}=\begin{pmatrix}\boldsymbol{b}\\ \boldsymbol{d}\end{pmatrix}$的解，故$\boldsymbol{A}\boldsymbol{x}=\boldsymbol{b}$与$\begin{pmatrix}\boldsymbol{A}\\ \boldsymbol{B}\end{pmatrix}\boldsymbol{x}=\begin{pmatrix}\boldsymbol{b}\\ \boldsymbol{d}\end{pmatrix}$同解；同理$\boldsymbol{B}\boldsymbol{x}=\boldsymbol{d}$与$\begin{pmatrix}\boldsymbol{A}\\ \boldsymbol{B}\end{pmatrix}\boldsymbol{x}=\begin{pmatrix}\boldsymbol{b}\\ \boldsymbol{d}\end{pmatrix}$同解，即$\boldsymbol{A}\boldsymbol{x}=\boldsymbol{b}$，$\boldsymbol{B}\boldsymbol{x}=\boldsymbol{d}$，$\begin{pmatrix}\boldsymbol{A}\\ \boldsymbol{B}\end{pmatrix}\boldsymbol{x}=\begin{pmatrix}\boldsymbol{b}\\ \boldsymbol{d}\end{pmatrix}$三个方程组两两同解。

（2）⇒（3）由$\boldsymbol{A}\boldsymbol{x}=\boldsymbol{b}$，$\boldsymbol{B}\boldsymbol{x}=\boldsymbol{d}$，$\begin{pmatrix}\boldsymbol{A}\\ \boldsymbol{B}\end{pmatrix}\boldsymbol{x}=\begin{pmatrix}\boldsymbol{b}\\ \boldsymbol{d}\end{pmatrix}$两两同解，可知它们各自的解向量的极大无关组所含向量个数相等，即：

$$n-R(\boldsymbol{A})+1=n-R\begin{pmatrix}\boldsymbol{A}\\ \boldsymbol{B}\end{pmatrix}+1=n-R(\boldsymbol{B})+1$$

又 $\boldsymbol{Ax}=\boldsymbol{b}$，$\boldsymbol{Bx}=\boldsymbol{d}$ 都有解，则 $\begin{pmatrix}\boldsymbol{A}\\ \boldsymbol{B}\end{pmatrix}\boldsymbol{x}=\begin{pmatrix}\boldsymbol{b}\\ \boldsymbol{d}\end{pmatrix}$ 也有解，从而 $R(\boldsymbol{A})=R(\boldsymbol{A},\boldsymbol{b})$，$R(\boldsymbol{B},\boldsymbol{d})=R(\boldsymbol{B})$，$R\begin{pmatrix}\boldsymbol{A}\\ \boldsymbol{B}\end{pmatrix}=R\begin{pmatrix}\boldsymbol{A} & \boldsymbol{b}\\ \boldsymbol{B} & \boldsymbol{d}\end{pmatrix}$，即：

$$R(\boldsymbol{A})=R(\boldsymbol{A},\boldsymbol{b})=R\begin{pmatrix}\boldsymbol{A} & \boldsymbol{b}\\ \boldsymbol{B} & \boldsymbol{d}\end{pmatrix}=R(\boldsymbol{B},\boldsymbol{d})=R(\boldsymbol{B})$$

（3）⇒（4）由 $R(\boldsymbol{A},\boldsymbol{b})=R(\boldsymbol{B},\boldsymbol{d})$ 及定理 1，可知 $(\boldsymbol{A},\boldsymbol{b})\boldsymbol{y}=\boldsymbol{0},(\boldsymbol{B},\boldsymbol{d})\boldsymbol{y}=\boldsymbol{0}$ 同解。

（4）⇒（1）设 $\boldsymbol{x}_0$ 为 $\boldsymbol{Ax}=\boldsymbol{b}$ 的任一解，则 $\boldsymbol{Ax}_0=\boldsymbol{b}$，从而 $\boldsymbol{Ax}_0-\boldsymbol{b}=\boldsymbol{0}$，即 $(\boldsymbol{A},\boldsymbol{b})\begin{pmatrix}\boldsymbol{x}_0\\ -\boldsymbol{1}\end{pmatrix}=\boldsymbol{0}$。令 $\boldsymbol{y}_0=\begin{pmatrix}\boldsymbol{x}_0\\ -1\end{pmatrix}$，则 $\boldsymbol{y}_0$ 为 $(\boldsymbol{A},\boldsymbol{b})\boldsymbol{y}=\boldsymbol{0}$ 的解，从而 $\boldsymbol{y}_0$ 为 $(\boldsymbol{B},\boldsymbol{d})\boldsymbol{y}=\boldsymbol{0}$ 的解，即 $\boldsymbol{Bx}_0=\boldsymbol{d}$，故 $\boldsymbol{Ax}=\boldsymbol{b}$ 的解都是 $\boldsymbol{Bx}=\boldsymbol{d}$ 的解；同理 $\boldsymbol{Bx}=\boldsymbol{d}$ 的解也都是 $\boldsymbol{Ax}=\boldsymbol{b}$ 的解，从而 $(\boldsymbol{A},\boldsymbol{b})\boldsymbol{y}=\boldsymbol{0}$ 与 $(\boldsymbol{B},\boldsymbol{d})\boldsymbol{y}=\boldsymbol{0}$ 同解。

例（西安工程大学，2021）设两个线性方程组：

$$\begin{cases}x_1+x_2+x_3=0\\ x_1+2x_2+ax_3=0\end{cases}\text{与}\begin{cases}x_1+4x_2+a^2x_3=0\\ x_1+2x_2+x_3=a-1\end{cases}$$

有公共解，求 a 的值及所有公共解。

解：（方法一）由于方程组 1 和方程组 2 有公共解，即联立的方程组 3 有解：

$$\begin{cases}x_1+x_2+x_3=0\\ x_1+2x_2+ax_3=0\\ x_1+4x_2+a^2x_3=0\\ x_1+2x_2+x_3=a-1\end{cases}$$

对增广矩阵做初等变换，得：

$$\overline{\boldsymbol{A}}=\begin{pmatrix}1 & 1 & 1 & 0\\ 1 & 2 & a & 0\\ 1 & 4 & a^2 & 0\\ 1 & 2 & 1 & a-1\end{pmatrix}\to\begin{pmatrix}1 & 0 & 1 & 1-a\\ 0 & 1 & 0 & a-1\\ 0 & 0 & a-1 & 1-a\\ 0 & 0 & 0 & (a-1)(a-2)\end{pmatrix}\triangleq\boldsymbol{B}$$

由于方程组 3 有解，则有 $(a-1)(a-2)=0$，即 $a=1$，$a=2$；

当$a=1$时，$\boldsymbol{B}=\begin{pmatrix}1&0&1&0\\0&1&0&0\\0&0&0&0\\0&0&0&0\end{pmatrix}$可得方程组 1,2 的公共解$\boldsymbol{x}=k(-1,0,1)^{\mathrm{T}}$，其中$k$为任意常数；

当$a=2$时，$\boldsymbol{B}=\begin{pmatrix}1&0&1&-1\\0&1&0&1\\0&0&1&-1\\0&0&0&0\end{pmatrix}\to\begin{pmatrix}1&0&0&0\\0&1&0&1\\0&0&1&-1\\0&0&0&0\end{pmatrix}$，故其公共解为$\begin{pmatrix}0\\1\\-1\end{pmatrix}$。

（方法二）方程组 1 的行列式为$\begin{vmatrix}1&1&1\\1&2&a\\1&4&a^2\end{vmatrix}=(a-1)(a-2)$，当$a\neq1,a\neq2$时，方程组 1 只有零解，而零解不是方程组 2 的解；

当$a=1$时，对方程组 1 的系数矩阵做初等变换$\begin{pmatrix}1&1&1\\1&2&1\\1&4&1\end{pmatrix}\to\begin{pmatrix}1&0&1\\0&1&0\\0&0&0\end{pmatrix}$，得其通解为$\boldsymbol{x}=k(-1,0,1)^{\mathrm{T}}$，$k$为任意常数，此解也为方程组 2 的解，故为公共解；

当$a=2$时，对方程组 1 的系数矩阵做初等变换$\begin{pmatrix}1&1&1\\1&2&2\\1&4&4\end{pmatrix}\to\begin{pmatrix}1&0&0\\0&1&1\\0&0&0\end{pmatrix}$，得其通解为$\boldsymbol{x}=k(0,-1,1)^{\mathrm{T}}$，$k$为任意常数，将此解代入方程组 2 得$k=-1$，故其公共解为$\boldsymbol{x}=(0,1,-1)^{\mathrm{T}}$。

3.3 反求方程组

3.3.1 齐次线性方程组

求以n维列向量组$\boldsymbol{\alpha}_1,\boldsymbol{\alpha}_2,\cdots,\boldsymbol{\alpha}_m$为解的齐次线性方程组：

设$\boldsymbol{\alpha}_1,\boldsymbol{\alpha}_2,\cdots,\boldsymbol{\alpha}_m$线性无关（若线性相关，取其极大无关组），令$\boldsymbol{\alpha}_1,\boldsymbol{\alpha}_2,\cdots,\boldsymbol{\alpha}_m$为

行向量构成矩阵$\boldsymbol{A}$，设$\boldsymbol{Ax}=\boldsymbol{0}$的基础解系为$\boldsymbol{\beta}_1,\boldsymbol{\beta}_2,\cdots,\boldsymbol{\beta}_{n-m}$，其按行向量构成矩阵$\boldsymbol{B}$，则方程组$\boldsymbol{Bx}=\boldsymbol{0}$（所求方程组）的一个基础解系为$\boldsymbol{\alpha}_1,\boldsymbol{\alpha}_2,\cdots,\boldsymbol{\alpha}_m$。

3.3.2 非齐次线性方程组

与齐次线性方程组不同，以任意向量组为解的非齐次线性方程组不一定存在。

命题：设$\boldsymbol{\alpha}_i=(a_{i1},a_{i2},\cdots,a_{in})^{\mathrm{T}}$，$i=1,2,\cdots,t$线性无关，以$\boldsymbol{\alpha}_1-\boldsymbol{\alpha}_t,\boldsymbol{\alpha}_2-\boldsymbol{\alpha}_t$，$\cdots$，$\boldsymbol{\alpha}_{t-1}-\boldsymbol{\alpha}_t$为基础解系的齐次线性方程组为$\boldsymbol{Bx}=\boldsymbol{0}$，$\boldsymbol{B}$为$(n-(t-1))\times n$矩阵，则$\boldsymbol{Bx}=\boldsymbol{B\alpha}_1$的全部解以$\boldsymbol{\alpha}_1,\cdots,\boldsymbol{\alpha}_t$为极大无关组。

例1 求以$\boldsymbol{\beta}_1=(1,-1,0,0)^{\mathrm{T}},\boldsymbol{\beta}_2=(1,1,0,1)^{\mathrm{T}},\boldsymbol{\beta}_3=(2,0,1,1)^{\mathrm{T}}$为解向量的齐次线性方程组。

解：易知$\boldsymbol{\beta}_1,\boldsymbol{\beta}_2,\boldsymbol{\beta}_3$的极大无关组为$\boldsymbol{\beta}_1,\boldsymbol{\beta}_2$，构造矩阵$\boldsymbol{B}=(\boldsymbol{\beta}_1^{\mathrm{T}},\boldsymbol{\beta}_2^{\mathrm{T}})$为系数矩阵的齐次线性方程组，其基础解系为$\boldsymbol{\alpha}_1=(-\frac{1}{2},\frac{1}{2},1,0)^{\mathrm{T}},\boldsymbol{\alpha}_2=(-\frac{1}{2},-\frac{1}{2},0,1)^{\mathrm{T}}$，所求齐次线性方程组为：

$$\begin{cases}-\frac{1}{2}x_1+\frac{1}{2}x_2+x_3=0\\ -\frac{1}{2}x_1-\frac{1}{2}x_2+x_4=0\end{cases}$$

即：

$$\begin{cases}x_1-x_2-2x_3=0\\ x_1+x_2-2x_4=0\end{cases}$$

例2 设$\boldsymbol{\alpha}_1=(1,2,-1,0,4),\boldsymbol{\alpha}_2=(-1,3,2,4,1),\boldsymbol{\alpha}_3=(2,9,-1,4,13)$，$W=L(\boldsymbol{\alpha}_1,\boldsymbol{\alpha}_2,\boldsymbol{\alpha}_3)$是由这三个向量生成的线性空间$P^5$的子空间；（1）求以$W$为其解空间的齐次线性方程组；（2）求以$V=\{\eta+\alpha\mid\alpha\in W\}$为解集的非齐次线性方程组，其中$\eta=(1,2,1,2,1)$。

解：（1）对矩阵做初等行变换，得：

$$(\boldsymbol{\alpha}_1,\boldsymbol{\alpha}_2,\boldsymbol{\alpha}_3)\to\begin{pmatrix}1&0&3\\0&1&1\\0&0&0\\0&0&0\\0&0&0\end{pmatrix}$$

由此可得$\boldsymbol{\alpha}_1,\boldsymbol{\alpha}_2$为$\boldsymbol{\alpha}_1,\boldsymbol{\alpha}_2,\boldsymbol{\alpha}_3$的一个极大无关组，即$W=L(\boldsymbol{\alpha}_1,\boldsymbol{\alpha}_2)$。（1）以$\boldsymbol{\alpha}_1,,\boldsymbol{\alpha}_2$为行向量作矩阵$\boldsymbol{A}$，解线性方程组$\boldsymbol{A}\boldsymbol{x}=\boldsymbol{0}$可得基础解系：

$$\boldsymbol{\beta}_1=(7,-1,5,0,0)^{\mathrm{T}}，\boldsymbol{\beta}_2=(8,-4,0,5,0)^{\mathrm{T}}，\boldsymbol{\beta}_3=(-2,-1,0,0,1)^{\mathrm{T}}$$

取：

$$\boldsymbol{B}=\begin{pmatrix}7&-1&5&0&0\\8&-4&0&5&0\\-2&-1&0&0&1\end{pmatrix}$$

则所求方程组为：

$$\begin{cases}7x_1-x_2+5x_3=0\\8x_1-4x_2+5x_4=0\\-2x_1-x_2+x_5=0\end{cases}$$

（2）由（1）中所得$\boldsymbol{B}$，做线性方程组$\boldsymbol{B}\boldsymbol{x}=\boldsymbol{B}\boldsymbol{\eta}$，则该线性方程组是以$V$为解集的非齐次线性方程组：事实上，对$V$中任意向量$\boldsymbol{\eta}+\boldsymbol{\alpha},\boldsymbol{\alpha}\in V$有：

$$\boldsymbol{B}(\boldsymbol{\eta}+\boldsymbol{\alpha})=\boldsymbol{B}\boldsymbol{\eta}$$

即$\boldsymbol{\eta}+\boldsymbol{\alpha}$为$\boldsymbol{B}\boldsymbol{x}=\boldsymbol{B}\boldsymbol{\eta}$的解；又若$\boldsymbol{\xi}$是$\boldsymbol{B}\boldsymbol{x}=\boldsymbol{B}\boldsymbol{\eta}$的解，则$\boldsymbol{\xi}-\boldsymbol{\eta}$是齐次线性方程组$\boldsymbol{B}\boldsymbol{x}=\boldsymbol{0}$的解，则存在数看$k_1,k_2$，使得$\boldsymbol{\xi}-\boldsymbol{\eta}=k_1\boldsymbol{\alpha}_1+k_2\boldsymbol{\alpha}_2$，即$\boldsymbol{\xi}=\boldsymbol{\eta}+k_1\boldsymbol{\alpha}_1+k_2\boldsymbol{\alpha}_2$，说明$\boldsymbol{\xi}\in V$，则所求方程组为：

$$\begin{cases}7x_1-x_2+5x_3=0\\8x_1-4x_2+5x_4=10\\-2x_1-x_2+x_5=-3\end{cases}$$

例3（西安电子科技大学，2005）设四元齐次线性方程组1为$\begin{cases}2x_1+3x_2-x_3=0\\x_1+2x_2+x_3-x_4=0\end{cases}$，

另一四元齐次线性方程组 2 的基础解系为$\boldsymbol{\alpha}_1=(2,-1,a+2,1)^{\mathrm{T}}$，$\boldsymbol{\alpha}_2=(-1,2,4,a+8)^{\mathrm{T}}$；

（1）求方程组 1 的一个基础解系；

（2）当a为何值时，方程组 1、2 有非零公共解，并求出全部非零公共解。

解:（1）对方程组 1 的系数矩阵做初等变换，得：

$$\boldsymbol{A}=\begin{pmatrix}2&3&-1&0\\1&2&1&-1\end{pmatrix}\to\begin{pmatrix}1&0&-5&3\\0&1&3&-2\end{pmatrix}$$

得 1 的一个基础解系为$\boldsymbol{\beta}_1=(5,-3,1,0)^{\mathrm{T}}$，$\boldsymbol{\beta}_2=(-3,2,0,1)^{\mathrm{T}}$。

（2）令$\boldsymbol{B}=(\boldsymbol{\beta}_1,\boldsymbol{\beta}_2,\boldsymbol{\alpha}_1,\boldsymbol{\alpha}_2)$，做初等变换，得：

$$\boldsymbol{B}=\begin{pmatrix}5&-3&2&-1\\-3&2&-1&2\\1&0&a+2&4\\0&1&1&a+8\end{pmatrix}\to\begin{pmatrix}1&0&a+2&4\\0&1&1&a+8\\0&0&-5(a+1)&3(a+1)\\0&0&3(a+1)&-2(a+1)\end{pmatrix}$$

注意当$a\neq-1$时，$\begin{pmatrix}-5(a+1)\\3(a+1)\end{pmatrix}$与$\begin{pmatrix}3(a+1)\\-2(a+1)\end{pmatrix}$做任何非零的线性组合都不可能使之为零，而要方程组（1）（2）有非零公共解，则$a=-1$，此时有：

$$\boldsymbol{B}\to\begin{pmatrix}1&0&1&4\\0&1&1&7\\0&0&0&0\\0&0&0&0\end{pmatrix}\to\begin{pmatrix}\frac{7}{3}&-\frac{4}{3}&1&0\\-\frac{1}{3}&\frac{1}{3}&0&1\\0&0&0&0\\0&0&0&0\end{pmatrix}$$

即$\boldsymbol{\beta}_1,\boldsymbol{\beta}_2$与$\boldsymbol{\alpha}_1,\boldsymbol{\alpha}_2$相互线性表出，则方程组（1）（2）的所有非零公共解为$k_1\boldsymbol{\beta}_1+k_2\boldsymbol{\beta}_2$，$k_1,k_2$为任意常数。

3.4 向量组的线性相关性

向量组的线性相关性在数学专业中有非常重要的作用，它与行列式、矩阵、线性方程组的解、二次型、线性变换和欧氏空间都有非常密切的联系；同时在空间解析几何、高等几何、复变函数及常微分方程中都有广泛的应用，因而需要准确掌握其基本概念，灵活运用有关定理、结论，然而向量组的线性相关性的判定与证明比较抽象和难理解。实际上，向量组的线性相关与线性无关是相对的，只要掌握了线性相关的判定与证明，求解与线性无关相关的问题就变得容易了。下面从一个向量组向量间的线性相关性和两个向量组间的线性相关性出发，总结出了判定与证明向量组线性相关性的几种方法。

3.4.1　一个向量组向量间线性相关性的判定与证明

3.4.1.1　定义法

定义法是判定或证明向量组的线性相关性的基本方法，对于分量给出的具体向量组和分量没有给出的抽象向量组均适应。

定义 1：设向量组 $\boldsymbol{\alpha}_1,\boldsymbol{\alpha}_2,\cdots,\boldsymbol{\alpha}_s\,(s\geqslant 1)$，若数域 P 中存在不全为零的数 $k_1,k_2,\cdots,k_s$，使得 $k_1\boldsymbol{\alpha}_1+k_2\boldsymbol{\alpha}_2+\cdots+k_s\boldsymbol{\alpha}_s=\mathbf{0}$，则称向量组 $\boldsymbol{\alpha}_1,\boldsymbol{\alpha}_2,\cdots,\boldsymbol{\alpha}_s$ 线性相关，否则，称向量组 $\boldsymbol{\alpha}_1,\boldsymbol{\alpha}_2,\cdots,\boldsymbol{\alpha}_s$ 线性无关。

3.4.1.2　利用向量组的线性相关性的相关结论

定理 1：设 $\boldsymbol{\alpha}_1,\boldsymbol{\alpha}_2,\cdots,\boldsymbol{\alpha}_s$ 线性相关，则至少有一个向量可由其余 $s-1$ 个向量线性表示。反之亦然。由定义可知，此方法为（1）的等价变形。

定理 2：设 $\boldsymbol{\alpha}_1,\boldsymbol{\alpha}_2,\cdots,\boldsymbol{\alpha}_s$ 线性无关，$\boldsymbol{\alpha}_1,\boldsymbol{\alpha}_2,\cdots,\boldsymbol{\alpha}_s,\boldsymbol{\beta}$ 线性相关，则 $\boldsymbol{\beta}$ 可由 $\boldsymbol{\alpha}_1,\boldsymbol{\alpha}_2,\cdots,\boldsymbol{\alpha}_s$ 线性表示且表法唯一。

定理 3：线性无关的向量组的任意部分也线性无关。

定理 4：若一个向量组中有一个部分组线性相关，则该向量组线性相关。

定理 5：设 $\boldsymbol{\alpha}_1,\boldsymbol{\alpha}_2,\cdots,\boldsymbol{\alpha}_s\in R^n$，若 $s>n$，则 $\boldsymbol{\alpha}_1,\boldsymbol{\alpha}_2,\cdots,\boldsymbol{\alpha}_s$ 线性相关。

特别地，$n+1$ 个 n 维向量必线性相关。

定理 6：若 m 维向量 $\boldsymbol{\alpha}_1,\boldsymbol{\alpha}_2,\cdots,\boldsymbol{\alpha}_s$ 线性无关，将 $\boldsymbol{\alpha}_1,\boldsymbol{\alpha}_2,\cdots,\boldsymbol{\alpha}_s$ 加长成 n 维向量 $\boldsymbol{\beta}_1,\boldsymbol{\beta}_2,\cdots,\boldsymbol{\beta}_s$，则 $\boldsymbol{\beta}_1,\boldsymbol{\beta}_2,\cdots,\boldsymbol{\beta}_s$ 线性无关。若 $\boldsymbol{\beta}_1,\boldsymbol{\beta}_2,\cdots,\boldsymbol{\beta}_s$ 线性相关，则 $\boldsymbol{\alpha}_1,\boldsymbol{\alpha}_2,\cdots,\boldsymbol{\alpha}_s$ 也线性相关。

定理 7：一个零向量线性相关；一个非零向量线性无关。

定理 8：含有零向量的向量组线性相关。

3.4.1.3 利用方程组的解

此方法是将向量组的线性相关性问题转化为线性方程组的解的问题，利用线性方程组是否有非零解来判断。适合各分量给出的向量组。

定理 9：向量组 $\boldsymbol{\alpha}_1,\boldsymbol{\alpha}_2,\cdots,\boldsymbol{\alpha}_s$ 线性相关的充要条件为以 $\boldsymbol{\alpha}_1,\boldsymbol{\alpha}_2,\cdots,\boldsymbol{\alpha}_s$ 的列向量为系数的齐次线性方程组 $x_1\boldsymbol{\alpha}_1+x_2\boldsymbol{\alpha}_2+\cdots+x_s\boldsymbol{\alpha}_s=\mathbf{0}$ 有非零解。

定理 10：向量组 $\boldsymbol{\alpha}_1,\boldsymbol{\alpha}_2,\cdots,\boldsymbol{\alpha}_s$ 线性无关的充要条件为以 $\boldsymbol{\alpha}_1,\boldsymbol{\alpha}_2,\cdots,\boldsymbol{\alpha}_s$ 的列向量为系数的齐次线性方程组 $x_1\boldsymbol{\alpha}_1+x_2\boldsymbol{\alpha}_2+\cdots+x_s\boldsymbol{\alpha}_s=\mathbf{0}$ 只有零解。

3.4.1.4 利用矩阵的秩与向量组的秩的关系

此方法就是将向量组按行（列）向量构成矩阵，然后利用初等变换将矩阵化为阶梯形，确定矩阵的秩，此时向量组的秩等于矩阵的秩。此法大多适合分量给定的向量组。

定理 11：m 维列（行）向量组 $\boldsymbol{\alpha}_1,\boldsymbol{\alpha}_2,\cdots,\boldsymbol{\alpha}_n$ 线性相关的充要条件是以 $\boldsymbol{\alpha}_1,\boldsymbol{\alpha}_2,\cdots,\boldsymbol{\alpha}_n$ 为列（行）向量的矩阵的秩小于向量的个数 n。

此定理也可理解为以 $\boldsymbol{\alpha}_1,\boldsymbol{\alpha}_2,\cdots,\boldsymbol{\alpha}_n$ 为列（行）向量的矩阵经初等变换化为阶梯形矩阵，若阶梯形矩阵有零行（列），则 $\boldsymbol{\alpha}_1,\boldsymbol{\alpha}_2,\cdots,\boldsymbol{\alpha}_n$ 线性相关，否则线性无关。

3.4.1.5 利用行列式的值

定理 12：若 $\boldsymbol{\alpha}_1,\boldsymbol{\alpha}_2,\cdots,\boldsymbol{\alpha}_n$ 是 n 维向量组，其构成的矩阵 $\boldsymbol{A}=(\boldsymbol{\alpha}_1,\boldsymbol{\alpha}_2,\cdots,\boldsymbol{\alpha}_n)$ 为 n 阶方阵，则当 $|\boldsymbol{A}|=0$ 时，向量组 $\boldsymbol{\alpha}_1,\boldsymbol{\alpha}_2,\cdots,\boldsymbol{\alpha}_n$ 线性相关；当 $|\boldsymbol{A}|\neq 0$ 时，向量组 $\boldsymbol{\alpha}_1,\boldsymbol{\alpha}_2,\cdots,\boldsymbol{\alpha}_n$ 线性无关。

3.4.1.6 反证法

在有些题目中，直接判定或证明结论比较困难，可以从结论的反面出发，推出与已知条件、已知定义、定理、公理等相矛盾的结果，从而证明结论的反面不成立，结论成立。反证法是一种常用的方法。此方法对于分量给出的具体向量组和分量没有给出的抽象向量组均适用。

3.4.1.7 数学归纳法

此方法为数学中常用的方法，主要用于线性相关性的证明。

3.4.1.8 利用向量组的正交性

定理 13：若$\boldsymbol{\alpha}_1,\boldsymbol{\alpha}_2,\cdots,\boldsymbol{\alpha}_m$为$n$维两两正交非零向量组，则$\boldsymbol{\alpha}_1,\boldsymbol{\alpha}_2,\cdots,\boldsymbol{\alpha}_m$线性无关。

3.4.1.9 利用向量组在线性空间中像的线性关系

定理 14：线性空间V中向量组$\boldsymbol{\alpha}_1,\boldsymbol{\alpha}_2,\cdots,\boldsymbol{\alpha}_m$线性相关的充分必要条件是其像$\boldsymbol{\alpha}_1,\boldsymbol{\alpha}_2,\cdots,\boldsymbol{\alpha}_m$线性相关。

3.4.1.10 利用矩阵的特征值与特征向量

定理 15：设σ是线性空间V的一个线性变换，若$\boldsymbol{\alpha}_1,\boldsymbol{\alpha}_2,\cdots,\boldsymbol{\alpha}_m$为$\sigma$的不同特征值$\lambda_1,\lambda_2,\cdots,\lambda_m$的特征向量，则$\boldsymbol{\alpha}_1,\boldsymbol{\alpha}_2,\cdots,\boldsymbol{\alpha}_m$线性无关。

3.4.2 两个向量组线性相关性的判定与证明

3.4.2.1 一个向量$\boldsymbol{b}$与一个向量组$\boldsymbol{\alpha}_1,\boldsymbol{\alpha}_2,\cdots,\boldsymbol{\alpha}_m$的判定与证明

此类问题主要判定与证明$\boldsymbol{b}$能否被向量组$\boldsymbol{\alpha}_1,\boldsymbol{\alpha}_2,\cdots,\boldsymbol{\alpha}_m$线性表示，通常转化为非齐次线性方程组$\boldsymbol{Ax}=\boldsymbol{b}$有无解的判定。

定理 16：向量组$\boldsymbol{\alpha}_1,\boldsymbol{\alpha}_2,\cdots,\boldsymbol{\alpha}_m,\boldsymbol{b}$线性相关的充要条件为以$\boldsymbol{\alpha}_1,\boldsymbol{\alpha}_2,\cdots,\boldsymbol{\alpha}_m$的列向量为系数的非齐次线性方程组$\boldsymbol{x}_1\boldsymbol{\alpha}_1+\boldsymbol{x}_2\boldsymbol{\alpha}_2+\cdots+\boldsymbol{x}_m\boldsymbol{\alpha}_m=\boldsymbol{b}$有非零解。

定理 17：设$\boldsymbol{\alpha}_1,\boldsymbol{\alpha}_2,\cdots,\boldsymbol{\alpha}_m$线性无关，$\boldsymbol{\alpha}_1,\boldsymbol{\alpha}_2,\cdots,\boldsymbol{\alpha}_m,\boldsymbol{\beta}$线性相关，则$\boldsymbol{\beta}$可由$\boldsymbol{\alpha}_1,\boldsymbol{\alpha}_2,\cdots,\boldsymbol{\alpha}_m$线性表示且表法唯一。

定理 18：向量$\boldsymbol{b}$可由向量组$\boldsymbol{\alpha}_1,\boldsymbol{\alpha}_2,\cdots,\boldsymbol{\alpha}_m$线性表示的充要条件是向量组构成的矩阵$\boldsymbol{A}=(\boldsymbol{\alpha}_1,\boldsymbol{\alpha}_2,\cdots,\boldsymbol{\alpha}_m)$的秩等于矩阵$\boldsymbol{B}=(\boldsymbol{\alpha}_1,\boldsymbol{\alpha}_2,\cdots,\boldsymbol{\alpha}_m,\boldsymbol{b})$的秩。

3.4.2.2 两个向量组是否等价或其线性相关性的判定与证明

此类问题主要判定与证明两个向量组是否等价，或两个向量组的线性相关性，通常转化为两个向量组的极大无关组间的关系。

定理 19：设 $\boldsymbol{\alpha}_1,\boldsymbol{\alpha}_2,\cdots,\boldsymbol{\alpha}_m$ 与 $\boldsymbol{\beta}_1,\boldsymbol{\beta}_2,\cdots,\boldsymbol{\beta}_n$ 为两个向量组，如果向量组 $\boldsymbol{\alpha}_1,\boldsymbol{\alpha}_2,\cdots,\boldsymbol{\alpha}_m$ 可以经向量组 $\boldsymbol{\beta}_1,\boldsymbol{\beta}_2,\cdots,\boldsymbol{\beta}_n$ 线性表出，且 $m>n$，那么 $\boldsymbol{\alpha}_1,\boldsymbol{\alpha}_2,\cdots,\boldsymbol{\alpha}_m$ 必线性相关；若 $\boldsymbol{\alpha}_1,\boldsymbol{\alpha}_2,\cdots,\boldsymbol{\alpha}_m$ 线性无关，则 $m\leqslant n$。

定理 20：任意一个极大无关组都与向量组本身等价。

定理 21：所含向量个数相等的两个等价的向量组具有相同的线性相关性。

以上归纳了向量组线性相关性的判定与证明的几种常用的方法，在判定与证明向量组线性相关和线性无关时，需要根据条件灵活运用。

3.5 试题解析

<u>例 1</u>（南昌大学，2020）证明向量组 $\boldsymbol{\alpha}_1,\boldsymbol{\alpha}_2,\cdots,\boldsymbol{\alpha}_r$ 线性相关的充要条件为至少有一个 $\boldsymbol{\alpha}_i$（$1<i\leqslant r$）可被 $\boldsymbol{\alpha}_1,\boldsymbol{\alpha}_2,\cdots,\boldsymbol{\alpha}_{i-1}$ 线性表出。

证明：若向量组 $\boldsymbol{\alpha}_1,\boldsymbol{\alpha}_2,\cdots,\boldsymbol{\alpha}_r$ 至少有一个 $\boldsymbol{\alpha}_i$（$1<i\leqslant r$）可被 $\boldsymbol{\alpha}_1,\boldsymbol{\alpha}_2,\cdots,\boldsymbol{\alpha}_{i-1}$ 线性表出，则存在不全为零的数 $k_1,k_2,\cdots,k_{i-1}$，使得 $\boldsymbol{\alpha}_i=k_1\boldsymbol{\alpha}_1+k_2\boldsymbol{\alpha}_2+\cdots+k_{i-1}\boldsymbol{\alpha}_{i-1}$，从而：

$$k_1\boldsymbol{\alpha}_1+k_2\boldsymbol{\alpha}_2+\cdots+k_{i-1}\boldsymbol{\alpha}_{i-1}-\boldsymbol{\alpha}_i+0\boldsymbol{\alpha}_{i+1}+\cdots+0\boldsymbol{\alpha}_r=\mathbf{0}$$

故 $\boldsymbol{\alpha}_1,\boldsymbol{\alpha}_2,\cdots,\boldsymbol{\alpha}_r$ 线性相关。

设 $\boldsymbol{\alpha}_1,\boldsymbol{\alpha}_2,\cdots,\boldsymbol{\alpha}_r$ 线性相关，则存在不全为零的数 $k_1,k_2,\cdots,k_r$，使：

$$k_1\boldsymbol{\alpha}_1+\cdots+k_{i-1}\boldsymbol{\alpha}_{i-1}+k_i\boldsymbol{\alpha}_i+\cdots+k_r\boldsymbol{\alpha}_r=\mathbf{0}$$

若 k_i 是最后一个不为零的系数，即 $k_1\boldsymbol{\alpha}_1+\cdots+k_{i-1}\boldsymbol{\alpha}_{i-1}+k_i\boldsymbol{\alpha}_i=\mathbf{0}$。由已知 $\boldsymbol{\alpha}_1\neq\mathbf{0}$，则 $i\neq 1$，即不可能是 $k_1\boldsymbol{\alpha}_1=\mathbf{0}$，从而 $1<i\leqslant r$，故：

$$\boldsymbol{\alpha}_i=-\frac{k_1}{k_i}\boldsymbol{\alpha}_1-\frac{k_2}{k_i}\boldsymbol{\alpha}_2-\cdots-\frac{k_{i-1}}{k_i}\boldsymbol{\alpha}_{i-1}$$

即$\boldsymbol{\alpha}_i$可被$\boldsymbol{\alpha}_1,\boldsymbol{\alpha}_2,\cdots,\boldsymbol{\alpha}_{i-1}$线性表出。

例 2（西安工程大学，2021）设向量组$\boldsymbol{\alpha}_1=(1+a,1,1,1)^{\mathrm{T}}$，$\boldsymbol{\alpha}_2=(2,,2+a,2,2)^{\mathrm{T}}$，$\boldsymbol{\alpha}_3=(3,,3+a,3,3)^{\mathrm{T}}$，$\boldsymbol{\alpha}_4=(4,4,4,4+a)^{\mathrm{T}}$，问$a$为何值时，$\boldsymbol{\alpha}_1,\boldsymbol{\alpha}_2,\boldsymbol{\alpha}_3,\boldsymbol{\alpha}_4$线性相关？当$\boldsymbol{\alpha}_1,\boldsymbol{\alpha}_2,\boldsymbol{\alpha}_3,\boldsymbol{\alpha}_4$线性相关时，求其一个极大无关组，并将其余向量用其表示。

解：记$\boldsymbol{A}=(\boldsymbol{\alpha}_1,\boldsymbol{\alpha}_2,\boldsymbol{\alpha}_3,\boldsymbol{\alpha}_4)$，则：

$$|\boldsymbol{A}|=\begin{vmatrix}1+a & 2 & 3 & 4\\ 1 & 2+a & 3 & 4\\ 1 & 2 & 3+a & 4\\ 1 & 2 & 3 & 4+a\end{vmatrix}=(a+10)a^3$$

当$|\boldsymbol{A}|=0$时，即$a=0$或$a=-10$时，$\boldsymbol{\alpha}_1,\boldsymbol{\alpha}_2,\boldsymbol{\alpha}_3,\boldsymbol{\alpha}_4$线性相关。

当$a=0$时，$R(\boldsymbol{A})=1$，则$\boldsymbol{\alpha}_1$为$\boldsymbol{\alpha}_1,\boldsymbol{\alpha}_2,\boldsymbol{\alpha}_3,\boldsymbol{\alpha}_4$的一个极大无关组，且$\boldsymbol{\alpha}_2=2\boldsymbol{\alpha}_1$，$\boldsymbol{\alpha}_3=3\boldsymbol{\alpha}_1$，$\boldsymbol{\alpha}_4=4\boldsymbol{\alpha}_1$。

当$a=-10$时，对矩阵做初等变换，可得：

$$\boldsymbol{A}=\begin{pmatrix}-9 & 2 & 3 & 4\\ 1 & -8 & 3 & 4\\ 1 & 2 & -7 & 4\\ 1 & 2 & 3 & -6\end{pmatrix}\to\begin{pmatrix}0 & 0 & 0 & 0\\ 1 & -1 & 0 & 0\\ 1 & 0 & -1 & 0\\ 1 & 0 & 0 & -1\end{pmatrix}\overset{\Delta}{=}(\boldsymbol{\beta}_1,\boldsymbol{\beta}_2,\boldsymbol{\beta}_3,\boldsymbol{\beta}_4)$$

由$\boldsymbol{\beta}_2,\boldsymbol{\beta}_3,\boldsymbol{\beta}_4$为$\boldsymbol{\beta}_1,\boldsymbol{\beta}_2,\boldsymbol{\beta}_3,\boldsymbol{\beta}_4$的极大无关组，且$\boldsymbol{\beta}_1=-\boldsymbol{\beta}_2-\boldsymbol{\beta}_3-\boldsymbol{\beta}_4$，故$\boldsymbol{\alpha}_2,\boldsymbol{\alpha}_3,\boldsymbol{\alpha}_4$为$\boldsymbol{\alpha}_1,\boldsymbol{\alpha}_2,\boldsymbol{\alpha}_3,\boldsymbol{\alpha}_4$的一个极大无关组，且$\boldsymbol{\alpha}_1=-\boldsymbol{\alpha}_2-\boldsymbol{\alpha}_3-\boldsymbol{\alpha}_4$。

例 3（华南理工大学，2020）已知$\boldsymbol{\alpha}_1=(1,2,0)$，$\boldsymbol{\alpha}_2=(1,a+2,-3a)$，$\boldsymbol{\alpha}_3=(-1,-b-2,a+2b)$，$\boldsymbol{\beta}=(1,3,-3)$，求$a,b$的值使得（1）$\boldsymbol{\beta}$不可被$\boldsymbol{\alpha}_1,\boldsymbol{\alpha}_2,\boldsymbol{\alpha}_3$线性表出；（2）$\boldsymbol{\beta}$可被$\boldsymbol{\alpha}_1,\boldsymbol{\alpha}_2,\boldsymbol{\alpha}_3$唯一线性表出，并求表达式；（3）$\boldsymbol{\beta}$可被$\boldsymbol{\alpha}_1,\boldsymbol{\alpha}_2,\boldsymbol{\alpha}_3$线性表出且不唯一，并求表达式。

解：对矩阵做行初等变换，得：

$$(\boldsymbol{\alpha}_1^{\mathrm{T}},\boldsymbol{\alpha}_2^{\mathrm{T}},\boldsymbol{\alpha}_3^{\mathrm{T}},\boldsymbol{\beta})=\begin{pmatrix}1&1&-1&1\\2&a+2&-b-2&3\\0&-3a&a+2b&-3\end{pmatrix}\to\begin{pmatrix}1&1&-1&1\\0&a&-b&1\\0&0&a-b&0\end{pmatrix}$$

当$a=b=0$时，$R(\boldsymbol{\alpha}_1,\boldsymbol{\alpha}_2,\boldsymbol{\alpha}_3)\neq R(\boldsymbol{\alpha}_1,\boldsymbol{\alpha}_2,\boldsymbol{\alpha}_3,\boldsymbol{\beta})$，则$\boldsymbol{\beta}$不可被$\boldsymbol{\alpha}_1,\boldsymbol{\alpha}_2,\boldsymbol{\alpha}_3$线性表出。

当$R(\boldsymbol{\alpha}_1,\boldsymbol{\alpha}_2,\boldsymbol{\alpha}_3)=R(\boldsymbol{\alpha}_1,\boldsymbol{\alpha}_2,\boldsymbol{\alpha}_3,\boldsymbol{\beta})=3$时，$a-b\neq 0$且$a\neq 0$，$\boldsymbol{\beta}$可被$\boldsymbol{\alpha}_1,\boldsymbol{\alpha}_2,\boldsymbol{\alpha}_3$唯一线性表出，且$\boldsymbol{\beta}=\dfrac{a-1}{a}\boldsymbol{\alpha}_1+\dfrac{1}{a}\boldsymbol{\alpha}_2$。

当$R(\boldsymbol{\alpha}_1,\boldsymbol{\alpha}_2,\boldsymbol{\alpha}_3)=R(\boldsymbol{\alpha}_1,\boldsymbol{\alpha}_2,\boldsymbol{\alpha}_3,\boldsymbol{\beta})<3$时，$a-b=0$且$a\neq 0$，$\boldsymbol{\beta}$可被$\boldsymbol{\alpha}_1,\boldsymbol{\alpha}_2,\boldsymbol{\alpha}_3$线性表出且不唯一，且$\boldsymbol{\beta}=\dfrac{a-1}{a}\boldsymbol{\alpha}_1+\left(\dfrac{1}{a}+k\right)\boldsymbol{\alpha}_2+k\boldsymbol{\alpha}_3$，$k$为任意常数。

例 4（西安工程大学，2019）设向量组$\boldsymbol{\alpha}_1,\boldsymbol{\alpha}_2,\boldsymbol{\alpha}_3$线性无关，$\boldsymbol{\beta}_1=\boldsymbol{\alpha}_1+\boldsymbol{\alpha}_2+2\boldsymbol{\alpha}_3$，$\boldsymbol{\beta}_2=\boldsymbol{\alpha}_1+3\boldsymbol{\alpha}_3$，$\boldsymbol{\beta}_3=\boldsymbol{\alpha}_2+4\boldsymbol{\alpha}_3$，证明向量组$\boldsymbol{\beta}_1,\boldsymbol{\beta}_2,\boldsymbol{\beta}_3$线性无关。

证明：设$k_1\boldsymbol{\beta}_1+k_2\boldsymbol{\beta}_2+k_3\boldsymbol{\beta}_3=\boldsymbol{0}$，则：

$$(k_1+k_2)\boldsymbol{\alpha}_1+(k_1+k_3)\boldsymbol{\alpha}_2+(2k_1+3k_2+4k_3)\boldsymbol{\alpha}_3=\boldsymbol{0}$$

又$\boldsymbol{\alpha}_1,\boldsymbol{\alpha}_2,\boldsymbol{\alpha}_3$线性无关，则$k_1+k_2=0,k_1+k_3=0,2k_1+3k_2+4k_3=0$，解之可得$k_1=k_2=k_3=0$，故$\boldsymbol{\beta}_1,\boldsymbol{\beta}_2,\boldsymbol{\beta}_3$线性无关。

例 5（西安电子科技大学、西安工程大学，2023）设向量$\boldsymbol{\alpha}_1,\boldsymbol{\alpha}_2,\cdots,\boldsymbol{\alpha}_n$线性无关，证明$\boldsymbol{\alpha}_1+\boldsymbol{\alpha}_2,\boldsymbol{\alpha}_2+\boldsymbol{\alpha}_3,\cdots,\boldsymbol{\alpha}_{n-1}+\boldsymbol{\alpha}_n,\boldsymbol{\alpha}_n+\boldsymbol{\alpha}_1$线性无关的充要条件为$n$为奇数。

证明：对于任意$x_1,x_2,\cdots,x_n\in P$，令：

$$x_1(\boldsymbol{\alpha}_1+\boldsymbol{\alpha}_2)+x_2(\boldsymbol{\alpha}_2+\boldsymbol{\alpha}_3)+\cdots+x_{n-1}(\boldsymbol{\alpha}_{n-1}+\boldsymbol{\alpha}_n)+x_n(\boldsymbol{\alpha}_n+\boldsymbol{\alpha}_1)=\boldsymbol{0}$$

即$(x_1+x_n)\boldsymbol{\alpha}_1+(x_1+x_2)\boldsymbol{\alpha}_2+\cdots+(x_{n-1}+x_n)\boldsymbol{\alpha}_n=\boldsymbol{0}$。

由$\boldsymbol{\alpha}_1,\boldsymbol{\alpha}_2,\cdots,\boldsymbol{\alpha}_n$线性无关，则：

$$\begin{cases} x_1+x_n=0 \\ x_1+x_2=0 \\ \cdots \\ x_{n-1}+x_n=0 \end{cases}$$

故$\boldsymbol{\alpha}_1+\boldsymbol{\alpha}_2,\cdots,\boldsymbol{\alpha}_n+\boldsymbol{\alpha}_1$线性无关的充要条件为方程组仅有零解，方程组仅有零解的充要条件为：

$$\begin{vmatrix} 1 & 0 & \cdots & 0 & 1 \\ 1 & 1 & \cdots & 0 & 0 \\ \vdots & \vdots & & \vdots & \vdots \\ 0 & 0 & \cdots & 1 & 1 \end{vmatrix}=1+(-1)^{1+n}\neq 0$$

系数行列式不为零的充要条件为n为奇数。

<u>例 6</u>（福州大学，2023）设$\boldsymbol{\alpha}_1,\boldsymbol{\alpha}_2,\cdots,\boldsymbol{\alpha}_n$（$n>1$）线性无关，且$\boldsymbol{\beta}=\boldsymbol{\alpha}_1+\cdots+\boldsymbol{\alpha}_n$，证明$\boldsymbol{\beta}-\boldsymbol{\alpha}_1,\boldsymbol{\beta}-\boldsymbol{\alpha}_2,\cdots,\boldsymbol{\beta}-\boldsymbol{\alpha}_n$线性无关。

证明：由已知可得：

$$\boldsymbol{\alpha}_1=\frac{2-n}{n-1}(\boldsymbol{\beta}-\boldsymbol{\alpha}_1)+\frac{1}{n-1}(\boldsymbol{\beta}-\boldsymbol{\alpha}_2)+\cdots+\frac{1}{n-1}(\boldsymbol{\beta}-\boldsymbol{\alpha}_n)$$

$$\boldsymbol{\alpha}_2=\frac{1}{n-1}(\boldsymbol{\beta}-\boldsymbol{\alpha}_1)+\frac{2-n}{n-1}(\boldsymbol{\beta}-\boldsymbol{\alpha}_2)+\cdots+\frac{1}{n-1}(\boldsymbol{\beta}-\boldsymbol{\alpha}_n)$$

$$\cdots\cdots$$

$$\boldsymbol{\alpha}_n=\frac{1}{n-1}(\boldsymbol{\beta}-\boldsymbol{\alpha}_1)+\frac{1}{n-1}(\boldsymbol{\beta}-\boldsymbol{\alpha}_2)+\cdots+\frac{2-n}{n-1}(\boldsymbol{\beta}-\boldsymbol{\alpha}_n)$$

从而$\boldsymbol{\alpha}_1,\boldsymbol{\alpha}_2,\cdots,\boldsymbol{\alpha}_n$可由$\boldsymbol{\beta}-\boldsymbol{\alpha}_1,\boldsymbol{\beta}-\boldsymbol{\alpha}_2,\cdots,\boldsymbol{\beta}-\boldsymbol{\alpha}_n$线性表出，显然$\boldsymbol{\beta}-\boldsymbol{\alpha}_1,\boldsymbol{\beta}-\boldsymbol{\alpha}_2,\cdots,\boldsymbol{\beta}-\boldsymbol{\alpha}_n$可由$\boldsymbol{\alpha}_1,\boldsymbol{\alpha}_2,\cdots,\boldsymbol{\alpha}_n$线性表出，则这两个向量组等价且秩相等，故$\boldsymbol{\beta}-\boldsymbol{\alpha}_1,\boldsymbol{\beta}-\boldsymbol{\alpha}_2,\cdots,\boldsymbol{\beta}-\boldsymbol{\alpha}_n$线性无关。

<u>例 7</u>（西南财经大学，2020）证明两组向量组等价的充要条件为它们的秩相等，且其中一个向量组可由另一个向量组线性表示。

证明：设$\boldsymbol{\alpha}_1,\boldsymbol{\alpha}_2,\cdots,\boldsymbol{\alpha}_s$与$\boldsymbol{\beta}_1,\boldsymbol{\beta}_2,\cdots,\boldsymbol{\beta}_t$为两个等价向量组，则$\boldsymbol{\alpha}_1,\boldsymbol{\alpha}_2,\cdots,\boldsymbol{\alpha}_r$与

$\boldsymbol{\beta}_1,\boldsymbol{\beta}_2,\cdots,\boldsymbol{\beta}_t$ 可相互线性表出；不妨设 $\boldsymbol{\alpha}_1,\boldsymbol{\alpha}_2,\cdots,\boldsymbol{\alpha}_r$ 为 $\boldsymbol{\alpha}_1,\boldsymbol{\alpha}_2,\cdots,\boldsymbol{\alpha}_s$ 的一个极大无关组，则 $\boldsymbol{\alpha}_1,\boldsymbol{\alpha}_2,\cdots,\boldsymbol{\alpha}_r$ 与 $\boldsymbol{\alpha}_1,\boldsymbol{\alpha}_2,\cdots,\boldsymbol{\alpha}_s$ 等价，从而 $\boldsymbol{\alpha}_1,\boldsymbol{\alpha}_2,\cdots,\boldsymbol{\alpha}_r$ 与 $\boldsymbol{\beta}_1,\boldsymbol{\beta}_2,\cdots,\boldsymbol{\beta}_t$ 等价，即 $R(\boldsymbol{\alpha}_1,\boldsymbol{\alpha}_2,\cdots,\boldsymbol{\alpha}_s)=R(\boldsymbol{\beta}_1,\boldsymbol{\beta}_2,\cdots,\boldsymbol{\beta}_t)=r$。

反之，若 $R(\boldsymbol{\alpha}_1,\boldsymbol{\alpha}_2,\cdots,\boldsymbol{\alpha}_s)=R(\boldsymbol{\beta}_1,\boldsymbol{\beta}_2,\cdots,\boldsymbol{\beta}_t)=r$，令 $\boldsymbol{\alpha}_1,\boldsymbol{\alpha}_2,\cdots,\boldsymbol{\alpha}_r$ 为 $\boldsymbol{\alpha}_1,\boldsymbol{\alpha}_2,\cdots,\boldsymbol{\alpha}_s$ 的一个极大无关组，且 $\boldsymbol{\beta}_1,\boldsymbol{\beta}_2,\cdots,\boldsymbol{\beta}_t$ 可由 $\boldsymbol{\alpha}_1,\boldsymbol{\alpha}_2,\cdots,\boldsymbol{\alpha}_s$ 线性表出，则 $\boldsymbol{\beta}_1,\boldsymbol{\beta}_2,\cdots,\boldsymbol{\beta}_t$ 可由 $\boldsymbol{\alpha}_1,\boldsymbol{\alpha}_2,\cdots,\boldsymbol{\alpha}_r$ 线性表出，从而 $\boldsymbol{\alpha}_1,\boldsymbol{\alpha}_2,\cdots,\boldsymbol{\alpha}_r$ 可由 $\boldsymbol{\beta}_1,\boldsymbol{\beta}_2,\cdots,\boldsymbol{\beta}_t$ 线性表出，即 $\boldsymbol{\alpha}_1,\boldsymbol{\alpha}_2,\cdots,\boldsymbol{\alpha}_s$ 可由 $\boldsymbol{\beta}_1,\boldsymbol{\beta}_2,\cdots,\boldsymbol{\beta}_t$ 线性表出，故 $\boldsymbol{\alpha}_1,\boldsymbol{\alpha}_2,\cdots,\boldsymbol{\alpha}_s$ 与 $\boldsymbol{\beta}_1,\boldsymbol{\beta}_2,\cdots,\boldsymbol{\beta}_t$ 等价。

例 8（南京师范大学，武汉理工大学，2024）已知非齐次线性方程组

$$\begin{cases}x_1+x_2+x_3+x_4=-1\\4x_1+3x_2+5x_3-2x_4=-1\\ax_1+x_2+3x_3+bx_4=1\end{cases}$$

有三个线性无关的解，

（1）证明方程组的系数矩阵的秩为 2；

（2）求 a,b 的值及方程组 $\boldsymbol{Ax}=\boldsymbol{b}$ 的通解。

解：（1）设 $\boldsymbol{\alpha}_1,\boldsymbol{\alpha}_2,\boldsymbol{\alpha}_3$ 为 $\boldsymbol{Ax}=\boldsymbol{b}$ 的三个线性无关的解，则 $\boldsymbol{A\alpha}_i=\boldsymbol{b}$（$i=1,2,3$），从而 $\boldsymbol{\alpha}_1-\boldsymbol{\alpha}_2,\boldsymbol{\alpha}_1-\boldsymbol{\alpha}_3$ 为导出组的一个基础解系，所含向量的个数为 $4-R(\boldsymbol{A})=2$，即 $R(\boldsymbol{A})=2$。

（2）由（1）可知方程组的系数矩阵的秩为 2，则有：

$$(\boldsymbol{A},\boldsymbol{b})=\begin{pmatrix}1&1&1&1&-1\\4&3&5&-2&-1\\a&1&3&b&1\end{pmatrix}\to\begin{pmatrix}1&1&1&1&-1\\0&-1&1&-6&3\\0&0&4-2a&b+5a-6&4-2a\end{pmatrix}$$

即 $4-2a=0$，$b+5a-6=0$，解之可得 $a=2$，$b=-4$，从而有：

$$(\boldsymbol{A},\boldsymbol{b})=\begin{pmatrix}1&1&1&1&-1\\4&3&5&-2&-1\\2&1&3&-4&1\end{pmatrix}\to\begin{pmatrix}1&0&2&5&-2\\0&1&-1&6&-3\\0&0&0&0&0\end{pmatrix}$$

原线性方程组的通解方程组为：

$$\begin{cases} x_1 = -2x_3 - 5x_4 + 2 \\ x_2 = x_3 - 6x_4 + 3 \end{cases}$$

解之可得方程组的通解为：

$$\boldsymbol{\eta} = (2,3,0,0)^{\mathrm{T}} + k_1(-2,1,1,0)^{\mathrm{T}} + k_2(-5,-6,0,1)^{\mathrm{T}}$$

其中k_1, k_2为常数。

例 9（电子科技大学，2019）已知线性方程组$\begin{cases} x_1 + 2x_2 + 3x_3 + 4x_4 = 1 \\ 2x_1 + 3x_2 + 4x_3 + 5x_4 = 1 \\ ax_1 + 2x_2 + 3x_3 + bx_4 = 1 \end{cases}$有 3 个线性无关的解，（1）证明方程组系数矩阵的秩为 2，即$R(\boldsymbol{A}) = 2$；（2）求a, b的值及方程组的通解。

解：记方程组为$\boldsymbol{Ax} = \boldsymbol{b}$，设$\boldsymbol{\alpha}_1, \boldsymbol{\alpha}_2, \boldsymbol{\alpha}_3$为方程组的线性无关的解，则$\boldsymbol{A\alpha}_i = \boldsymbol{b}$，$i = 1,2,3$，从而：

$$\boldsymbol{A}\left(\frac{\boldsymbol{\alpha}_1 + \boldsymbol{\alpha}_2}{2}\right) = \boldsymbol{b}，\ \boldsymbol{A}\left(\frac{\boldsymbol{\alpha}_1 + \boldsymbol{\alpha}_3}{2}\right) = \boldsymbol{b}$$

即：

$$\frac{\boldsymbol{\alpha}_1 + \boldsymbol{\alpha}_2}{2}，\ \frac{\boldsymbol{\alpha}_1 + \boldsymbol{\alpha}_3}{2}$$

为线性方程组解向量组的一个极大无关组，从而$2 = 4 - R(\boldsymbol{A})$，即$R(\boldsymbol{A}) = 2$。

对增广矩阵作行初等变换及$R(\boldsymbol{A}) = 2$

$$\begin{pmatrix} 1 & 2 & 3 & 4 & 1 \\ 2 & 3 & 4 & 5 & 1 \\ a & 2 & 3 & b & 1 \end{pmatrix} \to \begin{pmatrix} 1 & 0 & -1 & -2 & -1 \\ 0 & 1 & 2 & 3 & 1 \\ 0 & 0 & a-1 & 2a+b-6 & a-1 \end{pmatrix}$$

则$a - 1 = 0$，$2a + b - 6 = 0$，即$a = 1$，$b = 4$，从而原线性方程组的同解方程组为：

$$\begin{cases} x_1 = -1 + x_3 + 2x_4 \\ x_2 = 1 - 2x_3 - 3x_4 \end{cases}$$

故方程组的通解为 $\boldsymbol{\eta}=(-1,1,0,0)^{\mathrm{T}}+k_1(1,-2,1,0)^{\mathrm{T}}+k_2(2,-3,0,1)^{\mathrm{T}}$，其中 k_1,k_2 为任意常数。

例 10（浙江大学，2024）求线性方程组 $\begin{cases}x_1-2x_2+3x_3-x_4=0\\3x_1+x_2+x_3-3x_4=0\\x_1+5x_2-5x_3-x_4=0\end{cases}$ 的基础解系，若该方程组与另一个解为 $k_1(3,-4,-3,0)^{\mathrm{T}}+k_2(0,2,2,1)^{\mathrm{T}}$ 的方程组有公共解，求出所有公共解。

解：由题可知两个线性方程组均为齐次线性方程组。易得线性方程组的基础解系为 $\boldsymbol{\eta}_1=(-5,8,7,0)^{\mathrm{T}}$，$\boldsymbol{\eta}_2=(1,0,0,1)^{\mathrm{T}}$；

设两个线性方程组的公共解为 $\boldsymbol{\eta}$，则：

$$\boldsymbol{\eta}=l_1(-5,8,7,0)^{\mathrm{T}}+l_2(1,0,0,1)^{\mathrm{T}}=k_1(3,4,-3,0)^{\mathrm{T}}+k_2(0,2,2,1)^{\mathrm{T}}$$

解之可得：

$$\begin{cases}2l_1=k_2\\l_2=k_2\\2k_1=-k_2\end{cases},\quad (l_1,l_2,k_1,k_2)^{\mathrm{T}}=(1,2,-1,2)^{\mathrm{T}}$$

即公共解为 $\boldsymbol{\eta}_0=(-3,8,7,2)^{\mathrm{T}}$，所有公共解为 $\boldsymbol{\eta}_1=p\boldsymbol{\eta}_0$，其中 p 为常数。

例 11（扬州大学，2024）已知 $\boldsymbol{\alpha}_1=(7,-10,1,1,1)^{\mathrm{T}}$，$\boldsymbol{\alpha}_2=(6,-8,-2,3,1)^{\mathrm{T}}$，$\boldsymbol{\alpha}_3=(5,-6,-5,5,1)^{\mathrm{T}}$ 都为齐次线性方程组 $\begin{cases}x_1+x_2+x_3+x_4+x_5=0\\3x_1+2x_2+x_3+x_4+x_5=0\\5x_1+4x_2+3x_3+3x_4-x_5=0\end{cases}$ 的解向量，（1）试判断方程组的解是否都可以用 $\boldsymbol{\alpha}_1,\boldsymbol{\alpha}_2,\boldsymbol{\alpha}_3$ 线性表出，并给出理由；（2）请给出线性方程组的一个基础解系，其中尽可能多的含 $\boldsymbol{\alpha}_1,\boldsymbol{\alpha}_2,\boldsymbol{\alpha}_3$ 中的向量。

解：记方程组为 $\boldsymbol{Ax}=\boldsymbol{0}$，则 $\boldsymbol{A\alpha}_1=\boldsymbol{0}$，$\boldsymbol{A\alpha}_2=\boldsymbol{0}$，$\boldsymbol{A\alpha}_3=\boldsymbol{0}$。易知 $R(\boldsymbol{\alpha}_1,\boldsymbol{\alpha}_2,\boldsymbol{\alpha}_3)=2$，从而 $\boldsymbol{\alpha}_1,\boldsymbol{\alpha}_2,\boldsymbol{\alpha}_3$ 线性相关，$\boldsymbol{\alpha}_1,\boldsymbol{\alpha}_2,\boldsymbol{\alpha}_3$ 的一个极大无关组为 $\boldsymbol{\alpha}_1,\boldsymbol{\alpha}_2$。

对方程组的系数矩阵做行初等变换，得：

$$A=\begin{pmatrix}1&1&1&1&1\\3&2&1&1&1\\5&4&3&3&-1\end{pmatrix}\to\begin{pmatrix}1&0&-1&-1&0\\0&1&2&2&0\\0&0&0&0&1\end{pmatrix}$$

则$R(\boldsymbol{A})=3$，即方程组的基础解系含$5-R(\boldsymbol{A})=5-3=2$个向量，从而方程组的所有解都可以由$\boldsymbol{\alpha}_1,\boldsymbol{\alpha}_2$线性表出，即可由$\boldsymbol{\alpha}_1,\boldsymbol{\alpha}_2,\boldsymbol{\alpha}_3$线性表出，且：

$$\begin{cases}x_1=x_3+x_4\\x_2=-2x_3-2x_4\\x_5=0\end{cases}$$

取自由未知量$\begin{pmatrix}x_3\\x_4\end{pmatrix}$分别为$\begin{pmatrix}1\\0\end{pmatrix},\begin{pmatrix}0\\1\end{pmatrix}$，则可得方程组一组解：

$$\boldsymbol{\beta}_1=(1,-2,1,0,0)^{\mathrm{T}},\quad \boldsymbol{\beta}_2=(1,-2,0,1,0)^{\mathrm{T}}$$

例 12（广西大学，2024）设齐次线性方程组：

$$\begin{cases}a_{11}x_1+a_{12}x_2+\cdots+a_{1n}x_n=0\\a_{21}x_1+a_{22}x_2+\cdots+a_{2n}x_n=0\\\cdots\cdots\\a_{n-1,1}x_1+a_{n-1,2}x_2+\cdots+a_{n-1,n}x_n=0\end{cases}$$

M_i为系数矩阵$\boldsymbol{A}=(a_{ij})_{(n-1)\times n}$中划去第$i$列剩下的$(n-1)\times(n-1)$矩阵的行列式，若$\boldsymbol{A}$的秩为$n-1$，则$\eta_0=(M_1,-M_2,\cdots,(-1)^{n-1}M_n)$为方程组的解。

证明:（方法一）设方程组的系数行列式为D，则$(-1)^{n+1}(M_1,-M_2,\cdots,(-1)^{n-1}M_n)$是$D$的第$n$行的代数余子式，故$(-1)^{n+1}[a_{i1}M_1-a_{i2}M_2+\cdots+a_{in}(-1)^{n-1}M_n]=0$，则$a_{i1}M_1-a_{i2}M_2+\cdots+a_{in}(-1)^{n-1}M_n=0(i=1,2,\cdots,n)$，故$(M_1,-M_2,\cdots,(-1)^{n-1}M_n)$是方程组的解。

（方法二）若$\boldsymbol{A}$的秩为$n-1$，则方程组的基础解系中只有一个解，且$(M_1,-M_2,\cdots,(-1)^{n-1}M_n)\neq\mathbf{0}$，从而得方程组的全部解为$(M_1,-M_2,\cdots,(-1)^{n-1}M_n)$的倍数。

例 13（杭州电子科技大学，2018）设$A=\begin{pmatrix}\lambda & 1 & 1\\ 0 & \lambda-1 & 0\\ 1 & 1 & \lambda\end{pmatrix}$，$b=\begin{pmatrix}a\\1\\1\end{pmatrix}$，已知线性方程组$Ax=b$存在两个不同解，（1）求$\lambda,a$；（2）求$Ax=b$的通解。

解:（1）由于线性方程组有两个不同解，则$R(A)=R(Ab)=2$，即:

$$(Ab)=\begin{pmatrix}\lambda & 1 & 1 & a\\ 0 & \lambda-1 & 0 & 1\\ 1 & 1 & \lambda & 1\end{pmatrix}\to\begin{pmatrix}1 & 1 & \lambda & 1\\ 0 & 1-\lambda & 0 & -1\\ 0 & 0 & 1-\lambda^2 & 1+a-\lambda\end{pmatrix}$$

从而有$1-\lambda^2=0$，$1+a-\lambda=0$且$1-\lambda\neq0$，则$\lambda=-1$，$a=-2$。

（2）由（1）可知:

$$(Ab)=\begin{pmatrix}-1 & 1 & 1 & -2\\ 0 & -2 & 0 & 1\\ 1 & 1 & -1 & 1\end{pmatrix}\to\begin{pmatrix}1 & 0 & -1 & \frac{3}{2}\\ 0 & 1 & 0 & -\frac{1}{2}\\ 0 & 0 & 0 & 0\end{pmatrix}$$

从而得到线性方程组的通解为$\eta=\left(\frac{3}{2},-\frac{1}{2},0\right)^{\mathrm{T}}+k(1,0,1)^{\mathrm{T}}$，$k$为任意常数。

例 14（华中科技大学，2021）求a,b满足什么条件时，方程组:

$$\begin{cases}x_1+x_2+x_3+2x_4=3\\ 2x_1+3x_2+(a+1)x_3+7x_4=8\\ x_1+2x_2\qquad\quad+3x_4=3\\ -x_2+x_3+(a-1)x_4=b-1\end{cases}$$

无解，在满足什么条件时该方程组有解，在有解时求其通解。

解：对增广矩阵做行初等变换，得:

$$\begin{pmatrix}1 & 1 & 1 & 2 & 3\\ 2 & 3 & a+1 & 7 & 7\\ 1 & 2 & 0 & 3 & 3\\ 0 & -1 & 1 & a-1 & b-1\end{pmatrix}\to\begin{pmatrix}1 & 1 & 1 & 2 & 3\\ 0 & 1 & -1 & 1 & 0\\ 0 & 0 & a & 2 & 2\\ 0 & 0 & 0 & a & b-1\end{pmatrix}$$

当$a=0$且$b\neq 1$时，方程组无解。

当$a=0$且$b=1$时，方程组有无穷多解，则上述矩阵继续进行初等变换，有：

$$\begin{pmatrix} 1 & 1 & 1 & 2 & 3 \\ 0 & 1 & -1 & 1 & 0 \\ 0 & 0 & a & 2 & 2 \\ 0 & 0 & 0 & a & b-1 \end{pmatrix} \to \begin{pmatrix} 1 & 0 & 2 & 0 & 2 \\ 0 & 1 & -1 & 0 & -1 \\ 0 & 0 & 0 & 1 & 1 \\ 0 & 0 & 0 & 0 & 0 \end{pmatrix}$$

从而得到方程组的通解为$\boldsymbol{\eta}=(2,-1,0,1)^{\mathrm{T}}+k(-2,1,1,0)^{\mathrm{T}}$，其中$k$为常数；

当$a\neq 0$时，方程组有唯一解，为：

$$\boldsymbol{\eta}=\left(\frac{3a^2-ab+4b-3a-4}{a^2},\frac{2-ab-2b+3a}{a^2},\frac{2(1-b+a)}{a^2},\frac{b-1}{a}\right)^{\mathrm{T}}$$

例 15（南京师范大学，2020）当常数a,b,c满足什么条件时，下列线性方程组有解，并在有解的条件下求出全部解（用特解和对应齐次线性方程组的基础解系表示）。

$$\begin{cases} x_1+2x_2+x_3-x_4+x_5-2x_6+3x_7=1 \\ 2x_1+4x_2+3x_3+5x_5-3x_6+7x_7=a \\ -3x_1-6x_2-2x_3+5x_4+8x_6-7x_7=b \\ -x_1-2x_2+x_3+5x_4+5x_5+5x_6=c \end{cases}$$

解：对增广矩阵做行初等变换，得：

$$\begin{pmatrix} 1 & 2 & 1 & -1 & 1 & -2 & 3 & 1 \\ 2 & 4 & 3 & 0 & 5 & -3 & 7 & a \\ -3 & -6 & -1 & 5 & 0 & 8 & -7 & b \\ -1 & -2 & 1 & 5 & 5 & 5 & 0 & c \end{pmatrix} \to \begin{pmatrix} 1 & 2 & 0 & -3 & -2 & 0 & 5 & -4a+3b+18 \\ 0 & 0 & 1 & 2 & 3 & 0 & 0 & 2a-b-7 \\ 0 & 0 & 0 & 0 & 0 & 1 & 1 & -a+b+5 \\ 0 & 0 & 0 & 0 & 0 & 0 & 0 & -a-b+c \end{pmatrix}$$

则方程组有解的充要条件为系数矩阵的秩等于增广矩阵的秩，且小于变元的个数，则$-a-b+c=0$且方程组有无穷多解，从而原线性方程组的同解方程组为：

$$\begin{cases} x_1=(-4a+3b+18)-2x_2+3x_4+2x_5-5x_7 \\ x_3=(2a-b-7)-2x_4-3x_5 \\ x_6=(-a+b+5)-x_7 \end{cases}$$

则方程组的一个特解为$\boldsymbol{\xi}_0=(-4a+3b+18,0,2a-b-7,0,0,-a+b+5,0)^{\mathrm{T}}$，对应齐次

线性方程组的一个基础解系为：

$$\xi_1=(-2,1,0,0,0,0,0)^{\mathrm{T}}$$

$$\xi_2=(3,0,-2,1,0,0,0)^{\mathrm{T}}$$

$$\xi_3=(2,0,-3,0,1,0,0)^{\mathrm{T}}$$

$$\xi_4=(-5,0,0,0,0,-1,1)^{\mathrm{T}}$$

从而得原线性方程组的全部解为$\boldsymbol{\xi}=\boldsymbol{\xi}_0+k_1\boldsymbol{\xi}_1+k_2\boldsymbol{\xi}_2+k_3\boldsymbol{\xi}_3+k_4\boldsymbol{\xi}_4$，其中$k_1,k_2,k_3,k_4$为任意常数。

例 16（北京邮电大学，2020）已知$\boldsymbol{A}$是3×4矩阵且$R(A)=1$，若$\boldsymbol{\alpha}_1=(1,2,0,2)^{\mathrm{T}}$，$\boldsymbol{\alpha}_2=(-1,-1,1,a)^{\mathrm{T}}$，$\boldsymbol{\alpha}_3=(1,-1,a,5)^{\mathrm{T}}$，$\boldsymbol{\alpha}_4=(2,a,-3,-5)^{\mathrm{T}}$与$\boldsymbol{Ax}=\boldsymbol{0}$的基础解系等价，求$\boldsymbol{Ax}=\boldsymbol{0}$的通解。

解：由题可知$\boldsymbol{Ax}=\boldsymbol{0}$的基础解系含向量个数为$4-R(A)=3$，则$\boldsymbol{\alpha}_1,\boldsymbol{\alpha}_2,\boldsymbol{\alpha}_3,\boldsymbol{\alpha}_4$的秩为 3，其极大无关组为$\boldsymbol{Ax}=\boldsymbol{0}$的一个基础解系。

对矩阵做行初等变换，得：

$$\begin{pmatrix}1&-1&1&2\\2&-1&-1&a\\0&1&a&-3\\2&a&5&-5\end{pmatrix}\to\begin{pmatrix}1&-1&1&2\\0&1&-3&a-4\\0&0&a+3&1-a\\0&0&0&-(a-1)(a-4)\end{pmatrix}$$

则$\boldsymbol{\alpha}_1,\boldsymbol{\alpha}_2,\boldsymbol{\alpha}_3$为其极大无关组，即$-(a-1)(a-4)=0$。

当$a=1$时，$\boldsymbol{Ax}=\boldsymbol{0}$的通解为：

$$k_1\boldsymbol{\alpha}_1+k_2\boldsymbol{\alpha}_2+k_3\boldsymbol{\alpha}_3=k_1(1,2,0,2)^{\mathrm{T}}+k_2(-1,-1,1,1)^{\mathrm{T}}+k_3(1,-1,1,5)^{\mathrm{T}}$$

其中k_1,k_2,k_3为任意常数；

当$a=4$时，$\boldsymbol{Ax}=\boldsymbol{0}$的通解为：

$$k_1\boldsymbol{\alpha}_1+k_2\boldsymbol{\alpha}_2+k_3\boldsymbol{\alpha}_3=k_1(1,2,0,2)^{\mathrm{T}}+k_2(-1,-1,1,4)^{\mathrm{T}}+k_3(1,-1,4,5)^{\mathrm{T}}$$

其中k_1,k_2,k_3为任意常数。

例 17（北京师范大学，2020）设$\boldsymbol{A}$是$m\times n$矩阵，$\boldsymbol{B}$是m维列向量，则（1）$R(\boldsymbol{A}^{\mathrm{T}}\boldsymbol{A})=R(\boldsymbol{A})$;（2）形如$\boldsymbol{A}^{\mathrm{T}}\boldsymbol{AX}=\boldsymbol{A}^{\mathrm{T}}\boldsymbol{B}$的方程一定有解。

解：由题可知$R(\boldsymbol{A}^{\mathrm{T}}\boldsymbol{A})=R(\boldsymbol{A})$的充分必要条件为$\boldsymbol{A}^{\mathrm{T}}\boldsymbol{AX}=\boldsymbol{0}$，$\boldsymbol{AX}=\boldsymbol{0}$同解。

设$\boldsymbol{X}_0$是$\boldsymbol{AX}=\boldsymbol{0}$的任一解，则$\boldsymbol{AX}_{\boldsymbol{0}}=\boldsymbol{0}$，从而有$\boldsymbol{A}^{\mathrm{T}}\boldsymbol{AX}_{\boldsymbol{0}}=\boldsymbol{0}$，即$\boldsymbol{AX}=\boldsymbol{0}$的解均为$\boldsymbol{A}^{\mathrm{T}}\boldsymbol{AX}=\boldsymbol{0}$的解。

设$\boldsymbol{X}_0$是$\boldsymbol{A}^{\mathrm{T}}\boldsymbol{AX}=\boldsymbol{0}$的任一解，则$\boldsymbol{A}^{\mathrm{T}}\boldsymbol{AX}_{\boldsymbol{0}}=\boldsymbol{0}$，从而有$\boldsymbol{X}_0^{\mathrm{T}}\boldsymbol{A}^{\mathrm{T}}\boldsymbol{AX}_0=0$，即$(\boldsymbol{AX}_0)^{\mathrm{T}}\boldsymbol{AX}_0=0$，从而得$\boldsymbol{AX}_{\boldsymbol{0}}=\boldsymbol{0}$，故$\boldsymbol{A}^{\mathrm{T}}\boldsymbol{AX}=\boldsymbol{0}$的解均为$\boldsymbol{AX}=\boldsymbol{0}$的解。

综上所述，$\boldsymbol{A}^{\mathrm{T}}\boldsymbol{AX}=\boldsymbol{0}$，$\boldsymbol{AX}=\boldsymbol{0}$同解，从而得$R(\boldsymbol{A}^{\mathrm{T}}\boldsymbol{A})=R(\boldsymbol{A})$。

由$R(\boldsymbol{A}^{\mathrm{T}}\boldsymbol{A},\boldsymbol{A}^{\mathrm{T}}\boldsymbol{B})=R(\boldsymbol{A}^{\mathrm{T}}(\boldsymbol{A},\boldsymbol{B}))\leqslant R(\boldsymbol{A}^{\mathrm{T}})=R(\boldsymbol{A}^{\mathrm{T}}\boldsymbol{A})$，且：

$$R(\boldsymbol{A}^{\mathrm{T}}\boldsymbol{A},\boldsymbol{A}^{\mathrm{T}}\boldsymbol{B})\geqslant R(\boldsymbol{A}^{\mathrm{T}}\boldsymbol{A})$$

则$R(\boldsymbol{A}^{\mathrm{T}}\boldsymbol{A},\boldsymbol{A}^{\mathrm{T}}\boldsymbol{B})=R(\boldsymbol{A}^{\mathrm{T}}\boldsymbol{A})$，由此可知原线性方程组一定有解。

例 18（南京航空航天大学，2018）设$\boldsymbol{A}$是$m\times n$实矩阵，则（1）对任意n维列向量$x_1+2x_2+x_3-x_4+x_5-2x_6+3x_7=1$，方程组$\boldsymbol{A}^{\mathrm{T}}\boldsymbol{AX}=\boldsymbol{A}^{\mathrm{T}}\boldsymbol{\beta}$都有解;（2）$\boldsymbol{A}^{\mathrm{T}}\boldsymbol{AX}=\boldsymbol{A}^{\mathrm{T}}\boldsymbol{\beta}$有唯一解的充要条件为$R(\boldsymbol{A})=n$。

解:（1）由题可知$R(\boldsymbol{A}^{\mathrm{T}}\boldsymbol{A},\boldsymbol{A}^{\mathrm{T}}\boldsymbol{B})=R(\boldsymbol{A}^{\mathrm{T}}(\boldsymbol{A},\boldsymbol{B}))\leqslant R(\boldsymbol{A}^{\mathrm{T}})=R(\boldsymbol{A}^{\mathrm{T}}\boldsymbol{A})$，又:

$$R(\boldsymbol{A}^{\mathrm{T}}\boldsymbol{A},\boldsymbol{A}^{\mathrm{T}}\boldsymbol{B})\geqslant R(\boldsymbol{A}^{\mathrm{T}}\boldsymbol{A})$$

则$R(\boldsymbol{A}^{\mathrm{T}}\boldsymbol{A},\boldsymbol{A}^{\mathrm{T}}\boldsymbol{B})=R(\boldsymbol{A}^{\mathrm{T}}\boldsymbol{A})$，从而可知方程组$\boldsymbol{A}^{\mathrm{T}}\boldsymbol{AX}=\boldsymbol{A}^{\mathrm{T}}\boldsymbol{\beta}$都有解。

（2）由（1）可知$\boldsymbol{A}^{\mathrm{T}}\boldsymbol{AX}=\boldsymbol{A}^{\mathrm{T}}\boldsymbol{\beta}$有唯一解的充要条件为:

$$R(\boldsymbol{A}^{\mathrm{T}}\boldsymbol{A},\boldsymbol{A}^{\mathrm{T}}\boldsymbol{B})=R(\boldsymbol{A}^{\mathrm{T}}\boldsymbol{A})$$

而$R(\boldsymbol{A}^{\mathrm{T}}\boldsymbol{A})=R(\boldsymbol{A})$，可知$\boldsymbol{A}^{\mathrm{T}}\boldsymbol{AX}=\boldsymbol{A}^{\mathrm{T}}\boldsymbol{\beta}$有唯一解的充要条件为$R(\boldsymbol{A})=n$。

例 19（中国海洋大学，2020）设$\boldsymbol{A}$为n阶方阵，则（1）若k是正整数，$\boldsymbol{\alpha}$是$\boldsymbol{A}^{k+1}\boldsymbol{x}=\boldsymbol{0}$的解，$\boldsymbol{\alpha}$不是$\boldsymbol{A}^k\boldsymbol{x}=\boldsymbol{0}$的解，则$\boldsymbol{\alpha},\boldsymbol{A\alpha},\boldsymbol{A}^2\boldsymbol{\alpha},\cdots,\boldsymbol{A}^k\boldsymbol{\alpha}$线性无关;（2）当正整数

$k \geq n$时，必有$R(\boldsymbol{A}^{k+1}) = R(\boldsymbol{A}^k)$。

解：(1) 由题可知$\boldsymbol{A}^{k+1}\boldsymbol{\alpha} = \boldsymbol{0}$，$\boldsymbol{A}^k\boldsymbol{\alpha} \neq \boldsymbol{0}$，设：

$$l_0\boldsymbol{\alpha} + l_1\boldsymbol{A}\boldsymbol{\alpha} + l_2\boldsymbol{A}^2\boldsymbol{\alpha} + \cdots + l_k\boldsymbol{A}^k\boldsymbol{\alpha} = \boldsymbol{0}$$

式子两边同时乘$\boldsymbol{A}^k$，则：

$$l_0\boldsymbol{A}^k\boldsymbol{\alpha} + l_1\boldsymbol{A}^{k+1}\boldsymbol{\alpha} + l_2\boldsymbol{A}^{k+2}\boldsymbol{\alpha} + \cdots + l_k\boldsymbol{A}^{2k}\boldsymbol{\alpha} = \boldsymbol{0}$$

从而得$l_0\,\boldsymbol{A}^k\boldsymbol{\alpha} = \boldsymbol{0}$，即$l_0 = 0$，且$l_1A^{k+1}\boldsymbol{\alpha} + l_2A^{k+2}\boldsymbol{\alpha} + \cdots + l_kA^{2k}\boldsymbol{\alpha} = \boldsymbol{0}$，式子两边同时乘$\boldsymbol{A}^{k-1}$，同理可得$l_1 = 0$，以此类推可得$l_2 = \cdots = l_k = 0$，故$\boldsymbol{\alpha}, \boldsymbol{A}\boldsymbol{\alpha}, \boldsymbol{A}^2\boldsymbol{\alpha}, \cdots, \boldsymbol{A}^k\boldsymbol{\alpha}$线性无关。

(2) 要证$R(\boldsymbol{A}^{k+1}) = R(\boldsymbol{A}^k)$，只需证$\boldsymbol{A}^{k+1}\boldsymbol{x} = \boldsymbol{0}$与$\boldsymbol{A}^k\boldsymbol{x} = \boldsymbol{0}$同解即可。

事实上，若$\boldsymbol{x}_1$为$\boldsymbol{A}^n\boldsymbol{x} = \boldsymbol{0}$的解，则$\boldsymbol{A}^n\boldsymbol{x}_1 = \boldsymbol{0}$，从而等式两端左乘$\boldsymbol{A}$得$\boldsymbol{A}^{n+1}\boldsymbol{x}_1 = \boldsymbol{0}$，即$\boldsymbol{A}^n\boldsymbol{x} = \boldsymbol{0}$的解都是$\boldsymbol{A}^{n+1}\boldsymbol{x} = \boldsymbol{0}$的解；

若$\boldsymbol{x}_1$为$\boldsymbol{A}^{n+1}\boldsymbol{x} = \boldsymbol{0}$的解，则$\boldsymbol{A}^{n+1}\boldsymbol{x}_1 = \boldsymbol{0}$，从而必有$\boldsymbol{A}^n\boldsymbol{x}_1 = \boldsymbol{0}$的解。

否则，为$\boldsymbol{A}^n\boldsymbol{x}_1 \neq \boldsymbol{0}$，则$n+1$个$n$元向量$\boldsymbol{A}^{n+1}\boldsymbol{x}_1, \boldsymbol{A}^n\boldsymbol{x}_1, \cdots, \boldsymbol{A}\boldsymbol{x}_1, \boldsymbol{x}_1$线性无关，从而存在不全为零的数$k_0, k_1, \cdots, k_n$使得$k_0\boldsymbol{x}_1, k_1\boldsymbol{A}\boldsymbol{x}_1, \cdots, k_n\boldsymbol{A}^n\boldsymbol{x}_1 = \boldsymbol{0}$，分别用$\boldsymbol{A}^n, \boldsymbol{A}^{n-1}, \cdots$乘式子两侧，得$k_0 = k_1 = \cdots = k_n = 0$，矛盾。即$\boldsymbol{A}^{n+1}\boldsymbol{x}_1 = \boldsymbol{0}$的解都是$\boldsymbol{A}^n\boldsymbol{x}_1 = \boldsymbol{0}$的解。故$\boldsymbol{A}^{k+1}\boldsymbol{x} = \boldsymbol{0}$与$\boldsymbol{A}^k\boldsymbol{x} = \boldsymbol{0}$同解。

例 20（西安理工大学，2021）若向量$\boldsymbol{\beta}$可以由向量组$\boldsymbol{\alpha}_1, \boldsymbol{\alpha}_2, \cdots, \boldsymbol{\alpha}_r$线性表示，证明表法唯一的充分必要条件为$\boldsymbol{\alpha}_1, \boldsymbol{\alpha}_2, \cdots, \boldsymbol{\alpha}_r$线性无关。

证明：由题可知$\boldsymbol{\beta} = k_1\boldsymbol{\alpha}_1 + k_2\boldsymbol{\alpha}_2 + \cdots + k_r\boldsymbol{\alpha}_r$。用反证法，设$\boldsymbol{\alpha}_1, \boldsymbol{\alpha}_2, \cdots, \boldsymbol{\alpha}_r$线性相关，则存在不全为零的数$l_1, l_2, \cdots, l_r$，使得$l_1\boldsymbol{\alpha}_1 + l_2\boldsymbol{\alpha}_2 + \cdots + l_r\boldsymbol{\alpha}_r = 0$，将两式相加有：

$$\boldsymbol{\beta} = (k_1 + l_1)\boldsymbol{\alpha}_1 + (k_2 + l_2)\boldsymbol{\alpha}_2 + \cdots + (k_r + l_r)\boldsymbol{\alpha}_r$$

即有两种不同的表示方法，与表示方法唯一矛盾，故$\boldsymbol{\alpha}_1, \boldsymbol{\alpha}_2, \cdots, \boldsymbol{\alpha}_r$线性无关。

反之，利用反证法。设有两种不同的表示方法，分别为：

$$\boldsymbol{\beta}=k_1\boldsymbol{\alpha}_1+k_2\boldsymbol{\alpha}_2+\cdots+k_r\boldsymbol{\alpha}_r$$

$$\boldsymbol{\beta}=l_1\boldsymbol{\alpha}_1+l_2\boldsymbol{\alpha}_2+\cdots+l_r\boldsymbol{\alpha}_r$$

两式相减有：

$$(k_1-l_1)\boldsymbol{\alpha}_1+(k_2-l_2)\boldsymbol{\alpha}_2+\cdots+(k_r-l_r)\boldsymbol{\alpha}_r=0$$

又$\boldsymbol{\alpha}_1,\boldsymbol{\alpha}_2,\cdots,\boldsymbol{\alpha}_r$线性无关，则$k_i-l_i=0,i=1,2,\cdots,r$，从而有$k_i=l_i$，即表法唯一。

例 21（西北大学，2023）已知齐次线性方程组$\begin{cases}x_2+ax_3+bx_4=0\\-x_1+cx_3+dx_4=0\\ax_1+cx_2-ex_4=0\\bx_1+dx_2-ex_3=0\end{cases}$的通解以$x_3,x_4$为自由未知量，（1）求系数$a,b,c,d,e$满足的条件；（2）求该齐次线性方程组的基础解系。

解：对系数矩阵做行初等变换，得：

$$\begin{pmatrix}0&1&a&b\\-1&0&c&d\\a&c&0&-e\\b&d&-e&0\end{pmatrix}\to\begin{pmatrix}-1&0&c&d\\0&1&a&b\\0&0&0&-e+ad-bc\\0&0&-e+ad-bc&0\end{pmatrix}$$

由x_3,x_4为自由未知量，则系数矩阵的秩 2，从而有$-e+ad-bc=0$。

取自由未知量$(x_3,x_4)^{\mathrm{T}}$分别为$(1,0)^{\mathrm{T}},(0,1)^{\mathrm{T}}$，则方程组的基础解系为：

$$k_1(c,-a,1,0)^{\mathrm{T}}+k_2(d,-b,0,1)^{\mathrm{T}}$$

其中k_1,k_2为常数。

4 矩阵

4.1 基本内容与考点综述

4.1.1 基本概念与运算

4.1.1.1 矩阵的加法、减法与数乘

设$\boldsymbol{A}=(a_{ij})_{m\times n}$，$\boldsymbol{B}=(b_{ij})_{m\times n}$是数域$P$上的矩阵，规定矩阵的加法和数乘为

$$\boldsymbol{A}+\boldsymbol{B}=(\boldsymbol{a}_{i1}+\boldsymbol{b}_{1j})_{m\times n}，\ \boldsymbol{A}-\boldsymbol{B}=(a_{ij}-b_{ij})_{m\times n}，\ k\boldsymbol{A}=(ka_{ij})_{m\times n},k\in P$$

4.1.1.2 矩阵的乘法

设$\boldsymbol{A}=(a_{ij})_{m\times n}$，$\boldsymbol{B}=(b_{ij})_{n\times s}$是数域$P$上的矩阵，规定$\boldsymbol{AB}=(c_{ij})_{m\times s}$，其中：

$$c_{ij}=a_{ij}b_{ij}+a_{i2}b_{2j}+\cdots+a_{in}b_{nj}，\ i=1,2,\cdots,m\ ;j=1,2,\cdots,s$$

4.1.1.3 转置矩阵

设$\boldsymbol{A}=(a_{ij})_{m\times n}$是数域$P$上的矩阵，规定$\boldsymbol{A}'=(a_{ji})_{n\times m}$，或$\boldsymbol{A}^{\mathrm{T}}=(a_{ji})_{n\times m}$为矩阵的转置矩阵。

4.1.1.4 幂与矩阵多项式

设$\boldsymbol{A}$是n阶方阵，m个$\boldsymbol{A}$的乘积称为$\boldsymbol{A}$的m次幂，记为$\boldsymbol{A}^m=\boldsymbol{AA}\cdots\boldsymbol{A}$。

设$f(x)=a_mx^m+\cdots+a_1x+a_0\in P[x]$，$\boldsymbol{A}$是$n$阶方阵，则：

$$f(\boldsymbol{A})=a_m\boldsymbol{A}^m+\cdots+a_1\boldsymbol{A}+a_0\boldsymbol{E}$$

4.1.1.5 伴随矩阵

设$\boldsymbol{A}=(a_{ij})_{n\times n}$，由元素$a_{ij}$的代数余子式$A_{ij}$构成的矩阵$\boldsymbol{A}^*=(\boldsymbol{b}_{ij})_{n\times n}$（$\boldsymbol{b}_{ij}=\boldsymbol{A}_{ji}$）称为$\boldsymbol{A}$的伴随矩阵。

4.1.1.6 非奇异矩阵

设$\boldsymbol{A}$是n级方阵，若$|\boldsymbol{A}|\neq 0$，则称$\boldsymbol{A}$为非奇异矩阵或非退化矩阵；若$|\boldsymbol{A}|=0$，则称$\boldsymbol{A}$为奇异矩阵或退化矩阵。

4.1.1.7 可逆矩阵

设$\boldsymbol{A}=(a_{ij})_{n\times n}$，若存在$n$阶方阵$\boldsymbol{B}$使得$\boldsymbol{AB}=\boldsymbol{BA}=\boldsymbol{E}$，则称$\boldsymbol{A}$是可逆矩阵，$\boldsymbol{B}$是$\boldsymbol{A}$的逆矩阵，记为$\boldsymbol{A}^{-1}=\boldsymbol{B}$。

4.1.1.8 几种常见的矩阵

（1）对角阵：除主对线上的元素外，其他元素均为0的n阶方阵。

（2）上（下）三角阵：设$\boldsymbol{A}=(a_{ij})_{n\times n}$，若$a_{ij}=0$（$i<j$），称$\boldsymbol{A}$为下三角矩阵。若$a_{ij}=0$（$i<j$），称$\boldsymbol{A}$为上三角矩阵。

（3）初等矩阵：由单位矩阵$\boldsymbol{E}$经过一次初等变换得到的矩阵称为初等矩阵。初等矩阵共三类。

①$P(i,j)$：交换$\boldsymbol{E}$的第i行与第j行（或第i列与第j列）得到的矩阵。

②$P(i(k))$：用数域P中的非零数k乘$\boldsymbol{E}$的第i行（或第i列）得到的矩阵。

③$P(i,j(k))$：把$\boldsymbol{E}$的第j行的k倍加到第i行（或第i列的k倍加到第j列）得到的矩阵。

（4）幂等矩阵与对合矩阵：设$\boldsymbol{A}=(a_{ij})_{n\times n}$，若$\boldsymbol{A}^2=\boldsymbol{A}$，则称$\boldsymbol{A}$为幂等矩阵；若$\boldsymbol{A}^2=\boldsymbol{E}$，则称$\boldsymbol{A}$为对合矩阵。

4.1.1.9 分块矩阵

用若干条横线与纵线将矩阵分成若干小块，每个小块称为矩阵的子块，以子块为元素构成的矩阵称为该矩阵的分块矩阵，以上过程称为矩阵的分块。

$$\boldsymbol{A}=(a_{ij})_{m\times n}=(\boldsymbol{\alpha}_1,\boldsymbol{\alpha}_2,\cdots,\boldsymbol{\alpha}_n)=\begin{pmatrix}\boldsymbol{\beta}_1\\ \boldsymbol{\beta}_2\\ \vdots\\ \boldsymbol{\beta}_m\end{pmatrix}=(\boldsymbol{A}_1,\boldsymbol{A}_2)=\begin{pmatrix}\boldsymbol{B}_1\\ \boldsymbol{B}_2\end{pmatrix}=\begin{pmatrix}\boldsymbol{C}_1 & \boldsymbol{C}_2\\ \boldsymbol{C}_3 & \boldsymbol{C}_4\end{pmatrix}$$

4.1.1.10 广义初等变换

交换分块矩阵的两行或两列。

用某一矩阵左乘分块矩阵的某行或右乘某一列。

用某一矩阵左乘某一行或右乘某一列加到另一行或列。

广义初等矩阵分三类：

（1）$\begin{pmatrix} \boldsymbol{O} & \boldsymbol{E}_m \\ \boldsymbol{E}_n & \boldsymbol{O} \end{pmatrix}$。

（2）$\begin{pmatrix} \boldsymbol{D} & \boldsymbol{O} \\ \boldsymbol{O} & \boldsymbol{E}_n \end{pmatrix}, \begin{pmatrix} \boldsymbol{E}_m & \boldsymbol{O} \\ \boldsymbol{O} & \boldsymbol{P} \end{pmatrix}$，其中$\boldsymbol{D}, \boldsymbol{P}$均为可逆矩阵。

（3）$\begin{pmatrix} \boldsymbol{E}_m & \boldsymbol{O} \\ \boldsymbol{P} & \boldsymbol{E}_n \end{pmatrix}, \begin{pmatrix} \boldsymbol{E}_m & \boldsymbol{P} \\ \boldsymbol{O} & \boldsymbol{E}_n \end{pmatrix}$。

4.1.1.11 等价矩阵、等价标准形

如果矩阵$\boldsymbol{A}$可以经过一系列初等变换变成$\boldsymbol{B}$，则称$\boldsymbol{A}$与$\boldsymbol{B}$等价。

秩为r的$s \times n$矩阵$\boldsymbol{A}$等价于形如$\begin{pmatrix} \boldsymbol{E}_r & \boldsymbol{O} \\ \boldsymbol{O} & \boldsymbol{O} \end{pmatrix}$的$s \times n$矩阵，称之为$\boldsymbol{A}$的等价标准形。

4.1.1.12 满秩矩阵

设$\boldsymbol{A}$是$s \times n$矩阵，如果$\boldsymbol{A}$的秩为s，则称$\boldsymbol{A}$为行满秩矩阵；如果$\boldsymbol{A}$的秩为n，则称$\boldsymbol{A}$为列满秩矩阵。若n级方阵的秩为n，则称$\boldsymbol{A}$为满秩矩阵。

4.1.2 基本结论

（1）矩阵的加法运算满足交换律、结合律，矩阵的乘法运算满足结合律、分配律，但不满足交换律与消去律。

（2）若$\boldsymbol{A}, \boldsymbol{B}$为$n$阶方阵，则$|\boldsymbol{AB}| = |\boldsymbol{A}||\boldsymbol{B}|$。

（3）设$\boldsymbol{A}, \boldsymbol{B} \in P^{n \times n}, m, l \in P$，则：

$$(\boldsymbol{A}^{\mathrm{T}})^{\mathrm{T}} = \boldsymbol{A}，(\boldsymbol{A}+\boldsymbol{B})^{\mathrm{T}} = \boldsymbol{A}^{\mathrm{T}} + \boldsymbol{B}^{\mathrm{T}}，(k\boldsymbol{A})^{\mathrm{T}} = k\boldsymbol{A}^{\mathrm{T}}，(\boldsymbol{AB})^{\mathrm{T}} = \boldsymbol{B}^{\mathrm{T}}\boldsymbol{A}^{\mathrm{T}}$$

$$\boldsymbol{A}^m \boldsymbol{A}^l = \boldsymbol{A}^{m+l}，(\boldsymbol{A}^m)^l = \boldsymbol{A}^{ml}，(\lambda \boldsymbol{A})^m = \lambda^m \boldsymbol{A}^m，|\boldsymbol{A}^m| = |\boldsymbol{A}|^m$$

若$f(x),g(x)\in P[x]$，则：

$$f(\boldsymbol{A})+g(\boldsymbol{A})=g(\boldsymbol{A})+f(\boldsymbol{A})，\ f(\boldsymbol{A})g(\boldsymbol{A})=g(\boldsymbol{A})f(\boldsymbol{A})$$

（4）上（下）三角阵的乘积仍然是上（下）三角矩阵，而可逆的上（下）三角矩阵的逆矩阵也是上（下）三角矩阵。

（5）一个初等矩阵左（或右）乘矩阵$\boldsymbol{A}$，相当于对$\boldsymbol{A}$做一次初等行（或列）变换。

初等矩阵皆可逆，且其逆矩阵是同一类型的初等矩阵。

初等变换不改变矩阵的秩。

（6）设$\boldsymbol{A},\boldsymbol{B}$是$n$级可逆矩阵，则：

①$(\boldsymbol{A}^{-1})^{-1}=\boldsymbol{A}$。

②若$k\neq 0$，则$k\boldsymbol{A}$可逆，且$(k\boldsymbol{A})^{-1}=\dfrac{1}{k}\boldsymbol{A}^{-1}$。

③$\boldsymbol{A},\boldsymbol{B}$可逆且$(\boldsymbol{AB})^{-1}=\boldsymbol{B}^{-1}\boldsymbol{A}^{-1}$。

④$\boldsymbol{A}'$可逆且$(\boldsymbol{A}')^{-1}=(\boldsymbol{A}^{-1})'$。

⑤$\boldsymbol{A}^{k}$可逆且$(\boldsymbol{A}^{k})^{-1}=(\boldsymbol{A}^{-1})^{k}$。

⑥$|\boldsymbol{A}^{-1}|=|\boldsymbol{A}|^{-1}$。

（7）设$\boldsymbol{A},\boldsymbol{B}$为$n$阶矩阵，$\boldsymbol{A}^{*}$为$\boldsymbol{A}$的伴随矩阵，则：

$$\boldsymbol{AA}^{*}=\boldsymbol{A}^{*}\boldsymbol{A}=|\boldsymbol{A}|\boldsymbol{E}，\ |\boldsymbol{A}^{*}|=|\boldsymbol{A}|^{n-1}，\ n\geqslant 2$$

（8）矩阵可逆的充分必要条件如下。

n级矩阵$\boldsymbol{A}$可逆的充分必要条件为$|\boldsymbol{A}|\neq 0$。

n级矩阵$\boldsymbol{A}$可逆的充分必要条件为$\boldsymbol{A}$可经过初等变换化为n级单位矩阵。

n级矩阵$\boldsymbol{A}$可逆的充分必要条件为$\boldsymbol{A}$可以写成一些初等矩阵的乘积。

n级矩阵$\boldsymbol{A}$可逆的充分必要条件为$\boldsymbol{A}$的n个特征值不为零。

（9）分块矩阵的运算。

设$\boldsymbol{A},\boldsymbol{B}$为$n$阶方阵，

$$\boldsymbol{A}=\begin{pmatrix}\boldsymbol{A}_1 & & \\ & \ddots & \\ & & \boldsymbol{A}_l\end{pmatrix},\quad \boldsymbol{B}=\begin{pmatrix}\boldsymbol{B}_1 & & \\ & \ddots & \\ & & \boldsymbol{B}_l\end{pmatrix}$$

$\boldsymbol{A}_i,\boldsymbol{B}_i\,(i=1,2,\cdots,l)$为$n_i\times n_i$矩阵，则$|\boldsymbol{A}|=|\boldsymbol{A}_1|\cdots|\boldsymbol{A}_l|$，

$$\boldsymbol{A}+\boldsymbol{B}=\begin{pmatrix}\boldsymbol{A}_1+\boldsymbol{B}_1 & & \\ & \ddots & \\ & & \boldsymbol{A}_l+\boldsymbol{B}_l\end{pmatrix},\quad \boldsymbol{AB}=\begin{pmatrix}\boldsymbol{A}_1\boldsymbol{B}_1 & & \\ & \ddots & \\ & & \boldsymbol{A}_l\boldsymbol{B}_l\end{pmatrix}$$

$$\boldsymbol{A}^k=\begin{pmatrix}\boldsymbol{A}_1^k & & \\ & \ddots & \\ & & \boldsymbol{A}_l^k\end{pmatrix},\quad \boldsymbol{A}^{-1}=\begin{pmatrix}\boldsymbol{A}_1^{-1} & & \\ & \ddots & \\ & & \boldsymbol{A}_l^{-1}\end{pmatrix}\text{（若}\boldsymbol{A}_i\text{可逆）}$$

$$R(\boldsymbol{A})=R\begin{pmatrix}\boldsymbol{A}_1 & & \\ & \ddots & \\ & & \boldsymbol{A}_l\end{pmatrix}=R(\boldsymbol{A}_1)+\cdots+R(\boldsymbol{A}\,R$$

$$R\begin{pmatrix}\boldsymbol{A} & \boldsymbol{O}\\ \boldsymbol{O} & \boldsymbol{B}\end{pmatrix}=R\begin{pmatrix}\boldsymbol{O} & \boldsymbol{A}\\ \boldsymbol{B} & \boldsymbol{O}\end{pmatrix}=R(\boldsymbol{A})+R\,R$$

$$R\begin{pmatrix}\boldsymbol{A} & 0\\ \boldsymbol{C} & \boldsymbol{B}\end{pmatrix}\geqslant R(\boldsymbol{A})+R(\boldsymbol{B})$$

$$R\begin{pmatrix}\boldsymbol{A}_{11} & \cdots & \boldsymbol{A}_{1s}\\ \vdots & & \vdots\\ \boldsymbol{A}_{l1} & \cdots & \boldsymbol{A}_{ls}\end{pmatrix}\geqslant R(\boldsymbol{A}_{ij}),\quad (i=1,2,\cdots,r,\ j=1,2,\cdots,s)$$

当$\boldsymbol{A}$与$\boldsymbol{D}$均可逆时，

$$\begin{pmatrix}\boldsymbol{A} & \boldsymbol{B}\\ \boldsymbol{O} & \boldsymbol{D}\end{pmatrix}^{-1}=\begin{pmatrix}\boldsymbol{A}^{-1} & -\boldsymbol{A}^{-1}\boldsymbol{B}\boldsymbol{D}^{-1}\\ \boldsymbol{O} & \boldsymbol{D}^{-1}\end{pmatrix}$$

$$\begin{pmatrix}\boldsymbol{A} & \boldsymbol{O}\\ \boldsymbol{C} & \boldsymbol{D}\end{pmatrix}^{-1}=\begin{pmatrix}\boldsymbol{A}^{-1} & \boldsymbol{O}\\ -\boldsymbol{D}^{-1}\boldsymbol{C}\boldsymbol{A}^{-1} & \boldsymbol{D}^{-1}\end{pmatrix}$$

（10）对称矩阵与反对称矩阵的性质如下。

①两个n阶（反）对称矩阵的和与差仍为（反）对称矩阵。

②（反）对称矩阵的转置、伴随矩阵仍为（反）对称矩阵。

③可逆的（反）对称矩阵的逆矩阵也是（反）对称矩阵。

④若$\boldsymbol{A},\boldsymbol{B}$均为$n$阶（反）对称矩阵，则$\boldsymbol{AB}$为对称矩阵的充分必要条件为$\boldsymbol{AB}=\boldsymbol{BA}$。

⑤若$\boldsymbol{A}$为n阶对称矩阵，$\boldsymbol{B}$为n阶反对称矩阵，则$\boldsymbol{AB}$为反对称矩阵的充分必要条件为$\boldsymbol{AB}=\boldsymbol{BA}$。

⑥$\boldsymbol{A}=(a_{ij})_{n\times n}$为对称矩阵的充分必要条件为$a_{ij}=a_{ji}$。

⑦$\boldsymbol{A}=(a_{ij})_{n\times n}$为对称矩阵的充分必要条件为$a_{ij}=-a_{ji}$。

⑧反对称矩阵的迹为零。

⑨若$\boldsymbol{A}$为对称矩阵，$R(\boldsymbol{A})=r$，则$\boldsymbol{A}$可表示成r个秩为1的对称矩阵之和。

⑩若$\boldsymbol{A}$为复对称矩阵，$R(\boldsymbol{A})=r$，则$\boldsymbol{A}$合同于$diag(d_1,\cdots,d_r,0,\cdots,0)$，$d_i=1$；若$\boldsymbol{A}$为实对称矩阵，$R(\boldsymbol{A})=r$，则$\boldsymbol{A}$合同于$diag(d_1,\cdots,d_r,0,\cdots,0)$，$d_i=1$或$-1$。

⑪若$\boldsymbol{A}$为反对称矩阵，则$\boldsymbol{A}$合同于$diag\left(\begin{pmatrix}0&1\\-1&0\end{pmatrix},\cdots,\begin{pmatrix}0&1\\-1&0\end{pmatrix},0,\cdots,0\right)$。

⑫实对称矩阵的特征值均为实数；实反对称矩阵的特征值为零或纯虚数。

⑬实对称矩阵关于n维欧氏空间的一组标准正交基对应的线性变换为对称变换；实反对称矩阵关于n维欧氏空间的一组标准正交基对应的线性变换为反对称变换。

⑭实对称矩阵的属于不同特征值的特征向量必正交；实对称矩阵必正交相似于对角矩阵。

4.1.3 求逆矩阵的基本方法

4.1.3.1 定义法

此法适合阶数较低的矩阵，直接设出矩阵的元素，利用等式条件建立矩阵相等关系，求出元素即可。

4.1.3.2 利用判定定理

n级矩阵$\boldsymbol{A}$可逆的充要条件$|\boldsymbol{A}|\neq 0$且$\boldsymbol{A}^{-1}=\frac{1}{|\boldsymbol{A}|}\boldsymbol{A}^{*}$。

4.1.3.3 初等变换法

$$(\boldsymbol{A},\boldsymbol{E})\xrightarrow{\text{行}}(\boldsymbol{E},\boldsymbol{A}^{-1}),\quad \begin{pmatrix}\boldsymbol{A}\\ \boldsymbol{E}\end{pmatrix}\xrightarrow{\text{列}}\begin{pmatrix}\boldsymbol{E}\\ \boldsymbol{A}^{-1}\end{pmatrix}$$

4.2 矩阵的秩

矩阵的秩是矩阵的一个数量特征，在初等变换下保持不变。

矩阵$\boldsymbol{A}_{m\times n}$的行秩和列秩称为矩阵的秩；矩阵$\boldsymbol{A}_{m\times n}$的最高阶非零子式阶数为$r$，则矩阵$\boldsymbol{A}_{m\times n}$的秩为$r$。

注意：矩阵的秩的两个定义中，对于具体矩阵的秩的确定多采用第二个定义，特别是含字母的矩阵的相关问题的求解，可以简化计算（矩阵通过初等变换得到的阶梯形矩阵，可以判断矩阵的秩，其实就是找到一个最高阶非零子式）；第一个定义主要从向量组出发来判定矩阵的相关性质。

矩阵的秩的性质如下。

（1）矩阵$\boldsymbol{A}_{m\times n}$的秩为$0\leqslant R(\boldsymbol{A})\leqslant(\boldsymbol{A})$；

当$R(\boldsymbol{A})=0$时，则$\boldsymbol{A}=\boldsymbol{0}$；

当$R(\boldsymbol{A})=\min\{m,n\}$，则称$\boldsymbol{A}_{m\times n}$为满秩矩阵。

（2）设$\boldsymbol{A}_{n\times n}$，$\boldsymbol{B}_{n\times n}$为数域$P$上的矩阵，则$R(\boldsymbol{AB})\leqslant\min(R(\boldsymbol{A}),R(\boldsymbol{B}))$，即乘积的秩不超过各因子的秩。

事实上，$R(\boldsymbol{AB})\leqslant R(\boldsymbol{A})$，$R(\boldsymbol{AB})\leqslant R(\boldsymbol{B})$，

$$R(\boldsymbol{A})+R(\boldsymbol{B})-n\leqslant R(\boldsymbol{AB})\leqslant\min(R(\boldsymbol{A}),R(\boldsymbol{B}))$$

n为$\boldsymbol{A}$的列数，$R(\boldsymbol{A})-R(\boldsymbol{B})\leqslant R(\boldsymbol{A}\pm\boldsymbol{B})\leqslant R(\boldsymbol{A})+R(\boldsymbol{B})$。

（3）设$\boldsymbol{A}=\boldsymbol{A}_1\boldsymbol{A}_2\cdots\boldsymbol{A}_n$，则$R(\boldsymbol{A})\leqslant\min[R(\boldsymbol{A}_1),R(\boldsymbol{A}_2),\cdots,R(\boldsymbol{A}_n)]$。

（4）初等变换不改变矩阵的秩；可逆矩阵是满秩矩阵。

（5）$R(\boldsymbol{A})=R(\boldsymbol{A}^{\mathrm{T}})$，$R(k\boldsymbol{A})=R(\boldsymbol{A})$，$k\neq 0$。

（6）对于矩阵$\boldsymbol{A}_{m\times n\ m\times n}$，存在可逆矩阵$\boldsymbol{P}_{m\times m}$，$\boldsymbol{Q}_{n\times n}$，使得：

$$R(\boldsymbol{PA})=R(\boldsymbol{AQ})=R(\boldsymbol{A})$$

（7）对于矩阵$\boldsymbol{A}_{m\times n}$，则$R(\boldsymbol{A})=r$的充分必要条件为存在可逆矩阵$\boldsymbol{P}_{m\times m}$，$\boldsymbol{Q}_{n\times n}$，使得：

$$\boldsymbol{PAQ}=\begin{pmatrix}\boldsymbol{E}_r & \boldsymbol{O}\\ \boldsymbol{O} & \boldsymbol{O}\end{pmatrix}$$

（8）设$\boldsymbol{A},\boldsymbol{B}$为$n$阶方阵，且$\boldsymbol{AB}=\boldsymbol{0}$，则$R(\boldsymbol{A})+R(\boldsymbol{B})\leqslant n$。

设$\boldsymbol{A}$为n阶方阵，且$\boldsymbol{A}^2=\boldsymbol{A}$（幂等矩阵），则$R(\boldsymbol{A})+R(\boldsymbol{A}-\boldsymbol{E})\leqslant n$。

设$\boldsymbol{A}$为n阶方阵，且$\boldsymbol{A}^2=\boldsymbol{E}$（对合矩阵），则$R(\boldsymbol{A}+\boldsymbol{E})+R(\boldsymbol{A}-\boldsymbol{E})\leqslant n$。

（9）分块矩阵的秩

$$R\begin{pmatrix}\boldsymbol{A} & \boldsymbol{O}\\ \boldsymbol{O} & \boldsymbol{B}\end{pmatrix}=R(\boldsymbol{A})+R\max((\boldsymbol{A}),\boldsymbol{R}(\boldsymbol{B}))\leqslant \boldsymbol{R}\begin{pmatrix}\boldsymbol{A}\\ \boldsymbol{B}\end{pmatrix}\leqslant \boldsymbol{R}(\boldsymbol{A})+\boldsymbol{R}(\boldsymbol{B})$$

$$\max(R(\boldsymbol{A}),R(\boldsymbol{B}))\leqslant R\begin{pmatrix}\boldsymbol{A}\\ \boldsymbol{B}\end{pmatrix}\leqslant R(\boldsymbol{A})+R\max((\boldsymbol{A}),\boldsymbol{R}(\boldsymbol{B}))\leqslant \boldsymbol{R}\begin{pmatrix}\boldsymbol{A}\\ \boldsymbol{B}\end{pmatrix}\leqslant \boldsymbol{R}(\boldsymbol{A})+\boldsymbol{R}(\boldsymbol{B})$$

$$R\begin{pmatrix}\boldsymbol{A} & \boldsymbol{C}\\ \boldsymbol{O} & \boldsymbol{B}\end{pmatrix}\geqslant R(\boldsymbol{A})+R(\boldsymbol{B})$$

（10）若$\boldsymbol{A}_{m\times n}$为实矩阵，则$R(\boldsymbol{A}^{\mathrm{T}}\boldsymbol{A})=R(\boldsymbol{A}\boldsymbol{A}^{\mathrm{T}})$，

$$R(\boldsymbol{A}^*)=\begin{cases}n & R(\boldsymbol{A})=n\\ 1 & R(\boldsymbol{A})=n-1\\ 0 & R(\boldsymbol{A})<n-1\end{cases}$$

证明：当$R(\boldsymbol{A})=n$时，则$\boldsymbol{A}$可逆；又$\boldsymbol{A}^*=|\boldsymbol{A}|\boldsymbol{A}^{-1}$，则$\boldsymbol{A}^*$可逆，即$R(\boldsymbol{A}^*)=n$。

当$R(\boldsymbol{A})=n-1$时，则$\boldsymbol{A}$中至少有一个$n-1$阶子式不为零，即$\boldsymbol{A}^*$中至少有一个元素不为零，则$R(\boldsymbol{A}^*)\geqslant 1$；同时由$R(\boldsymbol{A})=n-1$知$|\boldsymbol{A}|=0$，由$\boldsymbol{AA}^*=|\boldsymbol{A}|\boldsymbol{E}=0$，故$R$

$(A)+R(A^*)\leqslant n$，即$R(A^*)\leqslant 1$，则$R(A^*)=1$。

当$R(A)<n-1$时，则A的所有$n-1$阶子式都为零，即$A^*=0$，则$R(A^*)=0$。

4.3 分块矩阵的应用

分块矩阵对于矩阵命题的证明起到事半功倍的效果，如方阵的行列式、矩阵的秩的等式与不等式等。

4.3.1 矩阵秩的不等式

例 1（矩阵秩的降阶定理）设$M=\begin{pmatrix} A & B \\ C & D \end{pmatrix}_{m\times n}$，若$A$是可逆矩阵，则：

$$R(M)=R(A)+R(D-CA^{-1}B)$$

若D是可逆矩阵，则$R(M)=R(D)+R(A-BD^{-1}C)$。

证明：由A为可逆矩阵，分块矩阵的乘法有：

$$\begin{pmatrix} E & O \\ -CA^{-1} & E \end{pmatrix}\begin{pmatrix} A & B \\ C & D \end{pmatrix}=\begin{pmatrix} A & B \\ O & D-CA^{-1}B \end{pmatrix}$$

故有：

$$R\begin{pmatrix} A & B \\ C & D \end{pmatrix}=R\begin{pmatrix} A & B \\ O & D-CA^{-1}B \end{pmatrix}$$

$$=R(A)+R(D-CA^{-1}B)$$

例 2（西北师范大学，2024）设A,B为矩阵，则$R(AB)\geqslant R(A)+R(B)-n$，其中$n$为$A$的列数或$B$的行数。

证明：（方法一）由例 1 有

$$R(AB)=R(O+AE^{-1}B)=R\begin{pmatrix} E & B \\ -A & O \end{pmatrix}-R(E)$$

$$=R\begin{pmatrix} B & -E \\ O & A \end{pmatrix}-R(E)\geqslant R(A)+R(B)-n$$

（方法二）命题实际转化为$n+R(\boldsymbol{AB})\geqslant R(\boldsymbol{A})+R(\boldsymbol{B})$。

令$n+R(\boldsymbol{AB})=R\begin{pmatrix}\boldsymbol{E}_n & \boldsymbol{O}\\ \boldsymbol{O} & \boldsymbol{AB}\end{pmatrix}$，又：

$$\begin{pmatrix}\boldsymbol{B} & \boldsymbol{E}\\ \boldsymbol{O} & \boldsymbol{A}\end{pmatrix}\to\begin{pmatrix}\boldsymbol{E} & \boldsymbol{B}\\ \boldsymbol{A} & \boldsymbol{O}\end{pmatrix}\to\begin{pmatrix}\boldsymbol{E} & \boldsymbol{B}\\ \boldsymbol{O} & -\boldsymbol{AB}\end{pmatrix}\to\begin{pmatrix}\boldsymbol{E} & \boldsymbol{O}\\ \boldsymbol{O} & \boldsymbol{AB}\end{pmatrix}$$

则：

$$R\begin{pmatrix}\boldsymbol{E} & \boldsymbol{O}\\ \boldsymbol{O} & \boldsymbol{AB}\end{pmatrix}=R\begin{pmatrix}\boldsymbol{B} & \boldsymbol{E}\\ \boldsymbol{O} & \boldsymbol{A}\end{pmatrix}\geqslant R(\boldsymbol{B})+R(\boldsymbol{A})$$

（方法三）只要证明$n+R(\boldsymbol{AB})\geqslant R(\boldsymbol{A})+R(\boldsymbol{B})$，构造分块矩阵并做广义初等变换。事实上，由：

$$\begin{pmatrix}\boldsymbol{E}_n & \boldsymbol{O}\\ \boldsymbol{O} & \boldsymbol{AB}\end{pmatrix}\to\begin{pmatrix}\boldsymbol{E} & \boldsymbol{O}\\ \boldsymbol{A} & \boldsymbol{AB}\end{pmatrix}\to\begin{pmatrix}\boldsymbol{E} & -\boldsymbol{B}\\ \boldsymbol{A} & \boldsymbol{O}\end{pmatrix}\to\begin{pmatrix}-\boldsymbol{B} & \boldsymbol{E}\\ \boldsymbol{O} & \boldsymbol{A}\end{pmatrix}$$

$$\begin{pmatrix}\boldsymbol{E} & \boldsymbol{O}\\ \boldsymbol{A} & \boldsymbol{E}\end{pmatrix}\begin{pmatrix}\boldsymbol{E}_n & \boldsymbol{O}\\ \boldsymbol{O} & \boldsymbol{AB}\end{pmatrix}\begin{pmatrix}\boldsymbol{E} & -\boldsymbol{B}\\ \boldsymbol{O} & \boldsymbol{E}\end{pmatrix}\begin{pmatrix}\boldsymbol{O} & \boldsymbol{E}\\ \boldsymbol{E} & \boldsymbol{O}\end{pmatrix}=\begin{pmatrix}-\boldsymbol{B} & \boldsymbol{E}\\ \boldsymbol{O} & \boldsymbol{A}\end{pmatrix}$$

则$n+R(\boldsymbol{AB})=R\begin{pmatrix}\boldsymbol{E}_n & \boldsymbol{O}\\ \boldsymbol{O} & \boldsymbol{AB}\end{pmatrix}=R\begin{pmatrix}-\boldsymbol{B} & \boldsymbol{E}\\ \boldsymbol{O} & \boldsymbol{A}\end{pmatrix}\geqslant R(\boldsymbol{A})+R(\boldsymbol{A})$。

（方法四）设 $R(\boldsymbol{A})=r$，$R(\boldsymbol{B})=s$，$R(\boldsymbol{AB})=t$，则存在可逆矩阵$\boldsymbol{P}_{m\times m}$，$\boldsymbol{Q}_{n\times n}$，使$\boldsymbol{PAQ}=\begin{pmatrix}\boldsymbol{E}_r & \boldsymbol{O}\\ \boldsymbol{O} & \boldsymbol{O}\end{pmatrix}$，则：

$$\boldsymbol{PAB}=\boldsymbol{PAQQ}^{-1}\boldsymbol{B}=\begin{pmatrix}\boldsymbol{E}_r & \boldsymbol{O}\\ \boldsymbol{O} & \boldsymbol{O}\end{pmatrix}\boldsymbol{Q}^{-1}\boldsymbol{B}=\begin{pmatrix}\boldsymbol{C}_{r\times n}\\ \boldsymbol{O}\end{pmatrix}$$

$$\boldsymbol{Q}^{-1}\boldsymbol{B}=\begin{pmatrix}\boldsymbol{C}_{r\times n}\\ \boldsymbol{C}_{(n-r)\times n}\end{pmatrix}$$

故$R\left(\begin{pmatrix}\boldsymbol{C}_{r\times n}\\ \boldsymbol{O}\end{pmatrix}\right)=R(\boldsymbol{PAB})=R(\boldsymbol{AB})=t$；又：

$$Q^{-1}B=\begin{pmatrix}C_{r\times n}\\C_{(n-r)\times n}\end{pmatrix}=\begin{pmatrix}C_{r\times n}\\O\end{pmatrix}+\begin{pmatrix}O\\C_{(n-r)\times n}\end{pmatrix}$$

故：

$$s=R(B)=R(Q^{-1}B)\leqslant R\left(\begin{pmatrix}C_{r\times n}\\O\end{pmatrix}\right)+R\left(\begin{pmatrix}O\\C_{(n-r)\times n}\end{pmatrix}\right)\leqslant t+n-r$$

从而$R(AB)\geqslant R(A)+R(B)-n$。

该命题为希尔维斯特不等式，事实上它是费罗贝纽斯不等式的一种特殊情况。

例 3（兰州大学，2020）设A,B,C分别为$m\times n,m\times s,s\times t$矩阵，则：

$$R(ABC)\geqslant R(AB)+R(BC)-R(B)$$

证明：（方法一）只要证$R(ABC)+R(B)\geqslant R(AB)+R(BC)$。

事实上，构造分块矩阵并做广义初等变换，得：

$$\begin{pmatrix}ABC&O\\O&B\end{pmatrix}\to\begin{pmatrix}ABC&AB\\O&B\end{pmatrix}\to\begin{pmatrix}O&AB\\-BC&B\end{pmatrix}\to\begin{pmatrix}AB&O\\B&-BC\end{pmatrix}$$

$$\begin{pmatrix}E&A\\O&E\end{pmatrix}\begin{pmatrix}ABC&O\\O&B\end{pmatrix}\begin{pmatrix}E&O\\-C&E\end{pmatrix}\begin{pmatrix}O&E\\E&O\end{pmatrix}=\begin{pmatrix}AB&O\\B&-BC\end{pmatrix}$$

则$R(ABC)+R(B)=R\begin{pmatrix}ABC&O\\O&B\end{pmatrix}=R\begin{pmatrix}AB&O\\B&-BC\end{pmatrix}\geqslant R(AB)+R(BC)$。

（方法二）构造分块矩阵并做广义初等变换，得：

$$\begin{pmatrix}AB&O\\B&BC\end{pmatrix}\to\begin{pmatrix}AB&-ABC\\B&O\end{pmatrix}\to\begin{pmatrix}O&-ABC\\B&O\end{pmatrix}\to\begin{pmatrix}-ABC&O\\O&B\end{pmatrix}$$

$$\begin{pmatrix}E&-A\\O&E\end{pmatrix}\begin{pmatrix}AB&O\\B&BC\end{pmatrix}\begin{pmatrix}E&-C\\O&E\end{pmatrix}\begin{pmatrix}O&E\\E&O\end{pmatrix}=\begin{pmatrix}-ABC&O\\O&B\end{pmatrix}$$

则：

$$R(ABC)+R(B)=R\begin{pmatrix}ABC&O\\O&B\end{pmatrix}=R\begin{pmatrix}AB&O\\B&-BC\end{pmatrix}\geqslant R(AB)+R(BC)$$

分块矩阵对于矩阵秩的等式与不等式是非常有效的工具，其难点在于分块矩阵的构造，特别对于不等式，先将不等式的不等号两边化为秩的求和形式，再将不等号一边出现的矩阵（放在主对角线上）构造成一个对角型或三角型分块矩阵，并对其进行初等变换，化成三角型或对角型矩阵，且对角线上的矩阵刚好是不等号另一边出现的矩阵，最后两边取秩即可。（此法希望大家都能掌握）

例 4（苏州大学、陕西师范大学，2021）设$\boldsymbol{A},\boldsymbol{B}$为$m\times n$矩阵，则$R(\boldsymbol{A}+\boldsymbol{B})\leqslant R(\boldsymbol{A})+R(\boldsymbol{B})$。

证明：构造分块矩阵并做广义初等变换，有：

$$\begin{pmatrix}\boldsymbol{A} & \boldsymbol{O}\\ \boldsymbol{O} & \boldsymbol{B}\end{pmatrix}\to\begin{pmatrix}\boldsymbol{A} & \boldsymbol{B}\\ \boldsymbol{O} & \boldsymbol{B}\end{pmatrix}\to\begin{pmatrix}\boldsymbol{A} & \boldsymbol{A}+\boldsymbol{B}\\ \boldsymbol{O} & \boldsymbol{B}\end{pmatrix}$$

则有：

$$R(\boldsymbol{A})+R(\boldsymbol{B})=R\begin{pmatrix}\boldsymbol{A} & \boldsymbol{O}\\ \boldsymbol{O} & \boldsymbol{B}\end{pmatrix}=R\begin{pmatrix}\boldsymbol{A} & \boldsymbol{A}+\boldsymbol{B}\\ \boldsymbol{O} & \boldsymbol{B}\end{pmatrix}\geqslant R(\boldsymbol{A}+\boldsymbol{B})$$

例 5 设$\boldsymbol{A},\boldsymbol{B}$为$n$阶矩阵，则$R(\boldsymbol{AB}+\boldsymbol{A}+\boldsymbol{B})\geqslant R(\boldsymbol{A})+R(\boldsymbol{B})$。

证明：构造分块矩阵并做广义初等变换，有：

$$\begin{pmatrix}\boldsymbol{A} & \boldsymbol{AB}+\boldsymbol{A}+\boldsymbol{B}\\ \boldsymbol{O} & \boldsymbol{B}\end{pmatrix}\to\begin{pmatrix}\boldsymbol{A} & \boldsymbol{AB}+\boldsymbol{A}\\ \boldsymbol{O} & \boldsymbol{B}\end{pmatrix}\to\begin{pmatrix}\boldsymbol{A} & \boldsymbol{O}\\ \boldsymbol{O} & \boldsymbol{B}\end{pmatrix},$$

则：

$$R\begin{pmatrix}\boldsymbol{A} & \boldsymbol{AB}+\boldsymbol{A}+\boldsymbol{B}\\ \boldsymbol{O} & \boldsymbol{B}\end{pmatrix}=R\begin{pmatrix}\boldsymbol{A} & \boldsymbol{O}\\ \boldsymbol{O} & \boldsymbol{B}\end{pmatrix}$$

即$R(\boldsymbol{AB}+\boldsymbol{A}+\boldsymbol{B})\geqslant R(\boldsymbol{A})+R(\boldsymbol{B})$。

例 6（南京大学，2019）设$\boldsymbol{A}$为数域P上n阶可逆矩阵，$\boldsymbol{U},\boldsymbol{V}$为$n\times m$矩阵，$\boldsymbol{E}$为$m$阶单位矩阵，则$R(\boldsymbol{V}^{\mathrm{T}}\boldsymbol{A}^{-1}\boldsymbol{U}+\boldsymbol{E}_m)<m$的充要条件为$R(\boldsymbol{A}+\boldsymbol{UV}^{\mathrm{T}})<n$。

证明：构造分块矩阵并做广义初等变换，有：

$$\begin{pmatrix}\boldsymbol{A}+\boldsymbol{UV}^{\mathrm{T}} & \boldsymbol{U}\\ 0 & \boldsymbol{E}_m\end{pmatrix}\to\begin{pmatrix}\boldsymbol{A} & \boldsymbol{U}\\ -\boldsymbol{V}^{\mathrm{T}} & E_m\end{pmatrix}\to\begin{pmatrix}\boldsymbol{A} & \boldsymbol{U}\\ 0 & \boldsymbol{E}_m+\boldsymbol{V}^{\mathrm{T}}\boldsymbol{A}^{-1}\boldsymbol{U}\end{pmatrix}$$

则$R(\boldsymbol{V}^{\mathrm{T}}\boldsymbol{A}^{-1}\boldsymbol{U}+\boldsymbol{E}_m)<m$的充要条件为：

$$\begin{vmatrix} \boldsymbol{A} & \boldsymbol{U} \\ -\boldsymbol{V}^{\mathrm{T}} & \boldsymbol{E}_m \end{vmatrix}=\boldsymbol{0}$$

进一步充要条件为$\left|\boldsymbol{A}+\boldsymbol{U}\boldsymbol{V}^{\mathrm{T}}\right|=0$，即$R(\boldsymbol{A}+\boldsymbol{U}\boldsymbol{V}^{\mathrm{T}})<n$。

例 7（兰州大学，2019）设$\boldsymbol{A},\boldsymbol{B}$为数域$P$上$n$阶可交换矩阵，则：

$$R(\boldsymbol{A}+\boldsymbol{B})\leqslant R(\boldsymbol{A})+R(\boldsymbol{B})-R(\boldsymbol{AB})$$

证明：命题可转换为证$R(\boldsymbol{A}+\boldsymbol{B})+R(\boldsymbol{AB})\leqslant R(\boldsymbol{A})+R(\boldsymbol{B})$。

构造分块矩阵并做广义初等变换：

$$\begin{pmatrix} \boldsymbol{A} & \boldsymbol{O} \\ \boldsymbol{O} & \boldsymbol{B} \end{pmatrix}\to\begin{pmatrix} \boldsymbol{A} & \boldsymbol{B} \\ \boldsymbol{O} & \boldsymbol{B} \end{pmatrix}\to\begin{pmatrix} \boldsymbol{A}+\boldsymbol{B} & \boldsymbol{B} \\ \boldsymbol{B} & \boldsymbol{B} \end{pmatrix}\to\begin{pmatrix} \boldsymbol{A}+\boldsymbol{B} & \boldsymbol{B} \\ \boldsymbol{B} & -\boldsymbol{AB} \end{pmatrix}$$

$$\begin{pmatrix} \boldsymbol{E} & \boldsymbol{O} \\ \boldsymbol{B} & -\boldsymbol{A}-\boldsymbol{B} \end{pmatrix}\begin{pmatrix} \boldsymbol{A}+\boldsymbol{B} & \boldsymbol{B} \\ \boldsymbol{B} & \boldsymbol{B} \end{pmatrix}\overset{\boldsymbol{AB}=\boldsymbol{BA}}{=}\begin{pmatrix} \boldsymbol{A}+\boldsymbol{B} & \boldsymbol{B} \\ \boldsymbol{O} & -\boldsymbol{AB} \end{pmatrix}$$

则$R(\boldsymbol{A}+\boldsymbol{B})\leqslant R(\boldsymbol{A})+R(\boldsymbol{B})-R(\boldsymbol{AB})$。

4.3.2 矩阵秩的等式

例 1（西北大学，2023）设$\boldsymbol{A}$为n阶矩阵，$\boldsymbol{A}^*$为$\boldsymbol{A}$的伴随矩阵，且$\boldsymbol{A}^2=\boldsymbol{E}$，则$R(\boldsymbol{A}+\boldsymbol{E})+R(\boldsymbol{A}-\boldsymbol{E})=n$，$R(\boldsymbol{A}^*+\boldsymbol{E})+R(\boldsymbol{A}^*-\boldsymbol{E})=n$。

证明：由$\boldsymbol{A}^2=\boldsymbol{E}$，则$(\boldsymbol{A}^2)^*=\boldsymbol{E}^*$，即$(\boldsymbol{A}^*)^2=\boldsymbol{E}$，所以只证明第一种情况即可。

（方法一）构造分块矩阵$\begin{pmatrix} \boldsymbol{A}+\boldsymbol{E} & \boldsymbol{O} \\ \boldsymbol{O} & \boldsymbol{A}-\boldsymbol{E} \end{pmatrix}$并做广义初等变换，得：

$$\begin{pmatrix} \boldsymbol{E} & \boldsymbol{O} \\ -\boldsymbol{E} & \boldsymbol{E} \end{pmatrix}\begin{pmatrix} \boldsymbol{A}+\boldsymbol{E} & \boldsymbol{O} \\ \boldsymbol{O} & \boldsymbol{A}-\boldsymbol{E} \end{pmatrix}\begin{pmatrix} \boldsymbol{E} & \boldsymbol{E} \\ \boldsymbol{O} & \boldsymbol{E} \end{pmatrix}=\begin{pmatrix} \boldsymbol{A}+\boldsymbol{E} & \boldsymbol{A}+\boldsymbol{E} \\ -\boldsymbol{A}-\boldsymbol{E} & -2\boldsymbol{E} \end{pmatrix}$$

$$\begin{pmatrix} \boldsymbol{E} & \frac{1}{2}(\boldsymbol{A}+\boldsymbol{E}) \\ \boldsymbol{O} & \boldsymbol{E} \end{pmatrix}\begin{pmatrix} \boldsymbol{A}+\boldsymbol{E} & \boldsymbol{A}+\boldsymbol{E} \\ -\boldsymbol{A}-\boldsymbol{E} & -2\boldsymbol{E} \end{pmatrix}\begin{pmatrix} \boldsymbol{E} & \boldsymbol{O} \\ -\frac{1}{2}(\boldsymbol{A}+\boldsymbol{E}) & \boldsymbol{E} \end{pmatrix}=\begin{pmatrix} \frac{1}{2}(\boldsymbol{E}-\boldsymbol{A}^2) & \boldsymbol{O} \\ \boldsymbol{O} & -2\boldsymbol{E} \end{pmatrix}$$

从而有$R(\boldsymbol{A}+\boldsymbol{E})+R(\boldsymbol{A}-\boldsymbol{E})=R(\boldsymbol{E}-\boldsymbol{A}^2)+n$，则$R(\boldsymbol{A}+\boldsymbol{E})+R(\boldsymbol{A}-\boldsymbol{E})=(\boldsymbol{A}-\boldsymbol{E})=n$

的充分必要条件为$R(\boldsymbol{E}-\boldsymbol{A}^2)=0$，即$\boldsymbol{A}^2=\boldsymbol{E}$。

（方法二）矩阵$\boldsymbol{A}$是对合矩阵的充要条件为$\boldsymbol{A}^2=\boldsymbol{E}$，进一步的充要条件为$R(\boldsymbol{A}^2-\boldsymbol{E})=0$，构造分块矩阵并做广义初等变换，可得：

$$\begin{pmatrix}\boldsymbol{A}+\boldsymbol{E} & \boldsymbol{O}\\ \boldsymbol{O} & \boldsymbol{A}-\boldsymbol{E}\end{pmatrix}\to\begin{pmatrix}\boldsymbol{A}+\boldsymbol{E} & \boldsymbol{O}\\ \boldsymbol{A}+\boldsymbol{E} & \boldsymbol{A}-\boldsymbol{E}\end{pmatrix}\to\begin{pmatrix}\boldsymbol{A}+\boldsymbol{E} & -\boldsymbol{A}-\boldsymbol{E}\\ \boldsymbol{A}+\boldsymbol{E} & -2\boldsymbol{E}\end{pmatrix}$$

$$\to\begin{pmatrix}(\boldsymbol{A}+\boldsymbol{E})-\frac{1}{2}(\boldsymbol{A}+\boldsymbol{E})^2 & \boldsymbol{O}\\ \boldsymbol{A}+\boldsymbol{E} & -2\boldsymbol{E}\end{pmatrix}\to\begin{pmatrix}\frac{1}{2}(\boldsymbol{E}-\boldsymbol{A}^2) & \boldsymbol{O}\\ \boldsymbol{O} & 2\boldsymbol{E}\end{pmatrix}$$

则：

$$R\begin{pmatrix}\boldsymbol{A}+\boldsymbol{E} & \boldsymbol{O}\\ \boldsymbol{O} & \boldsymbol{A}-\boldsymbol{E}\end{pmatrix}=R\begin{pmatrix}\frac{1}{2}(\boldsymbol{E}-\boldsymbol{A}^2) & \boldsymbol{O}\\ \boldsymbol{O} & 2\boldsymbol{E}\end{pmatrix}$$

即$R(\boldsymbol{A}+\boldsymbol{E})+R(\boldsymbol{A}-\boldsymbol{E})=R(\frac{1}{2}(\boldsymbol{E}-\boldsymbol{A}^2))+R(2\boldsymbol{E})=R(\boldsymbol{E}-\boldsymbol{A}^2)+n$，由此可得$\boldsymbol{A}$是对合矩阵的充要条件为$R(\boldsymbol{A}^2-\boldsymbol{E})=0$，即$R(\boldsymbol{A}+\boldsymbol{E})+R(\boldsymbol{A}-\boldsymbol{E})=n$。

<u>例 2</u>（中山大学，2023）设$\boldsymbol{A}$为n阶矩阵，则$\boldsymbol{A}^2=\boldsymbol{A}$的充要条件为：

$$R(\boldsymbol{A})+R(\boldsymbol{A}-\boldsymbol{E})=n$$

证明：构造分块矩阵并做广义初等变换，可得：

$$\begin{pmatrix}\boldsymbol{E} & \boldsymbol{O}\\ -\boldsymbol{E} & \boldsymbol{E}\end{pmatrix}\begin{pmatrix}\boldsymbol{A} & \boldsymbol{O}\\ \boldsymbol{O} & \boldsymbol{A}-\boldsymbol{E}\end{pmatrix}\begin{pmatrix}\boldsymbol{E} & \boldsymbol{E}\\ \boldsymbol{O} & \boldsymbol{E}\end{pmatrix}=\begin{pmatrix}\boldsymbol{A} & \boldsymbol{A}\\ -\boldsymbol{A} & -\boldsymbol{E}\end{pmatrix}$$

$$\begin{pmatrix}\boldsymbol{E} & \boldsymbol{A}\\ \boldsymbol{O} & \boldsymbol{E}\end{pmatrix}\begin{pmatrix}\boldsymbol{A} & \boldsymbol{A}\\ -\boldsymbol{A} & -\boldsymbol{E}\end{pmatrix}\begin{pmatrix}\boldsymbol{E} & \boldsymbol{O}\\ -\boldsymbol{A} & \boldsymbol{E}\end{pmatrix}=\begin{pmatrix}\boldsymbol{A}-\boldsymbol{A}^2 & \boldsymbol{O}\\ \boldsymbol{O} & -\boldsymbol{E}\end{pmatrix}$$

则$R(\boldsymbol{A})+R(\boldsymbol{A}-\boldsymbol{E})=\boldsymbol{R}(\boldsymbol{A}-\boldsymbol{A}^2)+n$，从而$R(\boldsymbol{A})+R(\boldsymbol{A}-\boldsymbol{E})=n$的充要条件为：

$$R(\boldsymbol{A}-\boldsymbol{A}^2)=0$$

<u>例 3</u>（北京师范大学，2006）（北京师范大学，2006）设$\boldsymbol{A},\boldsymbol{B}$为数域$P$上$n$阶矩阵，则：

（1）$R(\boldsymbol{A}-\boldsymbol{ABA})=R(\boldsymbol{A})+R(\boldsymbol{E}_n-\boldsymbol{BA})-n$；

（2）若$\boldsymbol{A}+\boldsymbol{B}=\boldsymbol{E}_n$，且$R(\boldsymbol{A})+R(\boldsymbol{B})=n$，则$\boldsymbol{A}^2=\boldsymbol{A}$，$\boldsymbol{B}^2=\boldsymbol{B}$，且$\boldsymbol{AB}=0=\boldsymbol{BA}$。

证明:（1）只要证$R(\boldsymbol{A}-\boldsymbol{ABA})+n=R(\boldsymbol{A})+R(\boldsymbol{E}_n-\boldsymbol{BA})$。

构造分块矩阵并做广义初等变换，可得:

$$\begin{pmatrix}\boldsymbol{A} & \boldsymbol{O}\\ \boldsymbol{O} & \boldsymbol{E}_n-\boldsymbol{BA}\end{pmatrix}\to\begin{pmatrix}\boldsymbol{A} & \boldsymbol{O}\\ \boldsymbol{BA} & \boldsymbol{E}_n-\boldsymbol{BA}\end{pmatrix}\to\begin{pmatrix}\boldsymbol{A} & \boldsymbol{A}\\ \boldsymbol{BA} & \boldsymbol{E}_n\end{pmatrix}$$

$$\to\begin{pmatrix}\boldsymbol{A}-\boldsymbol{ABA} & \boldsymbol{O}\\ \boldsymbol{BA} & \boldsymbol{E}_n\end{pmatrix}\to\begin{pmatrix}\boldsymbol{A}-\boldsymbol{ABA} & \boldsymbol{O}\\ \boldsymbol{O} & \boldsymbol{E}_n\end{pmatrix}$$

即结论成立。

（2）由$\boldsymbol{A}+\boldsymbol{B}=\boldsymbol{E}_n$，则:

$$\begin{pmatrix}\boldsymbol{A} & \boldsymbol{O}\\ \boldsymbol{O} & \boldsymbol{B}\end{pmatrix}\to\begin{pmatrix}\boldsymbol{A} & \boldsymbol{B}\\ \boldsymbol{O} & \boldsymbol{B}\end{pmatrix}\to\begin{pmatrix}\boldsymbol{A}+\boldsymbol{B} & \boldsymbol{B}\\ \boldsymbol{B} & \boldsymbol{B}\end{pmatrix}=\begin{pmatrix}\boldsymbol{E} & \boldsymbol{B}\\ \boldsymbol{B} & \boldsymbol{B}\end{pmatrix}\to\begin{pmatrix}\boldsymbol{E} & \boldsymbol{B}\\ \boldsymbol{O} & \boldsymbol{B}-\boldsymbol{B}^2\end{pmatrix}\to\begin{pmatrix}\boldsymbol{E} & \boldsymbol{O}\\ \boldsymbol{O} & \boldsymbol{B}-\boldsymbol{B}^2\end{pmatrix}$$

又$R(\boldsymbol{A})+R(\boldsymbol{B})=n$，则$n=R(\boldsymbol{A})+R(\boldsymbol{B})=n-R(\boldsymbol{B}-\boldsymbol{B}^2)$，即$\boldsymbol{B}^2=\boldsymbol{B}$；同理可得$\boldsymbol{A}^2=\boldsymbol{A}$。

构造分块矩阵并做广义初等变换，可得:

$$\begin{pmatrix}\boldsymbol{A} & \boldsymbol{O}\\ \boldsymbol{O} & \boldsymbol{B}\end{pmatrix}\to\begin{pmatrix}\boldsymbol{A}+\boldsymbol{B} & \boldsymbol{B}\\ \boldsymbol{B} & \boldsymbol{B}\end{pmatrix}\to\begin{pmatrix}\boldsymbol{E} & \boldsymbol{B}\\ \boldsymbol{B} & \boldsymbol{B}\end{pmatrix}\to\begin{pmatrix}\boldsymbol{E} & \boldsymbol{B}\\ \boldsymbol{A}+\boldsymbol{B} & \boldsymbol{B}+\boldsymbol{AB}\end{pmatrix}$$

$$=\begin{pmatrix}\boldsymbol{E} & \boldsymbol{B}\\ \boldsymbol{E} & \boldsymbol{B}+\boldsymbol{AB}\end{pmatrix}\to\begin{pmatrix}\boldsymbol{E} & \boldsymbol{B}\\ \boldsymbol{O} & \boldsymbol{AB}\end{pmatrix}\to\begin{pmatrix}\boldsymbol{E} & \boldsymbol{O}\\ \boldsymbol{O} & \boldsymbol{AB}\end{pmatrix}$$

则$n=R(\boldsymbol{A})+R(\boldsymbol{B})=n+R(\boldsymbol{AB})$，即$\boldsymbol{AB}=\boldsymbol{0}$；同理可得$\boldsymbol{BA}=0$。

例 4（复旦大学、四川大学，2023）设$\boldsymbol{A}$为P上的$s\times n$矩阵，则$R(\boldsymbol{E}_n-\boldsymbol{A}^{\mathrm{T}}\boldsymbol{A})-R(\boldsymbol{E}_s-\boldsymbol{A}\boldsymbol{A}^{\mathrm{T}})=n-s$。

证明：要证明上述命题，只需证明$R(\boldsymbol{E}_n-\boldsymbol{A}^{\mathrm{T}}\boldsymbol{A})+s=R(\boldsymbol{E}_s-\boldsymbol{A}\boldsymbol{A}^{\mathrm{T}})+n$。

构造分块矩阵并做广义初等变换，可得:

$$\begin{pmatrix} E_n - A^{\mathrm{T}}A & O \\ O & E_s \end{pmatrix} \to \begin{pmatrix} E_n - A^{\mathrm{T}}A & A^{\mathrm{T}} \\ O & E_s \end{pmatrix} \to \begin{pmatrix} E_n & A^{\mathrm{T}} \\ A & E_s \end{pmatrix}$$

$$\to \begin{pmatrix} E_n & A^{\mathrm{T}} \\ O & E_s - AA^{\mathrm{T}} \end{pmatrix} \to \begin{pmatrix} E_n & O \\ O & E_s - AA^{\mathrm{T}} \end{pmatrix}$$

即结论成立。

例 5 设A,B,C,D均为n阶方阵，D可逆，是否$\begin{pmatrix} A & B \\ C & O \end{pmatrix}$与$\begin{pmatrix} AD & BD \\ C & O \end{pmatrix}$的秩一定相等？若是，请证明；若不是，请给出反例。

解：不一定。由D可逆可知

$$R(AB)+R(C) \geqslant R\begin{pmatrix} A & B \\ C & O \end{pmatrix} \geqslant R(B)+R(C)$$

$$R(AB)+R(C)=R(ADBD)+R(C)$$

$$\geqslant R\begin{pmatrix} AD & BD \\ C & O \end{pmatrix} \geqslant R(BD)+R(C)=R(B)+R(C)$$

当$R(AB)=R(B)$时，有：

$$R\begin{pmatrix} A & B \\ C & O \end{pmatrix}=R\begin{pmatrix} AD & BD \\ C & O \end{pmatrix}=R(B)+RA$$

当$R(AB)>R(B)$时，有：

$$R\begin{pmatrix} A & B \\ C & O \end{pmatrix}=R(C)$$

令$A=C$，$B=O$，则有：

$$R\begin{pmatrix} C & O \\ C & O \end{pmatrix}=RA$$

$$R\begin{pmatrix} CD & O \\ C & O \end{pmatrix}=R\begin{pmatrix} CD \\ C \end{pmatrix} \geqslant R(C)=R\begin{pmatrix} C & O \\ C & O \end{pmatrix}$$

4.3.3 计算行列式

例 1（电子科技大学、重庆理工大学、武汉大学，2019）设A,B为n阶矩阵，则

$$\begin{vmatrix} A & B \\ B & A \end{vmatrix} = |A+B||A-B|。$$

证明：对分块矩阵做广义初等变换，有：

$$\begin{pmatrix} E & E \\ O & E \end{pmatrix}\begin{pmatrix} A & B \\ B & A \end{pmatrix}\begin{pmatrix} E & -E \\ O & E \end{pmatrix} = \begin{pmatrix} A+B & O \\ B & A-B \end{pmatrix}$$

两边取行列式，得：

$$\begin{vmatrix} A & B \\ B & A \end{vmatrix} = \begin{vmatrix} A+B & O \\ B & A-B \end{vmatrix} = |A+B||A-B|$$

也可以做广义初等变换，得：

$$\begin{pmatrix} A & B \\ B & A \end{pmatrix} \to \begin{pmatrix} A+B & B+A \\ B & A \end{pmatrix} \to \begin{pmatrix} A+B & O \\ B & A-B \end{pmatrix}$$

例 2（西安电子科技大学，2016）设$A_{m\times n},B_{n\times m}$为矩阵，则$|E_m - AB| = |E_n - BA|$。

命题也可叙述为设$A_{n\times n}$，$B_{n\times n}$为矩阵，则AB与BA有相同的特征多项式。

证明：见 4.4 降阶公式例 5。

例 3 设$A_{n\times n},B_{n\times n}$为矩阵，则$|AB| = |A||B|$。

证明：构造分块矩阵并做广义初等变换，得：

$$\begin{pmatrix} A & O \\ -E & B \end{pmatrix} \to \begin{pmatrix} O & AB \\ -E & B \end{pmatrix}$$

式子两边取行列式，即：

$$\begin{vmatrix} A & O \\ -E & B \end{vmatrix} = \begin{vmatrix} O & AB \\ -E & B \end{vmatrix}$$

$$\begin{vmatrix} A & O \\ -E & B \end{vmatrix} = |A||B|$$

$$\begin{vmatrix} O & AB \\ -E & B \end{vmatrix} = |AB|(-1)^{1+\cdots+n+(n+1)+\cdots+2n}|-E| = |AB|(-1)^{2n(n+1)} = |AB|$$

即$|AB|=|A||B|$。

例 4（特征多项式的降阶定理）设矩阵$A_{m\times n}, B_{n\times m}$，$m\geqslant n$，则：

$$|\lambda E_m - AB| = \lambda^{m-n}|\lambda E_n - BA|$$

证明：见 4.4 降阶公式例 6。

例 5 设A,B为n阶矩阵，则$\begin{vmatrix} A & -A \\ B & B \end{vmatrix} = 2^n|A||B|$。

证明：对分块矩阵做广义初等变换，得：

$$\begin{pmatrix} A & -A \\ B & B \end{pmatrix} \to \begin{pmatrix} A & O \\ B & 2B \end{pmatrix}$$

即：

$$\begin{pmatrix} E & E \\ O & E \end{pmatrix}\begin{pmatrix} A & -A \\ B & B \end{pmatrix} = \begin{pmatrix} A & O \\ B & 2B \end{pmatrix}$$

两边取行列式可得：

$$\begin{pmatrix} A & -A \\ B & B \end{pmatrix} = 2^*|A|\cdot|B|$$

例 6 设矩阵A,B,C,D均为n阶方阵，则$\begin{vmatrix} A & B \\ C & D \end{vmatrix} = \begin{vmatrix} D & C \\ B & A \end{vmatrix}$。

证明：构造分块矩阵并做广义初等变换，可得：

$$\begin{pmatrix} O & E \\ E & O \end{pmatrix}\begin{pmatrix} A & B \\ C & D \end{pmatrix}\begin{pmatrix} O & E \\ E & O \end{pmatrix} = \begin{pmatrix} D & C \\ B & A \end{pmatrix}$$

两边取行列式：

$$\begin{vmatrix} A & B \\ C & D \end{vmatrix} = \begin{vmatrix} D & C \\ B & A \end{vmatrix}$$

例 7（上海交通大学、北京邮电大学，2018）设A为n阶可逆矩阵，α,β为n维列向量，则：

$$\left|A+\alpha^{\mathrm{T}}\beta\right|=|A|(1+\beta^{\mathrm{T}}A^{-1}\alpha)。$$

证明：构造分块矩阵并做广义初等变换，可得：

$$\begin{pmatrix} E & O \\ \beta^{\mathrm{T}}A^{-1} & 1 \end{pmatrix}\begin{pmatrix} A & \alpha \\ -\beta^{\mathrm{T}} & 1 \end{pmatrix}=\begin{pmatrix} A & \alpha \\ O & \beta^{\mathrm{T}}A^{-1}\alpha+1 \end{pmatrix}$$

式子两边取行列式有：

$$\begin{vmatrix} E & -\alpha \\ O & 1 \end{vmatrix}\begin{vmatrix} A & \alpha \\ -\beta^{\mathrm{T}} & 1 \end{vmatrix}=\begin{vmatrix} A+\alpha\beta^{\mathrm{T}} & O \\ -\beta^{\mathrm{T}} & 1 \end{vmatrix}$$

$$\begin{vmatrix} E & O \\ \beta^{\mathrm{T}}A & 1 \end{vmatrix}\cdot\begin{vmatrix} A & \alpha \\ -\beta^{T} & 1 \end{vmatrix}=\begin{vmatrix} A & \alpha \\ O & \beta^{\mathrm{T}}A^{-1}\alpha+1 \end{vmatrix}$$

从而有：

$$\begin{vmatrix} A & \alpha \\ -\beta^{\mathrm{T}} & 1 \end{vmatrix}=\left|A+\alpha\beta^{\mathrm{T}}\right|==|A|\left|1+\beta^{\mathrm{T}}A^{-1}\alpha\right|=|A|(1+\beta^{\mathrm{T}}A^{-1}\alpha)$$

类似命题：设A为n阶可逆矩阵，α,β为n维列向量，则：

$$\left|E+A^{-1}\alpha\beta^{\mathrm{T}}\right|=1+\beta^{\mathrm{T}}A^{-1}\alpha$$

4.3.4 矩阵相似

例 1（兰州交通大学，2018）若方阵A与B相似，C与D相似，则方阵$\begin{pmatrix} A & O \\ O & C \end{pmatrix}$与$\begin{pmatrix} B & O \\ O & D \end{pmatrix}$也相似。

证明：由A与B相似，C与D相似，可知存在可逆矩阵X,Y，使得$B=X^{-1}AX$，$D=Y^{-1}CY$

对分块矩阵做广义初等变换，可得：

$$\begin{pmatrix} E & O \\ O & Y^{-1} \end{pmatrix}\begin{pmatrix} X^{-1} & O \\ O & E \end{pmatrix}\begin{pmatrix} A & O \\ O & C \end{pmatrix}\begin{pmatrix} X & O \\ O & E \end{pmatrix}\begin{pmatrix} E & O \\ O & Y \end{pmatrix}$$

$$=\begin{pmatrix} X^{-1} & O \\ O & Y^{-1} \end{pmatrix}\begin{pmatrix} A & O \\ O & C \end{pmatrix}\begin{pmatrix} X & O \\ O & Y \end{pmatrix}=\begin{pmatrix} X & O \\ O & Y \end{pmatrix}^{-1}\begin{pmatrix} A & O \\ O & C \end{pmatrix}\begin{pmatrix} X & O \\ O & Y \end{pmatrix}$$

$$=\begin{pmatrix} X^{-1}AX & O \\ O & Y^{-1}CY \end{pmatrix}=\begin{pmatrix} B & O \\ O & D \end{pmatrix}$$

故结论成立。

4.3.5 矩阵分解

<u>例 1</u>（湖南师范大学，2024）设矩阵$A=(a_{ij})_{n\times n}$，其顺序主子式都不为零，则存在可逆下三角矩阵B与可逆上三角矩阵C，使得$A=BC$。

证明：采用数学归纳法。

当$n=1$时，命题成立；

假设命题对$n-1$成立，则对于n，将A分块为$A=\begin{pmatrix} A_{n-1} & \alpha \\ \beta & a_{nn} \end{pmatrix}$，其中：

$$A_{n-1}=\begin{pmatrix} a_{11} & \cdots & a_{1(n-1)} \\ \vdots & & \vdots \\ a_{(n-1)1} & \cdots & a_{(n-1)(n-1)} \end{pmatrix}$$

由假设有$A_{n-1}=B_1C_1$，其中B_1，C_1分别为$n-1$阶可逆下三角矩阵与上三角矩阵；

又：

$$\begin{pmatrix} E & O \\ -\beta A_{n-1}^{-1} & 1 \end{pmatrix}\begin{pmatrix} A_{n-1} & \alpha \\ \beta & a_{nn} \end{pmatrix}=\begin{pmatrix} A_{n-1} & \alpha \\ O & b \end{pmatrix},\quad b=a_{nn}-\beta A_{n-1}^{-1}\alpha$$

两边取行列式，可得$|A|=b|A_{n-1}|$，从而$b\neq 0$，

$$\begin{pmatrix} A_{n-1} & \alpha \\ O & b \end{pmatrix}=\begin{pmatrix} B_1C_1 & \alpha \\ O & b \end{pmatrix}=\begin{pmatrix} B_1 & O \\ O & 1 \end{pmatrix}\begin{pmatrix} C_1 & B_1^{-1}\alpha \\ O & b \end{pmatrix}$$

于是有：

$$A=\begin{pmatrix}A_{n-1} & \alpha\\ \beta & a_{nn}\end{pmatrix}=\begin{pmatrix}E_1 & \alpha\\ -\beta A_{n-1}^{-1} & 1\end{pmatrix}^{-1}\begin{pmatrix}B_1 & O\\ O & 1\end{pmatrix}\begin{pmatrix}C_1 & B_1^{-1}\alpha\\ O & b\end{pmatrix}=BC$$

其中：

$$B=\begin{pmatrix}E_{n-1} & O\\ -\beta A_{n-1}^{-1} & 1\end{pmatrix}^{-1}\begin{pmatrix}B_1 & O\\ O & 1\end{pmatrix}=\begin{pmatrix}E_{n-1} & O\\ \beta A_{n-1}^{-1} & 1\end{pmatrix}\begin{pmatrix}B_1 & O\\ O & 1\end{pmatrix}=\begin{pmatrix}b_1 & O\\ \beta C_1^{-1} & 1\end{pmatrix}$$

$$C=\begin{pmatrix}C_1 & B_1^{-1}\alpha\\ O & b\end{pmatrix}$$

由$|B|=|B_1|\neq 0$，$|C|=|C_1|\neq 0$，可知B与C分别为可逆的下三角矩阵与上三角矩阵。

例 2（南京大学，2019）设$m\times n$矩阵A的秩为$r>0$，则A可分解为两个秩为r的$m\times r, r\times n$阶的矩阵的乘积。

证明：由A的秩为r，则存在可逆矩阵$P_{m\times m}, Q_{n\times n}$，使得：

$$A=P\begin{pmatrix}E_r & O\\ O & O\end{pmatrix}Q=P\begin{pmatrix}E_r\\ O\end{pmatrix}\begin{pmatrix}E_r & O\end{pmatrix}Q=A_1A_2$$

其中$A_1=P\begin{pmatrix}E_r\\ O\end{pmatrix}$，$A_2=\begin{pmatrix}E_r & O\end{pmatrix}Q$，且$R(A_1)=R(A_2)=r$。

4.3.6 实对称矩阵的正定性

例 1（中国人民大学，2023）若n阶实对称矩阵A的顺序主子式都大于零，则A是正定矩阵。

证明：当$n=1$时，A为 1 阶矩阵(a)，$a>0$，即A正定；

假设对于$n-1$阶实对称矩阵命题成立，则对于$A=(a_{ij})_{n\times n}$，分块形式：

$$A=\begin{pmatrix}A_{n-1} & \alpha\\ \alpha & a_{nn}\end{pmatrix}$$

其中A_{n-1}是$n-1$阶实对称矩阵，A_{n-1}的所有顺序主子式是A的 1 到$n-1$阶的顺序主子式，且都大于零，即A_{n-1}是正定的，从而存在$n-1$阶实可逆矩阵C_1，使得$C_1^{\mathrm{T}}A_{n-1}C_1=E_{n-1}$，由于：

$$\begin{pmatrix} A_{n-1} & \alpha \\ \alpha^{\mathrm{T}} & a_{nn} \end{pmatrix} \to \begin{pmatrix} A_{n-1} & \alpha \\ O & a_{nn}-\alpha^{\mathrm{T}}A_{n-1}^{-1}\alpha \end{pmatrix} \to \begin{pmatrix} A_{n-1} & O \\ O & a-\alpha^{\mathrm{T}}A_{n-1}^{-1}\alpha \end{pmatrix}$$

记$b=a_{nn}-\alpha^{\mathrm{T}}A_{n-1}^{-1}\alpha$，可得：

$$\begin{pmatrix} E & O \\ -\alpha^{\mathrm{T}}A_{n-1}^{-1} & 1 \end{pmatrix}\begin{pmatrix} A_{n-1} & \alpha \\ \alpha^{\mathrm{T}} & a_{nn} \end{pmatrix}\begin{pmatrix} E_{n-1} & -A_{n-1}^{-1}\alpha \\ O & 1 \end{pmatrix}=\begin{pmatrix} A_{n-1} & O \\ O & b \end{pmatrix}$$

即$\begin{pmatrix} A_{n-1} & \alpha \\ \alpha^{\mathrm{T}} & a_{nn} \end{pmatrix},\begin{pmatrix} A_{n-1} & O \\ O & b \end{pmatrix}$合同，$|A|=|A_{n-1}|b$，$b>0$，又：

$$\begin{pmatrix} C_1 & O \\ O & 1 \end{pmatrix}\begin{pmatrix} A_{n-1} & O \\ O & b \end{pmatrix}\begin{pmatrix} C_1 & O \\ O & 1 \end{pmatrix}=\begin{pmatrix} C_1^{\mathrm{T}}A_{n-1}C_1 & O \\ O & b \end{pmatrix}=\begin{pmatrix} E_{n-1} & O \\ O & b \end{pmatrix}$$

则$\begin{pmatrix} A_{n-1} & O \\ O & b \end{pmatrix},\begin{pmatrix} E_{n-1} & O \\ O & b \end{pmatrix}$合同，而$\begin{pmatrix} E_{n-1} & O \\ O & b \end{pmatrix}$正定，于是$A$正定。

由归纳假设可知命题成立。

4.3.7 矩阵的逆矩阵

例 1（上海财经大学，2023）设矩阵$A_{m\times n},B_{n\times m}$，$E+AB$为可逆矩阵，$E+BA$是可逆的矩阵，则求其逆。

解：构造矩阵$M=\begin{pmatrix} E & -A \\ O & E+BA \end{pmatrix}$，做初等变换可得

$$\begin{pmatrix} E & -A & E & O \\ O & E+BA & O & E \end{pmatrix} \to \begin{pmatrix} E & -A & E & O \\ B & E & B & E \end{pmatrix}$$

$$\to \begin{pmatrix} E+AB & O & E+AB & A \\ B & E & B & E \end{pmatrix}$$

$E+AB$为可逆矩阵，则：

$$\begin{pmatrix} E+AB & O & E+AB & A \\ B & E & B & E \end{pmatrix}$$

$$\rightarrow\begin{pmatrix} E+AB & O & E+AB & A \\ O & E & O & E-B(E+AB)^{-1}A \end{pmatrix}$$

$$\rightarrow\begin{pmatrix} E & O & E & (E+AB)^{-1}A \\ O & E & O & E-B(E+AB)^{-1}A \end{pmatrix}$$

则:

$$M^{-1}=\begin{pmatrix} E & (E+AB)^{-1}A \\ O & E-B(E+AB)^{-1}A \end{pmatrix}$$

即$E+BA$是可逆的，且$(E+BA)^{-1}=E-B(E+AB)^{-1}A$。

例 2（湖南师范大学，2019）设A为实数域上的n阶方阵，则

（1）$R(A)=R(A^{\mathrm{T}}A)$；

（2）若A为秩为r的对称矩阵，则存在一个可逆矩阵P使得A的r阶主子式M满足:

$$P^{\mathrm{T}}AP=\begin{pmatrix} E_r \\ R \end{pmatrix}M(E_r,R^{\mathrm{T}})$$

E_r为单位矩阵，R为$(n-r)\times r$矩阵。

证明:（1）只要证方程组$AX=0$与$A^{\mathrm{T}}AX=0$同解即可。

若X_1为$AX=0$的任一解，则$AX_1=0$，从而等式两端左乘A^{T}得$A^{\mathrm{T}}AX=0$，即$AX=0$的解都是$A^{\mathrm{T}}AX=0$的解；

若X_1为$A^{\mathrm{T}}AX=0$的任一解，则$A^{\mathrm{T}}AX_1=0$，从而等式两端左乘X_1^{T}得$(AX_1)^{\mathrm{T}}AX_1=0$，即$AX=0$，故$A^{\mathrm{T}}AX=0$的解都是$AX=0$的解；

综上可知$AX=0$与$A^{\mathrm{T}}AX=0$同解，即$R(A)=R(A^{\mathrm{T}}A)$

（2）由于$R(A)=r$，则存在可逆矩阵$\boldsymbol{P}_1$使得$\boldsymbol{P}^{\mathrm{T}}\boldsymbol{AP}=\begin{pmatrix}\boldsymbol{M} & \boldsymbol{O}\\ \boldsymbol{O} & \boldsymbol{O}\end{pmatrix}$，$R(\boldsymbol{M})=r$；

又：

$$\begin{pmatrix}\boldsymbol{E} & \boldsymbol{R}^{\mathrm{T}}\\ \boldsymbol{R} & \boldsymbol{E}\end{pmatrix}\begin{pmatrix}\boldsymbol{M} & \boldsymbol{O}\\ \boldsymbol{O} & \boldsymbol{O}\end{pmatrix}\begin{pmatrix}\boldsymbol{E} & \boldsymbol{R}^{\mathrm{T}}\\ \boldsymbol{R} & \boldsymbol{E}\end{pmatrix}=\begin{pmatrix}\boldsymbol{M} & \boldsymbol{MR}^{\mathrm{T}}\\ \boldsymbol{RM} & \boldsymbol{RMR}^{\mathrm{T}}\end{pmatrix}=\begin{pmatrix}\boldsymbol{E}_{\mathrm{T}}\\ \boldsymbol{R}\end{pmatrix}\boldsymbol{M}(\boldsymbol{E}_{\mathrm{T}},\boldsymbol{R})$$

令$\boldsymbol{P}=\boldsymbol{P}_1\begin{pmatrix}\boldsymbol{E} & \boldsymbol{R}^{\mathrm{T}}\\ \boldsymbol{R} & \boldsymbol{E}\end{pmatrix}$，则$\boldsymbol{P}$可逆，且有$\boldsymbol{P}^{\mathrm{T}}\boldsymbol{AP}=\begin{pmatrix}\boldsymbol{E}_r\\ \boldsymbol{R}\end{pmatrix}\boldsymbol{M}(\boldsymbol{E}_r,\boldsymbol{R}^{\mathrm{T}})$。

<u>例 3</u>（湖南师范大学，2020）设数域P上的矩阵$\boldsymbol{A}=\begin{pmatrix}2 & 0 & 2 & 0\\ 1 & 7 & 1 & 7\\ 2 & 0 & -2 & 0\\ 1 & 6 & -1 & -6\end{pmatrix}$，求$\boldsymbol{A}^{-1}$。

解：令$\boldsymbol{A}=\begin{pmatrix}\boldsymbol{A}_1 & \boldsymbol{A}_1\\ \boldsymbol{A}_2 & -\boldsymbol{A}_2\end{pmatrix}$，其中$\boldsymbol{A}_1=\begin{pmatrix}2 & 0\\ 1 & 7\end{pmatrix}$，$\boldsymbol{A}_2=\begin{pmatrix}2 & 0\\ 1 & 6\end{pmatrix}$，显然$\boldsymbol{A}_1,\boldsymbol{A}_2$是可逆矩阵，对分块矩阵做初等变换，可得：

$$(\boldsymbol{A},\boldsymbol{E})=\begin{pmatrix}\boldsymbol{A}_1 & \boldsymbol{A}_1 & \boldsymbol{E} & \boldsymbol{O}\\ \boldsymbol{A}_2 & -\boldsymbol{A}_2 & \boldsymbol{O} & \boldsymbol{E}\end{pmatrix}\to\begin{pmatrix}\boldsymbol{E} & \boldsymbol{O} & \frac{1}{2}\boldsymbol{A}_1^{-1} & \frac{1}{2}\boldsymbol{A}_2^{-1}\\ \boldsymbol{O} & \boldsymbol{E} & \frac{1}{2}\boldsymbol{A}_1^{-1} & -\frac{1}{2}\boldsymbol{A}_2^{-1}\end{pmatrix}$$

则：

$$\boldsymbol{A}^{-1}=\begin{pmatrix}\frac{1}{2}\boldsymbol{A}_1^{-1} & \frac{1}{2}\boldsymbol{A}_2^{-1}\\ \frac{1}{2}\boldsymbol{A}_1^{-1} & -\frac{1}{2}\boldsymbol{A}_2^{-1}\end{pmatrix}$$

其中：

$$\boldsymbol{A}_1^{-1}=\frac{1}{14}\begin{pmatrix}7 & 0\\ -1 & 2\end{pmatrix}$$

$$\boldsymbol{A}_2^{-1}=\frac{1}{12}\begin{pmatrix}6 & 0\\ -1 & 2\end{pmatrix}$$

4.4 降阶公式

<u>例 1</u>（兰州大学，2019）设$\boldsymbol{A},\boldsymbol{B},\boldsymbol{C},\boldsymbol{D}$都是$n$阶方阵，其中$|\boldsymbol{A}|\neq 0$，且$\boldsymbol{AC}=\boldsymbol{CA}$，

则$\begin{vmatrix} A & B \\ C & D \end{vmatrix} = |AD - CB|$。

证明：利用分块矩阵的广义初等变换，可得：

$$\begin{pmatrix} E & O \\ -CA^{-1} & E \end{pmatrix}\begin{pmatrix} A & B \\ C & D \end{pmatrix}\begin{pmatrix} E & -A^{-1}B \\ O & E \end{pmatrix} = \begin{pmatrix} A & O \\ O & D - CA^{-1}B \end{pmatrix}$$

两边取行列式，得：

$$\begin{vmatrix} E & O \\ -CA^{-1} & E \end{vmatrix}\begin{vmatrix} A & B \\ C & D \end{vmatrix}\begin{vmatrix} E & -A^{-1}B \\ O & E \end{vmatrix} = \begin{vmatrix} A & O \\ O & D - CA^{-1}B \end{vmatrix}$$

$$\begin{vmatrix} A & B \\ C & D \end{vmatrix} = \begin{vmatrix} A & O \\ O & D - CA^{-1}B \end{vmatrix} = |A||D - CA^{-1}B| = |AD - ACA^{-1}B| \overset{AC=CA}{=} |AD - CB|$$

例 2（中国科技大学，2016）设$P = \begin{pmatrix} A & B \\ C & D \end{pmatrix}$，其中$A_{r\times r}$，$D_{(n-r)\times(n-r)}$。若$A$可逆，则$|P| = |A||D - CA^{-1}B|$；若$D$可逆，则$|P| = |D||A - CD^{-1}B|$。

证明：利用分块矩阵的广义初等变换，有：

$$\begin{pmatrix} E & O \\ -CA^{-1} & E \end{pmatrix}\begin{pmatrix} A & B \\ C & D \end{pmatrix} = \begin{pmatrix} A & B \\ O & D - CA^{-1}B \end{pmatrix}$$

$$\begin{pmatrix} E & -BD^{-1} \\ O & E \end{pmatrix}\begin{pmatrix} A & B \\ C & D \end{pmatrix} = \begin{pmatrix} A - BD^{-1}C & O \\ C & D \end{pmatrix}$$

两边同时取行列式，得：

$$\begin{vmatrix} A & B \\ C & D \end{vmatrix} = \begin{vmatrix} A & B \\ O & D - CA^{-1}B \end{vmatrix} = |A||D - CA^{-1}B|$$

$$\begin{vmatrix} A & B \\ C & D \end{vmatrix} = \begin{vmatrix} A - BD^{-1}C & O \\ C & D \end{vmatrix} = |D||A - BD^{-1}C|$$

例 3（华中科技大学，2019）已知α, β为n维列向量，则$|E + \alpha\beta^{\mathrm{T}}| = 1 + \alpha^{\mathrm{T}}\beta$。

证明：构造分块矩阵并做初等变换，得：

$$\begin{pmatrix} E & O \\ -\alpha^{T} & 1 \end{pmatrix}\begin{pmatrix} E & \beta \\ \alpha^{T} & -1 \end{pmatrix}=\begin{pmatrix} E & \beta \\ O & -1-\alpha^{T}\beta \end{pmatrix}$$

$$\begin{pmatrix} E & \beta \\ O & 1 \end{pmatrix}\begin{pmatrix} E & \beta \\ \alpha^{T} & -1 \end{pmatrix}=\begin{pmatrix} E+\beta\alpha^{T} & O \\ \alpha^{T} & -1 \end{pmatrix}$$

对上面两式取行列式，有：

$$\begin{vmatrix} E & \beta \\ \alpha^{T} & -1 \end{vmatrix}=\begin{vmatrix} E & \beta \\ O & -1-\alpha^{T}\beta \end{vmatrix}=-1-\alpha^{T}\beta$$

$$\begin{vmatrix} E & \beta \\ \alpha^{T} & -1 \end{vmatrix}=\begin{vmatrix} E+\beta\alpha^{T} & O \\ \alpha^{T} & -1 \end{vmatrix}=-\left|E+\beta\alpha^{T}\right|=-\left|E+\alpha\beta^{T}\right|$$

即$\left|E+\alpha\beta^{T}\right|=1+\alpha^{T}\beta$。

例 4 计算$|P|=\begin{vmatrix} 1+a_1 & 1 & \cdots & 1 \\ 1 & 1+a_2 & \cdots & 1 \\ \vdots & \vdots & & \vdots \\ 1 & 1 & \cdots & 1+a_n \end{vmatrix}$，$\prod a_i \neq 0$。

解：利用加边法化成箭形行列式。令：

$$P=\begin{pmatrix} A & B \\ C & D \end{pmatrix},\quad A=(1),\quad B=(1,1,\cdots,1)$$

$$C=(-1,-1,\cdots,-1)^{T},\quad D=\mathrm{diag}(a_1,a_2,\cdots,a_n)$$

则：

$$|P|=|A||D-CA^{-1}B|=|1|\left|\begin{pmatrix} a_1 & & \\ & \ddots & \\ & & a_n \end{pmatrix}-\begin{pmatrix} -1 \\ \vdots \\ -1 \end{pmatrix}(1)(1,1,\cdots,1)\right|$$

$$=|D||A-BD^{-1}C|=a_1a_2\cdots a_n\left|1-(1,\cdots,1)\begin{pmatrix} a_1^{-1} & & \\ & \ddots & \\ & & a_n^{-1} \end{pmatrix}\begin{pmatrix} -1 \\ \vdots \\ -1 \end{pmatrix}\right|$$

$$=a_1a_2\cdots a_n\left(1+\sum_{i=1}^{n}a_i^{-1}\right)$$

例 5（陕西科技大学，2020）设$\boldsymbol{A}_{n\times m}$，$\boldsymbol{B}_{m\times n}$为矩阵，则

$$\begin{vmatrix} \boldsymbol{E}_m & \boldsymbol{B} \\ \boldsymbol{A} & \boldsymbol{E}_m \end{vmatrix} = |\boldsymbol{E}_n - \boldsymbol{AB}| = |\boldsymbol{E}_m - \boldsymbol{BA}|。$$

证明：构造分块矩阵并做广义初等变换，得：

$$\begin{pmatrix} \boldsymbol{E}_m & \boldsymbol{O} \\ -\boldsymbol{A} & \boldsymbol{E}_n \end{pmatrix}\begin{pmatrix} \boldsymbol{E}_m & \boldsymbol{B} \\ \boldsymbol{A} & \boldsymbol{E}_n \end{pmatrix} = \begin{pmatrix} \boldsymbol{E}_m & \boldsymbol{B} \\ \boldsymbol{O} & \boldsymbol{E}_n - \boldsymbol{AB} \end{pmatrix}$$

$$\begin{pmatrix} \boldsymbol{E}_m & \boldsymbol{B} \\ \boldsymbol{A} & \boldsymbol{E}_n \end{pmatrix}\begin{pmatrix} \boldsymbol{E}_m & \boldsymbol{O} \\ -\boldsymbol{A} & \boldsymbol{E}_n \end{pmatrix} = \begin{pmatrix} \boldsymbol{E}_m - \boldsymbol{BA} & \boldsymbol{B} \\ O & \boldsymbol{E}_n \end{pmatrix}$$

式子两边取行列式，得：

$$\begin{vmatrix} \boldsymbol{E}_m & \boldsymbol{B} \\ -\boldsymbol{A} & \boldsymbol{E}_n \end{vmatrix}\begin{vmatrix} \boldsymbol{E}_m & \boldsymbol{B} \\ \boldsymbol{A} & \boldsymbol{E}_n \end{vmatrix} = \begin{vmatrix} \boldsymbol{E}_m & \boldsymbol{B} \\ \boldsymbol{O} & \boldsymbol{E}_n - \boldsymbol{AB} \end{vmatrix} = |\boldsymbol{E}_m||\boldsymbol{E}_n - \boldsymbol{AB}| = |\boldsymbol{E}_n - \boldsymbol{AB}|$$

$$\begin{vmatrix} \boldsymbol{E}_m & \boldsymbol{B} \\ \boldsymbol{A} & \boldsymbol{E}_n \end{vmatrix}\begin{vmatrix} \boldsymbol{E}_m & \boldsymbol{O} \\ -\boldsymbol{A} & \boldsymbol{E}_n \end{vmatrix} = \begin{vmatrix} \boldsymbol{E}_m - \boldsymbol{BA} & \boldsymbol{B} \\ O & \boldsymbol{E}_n \end{vmatrix} = |\boldsymbol{E}_n||\boldsymbol{E}_m - \boldsymbol{BA}| = |\boldsymbol{E}_m - \boldsymbol{BA}|$$

即$\begin{vmatrix} \boldsymbol{E}_m & \boldsymbol{B} \\ \boldsymbol{A} & \boldsymbol{E}_m \end{vmatrix} = |\boldsymbol{E}_n - \boldsymbol{AB}| = |\boldsymbol{E}_m - \boldsymbol{BA}|$。

例 6（北京工业大学，2020）（1）设$\boldsymbol{A}_{n\times m}$，$\boldsymbol{B}_{m\times n}$为矩阵，$\lambda\neq 0$，则：

$$|\lambda\boldsymbol{E}_n - \boldsymbol{AB}| = \lambda^{n-m}|\lambda\boldsymbol{E}_m - \boldsymbol{BA}|$$

（2）设矩阵$A=\begin{pmatrix} a_1 & a_2 & \cdots & a_n \\ 1 & 1 & \cdots & 1 \end{pmatrix}$，其中$n\geqslant 2$，且$\sum_{i=1}^{n} a_i = 1$，$\sum_{i=1}^{n} a_i^2 = n$，令$\boldsymbol{B} = \boldsymbol{A}^{\mathrm{T}}\boldsymbol{A} - \boldsymbol{E}$，求$\boldsymbol{B}$的全部特征值及$\boldsymbol{B}$的行列式$|\boldsymbol{B}|$。

证明:（1）构造分块矩阵并做广义初等变换，有：

$$\begin{pmatrix} \boldsymbol{E}_m & \boldsymbol{O} \\ -\boldsymbol{A} & \boldsymbol{E}_n \end{pmatrix}\begin{pmatrix} \lambda\boldsymbol{E}_m & \boldsymbol{B} \\ \lambda\boldsymbol{A} & \lambda\boldsymbol{E}_n \end{pmatrix} = \begin{pmatrix} \lambda\boldsymbol{E}_m & \boldsymbol{B} \\ \boldsymbol{O} & \lambda\boldsymbol{E}_n - \boldsymbol{AB} \end{pmatrix}$$

$$\begin{pmatrix} \lambda\boldsymbol{E}_m & \boldsymbol{B} \\ \lambda\boldsymbol{A} & \lambda\boldsymbol{E}_n \end{pmatrix}\begin{pmatrix} \boldsymbol{E}_m & \boldsymbol{O} \\ -\boldsymbol{A} & \boldsymbol{E}_n \end{pmatrix} = \begin{pmatrix} \lambda\boldsymbol{E}_m - \boldsymbol{BA} & \boldsymbol{B} \\ \boldsymbol{O} & \lambda\boldsymbol{E}_n \end{pmatrix}$$

式子两边取行列式，得：

$$\begin{vmatrix}\lambda E_m & B\\ \lambda A & \lambda E_n\end{vmatrix}\begin{vmatrix}E_m & O\\ -A & E_n\end{vmatrix}=\begin{vmatrix}\lambda E_m-BA & B\\ O & \lambda E_n\end{vmatrix}=|\lambda E_n||\lambda E_m-BA|=\lambda^n|\lambda E_m-BA|$$

$$\begin{vmatrix}E_m & O\\ -A & E_n\end{vmatrix}\begin{vmatrix}\lambda E_m & B\\ \lambda A & \lambda E_n\end{vmatrix}=\begin{vmatrix}\lambda E_m & B\\ O & \lambda E_n-AB\end{vmatrix}=|\lambda E_m||\lambda E_n-AB|=\lambda^m|\lambda E_n-AB|$$

即$\lambda^m|\lambda E_n-AB|=\lambda^n|\lambda E_m-BA|$。

（2）利用（1）的结论。

由$\lambda E-B=\lambda E-A^{\mathrm{T}}A+E=(\lambda+1)E-A^{\mathrm{T}}A$，可知：

$$|\lambda E-B|=|(\lambda+1)E_n-A^{\mathrm{T}}A|=(\lambda+1)^{n-2}|(\lambda+1)E_2-AA^{\mathrm{T}}|$$

$$=(\lambda+1)^{n-2}\left|(\lambda+1)E_2-\begin{pmatrix}\sum\limits_{i=1}^{n}a_i^2 & \sum\limits_{i=1}^{n}a_i\\ \sum\limits_{i=1}^{n}a_i & n\end{pmatrix}\right|=(\lambda+1)^{n-2}\begin{vmatrix}\lambda+1-n & -1\\ -1 & \lambda+1-n\end{vmatrix}$$

$$=(\lambda+1)^{n-2}(\lambda-n+2)(\lambda-n)$$

从而B的全部特征值为$\lambda=-1$（$n-2$重），$\lambda=n-2$，$\lambda=n$，$|B|=(-1)^{n-2}n(n-2)$。

<u>例 7</u>（陕西师范大学、吉林工业大学，2020）设$A_{n\times m}$, $B_{m\times n}$为矩阵，AB, BA的特征多项式分别为$f_{AB}(\lambda)$，$f_{BA}(\lambda)$，当$m\geqslant n$时，$f_{AB}(\lambda)=\lambda^{m-n}f_{BA}(\lambda)$。

证明：设$R(A)=r$，则存在可逆矩阵$P_{m\times m}$, $Q_{n\times n}$，使$PAQ=\begin{pmatrix}E_r & O\\ O & O\end{pmatrix}$，令：

$$Q^{-1}BP^{-1}=\begin{pmatrix}B_1 & B_2\\ B_3 & B_4\end{pmatrix}$$

B_1为r阶方阵，则：

$$PABP^{-1}=PAQQ^{-1}BP=\begin{pmatrix}B_1 & B_2\\ O & O\end{pmatrix},\ QBAQ^{-1}=QBPP^{-1}AQ^{-1}\begin{pmatrix}B_1 & O\\ B_3 & O\end{pmatrix}$$

于是有

$$f_{AB}(\lambda)=|\lambda \boldsymbol{E}_m-\boldsymbol{AB}|=\begin{vmatrix}\lambda \boldsymbol{E}_r-\boldsymbol{B}_1 & -\boldsymbol{B}_2\\ \boldsymbol{O} & \lambda \boldsymbol{E}_{m-r}\end{vmatrix}=\lambda^{m-r}|\lambda \boldsymbol{E}_r-\boldsymbol{B}_1|$$

$$f_{AB}(\lambda)=|\lambda \boldsymbol{E}_m-\boldsymbol{AB}|=\begin{vmatrix}\lambda \boldsymbol{E}_r-\boldsymbol{B}_1 & -\boldsymbol{B}_2\\ \boldsymbol{O} & \lambda \boldsymbol{E}_{m-r}\end{vmatrix}=\lambda^{m-r}|\lambda \boldsymbol{E}_r-\boldsymbol{B}_1|$$

比较两式有：

$$|\lambda \boldsymbol{E}_r-\boldsymbol{B}_1|=\lambda^{r-m}f_{AB}(\lambda)=\lambda^{r-n}f_{BA}(\lambda)$$

即$f_{AB}(\lambda)=\lambda^{m-n}f_{BA}(\lambda)$。

4.5 试题解析

例 1（上海交通大学，2020）设$\boldsymbol{A}$是数域P上的n阶矩阵，则（1）若$\boldsymbol{A}$与所有对角矩阵可交换，则$\boldsymbol{A}$是对角矩阵；（2）若$\boldsymbol{A}$与所有矩阵可交换，则$\boldsymbol{A}$是数量矩阵。

证明：（1）设

$$\boldsymbol{A}=\begin{pmatrix}a_{11} & a_{12} & \cdots & a_{1n}\\ a_{21} & a_{22} & \cdots & a_{2n}\\ \vdots & \vdots & & \vdots\\ a_{n1} & a_{n2} & \cdots & x_{nn}\end{pmatrix}a \text{ 与 } \boldsymbol{B}=\begin{pmatrix}b_1 & 0 & \cdots & 0\\ 0 & b_2 & \cdots & 0\\ \vdots & \vdots & & \vdots\\ 0 & 0 & \cdots & b_n\end{pmatrix}$$

可交换，则有$a_{ij}b_i=a_{ij}b_j$，$i,j=1,2,\cdots,n$，即$a_{ij}(b_i-b_j)=0$；当$i\neq j$时，$b_i\neq b_j$，则$a_{ij}=0(i\neq j)$，从而$\boldsymbol{A}$是对角矩阵。

（2）由$\boldsymbol{A}$与所有矩阵可交换，可知$\boldsymbol{A}$与特殊矩阵$\boldsymbol{E}_{ij}$可交换，从而：

$$\boldsymbol{AE}_{ij}=\boldsymbol{E}_{ij}\boldsymbol{A}$$

即$a_{ii}=a_{jj}(i,j=1,2,\cdots,n)$，$a_{ij}=0(i\neq j)$，从而$\boldsymbol{A}$是数量矩阵。

例 2（华东师范大学，2020）设$\boldsymbol{A}=\begin{pmatrix}-2 & 0 & -1\\ 1 & 2 & \boldsymbol{b}\\ \boldsymbol{a} & \frac{2}{3} & 0\end{pmatrix}$，求所有$a,b$的值，使得$\boldsymbol{A}$是幂零矩阵（矩阵$\boldsymbol{A}$称为幂零矩阵是指存在正整数$k$使得$\boldsymbol{A}^k=\boldsymbol{0}$）。

解：由题可知

$$A^2=\begin{pmatrix}-2&0&-1\\1&2&b\\a&\frac{2}{3}&0\end{pmatrix}\begin{pmatrix}-2&0&-1\\1&2&b\\a&\frac{2}{3}&0\end{pmatrix}=\begin{pmatrix}4-a&-\frac{2}{3}&2\\ab&4+\frac{2}{3}b&2b-1\\-2a+\frac{2}{3}&\frac{4}{3}&-a+\frac{2}{3}b\end{pmatrix}$$

显然$\boldsymbol{A}^2\neq\boldsymbol{0}$，从而必有$\boldsymbol{A}^3=\boldsymbol{0}$，即：

$$A^3=\begin{pmatrix}4a-\frac{26}{3}&0&a-\frac{2}{3}b-4\\4+\frac{2}{3}b-a&\frac{22}{3}+\frac{8}{3}b&-ab+4b+\frac{2}{3}b^2\\4a-a^2+\frac{2}{3}ab&\frac{8}{3}-\frac{2}{3}a+\frac{4}{9}b&2a-\frac{2}{3}+\frac{4}{3}b\end{pmatrix}$$

解之可得$a=\dfrac{13}{6}$，$b=-\dfrac{11}{4}$。

<u>例 3</u>（南昌大学，2020）设$\boldsymbol{A},\boldsymbol{B}$为$n$阶方阵，且$\boldsymbol{A}+\boldsymbol{B}=\boldsymbol{AB}$，（1）证明 $\boldsymbol{A}-\boldsymbol{E}$为可逆矩阵；（2）已知$\boldsymbol{B}=\begin{pmatrix}1&-3&0\\2&1&0\\0&0&2\end{pmatrix}$，求矩阵$\boldsymbol{A}$。

解：（1）由$\boldsymbol{A}+\boldsymbol{B}=\boldsymbol{AB}$，可知$(\boldsymbol{A}-\boldsymbol{E})(\boldsymbol{B}-\boldsymbol{E})=\boldsymbol{E}$，从而可知$\boldsymbol{A}-\boldsymbol{E}$为可逆矩阵。

（2）由（1）可知：

$$\boldsymbol{A}=(\boldsymbol{B}-\boldsymbol{E})^{-1}+\boldsymbol{E}=\begin{pmatrix}1&\frac{1}{2}&0\\-\frac{1}{3}&1&0\\0&0&2\end{pmatrix}$$

<u>例 4</u>（中山大学，2020）已知矩阵$\boldsymbol{A}=\begin{pmatrix}1&0&1\\0&2&0\\1&0&1\end{pmatrix}$，（1）求所有与$\boldsymbol{A}$可交换的矩阵；（2）若$\boldsymbol{AB}+\boldsymbol{E}=\boldsymbol{A}^2+\boldsymbol{B}$，求$\boldsymbol{B}$。

解：设与$\boldsymbol{A}$可交换为：

$$\boldsymbol{B}=\begin{pmatrix}x_1&x_2&x_3\\x_4&x_5&x_6\\x_7&x_8&x_8\end{pmatrix}$$

则$\boldsymbol{AB}=\boldsymbol{BA}$，解之可得$x_1=x_3=x_7=x_9$，$x_2=x_8$，$x_4=x_6$，从而得：

$$B=\begin{pmatrix}x_1 & x_2 & x_1\\ x_4 & x_5 & x_4\\ x_1 & x_2 & x_1\end{pmatrix}$$

其中，x_1,x_2,x_4,x_5为任意常数。

（2）由$\boldsymbol{AB}+\boldsymbol{E}=\boldsymbol{A}^2+\boldsymbol{B}$，则$(\boldsymbol{A}-\boldsymbol{E})\boldsymbol{B}=\boldsymbol{A}^2-\boldsymbol{E}$；又$|\boldsymbol{A}-\boldsymbol{E}|\neq 0$，则$\boldsymbol{A}-\boldsymbol{E}$为可逆矩阵，从而：

$$\boldsymbol{B}=\boldsymbol{A}+\boldsymbol{E}=\begin{pmatrix}2 & 0 & 1\\ 0 & 3 & 0\\ 1 & 0 & 2\end{pmatrix}$$

<u>例 5</u>（西北大学，2023）已知$\boldsymbol{A},\boldsymbol{B}$为 3 阶方阵，且满足$2\boldsymbol{A}^{-1}\boldsymbol{B}=\boldsymbol{B}-4\boldsymbol{E}$，（1）证明 $\boldsymbol{A}-2\boldsymbol{E}$是可逆矩阵，并求$\boldsymbol{A}-2\boldsymbol{E}$的逆矩阵；（2）若$\boldsymbol{B}=\begin{pmatrix}1 & -2 & 0\\ 1 & 2 & 0\\ 0 & 0 & 2\end{pmatrix}$，求$\boldsymbol{A}$。

解:（1）由$2\boldsymbol{A}^{-1}\boldsymbol{B}=\boldsymbol{B}-4\boldsymbol{E}$，将式子两边同时左乘$\boldsymbol{A}$，右乘$\boldsymbol{A}^{-1}$，则：

$$(\boldsymbol{A}-2\boldsymbol{E})\frac{1}{4}\boldsymbol{B}\boldsymbol{A}^{-1}=\boldsymbol{E}$$

可知$\boldsymbol{A}-2\boldsymbol{E}$是可逆矩阵，且$(\boldsymbol{A}-2\boldsymbol{E})^{-1}=\dfrac{1}{4}\boldsymbol{B}\boldsymbol{A}^{-1}$。

（2）由$2\boldsymbol{A}^{-1}\boldsymbol{B}=\boldsymbol{B}-4\boldsymbol{E}$，给式子两边同时左乘$\boldsymbol{A}$，则：

$$2\boldsymbol{B}=\boldsymbol{A}(\boldsymbol{B}-4\boldsymbol{E})$$

又$|\boldsymbol{B}-4\boldsymbol{E}|\neq 0$，则$\boldsymbol{B}-4\boldsymbol{E}$是可逆矩阵，从而有：

$$\boldsymbol{A}=2\boldsymbol{B}(\boldsymbol{B}-4\boldsymbol{E})^{-1}=2\begin{pmatrix}1 & -2 & 0\\ 1 & 2 & 0\\ 0 & 0 & 2\end{pmatrix}\begin{pmatrix}-3 & -2 & 0\\ 1 & -2 & 0\\ 0 & 0 & -2\end{pmatrix}^{-1}=\begin{pmatrix}0 & 2 & 0\\ -1 & -1 & 0\\ 0 & 0 & -2\end{pmatrix}$$

<u>例 6</u>（大连理工大学，2018）设$\boldsymbol{A}$为n阶实对称矩阵，$\boldsymbol{E}$为n阶单位矩阵，若$R(\boldsymbol{A})=r$，$\boldsymbol{A}^2+2\boldsymbol{A}=\boldsymbol{0}$，求$|\boldsymbol{A}+3\boldsymbol{E}|$。

解：由$\boldsymbol{A}$为实对称矩阵，则$\boldsymbol{A}$可对角化，从而存在正交矩阵$\boldsymbol{P}$，使得：

$$\boldsymbol{P}^{-1}\boldsymbol{A}\boldsymbol{P}=\operatorname{diag}\{\lambda_1,\lambda_2,\cdots,\lambda_n\}$$

其中$\lambda_1,\lambda_2,\cdots,\lambda_n$为$\boldsymbol{A}$的特征值；

又$\boldsymbol{A}^2+2\boldsymbol{A}=\boldsymbol{0}$，且$R(A)=r$，则$\boldsymbol{A}$的特征值为0（$n-r$重），$-2$（$r$重），从而：

$$\boldsymbol{P}^{-1}(\boldsymbol{A}+3\boldsymbol{E})\boldsymbol{P}=\operatorname{diag}\{0+3,\cdots,0+3,-2+3,\cdots,-2+3\}$$

即$|\boldsymbol{A}+3\boldsymbol{E}|=3^{n-r}$。

例 7（扬州大学，2024）设矩阵$\boldsymbol{A}=\begin{pmatrix}2&1&0\\1&2&0\\0&0&1\end{pmatrix}$，$\boldsymbol{A}^*$为$\boldsymbol{A}$的伴随矩阵，若矩阵$\boldsymbol{B}$满足$\boldsymbol{ABA}^*=2\boldsymbol{BA}^*+\boldsymbol{E}$，求$\boldsymbol{B}$及$|\boldsymbol{B}|$。

解：由题可知$|\boldsymbol{A}|=3$，由$\boldsymbol{ABA}^*=2\boldsymbol{BA}^*+\boldsymbol{E}$，得$3\boldsymbol{AB}=6\boldsymbol{B}+\boldsymbol{A}$，即：

$$(3\boldsymbol{A}-6\boldsymbol{E})\boldsymbol{B}=\boldsymbol{A}$$

易知$3\boldsymbol{A}-6\boldsymbol{E}$是可逆矩阵，则：

$$\boldsymbol{B}=(3\boldsymbol{A}-6\boldsymbol{E})^{-1}\boldsymbol{A}=\frac{1}{3}\begin{pmatrix}1&2&0\\2&1&0\\0&0&-1\end{pmatrix},\quad |\boldsymbol{B}|=1$$

例 8（北京师范大学，2020）设$\boldsymbol{A},\boldsymbol{B}$都是$n\times n$矩阵，则$(\boldsymbol{AB})^*=\boldsymbol{B}^*\boldsymbol{A}^*$。

证明：当$|\boldsymbol{AB}|\neq 0$时，则$(\boldsymbol{AB})^*=|\boldsymbol{AB}|(\boldsymbol{AB})^{-1}=|\boldsymbol{B}|\boldsymbol{B}^{-1}|\boldsymbol{A}|\boldsymbol{A}^{-1}=\boldsymbol{B}^*\boldsymbol{A}^*$。

当$|\boldsymbol{AB}|=0$时，令$\boldsymbol{A}(x)=\boldsymbol{A}-x\boldsymbol{E},\boldsymbol{B}(x)=\boldsymbol{B}-x\boldsymbol{E}$，有$x$，使：

$$|\boldsymbol{A}(x)|\neq 0,|\boldsymbol{B}(x)|\neq 0 \tag{1}$$

则：

$$(\boldsymbol{A}(x)\boldsymbol{B}(x))^*=\boldsymbol{B}(x)^*\boldsymbol{A}(x)^* \tag{2}$$

设$(\boldsymbol{A}(x)\boldsymbol{B}(x))^*=(f_{ij}(x))$，$\boldsymbol{B}(x)^*\boldsymbol{A}(x)^*=(g_{ij}(x))$，则：

$$f_{ij}(x)=g_{ij}(x)(i,j=1,2,\cdots,n) \tag{3}$$

由于使（1）成立的x有无穷多个，它们也使（3）成立。但是$f_{ij}(x),g_{ij}(x)$都是有限次的多项式，从而（3）为x恒等式，则（2）对于一切x都成立，当然对于$x=0$也成立，于是：

$$(\boldsymbol{AB})^*=(\boldsymbol{A}(0)\boldsymbol{B}(0))^*=\boldsymbol{B}(0)^*\boldsymbol{A}(0)^*=\boldsymbol{B}^*\boldsymbol{A}^*$$

例 9（中国海洋大学，2020）设矩阵$\boldsymbol{A}$的伴随矩阵为$\boldsymbol{A}^*=\begin{pmatrix}1&0&0&0\\0&1&0&0\\1&0&1&0\\0&-3&0&8\end{pmatrix}$，$\boldsymbol{ABA}^{-1}=\boldsymbol{BA}^{-1}+3\boldsymbol{E}$，（1）计算行列式$|\boldsymbol{A}|$；（2）求矩阵$\boldsymbol{B}$。

解：（1）由$\boldsymbol{AA}^*=|\boldsymbol{A}|\boldsymbol{E}$，且$|\boldsymbol{A}^*|=8$，$|\boldsymbol{A}^*|=|\boldsymbol{A}|^3$，则$|\boldsymbol{A}|=2$，从而$\boldsymbol{A}$为可逆矩阵。

（2）由$\boldsymbol{ABA}^{-1}=\boldsymbol{BA}^{-1}+3\boldsymbol{E}$，则有$\boldsymbol{B}=\boldsymbol{A}^{-1}\boldsymbol{B}+3\boldsymbol{E}$，即$(\boldsymbol{E}-\boldsymbol{A}^{-1})\boldsymbol{B}=3\boldsymbol{E}$，从而有：

$$\boldsymbol{B}=3(\boldsymbol{E}-\boldsymbol{A}^{-1})^{-1}=3\left(\boldsymbol{E}-\frac{\boldsymbol{A}^*}{|\boldsymbol{A}|}\right)^{-1}=\frac{3}{2}(2\boldsymbol{E}-\boldsymbol{A}^*)^{-1}=\begin{pmatrix}6&0&0&0\\0&6&0&0\\6&0&6&0\\0&3&0&-1\end{pmatrix}$$

例 10（兰州大学，2020）设n阶实矩阵$\boldsymbol{A}=(a_{ij})_{n\times n}$，则有：（1）若$|a_{ij}|>\sum\limits_{i\neq j}|a_{ij}|$，则$|\boldsymbol{A}|\neq 0$；（2）若$a_{ij}>\sum\limits_{i\neq j}|a_{ij}|$，则$|\boldsymbol{A}|>0$。

证明：（1）设$\boldsymbol{A}=(\boldsymbol{\alpha}_1,\boldsymbol{\alpha}_2,\cdots,\boldsymbol{\alpha}_n)$，若$\boldsymbol{\alpha}_1,\boldsymbol{\alpha}_2,\cdots,\boldsymbol{\alpha}_n$线性无关，则$|\boldsymbol{A}|\neq 0$。

（2）事实上，若$\boldsymbol{\alpha}_1,\boldsymbol{\alpha}_2,\cdots,\boldsymbol{\alpha}_n$线性相关，则存在不全为零的数$k_1,k_2,\cdots,k_n$，使得$k_1\boldsymbol{\alpha}_1+k_2\boldsymbol{\alpha}_2+\cdots+k_n\boldsymbol{\alpha}_n=\boldsymbol{0}$。

令$k=\max\{|k_1|,|k_2|,\cdots,|k_n|\}$，则$k>0$；不妨设$k=|k_i|$，则：

$$\boldsymbol{\alpha}_i=-\frac{k_1}{k_i}\boldsymbol{\alpha}_1-\cdots-\frac{k_{i-1}}{k_i}\boldsymbol{\alpha}_{i-1}-\frac{k_{i+1}}{k_i}\boldsymbol{\alpha}_{i+1}--\cdots-\frac{k_n}{k_i}\boldsymbol{\alpha}_n$$

$$a_{ii}=-\frac{k_1}{k_i}a_{i1}-\cdots-\frac{k_{i-1}}{k_i}a_{i,i-1}-\frac{k_{i+1}}{k_i}a_{i,i+1}-\cdots-\frac{k_n}{k_i}a_{in}$$

从而$|a_{ij}|\leqslant\sum\limits_{i\neq j}\left|\frac{k_1}{k_i}\right||a_{ij}|\leqslant\sum\limits_{i\neq j}|a_{ij}|$，与假设矛盾，故$\boldsymbol{\alpha}_1,\boldsymbol{\alpha}_2,\cdots,\boldsymbol{\alpha}_n$线性无关，即$|\boldsymbol{A}|\neq 0$。

设$0\leqslant t\leqslant 1$，用$\boldsymbol{A}$做新行列式：

$$D(t)=\begin{vmatrix} a_{11} & a_{12}t & \cdots & a_{1n}t \\ a_{21}t & a_{22} & \cdots & a_{2n}t \\ \vdots & \vdots & & \vdots \\ a_{n1}t & a_{n2}t & \cdots & a_{nn} \end{vmatrix}$$

显然对于任意$0\leqslant t\leqslant 1$，行列式$D(t)$仍满足（1）条件，则$D(t)\neq 0$，且$D(t)$展开后是关于t的连续函数，满足：

$$D(0)=a_{11}a_{22}\cdots a_{nn}>0,\quad D(1)=|\boldsymbol{A}|$$

若$|\boldsymbol{A}|<0$，则$D(1)<0$，而$D(0)>0$，由连续函数性质可知，存在一点$t_1\in(0,1)$，使得$D(t_1)=0$，与$D(0)>0$矛盾，故$|\boldsymbol{A}|>0$。

<u>例 11</u>（大连理工大学，2018）设$\boldsymbol{A},\boldsymbol{B}$为$n$阶矩阵，（1）证明 $\boldsymbol{AB}$与$\boldsymbol{BA}$有相同的特征多项式；（2）若$\boldsymbol{A}+\boldsymbol{B}$，$\boldsymbol{A}-\boldsymbol{B}$均可逆，则分块矩阵$\begin{pmatrix}\boldsymbol{A} & \boldsymbol{B}\\ \boldsymbol{B} & \boldsymbol{A}\end{pmatrix}$可逆并求其逆。

解：（1）由 4.4 降级公式例 5 可知$|\lambda\boldsymbol{E}-\boldsymbol{AB}|=|\lambda\boldsymbol{E}-\boldsymbol{BA}|$，即$\boldsymbol{AB}$与$\boldsymbol{BA}$有相同的特征多项式。

（2）对分块矩阵做广义初等变换，得：

$$\begin{pmatrix}\boldsymbol{E} & \boldsymbol{E}\\ \boldsymbol{O} & \boldsymbol{E}\end{pmatrix}\begin{pmatrix}\boldsymbol{A} & \boldsymbol{B}\\ \boldsymbol{B} & \boldsymbol{A}\end{pmatrix}\begin{pmatrix}\boldsymbol{E} & -\boldsymbol{E}\\ \boldsymbol{O} & \boldsymbol{E}\end{pmatrix}=\begin{pmatrix}\boldsymbol{A}+\boldsymbol{B} & \boldsymbol{O}\\ \boldsymbol{B} & \boldsymbol{A}-\boldsymbol{B}\end{pmatrix}$$

两边取行列式，得：

$$\begin{vmatrix}\boldsymbol{A} & \boldsymbol{B}\\ \boldsymbol{B} & \boldsymbol{A}\end{vmatrix}=\begin{vmatrix}\boldsymbol{A}+\boldsymbol{B} & \boldsymbol{O}\\ \boldsymbol{B} & \boldsymbol{A}-\boldsymbol{B}\end{vmatrix}=|\boldsymbol{A}+\boldsymbol{B}||\boldsymbol{A}-\boldsymbol{B}|$$

由$\boldsymbol{A}+\boldsymbol{B}$，$\boldsymbol{A}+\boldsymbol{B}$均可逆，则：

$$\begin{vmatrix} A & B \\ B & A \end{vmatrix} = |A+B||A-B| \neq 0$$

即$\begin{pmatrix} A & B \\ B & A \end{pmatrix}$为可逆矩阵。

设$\begin{pmatrix} A & B \\ B & A \end{pmatrix}^{-1} = \begin{pmatrix} D_1 & D_2 \\ D_3 & D_4 \end{pmatrix}$，由$\begin{pmatrix} A & B \\ B & A \end{pmatrix}\begin{pmatrix} A & B \\ B & A \end{pmatrix}^{-1} = \begin{pmatrix} E & O \\ O & E \end{pmatrix}$，可得：

$$\begin{cases} AD_1 + BD_3 = E \\ AD_2 + BD_4 = O \\ BD_1 + AD_3 = O \\ BD_2 + AD_4 = E \end{cases}$$

解之可得：

$$D_1 + D_3 = (A+B)^{-1}$$

$$D_1 - D_3 = (A-B)^{-1}$$

$$D_1 = \frac{1}{2}[(A+B)^{-1} + (A-B)^{-1}]$$

$$D_3 = \frac{1}{2}[(A+B)^{-1} - (A-B)^{-1}]$$

同理有$D_2 = D_3$, $D_4 = D_1$，从而得：

$$\begin{pmatrix} A & B \\ B & A \end{pmatrix}^{-1} = \frac{1}{2}\begin{pmatrix} (A+B)^{-1} + (A-B)^{-1} & (A+B)^{-1} - (A-B)^{-1} \\ (A+B)^{-1} - (A-B)^{-1} & (A+B)^{-1} + (A-B)^{-1} \end{pmatrix}$$

例 12（北京工业大学，2020）设矩阵$A_1 = \begin{pmatrix} 0 & 1 \\ 1 & 0 \end{pmatrix}$，递归定义矩阵

$A_n = \begin{pmatrix} A_{n-1} & E \\ E & -A_{n-1} \end{pmatrix}$，$n \geqslant 2$，回答下列问题：

（1）证明：对于任意的$n \geqslant 1$，$A_n^2 = nE$；

（2）求A_n的所有特征值；

（3）求A_n的行列式$|A_n|$的值。

解:（1）利用数学归纳法证明。当$n=2$时，则：

$$A_1^2=\begin{pmatrix}0&1\\1&0\end{pmatrix}\begin{pmatrix}0&1\\1&0\end{pmatrix}=E，\ A_2^2=\begin{pmatrix}A_1&E\\E&-A_1\end{pmatrix}^2=\begin{pmatrix}2E&O\\O&2E\end{pmatrix}=2E$$

即命题成立。

假设$A_{n-1}^2=(n-1)E$，则：

$$A_n^2=\begin{pmatrix}A_{n-1}&E\\E&-A_{n-1}\end{pmatrix}\begin{pmatrix}A_{n-1}&E\\E&-A_{n-1}\end{pmatrix}=\begin{pmatrix}A_{n-1}^2+E&O\\O&-(A_{n-1}^2+E)\end{pmatrix}=\begin{pmatrix}nE&O\\O&nE\end{pmatrix}=nE$$

综上所述，对于任意的$n\geqslant 1$，$A_n^2=nE$。

（2）由$A_n^2=nE$及哈密尔顿-凯莱定理可知，$\lambda^2=n$，且$n\geqslant 1$为偶数，则$\lambda=\pm\sqrt{n}$，即A_n的特征值为$\lambda_1=\sqrt{n}$，$\lambda_2=-\sqrt{n}$，且都是$\dfrac{n}{2}$重。

（3）由（2）可知：

$$|A_n|=\left(\sqrt{n}\right)^{\frac{n}{2}}\left(-\sqrt{n}\right)^{\frac{n}{2}}=\left(\sqrt{n}\cdot(-\sqrt{n})\right)^{\frac{n}{2}}=(-n)^{\frac{n}{2}}$$

<u>例 13</u>（华中科技大学，2021）已知A,B为同阶方阵，且$AB=BA$，则：

$$R(AB)+R(A+B)\leqslant R(A)+R(B)$$

证明：设方程组$AX=0$与$BX=0$的解空间分别为V_1, V_2，方程组$ABX=0$与$(A+B)X=0$的解空间分别为W_1, W_2，则有$V_1\subseteq W_1$，$V_2\subseteq W_1$，从而有$V_1+V_2\subseteq W_1$；同理有$V_1+V_2\subseteq W_2$，利用维数公式有：

$$\dim V_1+\dim V_2=\dim(V_1+V_2)+\dim(V_1\cap V_2)\leqslant \dim W_1+\dim W_2$$

即$n-R(A)+n-R(B)\leqslant n-R(AB)+n-R(A+B)$，故：

$$R(AB)+R(A+B)\leqslant R(A)+R(B)$$

<u>例 14</u> 设A_1,A_2为n阶正定矩阵，B_1,B_2为n阶实对称矩阵，则存在可逆矩阵C使

得$\boldsymbol{C}^{\mathrm{T}}\boldsymbol{A}_1\boldsymbol{C}=\boldsymbol{A}_2$，$\boldsymbol{C}^{\mathrm{T}}\boldsymbol{B}_1\boldsymbol{C}=\boldsymbol{B}_2$的充要条件为$|\lambda\boldsymbol{A}_1-\boldsymbol{B}_1|=0$与$|\lambda\boldsymbol{A}_2-\boldsymbol{B}_2|=0$同解。

证明：由$\boldsymbol{C}^{\mathrm{T}}\boldsymbol{A}_1\boldsymbol{C}=\boldsymbol{A}_2$，$\boldsymbol{C}^{\mathrm{T}}\boldsymbol{B}_1\boldsymbol{C}=\boldsymbol{B}_2$，可得$\boldsymbol{C}^{\mathrm{T}}\lambda\boldsymbol{A}_1\boldsymbol{C}=\lambda\boldsymbol{A}_2$，$\boldsymbol{C}^{\mathrm{T}}\boldsymbol{B}_1\boldsymbol{C}=\boldsymbol{B}_2$，即：

$$\boldsymbol{C}^{\mathrm{T}}(\lambda\boldsymbol{A}_1-\boldsymbol{B}_1)\boldsymbol{C}=\lambda\boldsymbol{A}_2-\boldsymbol{B}_2$$

从而有$|\lambda\boldsymbol{A}_1-\boldsymbol{B}_1|=|\lambda\boldsymbol{A}_2-\boldsymbol{B}_2|$，即$|\lambda\boldsymbol{A}_1-\boldsymbol{B}_1|=0$与$|\lambda\boldsymbol{A}_2-\boldsymbol{B}_2|=0$同解。

反之，由$\boldsymbol{A}_1$正定，$\boldsymbol{B}_1$对称，则存在正交矩阵P_1使得：

$$\boldsymbol{P}_1^{\mathrm{T}}\boldsymbol{A}_1\boldsymbol{P}_1=\boldsymbol{E}，\quad \boldsymbol{P}_1^{\mathrm{T}}\boldsymbol{B}_1\boldsymbol{P}_1=\operatorname{diag}\{\lambda_1,\cdots,\lambda_n\}$$

$$\boldsymbol{P}_1^{\mathrm{T}}(\lambda\boldsymbol{A}_1-\boldsymbol{B}_1)\boldsymbol{P}_1=\operatorname{diag}\{\lambda_1-\lambda_1,\cdots,\lambda_n-\lambda_n\}$$

同样存在正交矩阵P_2使得：

$$\boldsymbol{P}_2^{\mathrm{T}}\boldsymbol{A}_2\boldsymbol{P}_2=\boldsymbol{E}，\quad \boldsymbol{P}_2^{\mathrm{T}}\boldsymbol{B}_2\boldsymbol{P}_2=\operatorname{diag}\{\mu_1,\cdots,\mu_n\}$$

$$\boldsymbol{P}_2^{\mathrm{T}}(\lambda\boldsymbol{A}_2-\boldsymbol{B}_2)\boldsymbol{P}_2=\operatorname{diag}\{\lambda-\mu_1,\cdots,\lambda-\mu_n\}$$

故$|\lambda\boldsymbol{A}_1-\boldsymbol{B}_1|=0$，即$|\lambda\boldsymbol{P}_1^{\mathrm{T}}\boldsymbol{A}_1\boldsymbol{P}_1-\boldsymbol{P}_1^{\mathrm{T}}\boldsymbol{B}_1\boldsymbol{P}_1|=0$有根，为$\lambda_1,\cdots,\lambda_n$，同样$|\lambda\boldsymbol{A}_2-\boldsymbol{B}_2|=0$有根，为$\mu_1,\cdots,\mu_n$。

又$|\lambda\boldsymbol{A}_1-\boldsymbol{B}_1|=0$与$|\lambda\boldsymbol{A}_2-\boldsymbol{B}_2|=0$同解，不妨$\lambda_i=\mu_i$，$i=1\sim n$；令$\boldsymbol{C}=\boldsymbol{P}_1\boldsymbol{P}_2^{-1}$且$\boldsymbol{C}$可逆，则有：

$$\begin{aligned}\boldsymbol{C}^{\mathrm{T}}\boldsymbol{A}_1\boldsymbol{C}&=(\boldsymbol{P}_1\boldsymbol{P}_2^{-1})^{\mathrm{T}}\boldsymbol{A}_1(\boldsymbol{P}_1\boldsymbol{P}_2^{-1})\\&=(\boldsymbol{P}_2^{-1})^{\mathrm{T}}\boldsymbol{P}_1\boldsymbol{A}_1\boldsymbol{P}_1\boldsymbol{P}_2^{-1}=(\boldsymbol{P}_2^{\mathrm{T}})^{-1}\boldsymbol{E}\boldsymbol{P}_2^{-1}=(\boldsymbol{P}_2^{\mathrm{T}})^{-1}\boldsymbol{P}_2^{\mathrm{T}}\boldsymbol{A}_2\boldsymbol{P}_2\boldsymbol{P}_2^{-1}=\boldsymbol{A}_2\end{aligned}$$

即$\boldsymbol{C}^{\mathrm{T}}\boldsymbol{A}_1\boldsymbol{C}=\boldsymbol{A}_2$；同理有$\boldsymbol{C}^{\mathrm{T}}\boldsymbol{B}_1\boldsymbol{C}=\boldsymbol{B}_2$。

例 15（长安大学，2019）若$\boldsymbol{A},\boldsymbol{B},\boldsymbol{A}+\boldsymbol{B}$为可逆矩阵，则$\boldsymbol{A}^{-1}+\boldsymbol{B}^{-1}$也为可逆矩阵。

证明：由$\boldsymbol{A},\boldsymbol{B},\boldsymbol{A}+\boldsymbol{B}$为可逆矩阵，得$(\boldsymbol{A}+\boldsymbol{B})(\boldsymbol{A}+\boldsymbol{B})^{-1}=\boldsymbol{E}$，从而有：

$$\boldsymbol{B}(\boldsymbol{A}^{-1}+\boldsymbol{B}^{-1})\boldsymbol{A}(\boldsymbol{A}+\boldsymbol{B})^{-1}=\boldsymbol{E}$$

即$(\boldsymbol{A}^{-1}+\boldsymbol{B}^{-1})\boldsymbol{A}(\boldsymbol{A}+\boldsymbol{B})^{-1}\boldsymbol{B}=\boldsymbol{E}$，从而得$\boldsymbol{A}^{-1}+\boldsymbol{B}^{-1}$为可逆矩阵，且：

$$(A+B)^{-1}=A(A+B)^{-1}B$$

例 16（南开大学，2020）设 A 为正交矩阵且 -1 不是 A 的特征值，则 $B=(A-E)(A+E)^{-1}$ 是反对称矩阵且 $A=(E+B)(E-B)^{-1}$。

证明：由于 -1 不是 A 的特征值，则 $A+E$ 可逆；又 A 为正交矩阵，则 $A^{\mathrm{T}}=A^{-1}$，且 $A+E$ 为正交矩阵，从而有：

$$A(A+E)^{-1}=A(A+E)^{\mathrm{T}}=A(A^{\mathrm{T}}+E)=AA^{\mathrm{T}}+A=A+AA^{\mathrm{T}}$$

$$=A+A^{\mathrm{T}}A=(A^{\mathrm{T}}+E)A=(A+E)^{\mathrm{T}}A=(A+E)^{-1}A$$

即 $A(A+E)^{-1}=(A+E)^{-1}A$，进一步有：

$$B^{\mathrm{T}}=[(A-E)(A+E)^{-1}]^{\mathrm{T}}=(A^{\mathrm{T}}+E)^{-1}(A^{\mathrm{T}}-E)$$

$$=(A^{\mathrm{T}}+A^{\mathrm{T}}A)^{-1}(A^{\mathrm{T}}-E)=[A^{-1}(E+A)]^{-1}(A^{-1}-E)$$

$$=(E+A)^{-1}A(A^{-1}-E)=(E+A)^{-1}(E-A)=-(A-E)(A+E)^{-1}=-B$$

即 B 为反对称矩阵，且：

$$(E+B)(E-B)^{-1}=[E+(A-E)(A+E)^{-1}][E-(A-E)(A+E)^{-1}]^{-1}$$

$$=[(A+E+A-E)(A+E)^{-1}][(A+E-A+E)(A+E)^{-1}]^{-1}$$

$$=[2A(A+E)^{-1}][2E(A+E)^{-1}]^{-1}$$

$$=2A(A+E)^{-1}(A+E)\frac{1}{2}E=A$$

例 17 设 $A_{n\times n}$ 是实矩阵，c 为实数，则对于任意 n 维非零实列向量 α 均有：

$$\frac{\alpha^{\mathrm{T}}A\alpha}{\alpha^{\mathrm{T}}\alpha}=c$$

的充要条件为存在实反对称矩阵 B 使得 $A=cE+B$。

证明：对于 $\forall\alpha\neq\mathbf{0}$，有 $\alpha^{\mathrm{T}}A\alpha=c\alpha^{\mathrm{T}}\alpha+\alpha^{\mathrm{T}}B\alpha$，而 $\alpha^{\mathrm{T}}B\alpha=0$，则：

$$\frac{\alpha^{\mathrm{T}}A\alpha}{\alpha^{\mathrm{T}}\alpha}=c$$

反之，要证$\boldsymbol{B}$为反对称矩阵，只要证$\boldsymbol{A}-c\boldsymbol{E}$为反对称矩阵，只要证对于：

$$\forall \boldsymbol{\alpha} \neq \mathbf{0},\ \boldsymbol{\alpha} \in R^n,\ \boldsymbol{\alpha}^{\mathrm{T}}(\boldsymbol{A}-c\boldsymbol{E})\boldsymbol{\alpha}=0$$

即$\boldsymbol{\alpha}^{\mathrm{T}}\boldsymbol{A}\boldsymbol{\alpha}=c\boldsymbol{\alpha}^{\mathrm{T}}\boldsymbol{\alpha}$，符合已知条件：

$$\frac{\boldsymbol{\alpha}^{\mathrm{T}}\boldsymbol{A}\boldsymbol{\alpha}}{\boldsymbol{\alpha}^{\mathrm{T}}\boldsymbol{\alpha}}=c$$

即$\boldsymbol{A}-c\boldsymbol{E}$为反对称矩阵；令$\boldsymbol{A}-c\boldsymbol{E}=\boldsymbol{B}$，则$\boldsymbol{A}=c\boldsymbol{E}+\boldsymbol{B}$。

例 18（北京大学，2018）设$\boldsymbol{A}_{n\times n}$是实对称矩阵，$\boldsymbol{B}_{n\times n}$是实方阵，若$\boldsymbol{A}\boldsymbol{B}^{\mathrm{T}}+\boldsymbol{B}\boldsymbol{A}$的特征值全大于1，则$\boldsymbol{A}$可逆。

证明：由于$\boldsymbol{A}\boldsymbol{B}^{\mathrm{T}}+\boldsymbol{B}\boldsymbol{A}$的特征值全大于1，则$\boldsymbol{A}\boldsymbol{B}^{\mathrm{T}}+\boldsymbol{B}\boldsymbol{A}$为正定矩阵；又$\boldsymbol{A}_{n\times n}$是实对称矩阵，则$\boldsymbol{A}$可以对角化，从而$\boldsymbol{A}$有$n$个特征向量。

设λ为$\boldsymbol{A}$的任一特征值，$\boldsymbol{\alpha}$为其特征向量，$\boldsymbol{A}\boldsymbol{\alpha}=\lambda\boldsymbol{\alpha}$，则：

$$\begin{aligned}0<\boldsymbol{\alpha}^{\mathrm{T}}(\boldsymbol{A}\boldsymbol{B}^{\mathrm{T}}+\boldsymbol{B}\boldsymbol{A})\boldsymbol{\alpha}&=\boldsymbol{\alpha}^{\mathrm{T}}\boldsymbol{A}\boldsymbol{B}^{\mathrm{T}}\boldsymbol{\alpha}+\boldsymbol{\alpha}^{\mathrm{T}}\boldsymbol{B}\boldsymbol{A}\boldsymbol{\alpha}\\&=(\boldsymbol{A}\boldsymbol{\alpha})^{\mathrm{T}}(\boldsymbol{B}^{\mathrm{T}}\boldsymbol{\alpha})+(\boldsymbol{B}^{\mathrm{T}}\boldsymbol{\alpha})^{\mathrm{T}}(\boldsymbol{A}\boldsymbol{\alpha})\\&=2(\boldsymbol{A}\boldsymbol{\alpha})^{\mathrm{T}}(\boldsymbol{B}^{\mathrm{T}}\boldsymbol{\alpha})\\&=2\lambda\boldsymbol{\alpha}^{\mathrm{T}}\boldsymbol{B}^{\mathrm{T}}\boldsymbol{\alpha}\end{aligned}$$

从而$\lambda\neq 0$，故$\boldsymbol{A}$可逆。

例 19（福州大学，2023）设$\boldsymbol{A}$为实对称矩阵，则$R(\boldsymbol{A})=R(\boldsymbol{A}^{\mathrm{T}}\boldsymbol{A})$。

证明：由题可知$R(\boldsymbol{A})=R(\boldsymbol{A}^{\mathrm{T}}\boldsymbol{A})$的充分必要条件为$\boldsymbol{A}^{\mathrm{T}}\boldsymbol{A}\boldsymbol{X}=\mathbf{0}$，$\boldsymbol{A}\boldsymbol{X}=\mathbf{0}$同解。

设$\boldsymbol{X}_0$是$\boldsymbol{A}\boldsymbol{X}=\mathbf{0}$的任一解，则$\boldsymbol{A}\boldsymbol{X}=\mathbf{0}$，从而$\boldsymbol{A}^{\mathrm{T}}\boldsymbol{A}\boldsymbol{X}_{\mathbf{0}}=0$，即$\boldsymbol{A}\boldsymbol{X}=\mathbf{0}$的解均为$\boldsymbol{A}^{\mathrm{T}}\boldsymbol{A}\boldsymbol{X}=\mathbf{0}$的解。

设$\boldsymbol{X}_0$是$\boldsymbol{A}^{\mathrm{T}}\boldsymbol{A}\boldsymbol{X}=\mathbf{0}$的任一解，则$\boldsymbol{A}^{\mathrm{T}}\boldsymbol{A}\boldsymbol{X}_{\mathbf{0}}=\mathbf{0}$，从而$\boldsymbol{X}_{\mathbf{0}}^{\mathrm{T}}\boldsymbol{A}^{\mathrm{T}}\boldsymbol{A}\boldsymbol{X}_{\mathbf{0}}=\mathbf{0}$，即$(\boldsymbol{A}\boldsymbol{X}_{\mathbf{0}})^{\mathrm{T}}\boldsymbol{A}\boldsymbol{X}_{\mathbf{0}}=\mathbf{0}$，从而$\boldsymbol{A}\boldsymbol{X}_{\mathbf{0}}=\mathbf{0}$，故$\boldsymbol{A}^{\mathrm{T}}\boldsymbol{A}\boldsymbol{X}=\mathbf{0}$的解均为$\boldsymbol{A}\boldsymbol{X}=\mathbf{0}$的解。

综上可得$\boldsymbol{A}^{\mathrm{T}}\boldsymbol{AX}=\boldsymbol{0}$, $\boldsymbol{AX}=\boldsymbol{0}$同解，从而可得$R(\boldsymbol{A})=R(\boldsymbol{A}^{\mathrm{T}}\boldsymbol{A})$。

例20（海南大学，2022）设$\boldsymbol{A}$为$n\geqslant 2$阶方阵，$\boldsymbol{A}^*$为$\boldsymbol{A}$的伴随矩阵，则$(\boldsymbol{A}^*)^*=|\boldsymbol{A}|^{n-2}\boldsymbol{A}$。

证明：若$|\boldsymbol{A}|=0$，则$R(\boldsymbol{A}^*)\leqslant 1$；当$n>2$时，则$R((\boldsymbol{A}^*)^*)=0$，从而有：

$$(\boldsymbol{A}^*)^*=|\boldsymbol{A}|^{n-2}\boldsymbol{A}$$

若$n=2$，不妨令$\boldsymbol{A}=\begin{pmatrix} a & b \\ c & d \end{pmatrix}$，则：

$$\boldsymbol{A}^*=\begin{pmatrix} d & -b \\ -c & a \end{pmatrix}$$

$$(\boldsymbol{A}^*)^*=\begin{pmatrix} a & b \\ c & d \end{pmatrix}=\boldsymbol{A}=|\boldsymbol{A}|^{n-2}\boldsymbol{A}$$

若$|\boldsymbol{A}|\neq 0$，则$|\boldsymbol{A}^*|\neq 0$，且$\boldsymbol{A}^*=|\boldsymbol{A}|\boldsymbol{A}^{-1}$，从而得：

$$(\boldsymbol{A}^*)^*=|\boldsymbol{A}^*|(\boldsymbol{A}^*)^{-1}=|\boldsymbol{A}|^{n-1}(|\boldsymbol{A}|\boldsymbol{A}^{-1})^{-1}=|\boldsymbol{A}|^{n-2}\boldsymbol{A}$$

5 二次型

5.1 基本内容与考点综述

5.1.1 基本概念

5.1.1.1 二次型

设P是一个数域，关于变元$x_1,x_2,\cdots,x_n$的二次齐次多项式

$$f(x_1,x_2,\cdots,x_n)=a_{11}x_1^2+2a_{12}x_1x_2+\cdots+2a_{1n}x_1x_n+a_{22}x_2^2+\cdots+2a_{2n}x_2x_n+\cdots+a_{nn}x_n^2$$

称为数域P上的一个n元二次型。

令$\boldsymbol{X}^{\mathrm{T}}=(x_1,x_2,\cdots,x_n)$，$\boldsymbol{A}=\boldsymbol{A}^{\mathrm{T}}=(a_{ij})_{n\times n}$，则二次型的矩阵形式为：

$$f(x_1,x_2,\cdots,x_n)=\boldsymbol{X}^{\mathrm{T}}\boldsymbol{A}\boldsymbol{X}$$

其中$\boldsymbol{A}$称为二次型的矩阵，$\boldsymbol{A}$的秩称为二次型$f(x_1,x_2,\cdots,x_n)$的秩。

5.1.1.2 非退化线性替换

设$x_1,x_2,\cdots,x_n$与$y_1,y_2,\cdots,y_n$为两组文字，系数在数域P上的一组关系式：

$$\begin{cases}x_1=c_{11}y_1+c_{12}y_2+\cdots+c_{1n}y_n\\x_2=c_{21}y_1+c_{22}y_2+\cdots+c_{2n}y_n\\\qquad\vdots\\x_n=c_{n1}y_1+c_{n2}y_2+\cdots+c_{nn}y_n\end{cases}$$

称为由$x_1,x_2,\cdots,x_n$到$y_1,y_2,\cdots,y_n$的一个线性替换，记：

$$\boldsymbol{X}=\begin{pmatrix}x_1\\x_2\\\vdots\\x_n\end{pmatrix},\ \boldsymbol{C}=\begin{pmatrix}c_{11}&c_{12}&\cdots&c_{1n}\\c_{21}&c_{22}&\cdots&c_{2n}\\\vdots&\vdots&&\vdots\\c_{n1}&c_{n2}&\cdots&c_{nn}\end{pmatrix},\ \boldsymbol{Y}=\begin{pmatrix}y_1\\y_2\\\vdots\\y_n\end{pmatrix}$$

则线性替换的矩阵表示为$\boldsymbol{X}=\boldsymbol{CY}$。若$\boldsymbol{C}$是可逆矩阵，则称$\boldsymbol{X}=\boldsymbol{CY}$为可逆线性替换；若$\boldsymbol{C}$是正交矩阵，则称$\boldsymbol{X}=\boldsymbol{CY}$为正交线性替换。

由于以上线性替换中系数矩阵的行列式不为零，所以该线性替换是非退化的。

5.1.1.3 矩阵合同

设$\boldsymbol{A},\boldsymbol{B}\in P^{n\times n}$，若存在可逆矩阵$\boldsymbol{C}\in P^{n\times n}$，使$\boldsymbol{C}^{\mathrm{T}}\boldsymbol{AC}=\boldsymbol{B}$，则称$\boldsymbol{A},\boldsymbol{B}$合同。

对矩阵做一次初等行变换，再做一次同样的列变换，这样就对矩阵完成了一次合同变换。

5.1.1.4 标准形、规范形

数域P上的二次型$f(x_1,x_2,\cdots,x_n)$经过非退化线性替换$\boldsymbol{X}=\boldsymbol{CY}$化为：

$$d_1x_1^2+d_2x_2^2+\cdots+d_nx_n^2$$

则称上式为$f(x_1,x_2,\cdots,x_n)$的一个标准形。

复数域上的二次型$f(x_1,x_2,\cdots,x_n)$经过非退化线性替换$\boldsymbol{X}=\boldsymbol{CY}$化为：

$$z_1^2+z_2^2+\cdots+z_r^2,r=R(f)$$

则称上式为$f(x_1,x_2,\cdots,x_n)$在复数域上的规范形。

实数域上的二次型$f(x_1,x_2,\cdots,x_n)$经过非退化线性替换$\boldsymbol{X}=\boldsymbol{CY}$化为：

$$z_1^2+\cdots+z_p^2-z_{p+1}^2\cdots-z_{r-p}^2,r=R(f)$$

则称上式为$f(x_1,x_2,\cdots,x_n)$在实数域上的规范形。

5.1.1.5 正惯性指数、负惯性指数、符号差

实二次型$f(x_1,x_2,\cdots,x_n)$的标准形中正的平方项的个数称为$f(x_1,x_2,\cdots,x_n)$的正惯性指数；负的平方项的个数称为$f(x_1,x_2,\cdots,x_n)$的负惯性指数；正惯性指数与负惯性指数的差称为$f(x_1,x_2,\cdots,x_n)$的符号差。

5.1.1.6 正定二次型、正定矩阵

对于实二次型$f(x_1,x_2,\cdots,x_n)$，任意一组不全为零的实数$c_1,c_2,\cdots,c_n$，有如下结论：

（1）若$f(c_1,c_2,\cdots,c_n)>0$，则实二次型$f(x_1,x_2,\cdots,x_n)$称为正定二次型；

（2）若$f(c_1,c_2,\cdots,c_n)<0$，则实二次型$f(x_1,x_2,\cdots,x_n)$称为负定二次型；

（3）若$f(c_1,c_2,\cdots,c_n)\geqslant 0$，则实二次型$f(x_1,x_2,\cdots,x_n)$称为半正定二次型；

（4）若$f(c_1,c_2,\cdots,c_n)\leqslant 0$，则实二次型$f(x_1,x_2,\cdots,x_n)$称为半负定二次型；

（5）若$f(c_1,c_2,\cdots,c_n)$既不是半正定也不是半负定的，则实二次型$f(x_1,x_2,\cdots,x_n)$称为不定二次型。

若实二次型$f(\boldsymbol{X})=\boldsymbol{X}^{\mathrm{T}}\boldsymbol{A}\boldsymbol{X}$是正定的，则二次型$f(\boldsymbol{X})$对应的矩阵$\boldsymbol{A}$为正定矩阵；若实二次型$f(\boldsymbol{X})=\boldsymbol{X}^{\mathrm{T}}\boldsymbol{A}\boldsymbol{X}$是半正定的，则$\boldsymbol{A}$为半正定矩阵。

5.1.2 基本结论

（1）矩阵合同是等价关系，具有自反性、对称性、传递性；合同的矩阵具有相同的秩。

（2）数域P上任何二次型均可经过非退化线性替换化成标准形，即数域P上任何对称矩阵合同于一个对角矩阵。

（3）任何复二次型$f(\boldsymbol{X})=\boldsymbol{X}^{\mathrm{T}}\boldsymbol{A}\boldsymbol{X}$均可经过合适的非退化线性替换化成规范形$f=z_1^2+z_2^2+\cdots+z_r^2$，其中$r=R(\boldsymbol{A})$，且规范形是唯一的。

任何复对称矩阵$\boldsymbol{A}$合同于对角矩阵$\begin{pmatrix}\boldsymbol{E}_r & \boldsymbol{O}\\ \boldsymbol{O} & \boldsymbol{O}\end{pmatrix}$，其中$r=R(\boldsymbol{A})$。

两个复对称矩阵合同的充要条件为它们的秩相等。

（4）任何实二次型$f(\boldsymbol{X})=\boldsymbol{X}^{\mathrm{T}}\boldsymbol{A}\boldsymbol{X}$均可经过合适的非退化线性替换化成规范形$f=z_1^2+\cdots+z_p^2-z_{p+1}^2-\cdots-z_{r-p}^2$，其中$r=R(\boldsymbol{A})$，且规范形是唯一的。

任何实对称矩阵$\boldsymbol{A}$合同于对角矩阵$\begin{pmatrix}\boldsymbol{E}_p & & \\ & -\boldsymbol{E}_{r-p} & \\ & & \boldsymbol{O}\end{pmatrix}$，其中$r=R(\boldsymbol{A})$。

两个实对称矩阵合同的充要条件为它们的秩相等，且正惯性指数相等。

5.1.3 基本方法

二次型化为标准形常用的方法如下：

5.1.3.1 非退化线性替换法

此法为确保所做线性替换为非退化的，通常先将所有含第 1 个变元的项放在一起配完全平方式，再将所有含第 2 个变元的项放在一起配完全平方式，依次进行直至用完所有变元。

5.1.3.2 合同变换法

设二次型为 $f(\boldsymbol{X})=\boldsymbol{X}^{\mathrm{T}}\boldsymbol{A}\boldsymbol{X}$，对矩阵做如下合同变换：

$$\begin{pmatrix}\boldsymbol{A} & \boldsymbol{E}\end{pmatrix}\xrightarrow{\text{合同变换}}\begin{pmatrix}\boldsymbol{B} & \boldsymbol{C}^{\mathrm{T}}\end{pmatrix},\ \begin{pmatrix}\boldsymbol{A}\\ \boldsymbol{E}\end{pmatrix}\xrightarrow{\text{合同变换}}\begin{pmatrix}\boldsymbol{B}\\ \boldsymbol{C}\end{pmatrix}$$

这样所做的非退化线性替换为 $\boldsymbol{X}=\boldsymbol{C}\boldsymbol{Y}$，且 $\boldsymbol{C}^{\mathrm{T}}\boldsymbol{A}\boldsymbol{C}=\boldsymbol{B}$，$\boldsymbol{B}$ 为对角矩阵，二次型化为标准形 $f(\boldsymbol{X})=\boldsymbol{X}^{\mathrm{T}}\boldsymbol{A}\boldsymbol{X}=\boldsymbol{Y}^{\mathrm{T}}\boldsymbol{B}\boldsymbol{Y}$。

5.1.3.3 正交变换法

设二次型为 $f(\boldsymbol{X})=\boldsymbol{X}^{\mathrm{T}}\boldsymbol{A}\boldsymbol{X}$，矩阵 $\boldsymbol{A}$ 为实对称矩阵，则 $\boldsymbol{A}$ 一定可以对角化，从而存在正交矩阵 $\boldsymbol{P}$ 使得 $\boldsymbol{P}^{-1}\boldsymbol{A}\boldsymbol{P}=\boldsymbol{P}^{\mathrm{T}}\boldsymbol{A}\boldsymbol{P}=\operatorname{diag}\{\lambda_1,\lambda_2,\cdots,\lambda_n\}$，其中 λ_i（$i=1,2,\cdots,n$）为 $\boldsymbol{A}$ 的特征值。

5.2 正定矩阵与半正定矩阵

5.2.1 正定矩阵的判定与性质

对于实二次型 $f(x_1,x_2,\cdots,x_n)=\boldsymbol{X}^{\mathrm{T}}\boldsymbol{A}\boldsymbol{X}$，其中 $\boldsymbol{A}$ 是实对称矩阵，则下列条件相互等价：

（1）实对称矩阵 $\boldsymbol{A}$ 正定；

（2）$\boldsymbol{A}$ 与单位矩阵 $\boldsymbol{E}$ 合同；

（3）存在正定矩阵 $\boldsymbol{B}$，使得 $\boldsymbol{A}=\boldsymbol{B}^2$（$\boldsymbol{A}=\boldsymbol{B}^k$，$k$ 为正整数）；

（4）$\boldsymbol{A}$的所有特征值都是正数；

（5）$\boldsymbol{A}$的所有顺序主子式都为正数；

（6）$\boldsymbol{A}$的所有主子式都是正数；

（7）由$\boldsymbol{A}$建立的二次型$f(\boldsymbol{X})=\boldsymbol{X}^{\mathrm{T}}\boldsymbol{AX}$为正定二次型；

（8）存在可逆矩阵$\boldsymbol{C}$，使得$\boldsymbol{A}=\boldsymbol{C}^{\mathrm{T}}\boldsymbol{C}$；

（9）$\boldsymbol{A}$的正惯性指数为n；

（10）存在可逆的上三角矩阵$\boldsymbol{Q}$，使得$\boldsymbol{A}=\boldsymbol{Q}^{\mathrm{T}}\boldsymbol{Q}$。

证明:（1）与（2）等价。若实对称矩阵$\boldsymbol{A}$正定，则二次型$f(\boldsymbol{X})=\boldsymbol{X}^{\mathrm{T}}\boldsymbol{AX}$是正定的，从而二次型通过非退化线性替换$\boldsymbol{X}=\boldsymbol{CY}$化为:

$$f(\boldsymbol{X})=\boldsymbol{X}^{\mathrm{T}}\boldsymbol{AX}=g(\boldsymbol{Y})=\boldsymbol{Y}^{\mathrm{T}}(\boldsymbol{C}^{\mathrm{T}}\boldsymbol{AC})\boldsymbol{Y}=y_1^2+y_2^2+\cdots+y_n^2=\boldsymbol{Y}^{\mathrm{T}}\boldsymbol{EY}$$

即$\boldsymbol{C}^{\mathrm{T}}\boldsymbol{AC}=\boldsymbol{E}$，故$\boldsymbol{A}$与单位矩阵$\boldsymbol{E}$合同。

反之，若$\boldsymbol{A}$与$\boldsymbol{E}$合同，则存在可逆矩阵$\boldsymbol{C}$，使得$\boldsymbol{C}^{\mathrm{T}}\boldsymbol{AC}=\boldsymbol{E}$，从而:

$$f(\boldsymbol{X})=\boldsymbol{X}^{\mathrm{T}}\boldsymbol{AX}=\boldsymbol{Y}^{\mathrm{T}}(\boldsymbol{C}^{\mathrm{T}}\boldsymbol{AC})\boldsymbol{Y}=y_1^2+y_2^2+\cdots+y_n^2=g(\boldsymbol{Y})$$

显然$g(\boldsymbol{Y})$是正定的，则$f(\boldsymbol{X})$是正定的，故$\boldsymbol{A}$是正定的。

（1）与（3）等价。若$\boldsymbol{A}$为正定矩阵，则$\boldsymbol{A}$为实对称矩阵，从而存在正交矩阵$\boldsymbol{Q}$，使得$\boldsymbol{A}=\boldsymbol{Q}^{\mathrm{T}}\boldsymbol{\Lambda Q}$，其中$\boldsymbol{\Lambda}=\mathrm{diag}\{\lambda_1,\lambda_2,\cdots,\lambda_n\}$，$\lambda_i$为$\boldsymbol{A}$的特征值且为正实数。

令$\boldsymbol{B}=\boldsymbol{Q}^{\mathrm{T}}\,\mathrm{diag}\left\{\sqrt[k]{\lambda_1},\cdots,\sqrt[k]{\lambda_n}\right\}\boldsymbol{Q}$，则$\boldsymbol{B}^k=\boldsymbol{A}$，且$\boldsymbol{B}^{\mathrm{T}}=\boldsymbol{B}$。

又$\sqrt[k]{\lambda_i}$均为正数，则$\boldsymbol{B}$为正定矩阵。

反之，若$\boldsymbol{B}$是正定矩阵，则对于任意非零向量$\boldsymbol{x}$有$\boldsymbol{x}^{\mathrm{T}}\boldsymbol{Bx}>0$。又$\boldsymbol{A}=\boldsymbol{B}^k$，则$\boldsymbol{A}^{\mathrm{T}}=(\boldsymbol{B}^k)^{\mathrm{T}}=(\boldsymbol{B}^{\mathrm{T}})^k=\boldsymbol{B}^k=\boldsymbol{A}$，即$\boldsymbol{A}$为对称矩阵，从而$\boldsymbol{x}^{\mathrm{T}}\boldsymbol{Ax}=\boldsymbol{x}^{\mathrm{T}}\boldsymbol{B}^k\boldsymbol{x}$。

若 k 为奇数，则 $\boldsymbol{x}^{\mathrm{T}}\boldsymbol{Ax}=\boldsymbol{x}^{\mathrm{T}}\boldsymbol{B}^k\boldsymbol{x}=(\boldsymbol{B}^{\frac{k-1}{2}}\boldsymbol{x})^{\mathrm{T}}\boldsymbol{B}(\boldsymbol{B}^{\frac{k-1}{2}}\boldsymbol{x})$，且 $\boldsymbol{B}$ 为正定矩阵，则$\boldsymbol{B}^{\frac{k-1}{2}}\boldsymbol{x}\neq\boldsymbol{0}$，即$\boldsymbol{x}^{\mathrm{T}}\boldsymbol{Ax}=\boldsymbol{x}^{\mathrm{T}}\boldsymbol{B}^k\boldsymbol{x}=(\boldsymbol{B}^{\frac{k-1}{2}}\boldsymbol{x})^{\mathrm{T}}\boldsymbol{B}(\boldsymbol{B}^{\frac{k-1}{2}}\boldsymbol{x})>0$。

若k为偶数，则$\boldsymbol{x}^{\mathrm{T}}\boldsymbol{A}\boldsymbol{x}=\boldsymbol{x}^{\mathrm{T}}\boldsymbol{B}^k\boldsymbol{x}=(\boldsymbol{B}^{\frac{k}{2}}\boldsymbol{x})^{\mathrm{T}}(\boldsymbol{B}^{\frac{k}{2}}\boldsymbol{x})$，且$\boldsymbol{B}$为正定矩阵，则$\boldsymbol{B}^{\frac{k}{2}}\boldsymbol{x}\neq\boldsymbol{0}$，即$\boldsymbol{x}^{\mathrm{T}}\boldsymbol{A}\boldsymbol{x}=\boldsymbol{x}^{\mathrm{T}}\boldsymbol{B}^k\boldsymbol{x}=(\boldsymbol{B}^{\frac{k}{2}}\boldsymbol{x})^{\mathrm{T}}(\boldsymbol{B}^{\frac{k}{2}}\boldsymbol{x})>0$。

综上，对于任意不为零的向量$\boldsymbol{x}$有$\boldsymbol{x}^{\mathrm{T}}\boldsymbol{A}\boldsymbol{x}>0$，即$\boldsymbol{A}$为正定矩阵。

（1）与（4）等价。若$\boldsymbol{A}$为正定矩阵，则$\boldsymbol{A}$为实对称矩阵，故存在n阶可逆矩阵T，使得$\boldsymbol{T}^{\mathrm{T}}\boldsymbol{A}\boldsymbol{T}=\mathrm{diag}\{\lambda_1,\lambda_2,\cdots,\lambda_n\}$。又$\boldsymbol{A}$是正定矩阵的充要条件为$\boldsymbol{A}$合同于单位矩阵，由合同的传递性可知$\lambda_i>0$。

反之，对于任意实对称矩阵$\boldsymbol{A}$，都存在正交矩阵$\boldsymbol{T}$使得：

$$\boldsymbol{T}^{\mathrm{T}}\boldsymbol{A}\boldsymbol{T}=\boldsymbol{T}^{-1}\boldsymbol{A}\boldsymbol{T}=\mathrm{diag}\{\lambda_1,\lambda_2,\cdots,\lambda_n\}$$

且$\lambda_i>0$（$i=1,2,\cdots,n$），从而$\boldsymbol{A}$合同于$\mathrm{diag}\{\lambda_1,\lambda_2,\cdots,\lambda_n\}$，进一步$\boldsymbol{A}$与$\boldsymbol{E}$合同，故$\boldsymbol{A}$为正定矩阵。

（1）与（5）等价。若$\boldsymbol{A}$为正定矩阵，则二次型$f(x_1,x_2,\cdots,x_n)=\sum\limits_{i,j=1}^{n}a_{ij}x_ix_j$是正定的。对于任意一个$k$，令$f(x_1,x_2,\cdots,x_k)=\sum\limits_{i,j=1}^{k}a_{ij}x_ix_j$，只要证明$f(x_1,x_2,\cdots,x_k)$是一个$k$元的正定二次型即可。

对于任意不全为零的实数$x_1,x_2,\cdots,x_k$，有：

$$f(x_1,x_2,\cdots,x_k)=\sum_{i,j=1}^{k}a_{ij}x_ix_j=f(x_1,\cdots,x_k,0,\cdots,0)>0$$

因此$f(x_1,x_2,\cdots,x_k)$是正定的，从而与$f(x_1,x_2,\cdots,x_k)$对应的矩阵的主子式：

$$\begin{vmatrix}a_{11}&\cdots&a_{1k}\\\vdots&&\vdots\\a_{k1}&\cdots&a_{kk}\end{vmatrix}>0$$

即结论成立。

反之，对二次型的变元个数n进行数学归纳。

当$n=1$时，$f(x_1)=a_{11}x_1^2$。由$\boldsymbol{D}_1=|a_{11}|=a_{11}>0$，知$f(x_1)$为正定的。

假设对于$n-1$元实二次型是正定的，则对于n元实二次型$f(x_1,x_2,\cdots,x_n)$，令

$\boldsymbol{A}=\begin{pmatrix}\boldsymbol{A}_{n-1} & \boldsymbol{\alpha}\\ \boldsymbol{\alpha}^{\mathrm{T}} & a_{nn}\end{pmatrix}$，其中$\boldsymbol{\alpha}=(a_{1n},a_{2n},\cdots,a_{(n-1)n})^{\mathrm{T}}$。由$\boldsymbol{A}$的顺序主子式都大于零，知$\boldsymbol{A}_{n-1}$的顺序主子式都大于零，由归纳假设可知$\boldsymbol{A}_{n-1}$是正定矩阵，从而存在$n-1$阶实可逆矩阵$\boldsymbol{B}$使得$\boldsymbol{B}^{\mathrm{T}}\boldsymbol{A}_{n-1}\boldsymbol{B}=\boldsymbol{E}_{n-1}$。

令$\boldsymbol{C}_1=\begin{pmatrix}\boldsymbol{B} & \boldsymbol{O}\\ \boldsymbol{O} & 1\end{pmatrix}$，则：

$$\boldsymbol{C}_1^{\mathrm{T}}\boldsymbol{A}\boldsymbol{C}_1=\begin{pmatrix}\boldsymbol{B}^{\mathrm{T}} & \boldsymbol{O}\\ \boldsymbol{O} & 1\end{pmatrix}\begin{pmatrix}\boldsymbol{A}_{n-1} & \boldsymbol{\alpha}\\ \boldsymbol{\alpha}^{\mathrm{T}} & a_{nn}\end{pmatrix}\begin{pmatrix}\boldsymbol{B} & \boldsymbol{O}\\ \boldsymbol{O} & 1\end{pmatrix}=\begin{pmatrix}\boldsymbol{E}_{n-1} & \boldsymbol{B}^{\mathrm{T}}\boldsymbol{\alpha}\\ \boldsymbol{\alpha}^{\mathrm{T}}\boldsymbol{B} & a_{nn}\end{pmatrix}$$

令$\boldsymbol{C}_2=\begin{pmatrix}\boldsymbol{E}_{n-1} & -\boldsymbol{B}^{\mathrm{T}}\boldsymbol{\alpha}\\ \boldsymbol{O} & 1\end{pmatrix}$，则：

$$\begin{aligned}\boldsymbol{C}_2^{\mathrm{T}}\boldsymbol{C}_1^{\mathrm{T}}\boldsymbol{A}\boldsymbol{C}_1\boldsymbol{C}_2&=\begin{pmatrix}\boldsymbol{E}_{n-1} & \boldsymbol{O}\\ -\boldsymbol{\alpha}^{\mathrm{T}}\boldsymbol{B} & 1\end{pmatrix}\begin{pmatrix}\boldsymbol{E}_{n-1} & \boldsymbol{B}^{\mathrm{T}}\boldsymbol{\alpha}\\ \boldsymbol{\alpha}^{\mathrm{T}}\boldsymbol{B} & a_{nn}\end{pmatrix}\begin{pmatrix}\boldsymbol{E}_{n-1} & -\boldsymbol{B}^{\mathrm{T}}\alpha\\ \boldsymbol{O} & 1\end{pmatrix}\\&=\begin{pmatrix}\boldsymbol{E}_{n-1} & \boldsymbol{O}\\ \boldsymbol{O} & a_{nn}-\boldsymbol{\alpha}^{\mathrm{T}}\boldsymbol{B}\boldsymbol{B}^{\mathrm{T}}\boldsymbol{\alpha}\end{pmatrix}\end{aligned}$$

两边同时取行列式有$|\boldsymbol{A}|\cdot|\boldsymbol{C}_1\boldsymbol{C}_2|^2=a_{nn}-\boldsymbol{\alpha}^{\mathrm{T}}\boldsymbol{B}\boldsymbol{B}^{\mathrm{T}}\boldsymbol{\alpha}$。由$\boldsymbol{A}$的所有顺序主子式都大于零，得$|\boldsymbol{A}|>0$，又$\boldsymbol{C}_1$，$\boldsymbol{C}_2$为可逆矩阵，则$|\boldsymbol{A}|\cdot|\boldsymbol{C}_1\boldsymbol{C}_2|^2>0$，从而$\boldsymbol{A}$为正定矩阵。

（1）与（6）等价。若$\boldsymbol{A}=(a_{ij})_{n\times n}$为正定矩阵，令：

$$|\boldsymbol{A}_m|=\begin{vmatrix}a_{k_1k_1} & \cdots & a_{k_1k_m}\\ \vdots & & \vdots\\ a_{k_mk_1} & \cdots & a_{k_mk_m}\end{vmatrix}$$

为$\boldsymbol{A}$的任一m阶主子式，做两个二次型$\boldsymbol{x}^{\mathrm{T}}\boldsymbol{A}\boldsymbol{x},\boldsymbol{y}^{\mathrm{T}}\boldsymbol{A}_m\boldsymbol{y}$，对任意：

$$\boldsymbol{y}_0=(b_{k_1},\cdots,b_{k_m})^{\mathrm{T}}\neq\boldsymbol{0},\ \boldsymbol{x}_0=(x_1,\cdots,x_m,0,\cdots,0)^{\mathrm{T}}\neq\boldsymbol{0}$$

由$\boldsymbol{A}$是正定矩阵有$\boldsymbol{x}_0^{\mathrm{T}}\boldsymbol{A}\boldsymbol{x}_0>0$，从而$\boldsymbol{x}_0^{\mathrm{T}}\boldsymbol{A}\boldsymbol{x}_0=\boldsymbol{y}^{\mathrm{T}}\boldsymbol{A}_m\boldsymbol{y}>0$，由$y$的任意性可得$\boldsymbol{y}_0^{\mathrm{T}}\boldsymbol{A}_m\boldsymbol{y}_0$是正定二次型，从而对应$m$阶主子式大于零，故$\boldsymbol{A}$的所有主子式都大于零。

反之，若$\boldsymbol{A}$的所有主子式都大于零，则$\boldsymbol{A}$的所有顺序主子式都大于零，从而$\boldsymbol{A}$为正定矩阵。

（1）与（7）等价。由正定二次型的定义可知二次型的矩阵为正定矩阵。

反之，由$\boldsymbol{A}$为正定矩阵，知$\boldsymbol{A}$为实对称矩阵，从而存在正交矩阵$\boldsymbol{P}$使得$\boldsymbol{P}^{-1}\boldsymbol{A}\boldsymbol{P}=\mathrm{diag}\{\lambda_1,\lambda_2,\cdots,\lambda_n\}$，且$\lambda_i>0,i=1,\cdots,n$。对于任意向量$\boldsymbol{x}\neq\boldsymbol{0}$，有：

$$\boldsymbol{x}^{\mathrm{T}}\mathrm{diag}\{\lambda_1,\lambda_2,\cdots,\lambda_n\}\boldsymbol{x}>0$$

即二次型为正定的。

（1）与（8）等价。若$\boldsymbol{A}$为正定矩阵，则$\boldsymbol{A}$合同于单位矩阵，从而存在可逆矩阵$\boldsymbol{C}$使得$\boldsymbol{C}^{\mathrm{T}}\boldsymbol{A}\boldsymbol{C}=\boldsymbol{E}$，即$\boldsymbol{A}=(\boldsymbol{C}^{\mathrm{T}})^{-1}\boldsymbol{E}\boldsymbol{C}^{-1}$。令$\boldsymbol{P}=\boldsymbol{C}^{-1}$，则$\boldsymbol{A}=\boldsymbol{P}^{\mathrm{T}}\boldsymbol{P}$，且$\boldsymbol{P}$为可逆矩阵。

反之，若存在可逆矩阵$\boldsymbol{C}$，使得$\boldsymbol{A}=\boldsymbol{C}^{\mathrm{T}}\boldsymbol{C}$，则$(\boldsymbol{C}^{\mathrm{T}})^{-1}\boldsymbol{A}\boldsymbol{C}^{-1}=(\boldsymbol{C}^{-1})^{\mathrm{T}}\boldsymbol{A}(\boldsymbol{C}^{-1})=\boldsymbol{E}$，即$\boldsymbol{A}$与$\boldsymbol{E}$合同，从而$\boldsymbol{A}$为正定矩阵。

（1）与（9）等价。二次型$f(x_1,x_2,\cdots,x_n)$经过非退化线性替换后变为标准形$d_1y_1^2+d_2y_2^2+\cdots+d_ny_n^2$，$f(x_1,x_2,\cdots,x_n)$正定的充要条件为$d_1y_1^2+d_2y_2^2+\cdots+d_ny_n^2$是正定二次型；而二次型是正定的充要条件为$d_i>0$，即正惯性指数为$n$。

（1）与（10）等价。若存在可逆上三角矩阵$\boldsymbol{Q}$，使得$\boldsymbol{A}=\boldsymbol{Q}^{\mathrm{T}}\boldsymbol{Q}$，则：

$$(\boldsymbol{Q}^{\mathrm{T}})^{-1}\boldsymbol{A}\boldsymbol{Q}^{-1}=(\boldsymbol{Q}^{-1})^{\mathrm{T}}\boldsymbol{A}(\boldsymbol{Q}^{-1})=\boldsymbol{E}$$

即$\boldsymbol{A}$与单位矩阵合同，故$\boldsymbol{A}$为正定矩阵。

反之，可以考虑不同方法。

（方法一）由于$\boldsymbol{A}$为正定矩阵，先考察施密特（Schimidt）正交化方法。由于$\boldsymbol{\alpha}_1,\boldsymbol{\alpha}_2,\cdots,\boldsymbol{\alpha}_n$是线性无关的，令：

$$\boldsymbol{\beta}_1=\boldsymbol{\alpha}_1\ ,\ \boldsymbol{\beta}_2=\boldsymbol{\alpha}_2-\frac{(\boldsymbol{\alpha}_2,\boldsymbol{\beta}_1)}{(\boldsymbol{\beta}_1,\boldsymbol{\beta}_1)}\boldsymbol{\beta}_1,\cdots,\boldsymbol{\beta}_n=\boldsymbol{\alpha}_n-\frac{(\boldsymbol{\alpha}_n,\boldsymbol{\beta}_1)}{(\boldsymbol{\beta}_1,\boldsymbol{\beta}_1)}\boldsymbol{\beta}_1-\cdots-\frac{(\boldsymbol{\alpha}_n,\boldsymbol{\beta}_{n-1})}{(\boldsymbol{\beta}_{n-1},\boldsymbol{\beta}_{n-1})}\boldsymbol{\beta}_{n-1}$$

即$\boldsymbol{\beta}_1$由$\boldsymbol{\alpha}_1$线性表出，$\boldsymbol{\beta}_2$由$\boldsymbol{\alpha}_1$，$\boldsymbol{\alpha}_2$线性表出，依次可得$(\boldsymbol{\beta}_1,\cdots,\boldsymbol{\beta}_n)=(\boldsymbol{\alpha}_1,\cdots,\boldsymbol{\alpha}_n)\boldsymbol{B}$，其中$\boldsymbol{B}$为单位上三角矩阵，且：

$$\left(\frac{\boldsymbol{\beta}_1}{|\boldsymbol{\beta}_1|},\cdots,\frac{\boldsymbol{\beta}_n}{|\boldsymbol{\beta}_n|}\right)=(\boldsymbol{\beta}_1,\cdots,\boldsymbol{\beta}_n)\begin{pmatrix}\frac{1}{|\boldsymbol{\beta}_1|} & & \\ & \ddots & \\ & & \frac{1}{|\boldsymbol{\beta}_n|}\end{pmatrix}$$

令$\left(\frac{\boldsymbol{\beta}_1}{|\boldsymbol{\beta}_1|},\cdots,\frac{\boldsymbol{\beta}_n}{|\boldsymbol{\beta}_n|}\right)^{\mathrm{T}}=\boldsymbol{T}$，故$\boldsymbol{T}$为正交矩阵，令：

$$(\boldsymbol{\alpha}_1,\boldsymbol{\alpha}_2,\cdots,\boldsymbol{\alpha}_n)=\boldsymbol{C}\ ,\ \boldsymbol{B}_1=\boldsymbol{B}\begin{pmatrix}\frac{1}{|\boldsymbol{\beta}_1|} & & \\ & \ddots & \\ & & \frac{1}{|\boldsymbol{\beta}_n|}\end{pmatrix}$$

则$\boldsymbol{T}=\boldsymbol{C}\boldsymbol{B}_1,\boldsymbol{C}=\boldsymbol{T}\boldsymbol{B}_1^{-1}$。

又任意一个可逆矩阵都可以分解成一个正交矩阵和一个上三角矩阵的乘积，且$\boldsymbol{A}$为正交矩阵，则存在可逆矩阵$\boldsymbol{P}$，使得$\boldsymbol{A}=\boldsymbol{P}^{\mathrm{T}}\boldsymbol{P}$。又$\boldsymbol{P}$可逆，则$\boldsymbol{P}=\boldsymbol{T}\boldsymbol{Q}$（$\boldsymbol{T}$为正交矩阵，$\boldsymbol{Q}$为上三角矩阵），从而：

$$\boldsymbol{A}=(\boldsymbol{T}\boldsymbol{Q})^{\mathrm{T}}(\boldsymbol{T}\boldsymbol{Q})=\boldsymbol{Q}^{\mathrm{T}}\boldsymbol{T}^{\mathrm{T}}\boldsymbol{T}\boldsymbol{Q}=\boldsymbol{Q}^{\mathrm{T}}\boldsymbol{E}\boldsymbol{Q}=\boldsymbol{Q}^{\mathrm{T}}\boldsymbol{Q}$$

命题成立。

（方法二）由$\boldsymbol{A}$是n阶正定矩阵，知存在实可逆矩阵$\boldsymbol{Q}$，使得$\boldsymbol{A}=\boldsymbol{Q}^{\mathrm{T}}\boldsymbol{Q}$。对于可逆矩阵$\boldsymbol{Q}$，存在正交矩阵$\boldsymbol{U}$和一个正线上三角矩阵$\boldsymbol{T}$，使得$\boldsymbol{Q}=\boldsymbol{U}\boldsymbol{T}$，故：

$$\boldsymbol{A}=(\boldsymbol{U}\boldsymbol{T})^{\mathrm{T}}(\boldsymbol{U}\boldsymbol{T})=\boldsymbol{T}^{\mathrm{T}}\boldsymbol{U}^{\mathrm{T}}\boldsymbol{U}\boldsymbol{T}=\boldsymbol{T}^{\mathrm{T}}\boldsymbol{T}$$

5.2.2 半正定矩阵的判定与性质

对于实二次型$f(x_1,x_2,\cdots,x_n)=\boldsymbol{X}^{\mathrm{T}}\boldsymbol{A}\boldsymbol{X}$，其中$\boldsymbol{A}$是实对称矩阵，下列条件相互等价：

（1）$f(x_1,x_2,\cdots,x_n)$是半正定的二次型；

（2）$f(x_1,x_2,\cdots,x_n)$的正惯性指数与秩相等；

(3) 存在可逆实矩阵 $\boldsymbol{Q}$，使得 $\boldsymbol{Q}^{\mathrm{T}}\boldsymbol{A}\boldsymbol{Q}=\operatorname{diag}\{d_1,d_2,\cdots,d_n\}$，其中 $d_i\geqslant 0$，$i=1,2,\cdots,n$；

（4）存在实矩阵$\boldsymbol{Q}$，使得$\boldsymbol{A}=\boldsymbol{Q}^{\mathrm{T}}\boldsymbol{Q}$；

（5）$\boldsymbol{A}$的所有主子式都大于或等于零；

（6）$\boldsymbol{A}$的所有特征值都大于或等于零；

（7）对任意一组不全为零的数$c_1,c_2,\cdots,c_n$，有$f(c_1,c_2,\cdots,c_n)\geqslant 0$；

（8）$\boldsymbol{A}$合同于$\begin{pmatrix}\boldsymbol{E}_r & \boldsymbol{O}\\ \boldsymbol{O} & \boldsymbol{O}\end{pmatrix}$，$r=R(\boldsymbol{A})$；

（9）存在半正定矩阵$\boldsymbol{S}$，使得$\boldsymbol{A}=\boldsymbol{S}^2$（$\boldsymbol{X}^{\mathrm{T}}\boldsymbol{A}\boldsymbol{X}=\boldsymbol{Y}^{\mathrm{T}}\boldsymbol{Y}^{m}$，$m$为正整数）。

证明:（1）与（2）等价。设$f(x_1,x_2,\cdots,x_n)$是半正定二次型，则$f(x_1,x_2,\cdots,x_n)$的负惯性指数为零；否则，$f(x_1,x_2,\cdots,x_n)$经过非退化线性替换$\boldsymbol{X}=\boldsymbol{C}\boldsymbol{Y}$化为:

$$f(x_1,x_2,\cdots,x_n)=y_1^2+y_2^2+\cdots+y_s^2-y_{s+1}^2-\cdots-y_r^2\text{ , }s<r$$

于是当$y_r=1$，其余$y_i=0$时，由$\boldsymbol{X}=\boldsymbol{C}\boldsymbol{Y}$可得$x_1,x_2,\cdots,x_n$，将其带入上式有:

$$f(x_1,x_2,\cdots,x_n)=-1<0$$

与$f(x_1,x_2,\cdots,x_n)$半正定矛盾，从而$f(x_1,x_2,\cdots,x_n)$的正惯性指数与秩相等。

反之，设$f(x_1,x_2,\cdots,x_n)$的正惯性指数与秩相等且为r，则$f(x_1,x_2,\cdots,x_n)$的负惯性指数为零，从而$f(x_1,x_2,\cdots,x_n)$可经过非退化线性替换$\boldsymbol{X}=\boldsymbol{C}\boldsymbol{Y}$变成$f(x_1,x_2,\cdots,x_n)=y_1^2+y_2^2+\cdots+y_r^2$，即对于任一组实数$x_1,x_2,\cdots,x_n$，由$\boldsymbol{X}=\boldsymbol{C}\boldsymbol{Y}$可得$\boldsymbol{Y}=\boldsymbol{C}^{-1}\boldsymbol{X}$，即有相应的实数$y_1,y_2,\cdots,y_r,\cdots,y_n$使得$f(x_1,x_2,\cdots,x_n)=y_1^2+y_2^2\cdots+y_r^2\geqslant 0$，故$f(x_1,x_2,\cdots,x_n)$为半正定的。

（1）与（3）等价。二次型$f(x_1,x_2,\cdots,x_n)=\boldsymbol{X}^{\mathrm{T}}\boldsymbol{A}\boldsymbol{X}$经实数域上的非退化线性替换$\boldsymbol{X}=\boldsymbol{Q}\boldsymbol{Y}$可化为标准形$d_1y_1^2+d_2y_2^2+\cdots+d_ny_n^2$。

由于二次型$f(x_1,x_2,\cdots,x_n)$为半正定的，则$f(x_1,x_2,\cdots,x_n)$的标准形的二次型也为半正定的，故$d_i \geqslant 0$，即存在可逆矩阵$\boldsymbol{Q}$使得$\boldsymbol{Q}^{\mathrm{T}}\boldsymbol{AQ}=\mathrm{diag}\{d_1,d_2,\cdots,d_n\}$，其中$d_i \geqslant 0$。

反之，若存在可逆矩阵$\boldsymbol{Q}$，使得$\boldsymbol{Q}^{\mathrm{T}}\boldsymbol{AQ}=\mathrm{diag}\{d_1,d_2,\cdots,d_n\}$，其中$d_i \geqslant 0$，即原二次型$f(x_1,x_2,\cdots,x_n)$可以经过非退化线性替换化为标准形：

$$d_1y_1^2+d_2y_2^2+\cdots+d_ny_n^2$$

则$f(x_1,x_2,\cdots,x_n)$的标准形为半正定的，而非退化线性替换保持$f(x_1,x_2,\cdots,x_n)$的半正定形性不变，故二次型$f(x_1,x_2,\cdots,x_n)$为半正定的。

（1）与（4）等价。由$f(x_1,x_2,\cdots,x_n)$为半正定的，知必存在可逆实矩阵$\boldsymbol{P}$使得：

$$\boldsymbol{A}=\boldsymbol{P}^{\mathrm{T}}\begin{pmatrix}\boldsymbol{E}_r & \boldsymbol{O}\\ \boldsymbol{O} & \boldsymbol{O}\end{pmatrix}\boldsymbol{P}=\boldsymbol{P}^{\mathrm{T}}\begin{pmatrix}\boldsymbol{E}_r & \boldsymbol{O}\\ \boldsymbol{O} & \boldsymbol{O}\end{pmatrix}\begin{pmatrix}\boldsymbol{E}_r & \boldsymbol{O}\\ \boldsymbol{O} & \boldsymbol{O}\end{pmatrix}\boldsymbol{P}$$

其中$R(\boldsymbol{A})=r$。令$\boldsymbol{Q}=\begin{pmatrix}\boldsymbol{E}_r & \boldsymbol{O}\\ \boldsymbol{O} & \boldsymbol{O}\end{pmatrix}\boldsymbol{P}$，则有$\boldsymbol{A}=\boldsymbol{Q}^{\mathrm{T}}\boldsymbol{Q}$。

反之，若$\boldsymbol{A}=\boldsymbol{Q}^{\mathrm{T}}\boldsymbol{Q}$，则对于任意$\boldsymbol{X}=(x_1,x_2,\cdots,x_n)^{\mathrm{T}}\neq\boldsymbol{0}$，有：

$$\boldsymbol{X}^{\mathrm{T}}\boldsymbol{AX}=\boldsymbol{X}^{\mathrm{T}}\boldsymbol{Q}^{\mathrm{T}}\boldsymbol{QX}=(\boldsymbol{QX})^{\mathrm{T}}(\boldsymbol{QX})$$

令$\boldsymbol{QX}=\boldsymbol{Y}=(y_1,y_2,\cdots,y_n)^{\mathrm{T}}$，则：

$$\boldsymbol{X}^{\mathrm{T}}\boldsymbol{AX}=\boldsymbol{Y}^{\mathrm{T}}\boldsymbol{Y}=y_1^2+y_2^2+\cdots+y_n^2\geqslant 0$$

从而$f(x_1,x_2,\cdots,x_n)$为半正定的二次型。

（1）与（5）等价。由二次型$f(x_1,x_2,\cdots,x_n)=\boldsymbol{X}^{\mathrm{T}}\boldsymbol{AX}$为半正定的，可设$|\boldsymbol{A}_k|$是$\boldsymbol{A}$的任一$k$阶主子式，即：

$$|\boldsymbol{A}_k| = \begin{vmatrix} a_{i1,i1} & a_{i1,i2} & \cdots & a_{i1,ik} \\ a_{i2,i1} & a_{i2,i2} & \cdots & a_{i2,ik} \\ \vdots & \vdots & & \vdots \\ a_{ik,i1} & a_{ik,i2} & \cdots & a_{ik,ik} \end{vmatrix},\ k=1,2,\cdots,n\ ,\ 1 \leqslant i1 < i2 < \cdots < ik \leqslant n$$

设与$|\boldsymbol{A}_k|$对应的二次型为$g(x_{i1},\cdots,x_{ik})$，则有：

$$g(x_{i1},\cdots,x_{ik}) = \sum_{s=1}^{k}\sum_{t=1}^{k} a_{st}x_s x_t$$

对$x_{i1},\cdots,x_{ik}$的任一组不全为零的实数$c_{i1},\cdots,c_{ik}$有：

$$g(c_{i1},\cdots,c_{ik}) = f(0,\cdots,0,c_{i1},0,\cdots,0,c_{ik},0,\cdots,0) \geqslant 0$$

故$g(x_{i1},\cdots,x_{ik})$是半正定的，即主子式$|\boldsymbol{A}_k|$大于或等于零。

反之，由半正定矩阵的行列式大于或等于零，知$|\boldsymbol{A}_k| \geqslant 0$，$k=1,2,\cdots,n$，即$\boldsymbol{A}$的所有主子式都大于或等于零。

（1）与（6）等价。若实二次型$f(x_1,x_2,\cdots,x_n)=\boldsymbol{X}^{\mathrm{T}}\boldsymbol{A}\boldsymbol{X}$为半正定的，则可以找到一个正交变换$\boldsymbol{X}=\mathrm{T}\boldsymbol{Y}$，使其化为标准形：

$$f(x_1,x_2,\cdots,x_n) = \lambda_1 {y_1}^2 + \lambda_2 {y_2}^2 + \cdots + \lambda_n {y_n}^2$$

其中λ_i（$i=1,2,\cdots,n$）为矩阵$\boldsymbol{A}$的特征值。又半正定二次型的正惯性指数与秩相等，则$\lambda_i \geqslant 0$。

反之，若$\boldsymbol{A}$的所有特征值都大于或等于零，则存在正交变换$\boldsymbol{X}=\mathrm{T}\boldsymbol{Y}$使二次型化为标准形$f(x_1,x_2,\cdots,x_n)=\lambda_1 {y_1}^2+\lambda_2 {y_2}^2+\cdots+\lambda_n {y_n}^2$，且$\lambda_i \geqslant 0$，从而对于任意不全为零的数$c_1,c_2,\cdots,c_n$都有$f(c_1,c_2,\cdots,c_n) \geqslant 0$，故二次型$f(x_1,x_2,\cdots,x_n)$为半正定的。

（1）与（7）等价。由半正定二次型的定义可知结论成立。

反之，由二次型为半正定的，知其确定的矩阵$\boldsymbol{A}$为半正定矩阵，即$\boldsymbol{A}$为实对称矩阵，从而存在正交矩阵$\boldsymbol{P}$使得$\boldsymbol{P}^{-1}\boldsymbol{A}\boldsymbol{P}=\mathrm{diag}\{\lambda_1,\lambda_2,\cdots,\lambda_n\}$，且$\lambda_i \geqslant 0, i=1,\cdots,n$。对于任意向量$\boldsymbol{x} \neq \boldsymbol{0}$，有：

$$\boldsymbol{x}^{\mathrm{T}}\mathrm{diag}\{\lambda_1,\lambda_2,\cdots,\lambda_n\}\boldsymbol{x}\geqslant 0$$

（1）与（8）等价。令$R(\boldsymbol{A})=r$，由$\boldsymbol{A}$为半正定二次型确定的矩阵，知$\boldsymbol{A}$合同于

$$\begin{pmatrix}\boldsymbol{E}_r & \boldsymbol{O}\\ \boldsymbol{O} & \boldsymbol{O}\end{pmatrix}。$$

反之，若$\boldsymbol{A}$合同于$\begin{pmatrix}\boldsymbol{E}_r & \boldsymbol{O}\\ \boldsymbol{O} & \boldsymbol{O}\end{pmatrix}$，对于任意向量$\boldsymbol{x}\neq\boldsymbol{0}$，有：

$$\boldsymbol{x}^{\mathrm{T}}\begin{pmatrix}\boldsymbol{E}_r & \boldsymbol{O}\\ \boldsymbol{O} & \boldsymbol{O}\end{pmatrix}\boldsymbol{x}=\boldsymbol{x}_1^2+\boldsymbol{x}_2^2+\cdots+\boldsymbol{x}_r^2\geqslant 0$$

即二次型为半正定的。

（1）与（9）等价。若存在半正定矩阵$\boldsymbol{S}$使得$\boldsymbol{A}=\boldsymbol{S}^2$，则$\forall\boldsymbol{x}\in\mathbf{R}^n$，$\boldsymbol{x}\neq\boldsymbol{0}$，有：

$$\boldsymbol{x}^{\mathrm{T}}\boldsymbol{A}\boldsymbol{x}=\boldsymbol{x}^{\mathrm{T}}\boldsymbol{S}^2\boldsymbol{x}=\boldsymbol{x}^{\mathrm{T}}\boldsymbol{S}^{\mathrm{T}}\boldsymbol{S}\boldsymbol{x}=(\boldsymbol{S}\boldsymbol{x})^{\mathrm{T}}(\boldsymbol{S}\boldsymbol{x})\geqslant 0$$

即$\boldsymbol{A}$为半正定矩阵。

反之，设$\boldsymbol{A}$为半正定矩阵，则存在正交矩阵$\boldsymbol{T}$，使得：

$$\boldsymbol{A}=\boldsymbol{T}\begin{pmatrix}\lambda_1 & & & \\ & \ddots & & \\ & & \lambda_r & \\ & & & \boldsymbol{O}_{n-r}\end{pmatrix}\boldsymbol{T}^{-1}$$

λ_i为$\boldsymbol{A}$的全部特征值，从而：

$$\boldsymbol{A}=\boldsymbol{T}\begin{pmatrix}\sqrt{\lambda_1} & & & \\ & \ddots & & \\ & & \sqrt{\lambda_r} & \\ & & & \boldsymbol{O}_{n-r}\end{pmatrix}\boldsymbol{T}^{-1}\boldsymbol{T}\begin{pmatrix}\sqrt{\lambda_1} & & & \\ & \ddots & & \\ & & \sqrt{\lambda_r} & \\ & & & \boldsymbol{O}_{n-r}\end{pmatrix}\boldsymbol{T}^{-1}$$

令：

$$\boldsymbol{S}=\boldsymbol{T}\begin{pmatrix}\sqrt{\lambda_1} & & & \\ & \ddots & & \\ & & \sqrt{\lambda_r} & \\ & & & \boldsymbol{O}_{n-r}\end{pmatrix}\boldsymbol{T}^{-1}$$

则$\boldsymbol{S}$为半正定矩阵且$\boldsymbol{A}=\boldsymbol{S}^2$。

5.3　试题解析

例 1（西安建筑科技大学，2019）求下列二次型的秩。

$$f(x_1,x_2,x_3)=(x_1+x_2)^2+(x_2-x_3)^2+(x_3+x_1)^2$$

解：二次型的秩为二次型矩阵的秩。由题知：

$$f(x_1,x_2,x_3)=2x_1^2+2x_2^2+2x_3^2+2x_1x_2-2x_2x_3+2x_1x_3$$

对二次型的矩阵做初等变换得：

$$\boldsymbol{A}=\begin{pmatrix}2&1&1\\1&2&-1\\1&-1&2\end{pmatrix}\to\begin{pmatrix}1&2&-1\\0&1&-1\\0&0&0\end{pmatrix}$$

则$R(\boldsymbol{A})=2$，从而二次型的秩为 2。

例 2（成都理工大学，2019）判断二次型：

$$f(x_1,x_2,x_3)=x_1^2+2x_1x_2+2x_2^2+4x_2x_3+3x_3^2$$

是否正定。

解：二次型的正定性由其矩阵的顺序主子式确定。由题可知二次型的矩阵为：

$$\boldsymbol{A}=\begin{pmatrix}1&1&0\\1&2&2\\0&2&3\end{pmatrix}$$

则其顺序主子式为：

$$\boldsymbol{D}_1=|1|=1>0\text{ , }\boldsymbol{D}_2=\begin{vmatrix}1&1\\1&2\end{vmatrix}=1>0\text{ , }\boldsymbol{D}_3=|\boldsymbol{A}|=-1<0$$

从而该二次型不是正定的。

例 3（长安大学，2024）当a取何值时，下列二次型是负定的？

$$f(x,y,z)=a(x^2+y^2+z^2)+2xy+2xz-2yz$$

解：判定二次型$f(x,y,z)$为负定的，只需判定$-f(x,y,z)$为正定的即可。由题有：

$$-f(x,y,z)=-a(x^2+y^2+z^2)-2xy-2xz+2yz$$

则其矩阵：

$$\boldsymbol{A}=\begin{pmatrix}-a & -1 & -1\\ -1 & -a & 1\\ -1 & 1 & -a\end{pmatrix}$$

为正定的，从而所有顺序主子式都大于零，即：

$$|-a|>0\ ,\ \begin{vmatrix}-a & -1\\ -1 & -a\end{vmatrix}>0\ ,\ |\boldsymbol{A}|>0$$

解之可得$1<a<2$且$a<-1$。

<u>例 4</u>（北京师范大学，2020）已知$\boldsymbol{A}$为实对称矩阵，且$|\boldsymbol{A}|<0$，则存在实n维向量$\boldsymbol{X}$，使得$\boldsymbol{X}^{\mathrm{T}}\boldsymbol{A}\boldsymbol{X}<0$。

证明：由$\boldsymbol{A}$为实对称矩阵，且$|\boldsymbol{A}|<0$，知二次型$f=\boldsymbol{X}^{\mathrm{T}}\boldsymbol{A}\boldsymbol{X}$的秩为$n$，且$\boldsymbol{A}$不是正定矩阵，从而负惯性指数大于0，$f$经过非退化线性替换$\boldsymbol{X}=\boldsymbol{C}\boldsymbol{Y}$化为：

$$f=\boldsymbol{X}^{\mathrm{T}}\boldsymbol{A}\boldsymbol{X}=\boldsymbol{Y}^{\mathrm{T}}\boldsymbol{C}^{\mathrm{T}}\boldsymbol{A}\boldsymbol{C}\boldsymbol{Y}=y_1^2+\cdots+y_s^2-y_{s+1}^2-\cdots-y_n^2$$

其中$1\leqslant s<n$。

当$y_n=1$，$y_1=\cdots=y_{n-1}=0$时，$f=y_1^2+\cdots+y_s^2-y_{s+1}^2-\cdots-y_n^2<0$，即存在向量$\boldsymbol{X}=(0,\cdots,0,1)^{\mathrm{T}}\neq\boldsymbol{0}$，使得$f=\boldsymbol{X}^{\mathrm{T}}\boldsymbol{A}\boldsymbol{X}<0$。

<u>例 5</u>（上海理工大学，2019）设$f(x_1,x_2,\cdots,x_n)=\boldsymbol{X}^{\mathrm{T}}\boldsymbol{A}\boldsymbol{X}$是一个实二次型，已知有实$n$维向量$\boldsymbol{X}_1$和$\boldsymbol{X}_2$，使得$\boldsymbol{X}_1{}^{\mathrm{T}}\boldsymbol{A}\boldsymbol{X}_1>0$且$\boldsymbol{X}_2{}^{\mathrm{T}}\boldsymbol{A}\boldsymbol{X}_2<0$，证明必存在实$n$维向量$\boldsymbol{X}_0\neq\boldsymbol{0}$使得$\boldsymbol{X}_0{}^{\mathrm{T}}\boldsymbol{A}\boldsymbol{X}_0=0$。

证明：设$R(\boldsymbol{A})=r$，利用非退化线性替换$\boldsymbol{X}=\boldsymbol{C}\boldsymbol{Y}$化二次型为如下标准形：

$$\boldsymbol{X}^{\mathrm{T}}\boldsymbol{A}\boldsymbol{X}=d_1y_1^2+d_2y_2^2+\cdots+d_ry_r^2$$

其中d_i为 1 或 -1。又存在$\boldsymbol{X}_1$和$\boldsymbol{X}_2$，使得$\boldsymbol{X}_1^{\mathrm{T}}\boldsymbol{A}\boldsymbol{X}_1>0$且$\boldsymbol{X}_2^{\mathrm{T}}\boldsymbol{A}\boldsymbol{X}_2<0$，则$d_1,d_2,\cdots,d_r$不可能全为 1，也不可能全为- 1，不妨设有$p$个 1 和$q$个- 1，从而：

$$\boldsymbol{X}^{\mathrm{T}}\boldsymbol{A}\boldsymbol{X}=y_1^2+\cdots+y_p^2-y_{p+1}^2-\cdots-y_{p+q}^2$$

此时存在三种情况：$p=q$，$p>q$，$p<q$。下面以$p>q$为例进行讨论：

令$y_1=\cdots=y_q=1$，$y_{q+1}=\cdots=y_p=0$，$y_{p+1}=\cdots=y_{p+q}=1$，则由$\boldsymbol{C}^{-1}\boldsymbol{X}=\boldsymbol{Y}$，可求得非零向量$\boldsymbol{X}_0$使得$\boldsymbol{X}_0^{\mathrm{T}}\boldsymbol{A}\boldsymbol{X}_0=y_1^2+\cdots+y_p^2-y_{p+1}^2-\cdots-y_{p+q}^2=0$。

例 6（海南大学，2019）求二次型$f(x_1,x_2,x_3)=2x_1x_2+4x_2x_3+2x_1x_3$的标准形，并给出相应的非退化线性替换。

解：对二次型的矩阵做合同变换得：

$$\begin{pmatrix}\boldsymbol{A}\\ \boldsymbol{E}\end{pmatrix}=\begin{pmatrix}0&\frac12&1\\ \frac12&0&2\\ 1&2&0\\ 1&0&0\\ 0&1&0\\ 0&0&1\end{pmatrix}\to\begin{pmatrix}0&1&2\\ 1&0&2\\ 2&2&0\\ 2&0&0\\ 0&1&0\\ 0&0&1\end{pmatrix}\to\begin{pmatrix}2&1&4\\ 1&0&2\\ 4&2&0\\ 2&0&0\\ 1&1&0\\ 0&0&1\end{pmatrix}\begin{pmatrix}2&0&0\\ 0&-\frac12&0\\ 0&0&-8\\ 2&-1&-4\\ 1&\frac12&-2\\ 0&0&1\end{pmatrix}$$

则二次型的标准形为：

$$f=2y_1^2-\tfrac12y_2^2-8y_3^2$$

所做非退化线性替换为$\boldsymbol{X}=\boldsymbol{C}\boldsymbol{Y}$，其中：

$$\boldsymbol{C}=\begin{pmatrix}2&-1&-4\\ 1&\frac12&-2\\ 0&0&1\end{pmatrix}$$

例 7（兰州大学，2020）已知二次曲面方程$x^2+ay^2+z^2+2bxy+2xz+2yz=4$可经过正交变换化为椭圆柱面方程$y_1^2+4z_1^2=4$，求$a$，$b$及所做的正交变换。

解：令$f(x,y,z)=x^2+ay^2+z^2+2bxy+2xz+2yz$，由题可知二次型经过正交变换$\boldsymbol{X}=\boldsymbol{P}\boldsymbol{Y}$化为标准形$y_1^2+4z_1^2$，从而二次型的矩阵与标准形的矩阵相似，即：

$$A=\begin{pmatrix}1&b&1\\b&a&1\\1&1&1\end{pmatrix}\sim\begin{pmatrix}0&&\\&1&\\&&4\end{pmatrix}=B$$

从而有 $\operatorname{tr}(A)=\operatorname{tr}(B)$，$|A|=|B|$，解之可得 $a=3$，$b=1$。

又 A 的特征值为 0,1,4，解特征方程 $(\lambda E-A)x=0$ 可得对应的特征向量为：

$$\alpha_1=(-1,0,1)^{\mathrm{T}}，\alpha_2=(1,-1,1)^{\mathrm{T}}，\alpha_3=(1,2,1)^{\mathrm{T}}$$

单位化可得：

$$\beta_1=\frac{1}{\sqrt{2}}(-1,0,1)^{\mathrm{T}}，\beta_2=\frac{1}{\sqrt{3}}(1,-1,1)^{\mathrm{T}}，\beta_3=\frac{1}{\sqrt{6}}(1,2,1)^{\mathrm{T}}$$

令 $P=(\beta_1,\beta_2,\beta_3)$，则 P 为正交矩阵，从而所做的正交变换为 $X=PY$。

例 8（南京理工大学，2024）设 $A=\begin{pmatrix}1&a&1\\a&2a&1\\1&1&1\end{pmatrix}$，$B=\begin{pmatrix}1&0&0\\0&1&0\\0&0&0\end{pmatrix}$，且 A 与 B 合同。

（1）求 a 的值；

（2）求一个可逆矩阵 P，使得 $P^{\mathrm{T}}AP=B$。

解：（1）由 A 与 B 合同，知 $R(A)=R(B)$，从而 $|A|=0$，即 $a=1$。

（2）对矩阵做合同变换得：

$$\begin{pmatrix}A\\E\end{pmatrix}=\begin{pmatrix}1&1&1\\1&2&1\\1&1&1\\1&0&0\\0&1&0\\0&0&1\end{pmatrix}\to\begin{pmatrix}1&0&1\\0&1&0\\1&0&1\\1&-1&0\\0&1&0\\0&0&1\end{pmatrix}\to\begin{pmatrix}1&0&0\\0&1&0\\0&0&0\\1&-1&-1\\0&1&0\\0&0&1\end{pmatrix}=\begin{pmatrix}B\\P\end{pmatrix}$$

则：

$$P=\begin{pmatrix}1&-1&-1\\0&1&0\\0&0&1\end{pmatrix}，P^{\mathrm{T}}AP=B$$

例 9（华东师范大学，2022）（1）设$\boldsymbol{A}\in M_n(\mathbf{R})$是半正定实对称矩阵，$\boldsymbol{x}\in\mathbf{R}^n$，则$\boldsymbol{x}^{\mathrm{T}}\boldsymbol{A}\boldsymbol{x}=0$的充要条件为$\boldsymbol{A}\boldsymbol{x}=\mathbf{0}$；

（2）设$\boldsymbol{A}$是n阶半正定实对称矩阵，将其写成分块矩阵的形式：

$$\boldsymbol{A}=\begin{pmatrix}\boldsymbol{A}_1 & \boldsymbol{A}_2\\ \boldsymbol{A}_2^{\mathrm{T}} & \boldsymbol{A}_4\end{pmatrix}$$

其中$\boldsymbol{A}_1$是r阶方阵，对于$\boldsymbol{x}\in\mathbf{R}^r$，若$\boldsymbol{A}_1\boldsymbol{x}=\mathbf{0}$，则$\boldsymbol{A}_2^{\mathrm{T}}\boldsymbol{x}=\mathbf{0}$；

（3）设$\boldsymbol{A},\boldsymbol{B}$是$n$阶半正定矩阵，且$R(\boldsymbol{A})=r$，则存在$n$阶可逆矩阵$\boldsymbol{P}$使得：

$$\boldsymbol{P}^{-1}\boldsymbol{A}(\boldsymbol{P}^{-1})^{\mathrm{T}}=\begin{pmatrix}\boldsymbol{E}_r & \boldsymbol{O}\\ \boldsymbol{O} & \boldsymbol{O}\end{pmatrix},\ \boldsymbol{P}^{\mathrm{T}}\boldsymbol{B}\boldsymbol{P}=\mathrm{diag}\{\lambda_1,\lambda_2,\cdots,\lambda_n\}$$

证明：（1）①必要性。由$\boldsymbol{A}$为半正定矩阵，知存在$\boldsymbol{C}\in M_n(\mathbf{R})$，使得$\boldsymbol{A}=\boldsymbol{C}^{\mathrm{T}}\boldsymbol{C}$。

又$\boldsymbol{x}^{\mathrm{T}}\boldsymbol{A}\boldsymbol{x}=0$，则：

$$0=\boldsymbol{x}^{\mathrm{T}}\boldsymbol{C}^{\mathrm{T}}\boldsymbol{C}\boldsymbol{x}=(\boldsymbol{C}\boldsymbol{x})^{\mathrm{T}}(\boldsymbol{C}\boldsymbol{x})=\|\boldsymbol{C}\boldsymbol{x}\|^2$$

从而$\boldsymbol{C}\boldsymbol{x}=\mathbf{0}$，故$\boldsymbol{A}\boldsymbol{x}=\boldsymbol{C}^{\mathrm{T}}\boldsymbol{C}\boldsymbol{x}=\mathbf{0}$。

②充分性。由$\boldsymbol{A}\boldsymbol{x}=\mathbf{0}$，知$\boldsymbol{x}^{\mathrm{T}}\boldsymbol{A}\boldsymbol{x}=\boldsymbol{x}^{\mathrm{T}}\cdot\mathbf{0}=0$。

（2）对于$\boldsymbol{x}\in\mathbf{R}^r$，若$\boldsymbol{A}_1\boldsymbol{x}=\mathbf{0}$，则：

$$\begin{pmatrix}\boldsymbol{x}^{\mathrm{T}} & \boldsymbol{O}\end{pmatrix}\begin{pmatrix}\boldsymbol{A}_1 & \boldsymbol{A}_2\\ \boldsymbol{A}_2^{\mathrm{T}} & \boldsymbol{A}_4\end{pmatrix}\begin{pmatrix}\boldsymbol{x}\\ \boldsymbol{O}\end{pmatrix}=\boldsymbol{x}^{\boldsymbol{T}}\boldsymbol{A}_1\boldsymbol{x}=0$$

而：

$$\boldsymbol{A}=\begin{pmatrix}\boldsymbol{A}_1 & \boldsymbol{A}_2\\ \boldsymbol{A}_2^{\mathrm{T}} & \boldsymbol{A}_4\end{pmatrix}$$

为半正定矩阵，则由（1）可知：

$$\begin{pmatrix}\boldsymbol{A}_1 & \boldsymbol{A}_2\\ \boldsymbol{A}_2^{\mathrm{T}} & \boldsymbol{A}_4\end{pmatrix}\begin{pmatrix}\boldsymbol{x}\\ \boldsymbol{O}\end{pmatrix}=\begin{pmatrix}\boldsymbol{A}_1\boldsymbol{x}\\ \boldsymbol{A}_2^{\mathrm{T}}\boldsymbol{x}\end{pmatrix}=\mathbf{0}$$

即$\boldsymbol{A}_2^{\mathrm{T}}\boldsymbol{x}=\mathbf{0}$。

（3）由$\boldsymbol{A}$为半正定矩阵，且$R(\boldsymbol{A})=r$，知存在可逆实矩阵$\boldsymbol{Q}$使得：

$$\boldsymbol{A}=\boldsymbol{Q}\begin{pmatrix}\boldsymbol{E}_r & \boldsymbol{O}\\ \boldsymbol{O} & \boldsymbol{O}\end{pmatrix}\boldsymbol{Q}^{\mathrm{T}}$$

即：

$$\boldsymbol{Q}^{-1}\boldsymbol{A}(\boldsymbol{Q}^{-1})^{\mathrm{T}}=\begin{pmatrix}\boldsymbol{E}_r & \boldsymbol{O}\\ \boldsymbol{O} & \boldsymbol{O}\end{pmatrix}$$

而$\boldsymbol{B}$为半正定矩阵，则$\boldsymbol{Q}^{\mathrm{T}}\boldsymbol{B}\boldsymbol{Q}$仍为半正定矩阵，令：

$$\boldsymbol{Q}^{\mathrm{T}}\boldsymbol{B}\boldsymbol{Q}=\begin{pmatrix}\boldsymbol{B}_1 & \boldsymbol{B}_2\\ \boldsymbol{B}_2^{\mathrm{T}} & \boldsymbol{B}_4\end{pmatrix}$$

其中$\boldsymbol{B}_1$为r阶方阵，由（2）可知方程组：

$$\boldsymbol{B}_1\boldsymbol{x}=\boldsymbol{0}\ ,\ \begin{pmatrix}\boldsymbol{B}_1\\ \boldsymbol{B}_2^{\mathrm{T}}\end{pmatrix}\boldsymbol{x}=\boldsymbol{0}$$

同解，则：

$$R(\boldsymbol{B}_1)=R\begin{pmatrix}\boldsymbol{B}_1\\ \boldsymbol{B}_2^{\mathrm{T}}\end{pmatrix}$$

从而矩阵方程$\boldsymbol{X}\boldsymbol{B}_1=\boldsymbol{B}_2^{\mathrm{T}}$有解。

不妨设矩阵$\boldsymbol{X}_0$满足$\boldsymbol{X}_0\boldsymbol{B}_1=\boldsymbol{B}_2^{\mathrm{T}}$，记：

$$\boldsymbol{S}=\begin{pmatrix}\boldsymbol{E}_r & -\boldsymbol{X}_0^{\mathrm{T}}\\ \boldsymbol{O} & \boldsymbol{E}_{n-r}\end{pmatrix}$$

则：

$$\boldsymbol{S}^{\mathrm{T}}\boldsymbol{Q}^{\mathrm{T}}\boldsymbol{B}\boldsymbol{Q}\boldsymbol{S}=\begin{pmatrix}\boldsymbol{E}_r & \boldsymbol{O}\\ -\boldsymbol{X}_0 & \boldsymbol{E}_{n-r}\end{pmatrix}\begin{pmatrix}\boldsymbol{B}_1 & \boldsymbol{B}_2\\ \boldsymbol{B}_2^{\mathrm{T}} & \boldsymbol{B}_4\end{pmatrix}\begin{pmatrix}\boldsymbol{E}_r & -\boldsymbol{X}_0^{\mathrm{T}}\\ \boldsymbol{O} & \boldsymbol{E}_{n-r}\end{pmatrix}=\begin{pmatrix}\boldsymbol{B}_1 & \boldsymbol{O}\\ \boldsymbol{O} & \boldsymbol{B}_4-\boldsymbol{X}_0\boldsymbol{B}_1\boldsymbol{X}_0^{\mathrm{T}}\end{pmatrix}$$

此时由：

$$\boldsymbol{S}^{-1}=\begin{pmatrix}\boldsymbol{E}_r & \boldsymbol{X}_0^{\mathrm{T}}\\ \boldsymbol{O} & \boldsymbol{E}_{n-r}\end{pmatrix}$$

可知：

$$S^{-1}Q^{-1}A(Q^{-1})^{\mathrm{T}}(S^{-1})^{\mathrm{T}}=\begin{pmatrix}E_r & X_0^{\mathrm{T}}\\ O & E_{n-r}\end{pmatrix}\begin{pmatrix}E_r & O\\ O & O\end{pmatrix}\begin{pmatrix}E_r & O\\ X_0^{T} & E_{n-r}\end{pmatrix}=\begin{pmatrix}E_r & O\\ O & O\end{pmatrix}$$

而B_1，$B_4-X_0B_1X_0^{\mathrm{T}}$均为实对称矩阵，则存在正交矩阵$T_1$，$T_2$，使得：

$$T_1^{\mathrm{T}}B_1T_1\text{，}T_2^{\mathrm{T}}(B_4-X_0B_1X_0^{\mathrm{T}})T_2$$

均为对角矩阵。

不妨设：

$$T_1^{\mathrm{T}}B_1T_1=\mathrm{diag}\{\lambda_1,\lambda_2,\cdots,\lambda_r\}$$

$$T_2^{\mathrm{T}}(B_4-X_0B_1X_0^{\mathrm{T}})T_2=\mathrm{diag}\{\lambda_{r+1},\lambda_{r+2},\cdots,\lambda_n\}$$

令$T=\mathrm{diag}\{T_1,T_2\}$，则$T$为$n$阶正交矩阵，且有：

$$T^{\mathrm{T}}S^{\mathrm{T}}Q^{\mathrm{T}}BQST=\begin{pmatrix}T_1^{\mathrm{T}} & O\\ O & T_2^{\mathrm{T}}\end{pmatrix}\begin{pmatrix}B_1 & O\\ O & B_4-X_0B_1X_0^{\mathrm{T}}\end{pmatrix}\begin{pmatrix}T_1 & O\\ O & T_2\end{pmatrix}$$

$$=\begin{pmatrix}T_1^{\mathrm{T}}B_1T_1 & O\\ O & T_2^{\mathrm{T}}(B_4-X_0B_1X_0^{\mathrm{T}})T_2\end{pmatrix}=\mathrm{diag}\{\lambda_1,\lambda_2,\cdots,\lambda_n\}$$

此时还有：

$$T^{-1}S^{-1}Q^{-1}A(Q^{-1})^{\mathrm{T}}(S^{-1})^{\mathrm{T}}(T^{-1})^{\mathrm{T}}$$

$$=\begin{pmatrix}T_1^{-1} & O\\ O & T_2^{-1}\end{pmatrix}\begin{pmatrix}E_r & O\\ O & O\end{pmatrix}\begin{pmatrix}(T_1^{-1})^{T} & O\\ O & (T_2^{-1})^{T}\end{pmatrix}=\begin{pmatrix}E_1 & O\\ O & O\end{pmatrix}$$

记$P=QST$，则P为n阶可逆矩阵，且：

$$P^{-1}A(P^{-1})^{\mathrm{T}}=\begin{pmatrix}E_r & O\\ O & O\end{pmatrix},\ P^{\mathrm{T}}BP=\mathrm{diag}\{\lambda_1,\lambda_2,\cdots,\lambda_n\}$$

<u>例 10</u>（西南大学，2024）设$f(x_1,x_2,\cdots,x_n)$是一个n元实二次型，则存在n元正定二次型$g(x_1,x_2,\cdots,x_n)$和n元负定二次型$h(x_1,x_2,\cdots,x_n)$使得：

$$f(x_1,x_2,\cdots,x_n)=g(x_1,x_2,\cdots,x_n)+h(x_1,x_2,\cdots,x_n)$$

证明：设$f(x_1,x_2,\cdots,x_n)$的矩阵为A，A的合同标准形满足：

$$P^{\mathrm{T}}AP=\begin{pmatrix}E_p & & \\ & -E_q & \\ & & O\end{pmatrix}$$

令:

$$P^{\mathrm{T}}AP=\begin{pmatrix}E_p & & \\ & -E_q & \\ & & O\end{pmatrix}$$

$$=\begin{pmatrix}2E_p & & \\ & E_q & \\ & & E_{n-p-q}\end{pmatrix}+\begin{pmatrix}-E_p & & \\ & -2E_q & \\ & & -E_{n-p-q}\end{pmatrix}=B+C$$

又合同不改变正定性，则B为正定矩阵，C为负定矩阵。

设$g(x_1,x_2,\cdots,x_n)$的矩阵为$(P^{\mathrm{T}})^{-1}BP^{-1}$，$h(x_1,x_2,\cdots,x_n)$的矩阵为$(P^{\mathrm{T}})^{-1}CP^{-1}$，则$g(x_1,x_2,\cdots,x_n)$为正定二次型，$h(x_1,x_2,\cdots,x_n)$为负定二次型。

例 11（中山大学，2022）设A，B为n阶正定矩阵，且$AB=BA$，若A的特征值都严格小于 1，则$AB-A^2B$也是正定矩阵。

证明：由A，B为n阶正定矩阵，知A，B为实对称矩阵，从而：

$$(AB)^{\mathrm{T}}=B^{\mathrm{T}}A^{\mathrm{T}}=BA=AB$$

即AB为实对称矩阵。又A为正定矩阵，则存在实可逆矩阵C使得$A=CC^{\mathrm{T}}$，从而$AB=CC^{\mathrm{T}}B=C(C^{\mathrm{T}}BC)C^{-1}$，即$AB$与$C^{\mathrm{T}}BC$相似，$C^{\mathrm{T}}BC$与$B$相似。

又B为正定矩阵，则$C^{\mathrm{T}}BC$为正定矩阵，从而$C^{\mathrm{T}}BC$的特征值均大于零，进一步B的特征值也均大于零，AB的特征值也均大于零，故AB是正定矩阵。

又A的特征值都严格小于 1，则$E-A$也为正定矩阵，从而：

$$(E-A)AB=(E-A)BA=BA-ABA=BA-BAA=BA(E-A)$$

即$(E-A)AB=AB-A^2B$也为正定矩阵。

例 12（厦门大学，2019）设A为n阶正定矩阵，B为实矩阵，且$A^2B=BA^2$，则$\boldsymbol{AB}=\boldsymbol{BA}$。

证明：由$\boldsymbol{A}$为正定矩阵，知$\boldsymbol{A}$可对角化，从而存在正交矩阵$\boldsymbol{P}$使得：

$$\boldsymbol{P}^{-1}\boldsymbol{AP}=\mathrm{diag}\{\lambda_1,\lambda_2,\cdots,\lambda_n\}$$

其中$\lambda_1,\lambda_2,\cdots,\lambda_n$为$\boldsymbol{A}$的特征值，$\lambda_1^2,\lambda_2^2,\cdots,\lambda_n^2$为$\boldsymbol{A}^2$的特征值，且：

$$\boldsymbol{P}^{-1}\boldsymbol{A}^2\boldsymbol{PP}^{-1}\boldsymbol{BP}=\boldsymbol{P}^{-1}\boldsymbol{BPP}^{-1}\boldsymbol{A}^2\boldsymbol{P}$$

$$\begin{pmatrix}\lambda_1^2 & & \\ & \ddots & \\ & & \lambda_n^2\end{pmatrix}\boldsymbol{P}^{-1}\boldsymbol{BP}=\boldsymbol{P}^{-1}\boldsymbol{BP}\begin{pmatrix}\lambda_1^2 & & \\ & \ddots & \\ & & \lambda_n^2\end{pmatrix}$$

则$\boldsymbol{P}^{-1}\boldsymbol{BP}$为对角矩阵。

不妨设$\boldsymbol{P}^{-1}\boldsymbol{BP}=\mathrm{diag}\{\mu_1,\mu_2,\cdots,\mu_n\}$，则：

$$\begin{aligned}\boldsymbol{P}^{-1}\boldsymbol{APP}^{-1}\boldsymbol{BP}&=\mathrm{diag}\{\lambda_1,\lambda_2,\cdots,\lambda_n\}\mathrm{diag}\{\mu_1,\mu_2,\cdots,\mu_n\}\\&=\mathrm{diag}\{\mu_1,\mu_2,\cdots,\mu_n\}\mathrm{diag}\{\lambda_1,\lambda_2,\cdots,\lambda_n\}\\&=\boldsymbol{P}^{-1}\boldsymbol{BPP}^{-1}\boldsymbol{AP}\end{aligned}$$

则$\boldsymbol{AB}=\boldsymbol{BA}$。

<u>例 13</u>（西北大学，2020）设$\boldsymbol{A}$是正定矩阵，则$\boldsymbol{A}^{-1}+\boldsymbol{A}^*$也是正定矩阵。

证明：由$\boldsymbol{A}$是正定矩阵，知$\boldsymbol{A}^{\mathrm{T}}=\boldsymbol{A}$，从而：

$$(\boldsymbol{A}^{-1}+\boldsymbol{A}^*)^{\mathrm{T}}=(\boldsymbol{A}^{-1})^{\mathrm{T}}+(\boldsymbol{A}^*)^{\mathrm{T}}=(\boldsymbol{A}^{\mathrm{T}})^{-1}+(\boldsymbol{A}^{\mathrm{T}})^*=\boldsymbol{A}^{-1}+\boldsymbol{A}^*$$

即$\boldsymbol{A}^{-1}+\boldsymbol{A}^*$为对称矩阵。

又$\boldsymbol{A}$是正定矩阵，则$\boldsymbol{A}$为实对称矩阵，且$|\boldsymbol{A}|>0$，从而存在正交矩阵$\boldsymbol{P}$使得：

$$\boldsymbol{P}^{-1}\boldsymbol{AP}=\mathrm{diag}\{\lambda_1,\lambda_2,\cdots,\lambda_n\}$$

其中$\lambda_i>0$，$i=1,2,\cdots,n$为$\boldsymbol{A}$的特征值，从而：

$$(\boldsymbol{P}^{-1}\boldsymbol{AP})^{-1}=\mathrm{diag}\{\lambda_1,\lambda_2,\cdots,\lambda_n\}^{-1}\text{，}\boldsymbol{P}^{-1}\boldsymbol{A}^{-1}\boldsymbol{P}=\mathrm{diag}\left\{\frac{1}{\lambda_1},\frac{1}{\lambda_2},\cdots,\frac{1}{\lambda_n}\right\}$$

$$P^{-1}\left(|A|A^{-1}\right)P=P^{-1}A^{*}P=\left\{\frac{|A|}{\lambda_1},\frac{|A|}{\lambda_2},\cdots,\frac{|A|}{\lambda_n}\right\}$$

其中：

$$\frac{|A|}{\lambda_i}>0\ ,\ i=1,2,\cdots,n$$

则：

$$P^{-1}(A^{-1}+A^{*})P=\mathrm{diag}\left\{\frac{1+|A|}{\lambda_1},\frac{1+|A|}{\lambda_2},\cdots,\frac{1+|A|}{\lambda_n}\right\}$$

其中：

$$\frac{1+|A|}{\lambda_i}>0\ ,\ i=1,2,\cdots,n$$

故$A^{-1}+A^{*}$是正定矩阵。

例 14（长安大学，2022）设A是n阶实对称矩阵，则存在可逆实矩阵B使得$B^2=A$的充要条件是A为正定矩阵。

证明：（1）必要性 由A是n阶实对称矩阵，知$A^{\mathrm{T}}=A$，从而：

$$A^{\mathrm{T}}=(B^2)^{\mathrm{T}}=(B^{\mathrm{T}})^2=B^2=A$$

即B为对称矩阵，从而$A=B^2=B^{\mathrm{T}}EB$，即A与单位矩阵合同，故A是正定矩阵。

（2）充分性。若A是正定矩阵，则A与单位矩阵合同，从而存在可逆矩阵P，使得$P^{\mathrm{T}}AP=E$，进一步$A=(P^{\mathrm{T}})^{-1}P^{-1}=(P^{-1})^{\mathrm{T}}(P^{-1})$。令$B=P^{-1}$，则$B$为可逆矩阵，且$B^2=A$。

例 15（云南大学，2022）设A为n阶反对称矩阵，E为n阶单位矩阵，则$E-A^2$是正定矩阵。

证明：由A为反对称矩阵，知$A^{\mathrm{T}}=-A$，从而：

$$(E-A^2)^{\mathrm{T}}=E-(A^2)^{\mathrm{T}}=E-(A^{\mathrm{T}})^2=E-A^2$$

即$E-A^2$为对称矩阵。

由$\boldsymbol{A}$为反对称矩阵，知$\boldsymbol{A}$的特征值λ为0或纯虚数，从而$\boldsymbol{A}^2$的特征值为$\lambda^2\leqslant 0$，进一步$\boldsymbol{E}-\boldsymbol{A}^2$的特征值为$1-\lambda^2>0$，即$\boldsymbol{E}-\boldsymbol{A}^2$的特征值均大于零，故$\boldsymbol{E}-\boldsymbol{A}^2$是正定矩阵。

例 16（华东师范大学，2019）已知$\boldsymbol{A}$为2019阶实对称矩阵，且$\boldsymbol{A}^2=2019\boldsymbol{A}$，则$\boldsymbol{E}+\boldsymbol{A}+\boldsymbol{A}^2+\cdots+\boldsymbol{A}^{2019}$是正定矩阵。

证明：由$\boldsymbol{A}$为实对称矩阵，知$\boldsymbol{A}$可对角化，从而存在正交矩阵$\boldsymbol{P}$，使得：

$$\boldsymbol{P}^{-1}\boldsymbol{A}\boldsymbol{P}=\mathrm{diag}\{\lambda_1,\lambda_2,\cdots,\lambda_n\}$$

其中λ_i，$i=1,2,\cdots,n$为$\boldsymbol{A}$的特征值。

由$\boldsymbol{A}^2=2019\boldsymbol{A}$，知$\boldsymbol{A}$的特征值为0和2019，从而$\boldsymbol{A}^k$的特征值为0和$2019^{k-1}$，进一步$\boldsymbol{E}+\boldsymbol{A}+\boldsymbol{A}^2+\cdots+\boldsymbol{A}^{2019}$的特征值为：

$$1,\ 1+2019,\ 1+2019+2019^2,\ \cdots,\ 1+2019+2019^2+\cdots+2019^{2018}$$

即所有特征值均大于零，故$\boldsymbol{E}+\boldsymbol{A}+\boldsymbol{A}^2+\cdots+\boldsymbol{A}^{2019}$是正定矩阵。

例 17（厦门大学，2019）证明n阶可逆对称矩阵$\boldsymbol{A}$是正定矩阵的充要条件为对任意n阶正定矩阵$\boldsymbol{B}$，$\boldsymbol{AB}$的迹$\mathrm{tr}(\boldsymbol{AB})$均大于0。

证明：（1）必要性。（方法一）由$\boldsymbol{A}$是正定矩阵，知存在可逆矩阵$\boldsymbol{P}$，使得$\boldsymbol{A}=\boldsymbol{P}^{\mathrm{T}}\boldsymbol{P}$，从而$(\boldsymbol{P}^{\mathrm{T}})^{-1}\boldsymbol{ABP}^{\mathrm{T}}=\boldsymbol{PBP}^{\mathrm{T}}$。又$\boldsymbol{B}$为正定矩阵，则$\boldsymbol{PBP}^{\mathrm{T}}$是正定矩阵，从而$\boldsymbol{PBP}^{\mathrm{T}}$的特征值均大于零，即$\boldsymbol{AB}$的特征值均大于零，故$\mathrm{tr}(\boldsymbol{AB})>0$。

（方法二）由$\boldsymbol{A}$是正定矩阵，知$\boldsymbol{A}$为实对称矩阵，从而存在正交矩阵$\boldsymbol{P}$，使得：

$$\boldsymbol{A}=\boldsymbol{P}^{\mathrm{T}}\begin{pmatrix}\lambda_1 & & \\ & \ddots & \\ & & \lambda_n\end{pmatrix}\boldsymbol{P},\ \lambda_i>0,\ i=1,2,\cdots,n$$

$$\boldsymbol{AB}=\boldsymbol{P}^{\mathrm{T}}\begin{pmatrix}\lambda_1 & & \\ & \ddots & \\ & & \lambda_n\end{pmatrix}\boldsymbol{PB},\ \boldsymbol{PABP}^{\mathrm{T}}=\begin{pmatrix}\lambda_1 & & \\ & \ddots & \\ & & \lambda_n\end{pmatrix}\boldsymbol{PBP}^{\mathrm{T}}$$

且$\boldsymbol{B}$为正定矩阵，$\lambda_i>0$，则$\mathrm{tr}(\boldsymbol{B})>0$，从而$\mathrm{tr}(\boldsymbol{AB})>0$。

（2）充分性。反证法：设$\boldsymbol{A}$不是正定矩阵，由$\boldsymbol{A}$为对称矩阵，知存在正交矩阵$\boldsymbol{T}$，使得：

$$\boldsymbol{T}^{\mathrm{T}}\boldsymbol{A}\boldsymbol{T}=\begin{pmatrix}\lambda_1 & & \\ & \ddots & \\ & & \lambda_n\end{pmatrix}$$

且存在某个$\lambda_i<0$（否则与$\boldsymbol{A}$可逆且不正定矛盾）。

令$\boldsymbol{B}=\boldsymbol{T}\begin{pmatrix}\mu_1 & & \\ & \ddots & \\ & & \mu_n\end{pmatrix}\boldsymbol{T}^{\mathrm{T}}$，其中$\mu_i>0$（$i=1,2,\cdots,n$），且$\sum_{i=1}^{n}\lambda_i\mu_i<0$，则：

$$\operatorname{tr}(\boldsymbol{AB})=\operatorname{tr}(\boldsymbol{T}^{\mathrm{T}}\boldsymbol{ABT})=\operatorname{tr}[(\boldsymbol{T}^{\mathrm{T}}\boldsymbol{AT})(\boldsymbol{T}^{\mathrm{T}}\boldsymbol{BT})]=\sum_{I=1}^{n}\lambda_i\mu_i<0$$

与已知矛盾。故$\boldsymbol{A}$是正定矩阵。

例 18（中国科学院大学，2019）设$\boldsymbol{A}$，$\boldsymbol{B}$为n阶正定矩阵，则：

$$|\boldsymbol{A}+\boldsymbol{B}|>|\boldsymbol{A}|+|\boldsymbol{B}|$$

证明：由$\boldsymbol{A},\boldsymbol{B}$均为$n$阶正定矩阵，知存在可逆矩阵$\boldsymbol{P}$，使$\boldsymbol{P}^{\mathrm{T}}\boldsymbol{AP}=\boldsymbol{E}$，且：

$$(\boldsymbol{P}^{\mathrm{T}}\boldsymbol{BP})^{\mathrm{T}}=\boldsymbol{P}^{\mathrm{T}}\boldsymbol{B}^{\mathrm{T}}(\boldsymbol{P}^{\mathrm{T}})^{\mathrm{T}}=\boldsymbol{P}^{\mathrm{T}}\boldsymbol{BP}$$

即$\boldsymbol{P}^{\mathrm{T}}\boldsymbol{BP}$仍是正定矩阵，故存在正交矩阵$\boldsymbol{Q}$，使：

$$\boldsymbol{Q}^{\mathrm{T}}\boldsymbol{P}^{\mathrm{T}}\boldsymbol{BPQ}=\operatorname{diag}\{\lambda_1,\lambda_2,\cdots,\lambda_n\}$$

其中$\lambda_1,\lambda_2,\cdots,\lambda_n$是$\boldsymbol{P}^{\mathrm{T}}\boldsymbol{BP}$的特征值且均大于零，从而$\boldsymbol{Q}^{\mathrm{T}}\boldsymbol{P}^{\mathrm{T}}\boldsymbol{APQ}=\boldsymbol{E}$。

令$\boldsymbol{T}=\boldsymbol{PQ}$，则$\boldsymbol{T}$为可逆矩阵，且$\boldsymbol{T}^{\mathrm{T}}\boldsymbol{AT}=\boldsymbol{E}$，$\boldsymbol{T}^{\mathrm{T}}\boldsymbol{BT}=\operatorname{diag}\{\lambda_1,\lambda_2,\cdots,\lambda_n\}$，从而$\boldsymbol{T}^{\mathrm{T}}(\boldsymbol{A}+\boldsymbol{B})\boldsymbol{T}=\boldsymbol{T}^{\mathrm{T}}\boldsymbol{AT}+\boldsymbol{T}^{\mathrm{T}}\boldsymbol{BT}=|\operatorname{diag}\{\lambda_1+1,\lambda_2+1,\cdots,\lambda_n+1\}$，对其取行列式有：

$$|\boldsymbol{T}^{\mathrm{T}}(\boldsymbol{A}+\boldsymbol{B})\boldsymbol{T}|=|\operatorname{diag}\{\lambda_1+1,\lambda_2+1,\cdots,\lambda_n+1\}|=(\lambda_1+1)(\lambda_2+1)\cdots(\lambda_n+1)$$

$$>1+\lambda_1\cdots\lambda_n=|\boldsymbol{T}^{\mathrm{T}}\boldsymbol{AT}|+|\boldsymbol{T}^{\mathrm{T}}\boldsymbol{BT}|$$

故$|\boldsymbol{A}+\boldsymbol{B}|>|\boldsymbol{A}|+|\boldsymbol{B}|$。

例 19（南开大学，2024）设$\boldsymbol{A}$为n阶正定矩阵，$\boldsymbol{C}$为n阶半正定矩阵，则

$|\boldsymbol{A}+\boldsymbol{C}|\geqslant|\boldsymbol{A}|$，等号成立当且仅当$\boldsymbol{C}=\boldsymbol{O}$。

证明：由$\boldsymbol{A}$为n阶正定矩阵，$\boldsymbol{C}$为n阶半正定矩阵，知存在可逆矩阵$\boldsymbol{P}$，使得$\boldsymbol{P}^{\mathrm{T}}\boldsymbol{AP}=\boldsymbol{E}$，且：

$$(\boldsymbol{P}^{\mathrm{T}}\boldsymbol{CP})^{\mathrm{T}}=\boldsymbol{P}^{\mathrm{T}}\boldsymbol{C}^{\mathrm{T}}(\boldsymbol{P}^{\mathrm{T}})^{\mathrm{T}}=\boldsymbol{P}^{\mathrm{T}}\boldsymbol{CP}$$

仍是实对称矩阵，从而存在正交矩阵$\boldsymbol{Q}$，使：

$$\boldsymbol{Q}^{\mathrm{T}}\boldsymbol{P}^{\mathrm{T}}\boldsymbol{CPQ}=\mathrm{diag}\{\lambda_1,\lambda_2,\cdots,\lambda_n\}$$

其中$\lambda_1,\lambda_2,\cdots,\lambda_n$是$\boldsymbol{P}^{\mathrm{T}}\boldsymbol{CP}$的特征值且均非负，从而$\boldsymbol{Q}^{\mathrm{T}}\boldsymbol{P}^{\mathrm{T}}\boldsymbol{APQ}=\boldsymbol{E}$。

令$\boldsymbol{T}=\boldsymbol{PQ}$，则$\boldsymbol{T}$为可逆矩阵，且$\boldsymbol{T}^{\mathrm{T}}\boldsymbol{AT}=\boldsymbol{E}$，$\boldsymbol{T}^{\mathrm{T}}\boldsymbol{CT}=\mathrm{diag}\{\lambda_1,\lambda_2,\cdots,\lambda_n\}$，从而$\boldsymbol{T}^{\mathrm{T}}(\boldsymbol{A}+\boldsymbol{C})\boldsymbol{T}=\boldsymbol{T}^{\mathrm{T}}\boldsymbol{AT}+\boldsymbol{T}^{\mathrm{T}}\boldsymbol{CT}=\mathrm{diag}\{\lambda_1+1,\lambda_2+1,\cdots,\lambda_n+1\}$，对其取行列式有：

$$|\boldsymbol{T}^{\mathrm{T}}(\boldsymbol{A}+\boldsymbol{C})\boldsymbol{T}|=|\mathrm{diag}\{\lambda_1+1,\cdots,\lambda_n+1\}|=(\lambda_1+1)(\lambda_2+1)\cdots(\lambda_n+1)\geqslant1=|\boldsymbol{T}^{\mathrm{T}}\boldsymbol{AT}|$$

故$|\boldsymbol{A}+\boldsymbol{C}|\geqslant|\boldsymbol{A}|$，等号成立当且仅当$\boldsymbol{C}=\boldsymbol{O}$。

例 20（云南大学，2021）设$\boldsymbol{A},\boldsymbol{B}$是$n$阶实正定矩阵，若$\boldsymbol{AB}=\boldsymbol{BA}$，则$\boldsymbol{AB}$是正定矩阵。

证明：由$\boldsymbol{A},\boldsymbol{B}$是实正定矩阵，知$\boldsymbol{A},\boldsymbol{B}$是实对称矩阵。又$\boldsymbol{AB}=\boldsymbol{BA}$，则：

$$(\boldsymbol{AB})^{\mathrm{T}}=\boldsymbol{B}^{\mathrm{T}}\boldsymbol{A}^{\mathrm{T}}=\boldsymbol{BA}=\boldsymbol{AB}$$

从而$\boldsymbol{AB}$为实对称矩阵。

又$\boldsymbol{A}$为正定矩阵，则$\boldsymbol{A}$与单位矩阵$\boldsymbol{E}$合同，从而存在可逆矩阵$\boldsymbol{P}$使得$\boldsymbol{P}^{\mathrm{T}}\boldsymbol{AP}=\boldsymbol{E}$，且$\boldsymbol{P}^{\mathrm{T}}(\boldsymbol{AB})\boldsymbol{P}=\boldsymbol{P}^{\mathrm{T}}\boldsymbol{AP}\cdot\boldsymbol{P}^{-1}\boldsymbol{BP}=\boldsymbol{P}^{-1}\boldsymbol{BP}$。

又$\boldsymbol{B}$为正定矩阵，则$\boldsymbol{P}^{-1}\boldsymbol{BP}$的特征值全大于零，从而$\boldsymbol{P}^{\mathrm{T}}(\boldsymbol{AB})\boldsymbol{P}$的特征值全大于零，即$\boldsymbol{P}^{\mathrm{T}}(\boldsymbol{AB})\boldsymbol{P}$是正定矩阵，故$\boldsymbol{AB}$是正定矩阵。

例 21（首都师范大学，2020）设$\boldsymbol{A},\boldsymbol{C}$为$n$阶实对称正定矩阵，已知矩阵方程$\boldsymbol{AX}+\boldsymbol{XA}=\boldsymbol{C}$（$\boldsymbol{X}$为$n$阶实方阵）有唯一解$\boldsymbol{B}$，证明$\boldsymbol{B}$为对称正定矩阵。

证明：由已知$\boldsymbol{AX}+\boldsymbol{XA}=\boldsymbol{C}$有唯一解$\boldsymbol{B}$，知$\boldsymbol{X}^{\mathrm{T}}\boldsymbol{A}+\boldsymbol{AX}^{\mathrm{T}}=\boldsymbol{C}$，$\boldsymbol{B}=\boldsymbol{B}^{\mathrm{T}}$为实对称

矩阵，则存在正交矩阵$\boldsymbol{Q}$，使：

$$\boldsymbol{Q}^{\mathrm{T}}\boldsymbol{B}\boldsymbol{Q}=\operatorname{diag}\{\lambda_1,\lambda_2,\cdots,\lambda_n\}$$

故：

$$\boldsymbol{Q}^{\mathrm{T}}\boldsymbol{A}\boldsymbol{Q}\operatorname{diag}\{\lambda_1,\lambda_2,\cdots,\lambda_n\}+\operatorname{diag}\{\lambda_1,\lambda_2,\cdots,\lambda_n\}\boldsymbol{Q}^{\mathrm{T}}\boldsymbol{A}\boldsymbol{Q}=\boldsymbol{Q}^{\mathrm{T}}\boldsymbol{C}\boldsymbol{Q}$$

且$\boldsymbol{Q}^{\mathrm{T}}\boldsymbol{A}\boldsymbol{Q}=(a_{ij})_{n\times n}$，$\boldsymbol{Q}^{\mathrm{T}}\boldsymbol{C}\boldsymbol{Q}=(c_{ij})_{n\times n}$均正定。故：

$$\boldsymbol{Q}^{\mathrm{T}}\boldsymbol{C}\boldsymbol{Q}=\begin{pmatrix}2\lambda_1a_{11} & (\lambda_1+\lambda_2)a_{12} & \cdots & (\lambda_1+\lambda_n)a_{1n}\\ (\lambda_2+\lambda_1)a_{21} & 2\lambda_2a_{22} & \cdots & (\lambda_2+\lambda_n)a_{2n}\\ \vdots & \vdots & & \vdots\\ (\lambda_n+\lambda_1)a_{n1} & (\lambda_n+\lambda_2)a_{n2} & \cdots & 2\lambda_na_{nn}\end{pmatrix}$$

为正定矩阵，则$2\lambda_1a_{11},2\lambda_2a_{22},\cdots,2\lambda_na_{nn}$，$a_{11},a_{22},\cdots,a_{nn}$均大于零，故$\lambda_1,\lambda_2,\cdots,\lambda_n$均大于零，从而$\boldsymbol{B}$为正定矩阵。

例 22（苏州大学，2024；华中科技大学，2021）若$\boldsymbol{Q}$为n阶正定矩阵，$\boldsymbol{X}$为实n维非零列向量，则

（1）$\boldsymbol{Q}+\boldsymbol{X}\boldsymbol{X}^{\mathrm{T}}$可逆；

（2）$0<\boldsymbol{X}^{\mathrm{T}}(\boldsymbol{Q}+\boldsymbol{X}\boldsymbol{X}^{\mathrm{T}})^{-1}\boldsymbol{X}<1$。

证明：（1）由$\boldsymbol{Q}$为n阶正定矩阵，$\boldsymbol{X}$为实n维非零列向量，知对于任意非零向量$\boldsymbol{Y}$有：

$$\boldsymbol{Y}^{\mathrm{T}}(\boldsymbol{Q}+\boldsymbol{X}\boldsymbol{X}^{\mathrm{T}})\boldsymbol{Y}=\boldsymbol{Y}^{\mathrm{T}}\boldsymbol{Q}\boldsymbol{Y}+\boldsymbol{Y}^{\mathrm{T}}\boldsymbol{X}\boldsymbol{X}^{\mathrm{T}}\boldsymbol{Y}=\boldsymbol{Y}^{\mathrm{T}}\boldsymbol{Q}\boldsymbol{Y}+(\boldsymbol{X}^{\mathrm{T}}\boldsymbol{Y})^{\mathrm{T}}(\boldsymbol{X}^{\mathrm{T}}\boldsymbol{Y})>0$$

即$\boldsymbol{Q}+\boldsymbol{X}\boldsymbol{X}^{\mathrm{T}}$为正定矩阵，从而$\boldsymbol{Q}+\boldsymbol{X}\boldsymbol{X}^{\mathrm{T}}$是可逆矩阵。

（2）由（1）可知$\boldsymbol{Q}+\boldsymbol{X}\boldsymbol{X}^{\mathrm{T}}$是正定矩阵，则$(\boldsymbol{Q}+\boldsymbol{X}\boldsymbol{X}^{\mathrm{T}})^{-1}$也是正定矩阵，从而对于任意非零向量$\boldsymbol{X}$有$\boldsymbol{X}^{\mathrm{T}}(\boldsymbol{Q}+\boldsymbol{X}\boldsymbol{X}^{\mathrm{T}})^{-1}\boldsymbol{X}>0$。

又$\boldsymbol{Q}$为正定矩阵，则对于任意非零向量$\boldsymbol{X}$有：

$$\boldsymbol{X}^{\mathrm{T}}\left(\frac{\boldsymbol{Q}+\boldsymbol{X}\boldsymbol{X}^{\mathrm{T}}}{\boldsymbol{X}^{\mathrm{T}}\boldsymbol{X}}-\boldsymbol{E}\right)\boldsymbol{X}=\frac{\boldsymbol{X}^{\mathrm{T}}\boldsymbol{Q}\boldsymbol{X}}{\boldsymbol{X}^{\mathrm{T}}\boldsymbol{X}}>0$$

即：

$$\frac{\boldsymbol{Q}+\boldsymbol{X}\boldsymbol{X}^{\mathrm{T}}}{\boldsymbol{X}^{\mathrm{T}}\boldsymbol{X}}-\boldsymbol{E}$$

为正定矩阵，从而：

$$(\boldsymbol{Q}+\boldsymbol{X}\boldsymbol{X}^{\mathrm{T}})^{-1}\left(\frac{\boldsymbol{Q}+\boldsymbol{X}\boldsymbol{X}^{\mathrm{T}}}{\boldsymbol{X}^{\mathrm{T}}\boldsymbol{X}}-\boldsymbol{E}\right)=\frac{\boldsymbol{E}}{\boldsymbol{X}^{\mathrm{T}}\boldsymbol{X}}-(\boldsymbol{Q}+\boldsymbol{X}\boldsymbol{X}^{\mathrm{T}})^{-1}$$

为正定矩阵，即对于任意非零向量$\boldsymbol{X}$有：

$$\boldsymbol{X}^{\mathrm{T}}\left[\frac{\boldsymbol{E}}{\boldsymbol{X}^{\mathrm{T}}\boldsymbol{X}}-(\boldsymbol{Q}+\boldsymbol{X}\boldsymbol{X}^{\mathrm{T}})^{-1}\right]\boldsymbol{X}>0$$

从而$\boldsymbol{X}^{\mathrm{T}}(\boldsymbol{Q}+\boldsymbol{X}\boldsymbol{X}^{\mathrm{T}})^{-1}\boldsymbol{X}<1$，故$0<\boldsymbol{X}^{\mathrm{T}}(\boldsymbol{Q}+\boldsymbol{X}\boldsymbol{X}^{\mathrm{T}})^{-1}\boldsymbol{X}<1$。

<u>例 23</u>（电子科技大学，2019）设$\boldsymbol{A}$为正定矩阵，则$|\boldsymbol{A}+\boldsymbol{E}|>1$。

证明：（方法一）由$\boldsymbol{A}$为正定矩阵，知$\boldsymbol{A}$为实对称矩阵，从而存在正交矩阵$\boldsymbol{P}$，使得$\boldsymbol{P}^{-1}\boldsymbol{A}\boldsymbol{P}=\mathrm{diag}\{\lambda_1,\lambda_2,\cdots,\lambda_n\}$，其中$\lambda_i>0$（$i=1,2,\cdots,n$）为$\boldsymbol{A}$的特征值，进而有：

$$\boldsymbol{P}^{-1}(\boldsymbol{A}+\boldsymbol{E})\boldsymbol{P}=\mathrm{diag}\{\lambda_1+1,\lambda_2+1,\cdots,\lambda_n+1\}$$

故$\left|\boldsymbol{P}^{-1}(\boldsymbol{A}+\boldsymbol{E})\boldsymbol{P}\right|=(\lambda_1+1)(\lambda_2+1)\cdots(\lambda_n+1)>1$，即$|\boldsymbol{A}+\boldsymbol{E}|>1$。

（方法二）设$\lambda_1,\lambda_2,\cdots,\lambda_n$为$\boldsymbol{A}$的全部特征值，由$\boldsymbol{A}$为正定矩阵，知$\lambda_i>0$，$i=1,2,\cdots,n$。

又$\boldsymbol{A}+\boldsymbol{E}$的特征值为$\lambda_i+1$，$i=1,2,\cdots,n$，则：

$$|\boldsymbol{A}+\boldsymbol{E}|=(\lambda_1+1)(\lambda_2+1)\cdots(\lambda_n+1)>1$$

<u>例 24</u>（中南大学，2023）设$\boldsymbol{A}$为n阶实对称正定矩阵，$\boldsymbol{B}$为实反对称矩阵，则$|\boldsymbol{A}+\boldsymbol{B}|>0$。

证明：反证法。设$|\boldsymbol{A}+\boldsymbol{B}|=0$，则$(\boldsymbol{A}+\boldsymbol{B})\boldsymbol{x}=\boldsymbol{0}$有非零解$\boldsymbol{x}_0$，即$(\boldsymbol{A}+\boldsymbol{B})\boldsymbol{x}_0=\boldsymbol{0}$，从而：

$$0=\boldsymbol{x}_0^{\mathrm{T}}(\boldsymbol{A}+\boldsymbol{B})\boldsymbol{x}_0=\boldsymbol{x}_0^{\mathrm{T}}\boldsymbol{A}\boldsymbol{x}_0+\boldsymbol{x}_0^{\mathrm{T}}\boldsymbol{B}\boldsymbol{x}_0$$

由$\boldsymbol{B}$为实反对称矩阵，知$\boldsymbol{x}_0^{\mathrm{T}}\boldsymbol{B}\boldsymbol{x}_0=0$，从而$\boldsymbol{x}_0^{\mathrm{T}}\boldsymbol{A}\boldsymbol{x}_0=0$，这与$\boldsymbol{A}$是正定矩阵矛盾，从而$|\boldsymbol{A}+\boldsymbol{B}|\neq 0$。

做$[0,1]$上的连续函数$f(x)=|\boldsymbol{A}+x\boldsymbol{B}|$，对于任意$x_0\in\mathbf{R}$，$x_0\boldsymbol{B}$仍是反对称矩阵，从而$f(x_0)\neq 0$，$f(0)=|\boldsymbol{A}|>0$。若$f(1)=|\boldsymbol{A}+\boldsymbol{B}|<0$，则存在$c\in[0,1]$，使得$f(c)=0$，矛盾，所以$f(1)=|\boldsymbol{A}+\boldsymbol{B}|>0$。

例 25（合肥工业大学，2023）设$\boldsymbol{A}=\begin{pmatrix}1&-1&1\\-1&2&-3\\1&-3&6\end{pmatrix}$，求可逆矩阵$\boldsymbol{D}$使得$\boldsymbol{A}=\boldsymbol{D}^{\mathrm{T}}\boldsymbol{D}$。

解：通过合同变换将$\boldsymbol{A}$化为单位矩阵即可。对矩阵$\boldsymbol{A}$做合同变换得：

$$\begin{pmatrix}\boldsymbol{A}\\\boldsymbol{E}\end{pmatrix}=\begin{pmatrix}1&-1&1\\-1&2&-3\\1&-3&6\\1&0&0\\0&1&0\\0&0&1\end{pmatrix}\to\begin{pmatrix}1&0&1\\0&1&-2\\1&-2&6\\1&1&0\\0&1&0\\0&0&1\end{pmatrix}\to\begin{pmatrix}1&0&0\\0&1&-2\\0&-2&5\\1&1&-1\\0&1&0\\0&0&1\end{pmatrix}\to\begin{pmatrix}1&0&0\\0&1&0\\0&0&1\\1&1&1\\0&1&2\\0&0&1\end{pmatrix}=\begin{pmatrix}\boldsymbol{E}\\\boldsymbol{C}\end{pmatrix}$$

则$\boldsymbol{C}^{\mathrm{T}}\boldsymbol{A}\boldsymbol{C}=\boldsymbol{E}$，即$\boldsymbol{A}=(\boldsymbol{C}^{\mathrm{T}})^{-1}\boldsymbol{C}^{-1}$。令$\boldsymbol{D}=\boldsymbol{C}^{-1}$，则$\boldsymbol{D}$是可逆矩阵，故$\boldsymbol{A}=\boldsymbol{D}^{\mathrm{T}}\boldsymbol{D}$。

例 26（西北大学，2018）判断二次型$\sum_{i=1}^{n}x_i^2+\sum_{1\leqslant i<j\leqslant n}x_ix_j$是否正定，为什么？

解：正定。令：

$$f=\sum_{i=1}^{n}x_i^2+\sum_{1\leqslant i<j\leqslant n}x_ix_j=x_1^2+\cdots+x_n^2+x_1x_2+\cdots+x_1x_n+x_2x_3+\cdots+x_2x_n+\cdots+x_{n-1}x_n$$

则二次型的矩阵为：

$$A=\begin{pmatrix}1 & \frac{1}{2} & \cdots & \frac{1}{2}\\ \frac{1}{2} & 1 & \cdots & \frac{1}{2}\\ \vdots & \vdots & & \vdots\\ \frac{1}{2} & \frac{1}{2} & \cdots & 1\end{pmatrix}$$

其中任意k阶顺序主子式为：

$$D_k=\begin{vmatrix}1 & \frac{1}{2} & \cdots & \frac{1}{2}\\ \frac{1}{2} & 1 & \cdots & \frac{1}{2}\\ \vdots & \vdots & & \vdots\\ \frac{1}{2} & \frac{1}{2} & \cdots & 1\end{vmatrix}=\frac{k+1}{2}\left(\frac{1}{2}\right)^{k-1}>0$$

即A的所有顺序主子式均大于零，故A为正定矩阵，即二次型f为正定二次型。

例 27（河北工业大学，2024）（1）设A为n阶正定矩阵，B为实对称矩阵，则存在正交矩阵P使得$P^{\mathrm{T}}AP$，$P^{\mathrm{T}}BP$同时为对角矩阵。

（2）设A，B为实对称矩阵，A与B相似，则A正定的充要条件为B正定。

证明：（1）由于A正定，则存在可逆矩阵C使得$C^{\mathrm{T}}AC=E$，而$C^{\mathrm{T}}BC$仍为实对称矩阵，从而存在正交矩阵T使得$T^{\mathrm{T}}C^{\mathrm{T}}BCT$为对角矩阵，且：

$$T^{\mathrm{T}}C^{\mathrm{T}}ACT=T^{\mathrm{T}}ET=E$$

令$P=CT$，则P可逆且使得$P^{\mathrm{T}}AP$，$P^{\mathrm{T}}BP$同时为对角矩阵。

（2）由A,B为实对称矩阵且相似，相似矩阵有相同的特征值，知存在正交矩阵T_1,T_2使：

$$T_1^{\mathrm{T}}AT_1=\mathrm{diag}\{\lambda_1,\lambda_2,\cdots,\lambda_n\}=T_2^{\mathrm{T}}BT_2$$

即A,B合同，故A正定的充要条件为B正定。

6 线性空间

6.1 基本内容与考点综述

6.1.1 基本概念

6.1.1.1 线性空间

设V是一个非空集合，P是一个数域。

（1）在V中定义了“加法”，对于任意$\boldsymbol{\alpha},\boldsymbol{\beta},\boldsymbol{\gamma}\in V$，满足

①运算封闭$\boldsymbol{\alpha}+\boldsymbol{\beta}\in V$；

②交换律$\boldsymbol{\alpha}+\boldsymbol{\beta}=\boldsymbol{\beta}+\boldsymbol{\alpha}$；

③结合律$(\boldsymbol{\alpha}+\boldsymbol{\beta})+\boldsymbol{\gamma}=\boldsymbol{\alpha}+(\boldsymbol{\beta}+\boldsymbol{\gamma})$；

④存在零元素，即存在$\mathbf{0}\in V$，使对V中任意一个元素$\boldsymbol{\alpha}$，有$\mathbf{0}+\boldsymbol{\alpha}=\boldsymbol{\alpha}$；

⑤存在负元素，即对V中任意一个元素$\boldsymbol{\alpha}$，存在$\boldsymbol{\beta}\in V$，使$\boldsymbol{\alpha}+\boldsymbol{\beta}=\mathbf{0}$。

（2）在V与P之间定义了“数乘”，对于任意$\boldsymbol{\alpha},\boldsymbol{\beta}\in V$，$k,l\in P$，满足

⑥运算封闭$k\boldsymbol{\alpha}\in P$；

⑦单位元$1\cdot\boldsymbol{\alpha}=\boldsymbol{\alpha}$；

⑧结合律$k(l\boldsymbol{\alpha})=(kl)\boldsymbol{\alpha}$；

⑨$(k+l)\boldsymbol{\alpha}=k\boldsymbol{\alpha}+l\boldsymbol{\alpha}$；

⑩$k(\boldsymbol{\alpha}+\boldsymbol{\beta})=k\boldsymbol{\alpha}+k\boldsymbol{\beta}$。

称V为数域P上的线性空间或向量空间或矢量空间。

6.1.1.2 线性子空间

设V是数域P上的线性空间，W是V的一个非空子集，对于任意$\boldsymbol{\alpha},\boldsymbol{\beta}\in W$，任意

$k\in P$，若满足$\boldsymbol{\alpha}+\boldsymbol{\beta}\in W$，$k\boldsymbol{\alpha}\in W$，则$W$是$V$的线性子空间。

6.1.1.3 维数、基与坐标

设V是数域P上的线性空间，若存在一组线性无关的向量$\boldsymbol{\alpha}_1,\boldsymbol{\alpha}_2,\cdots,\boldsymbol{\alpha}_n\in V$，对任意$\boldsymbol{\beta}\in V$，$\boldsymbol{\beta}$可由$\boldsymbol{\alpha}_1,\boldsymbol{\alpha}_2,\cdots,\boldsymbol{\alpha}_n$线性表出，即$\boldsymbol{\beta}=k_1\boldsymbol{\alpha}_1+k_2\boldsymbol{\alpha}_2+\cdots+k_n\boldsymbol{\alpha}_n$，则称向量组$\boldsymbol{\alpha}_1,\boldsymbol{\alpha}_2,\cdots,\boldsymbol{\alpha}_n$为$V$的一组基；该组向量的个数$n$称为线性空间$V$的维数，记为$\dim V=n$；有序数组$(k_1,k_2,\cdots,k_n)^{\mathrm{T}}$称为$\boldsymbol{\beta}$在基$\boldsymbol{\alpha}_1,\boldsymbol{\alpha}_2,\cdots,\boldsymbol{\alpha}_n$下的坐标。

6.1.1.4 过渡矩阵

设$\boldsymbol{\alpha}_1,\boldsymbol{\alpha}_2,\cdots,\boldsymbol{\alpha}_n$和$\boldsymbol{\beta}_1,\boldsymbol{\beta}_2,\cdots,\boldsymbol{\beta}_n$为$V$的两组基，且满足：

$$(\boldsymbol{\beta}_1,\boldsymbol{\beta}_2,\cdots,\boldsymbol{\beta}_n)=(\boldsymbol{\alpha}_1,\boldsymbol{\alpha}_2,\cdots,\boldsymbol{\alpha}_n)\begin{pmatrix} a_{11} & a_{12} & \cdots & a_{1n} \\ a_{21} & a_{22} & \cdots & a_{2n} \\ \vdots & \vdots & & \vdots \\ a_{n1} & a_{n2} & \cdots & a_{nn} \end{pmatrix}$$

则矩阵$\boldsymbol{A}=(a_{ij})_{n\times n}$称为由基$\boldsymbol{\alpha}_1,\boldsymbol{\alpha}_2,\cdots,\boldsymbol{\alpha}_n$到基$\boldsymbol{\beta}_1,\boldsymbol{\beta}_2,\cdots,\boldsymbol{\beta}_n$的过渡矩阵。

6.1.1.5 子空间的和

设V_1，V_2是V的两个子空间，称$W=\{\boldsymbol{\alpha}+\boldsymbol{\beta}\,|\,\boldsymbol{\alpha}\in V_1,\boldsymbol{\beta}\in V_2\}$为$V_1$，$V_2$的和空间，记为$W=V_1+V_2$。

6.1.1.6 子空间的交

设V_1，V_2是V的两个子空间，称$W=\{\boldsymbol{\alpha}\,|\,\boldsymbol{\alpha}\in V_1,\boldsymbol{\alpha}\in V_2\}$为$V_1$，$V_2$的交空间，记为$W=V_1\cap V_2$。

6.1.1.7 子空间的直和

设V_1，V_2是V的两个子空间，若V_1+V_2中每个向量$\boldsymbol{\alpha}$的分解式：

$$\boldsymbol{\alpha}=\boldsymbol{\alpha}_1+\boldsymbol{\alpha}_2\,,\ \boldsymbol{\alpha}_1\in V_1\,,\ \boldsymbol{\alpha}_2\in V_2$$

是唯一的，则称和V_1+V_2为直和，记为$V_1\oplus V_2$。

6.1.1.8 同构

数域P上两个线性空间V与V'称为同构的，若由V到V'有一个双射σ，具有性质：对于任意$\boldsymbol{\alpha},\boldsymbol{\beta}\in V$，$k\in P$，有：

$$\sigma(\boldsymbol{\alpha}+\boldsymbol{\beta})=\sigma(\boldsymbol{\alpha})+\sigma(\boldsymbol{\beta}),\ \sigma(k\boldsymbol{\alpha})=k\sigma(\boldsymbol{\alpha})$$

这样的映射称为同构映射，记为$V\cong V'$。

6.1.2 基本结论

6.1.2.1 常见的线性空间

（1）P^n：数域P上的所有n维向量构成的线性空间（行空间或列空间），维数为n，基本基（单位向量构成的基）为$\boldsymbol{\varepsilon}_i\,(i=1,\cdots,n)$。

（2）$P^{m\times n}$：数域P上的所有阶矩阵构成的线性空间，维数$\dim P^{m\times n}=mn$，基本基为$\boldsymbol{E}_{ij}\,(i=1,2,\cdots m, j=1,2,\cdots,n)$。

（3）$P[x]_n$：数域P上的次数小于n的多项式（含零多项式）构成的线性空间，维数$\dim P[x]_n=n$，基本基为$1,x,\cdots,x^{n-1}$。

（4）生成子空间：设V是数域P上的n维线性空间，$\boldsymbol{\alpha}_1,\boldsymbol{\alpha}_2,\cdots,\boldsymbol{\alpha}_s\in \boldsymbol{V}$，则称$L\,(\boldsymbol{\alpha}_1,\boldsymbol{\alpha}_2,\cdots,\boldsymbol{\alpha}_s)=\left\{\sum\limits_{i=1}^{s}k_i\boldsymbol{\alpha}_i\mid k_i\in P\right\}$是数域$P$上由$\boldsymbol{\alpha}_1,\boldsymbol{\alpha}_2,\cdots,\boldsymbol{\alpha}_s$生成的子空间，其中$\boldsymbol{\alpha}_1,\boldsymbol{\alpha}_2,\cdots,\boldsymbol{\alpha}_s$称为生成元。

6.1.2.2 基变换与坐标变换

（1）设$\boldsymbol{\alpha}_1,\boldsymbol{\alpha}_2,\cdots,\boldsymbol{\alpha}_n$和$\boldsymbol{\beta}_1,\boldsymbol{\beta}_2,\cdots,\boldsymbol{\beta}_n$为线性空间$V$的两组基，若矩阵$\boldsymbol{T}$为由基$\boldsymbol{\alpha}_1,\boldsymbol{\alpha}_2,\cdots,\boldsymbol{\alpha}_n$到基$\boldsymbol{\beta}_1,\boldsymbol{\beta}_2,\cdots,\boldsymbol{\beta}_n$的过渡矩阵，则$\boldsymbol{T}$为可逆矩阵，并且矩阵$\boldsymbol{T}^{-1}$为由基$\boldsymbol{\beta}_1,\boldsymbol{\beta}_2,\cdots,\boldsymbol{\beta}_n$到基$\boldsymbol{\alpha}_1,\boldsymbol{\alpha}_2,\cdots,\boldsymbol{\alpha}_n$的过渡矩阵。

反之，若$\boldsymbol{\alpha}_1,\boldsymbol{\alpha}_2,\cdots,\boldsymbol{\alpha}_n$为$V$的一组基，$\boldsymbol{T}$为可逆矩阵，则由$(\boldsymbol{\alpha}_1,\boldsymbol{\alpha}_2,\cdots,\boldsymbol{\alpha}_n)\boldsymbol{T}$表示出的向量组$\boldsymbol{\beta}_1,\boldsymbol{\beta}_2,\cdots,\boldsymbol{\beta}_n$也为$V$的一组基。

（2）设$\boldsymbol{\alpha}_1,\boldsymbol{\alpha}_2,\cdots,\boldsymbol{\alpha}_n$和$\boldsymbol{\beta}_1,\boldsymbol{\beta}_2,\cdots,\boldsymbol{\beta}_n$为$V$的两组基，对于任意$\boldsymbol{\xi}\in V$，有：

$$\boldsymbol{\xi}=(\boldsymbol{\alpha}_1,\boldsymbol{\alpha}_2,\cdots,\boldsymbol{\alpha}_n)\begin{pmatrix}x_1\\x_2\\\vdots\\x_n\end{pmatrix}=(\boldsymbol{\beta}_1,\boldsymbol{\beta}_2,\cdots,\boldsymbol{\beta}_n)\begin{pmatrix}y_1\\y_2\\\vdots\\y_n\end{pmatrix}$$

$$\begin{pmatrix}x_1\\x_2\\\vdots\\x_n\end{pmatrix}=\begin{pmatrix}a_{11}&a_{12}&\cdots&a_{1n}\\a_{21}&a_{22}&\cdots&a_{2n}\\\vdots&\vdots&&\vdots\\a_{n1}&a_{n2}&\cdots&a_{nn}\end{pmatrix}\begin{pmatrix}y_1\\y_2\\\vdots\\y_n\end{pmatrix}$$

其中$\boldsymbol{T}=(a_{ij})_{n\times n}$为由基$\boldsymbol{\alpha}_1,\boldsymbol{\alpha}_2,\cdots,\boldsymbol{\alpha}_n$到基$\boldsymbol{\beta}_1,\boldsymbol{\beta}_2,\cdots,\boldsymbol{\beta}_n$的过渡矩阵。

6.1.2.3 常见的结论

（1）线性空间V的非空子集W是V的子空间的充要条件为W对于V的两种运算是封闭的。

（2）n维线性空间V的任一组n个线性无关的向量都可为基。

（3）设$\boldsymbol{\alpha}_1,\boldsymbol{\alpha}_2,\cdots,\boldsymbol{\alpha}_r$与$\boldsymbol{\beta}_1,\boldsymbol{\beta}_2,\cdots,\boldsymbol{\beta}_s$为线性空间$V$的两个向量组，则：

$$L(\boldsymbol{\alpha}_1,\boldsymbol{\alpha}_2,\cdots,\boldsymbol{\alpha}_r)=L(\boldsymbol{\beta}_1,\boldsymbol{\beta}_2,\cdots,\boldsymbol{\beta}_s)$$

的充要条件是向量组$\boldsymbol{\alpha}_1,\boldsymbol{\alpha}_2,\cdots,\boldsymbol{\alpha}_r$与$\boldsymbol{\beta}_1,\boldsymbol{\beta}_2,\cdots,\boldsymbol{\beta}_s$等价。

（4）生成子空间$L(\boldsymbol{\alpha}_1,\boldsymbol{\alpha}_2,\cdots,\boldsymbol{\alpha}_r)$的维数等于向量组$\boldsymbol{\alpha}_1,\boldsymbol{\alpha}_2,\cdots,\boldsymbol{\alpha}_r$的秩。

（5）设W是数域P上n维线性空间V的一个m维子空间，$\boldsymbol{\alpha}_1,\boldsymbol{\alpha}_2,\cdots,\boldsymbol{\alpha}_m$是$W$的一组基，则$\boldsymbol{\alpha}_1,\boldsymbol{\alpha}_2,\cdots,\boldsymbol{\alpha}_m$必可扩充为整个空间的基，也就是说，在$V$中必定可以找到$n-m$个向量$\boldsymbol{\alpha}_{m+1},\boldsymbol{\alpha}_{m+2},\cdots,\boldsymbol{\alpha}_n$使得$\boldsymbol{\alpha}_1,\boldsymbol{\alpha}_2,\cdots,\boldsymbol{\alpha}_n$是$V$的一组基。

（6）设V_1，V_2是线性空间V的两个子空间，则V_1+V_2，$V_1\cap V_2$都是子空间。

（7）设V_1，V_2是线性空间V的两个子空间，则有维数公式：

$$\dim V_1+\dim V_2=\dim(V_1+V_2)+\dim(V_1\cap V_2)$$

（8）数域P上两个有限维线性空间同构的充要条件为它们有相同的维数。

6.1.3 基本方法

6.1.3.1 子空间的和

设$\boldsymbol{\alpha}_1,\boldsymbol{\alpha}_2,\cdots,\boldsymbol{\alpha}_s$和$\boldsymbol{\beta}_1,\boldsymbol{\beta}_2,\cdots,\boldsymbol{\beta}_t$为线性空间$V$的两组向量，令：

$$W_1=L(\boldsymbol{\alpha}_1,\boldsymbol{\alpha}_2,\cdots,\boldsymbol{\alpha}_s)\text{ , }W_2=L(\boldsymbol{\beta}_1,\boldsymbol{\beta}_2,\cdots,\boldsymbol{\beta}_t)$$

则$W_1+W_2=L(\boldsymbol{\alpha}_1,\cdots,\boldsymbol{\alpha}_s,\boldsymbol{\beta}_1,\cdots,\boldsymbol{\beta}_t)$，且：

$$\dim(W_1+W_2)=R(\boldsymbol{\alpha}_1,\cdots,\boldsymbol{\alpha}_s,\boldsymbol{\beta}_1,\cdots,\boldsymbol{\beta}_t)$$

$\boldsymbol{\alpha}_1,\cdots,\boldsymbol{\alpha}_s,\boldsymbol{\beta}_1,\cdots,\boldsymbol{\beta}_t$的极大无关组为子空间$W_1+W_2$的一组基。

6.1.3.2 子空间的交

设$\boldsymbol{\alpha}_1,\boldsymbol{\alpha}_2,\cdots,\boldsymbol{\alpha}_s$和$\boldsymbol{\beta}_1,\boldsymbol{\beta}_2,\cdots,\boldsymbol{\beta}_t$为线性空间$V$的两组向量，令：

$$W_1=L(\boldsymbol{\alpha}_1,\boldsymbol{\alpha}_2,\cdots,\boldsymbol{\alpha}_s)\text{ , }W_2=L(\boldsymbol{\beta}_1,\boldsymbol{\beta}_2,\cdots,\boldsymbol{\beta}_t)$$

令$\boldsymbol{\xi}\in W_1\cap W_2$，则$\boldsymbol{\xi}=k_1\boldsymbol{\alpha}_1+k_2\boldsymbol{\alpha}_2+\cdots+k_s\boldsymbol{\alpha}_s=l_1\boldsymbol{\beta}_1+l_2\boldsymbol{\beta}_2+\cdots+l_t\boldsymbol{\beta}_t$，解方程组

$$k_1\boldsymbol{\alpha}_1+k_2\boldsymbol{\alpha}_2+\cdots+k_s\boldsymbol{\alpha}_s-l_1\boldsymbol{\beta}_1-l_2\boldsymbol{\beta}_2-\cdots-l_t\boldsymbol{\beta}_t=\mathbf{0}$$

可得基础解系$\xi_1,\xi_2,\cdots,\xi_r$，则$\xi_1,\xi_2,\cdots,\xi_r$为$W_1\cap W_2$的一组基，且：

$$\dim(W_1\cap W_2)=r$$

6.1.3.3 子空间直和的判定

设V_1，V_2是线性空间V的两个子空间，则以下条件等价：

（1）V_1+V_2是直和；

（2）V中的任意向量的分解唯一，即$\boldsymbol{\alpha}=\boldsymbol{\alpha}_1+\boldsymbol{\alpha}_2$，$\forall\boldsymbol{\alpha}\in V$，$\boldsymbol{\alpha}_1\in V_1$，$\boldsymbol{\alpha}_2\in V_2$；

（3）V中的零向量的分解唯一，即$\mathbf{0}=\mathbf{0}_1+\mathbf{0}_2$，$\mathbf{0}\in V$，$\mathbf{0}_1\in V_1$，$\mathbf{0}_2\in V_2$；

（4）$\dim V_1+\dim V_2=\dim(V_1+V_2)$；

（5）$V_1\cap V_2=\{\mathbf{0}\}$；

（6）设$\boldsymbol{\alpha}_1,\boldsymbol{\alpha}_2,\cdots,\boldsymbol{\alpha}_s$是$V_1$的一组基，$\boldsymbol{\beta}_1,\boldsymbol{\beta}_2,\cdots,\boldsymbol{\beta}_r$为$V_2$的一组基，则：

$$\boldsymbol{\alpha}_1,\boldsymbol{\alpha}_2,\cdots,\boldsymbol{\alpha}_s,\boldsymbol{\beta}_1,\boldsymbol{\beta}_2,\cdots,\boldsymbol{\beta}_r$$

为V_1+V_2的一组基。

证明:（1）与（6）等价。设$\boldsymbol{\alpha}_1,\boldsymbol{\alpha}_2,\cdots,\boldsymbol{\alpha}_s$为$V_1$的一组基，$\boldsymbol{\beta}_1,\boldsymbol{\beta}_2,\cdots,\boldsymbol{\beta}_r$为$V_2$的一组基，由$V_1+V_2$为直和，设$k_1\boldsymbol{\alpha}_1+k_2\boldsymbol{\alpha}_2+\cdots+k_s\boldsymbol{\alpha}_s+l_1\boldsymbol{\beta}_1+l_2\boldsymbol{\beta}_2+\cdots+l_r\boldsymbol{\beta}_r=\mathbf{0}$，则有$k_1\boldsymbol{\alpha}_1+k_2\boldsymbol{\alpha}_2+\cdots+k_s\boldsymbol{\alpha}_s=-(l_1\boldsymbol{\beta}_1+l_2\boldsymbol{\beta}_2+\cdots+l_r\boldsymbol{\beta}_r)$。令:

$$\boldsymbol{\alpha}=k_1\boldsymbol{\alpha}_1+k_2\boldsymbol{\alpha}_2+\cdots+k_s\boldsymbol{\alpha}_s\in V_1,\boldsymbol{\beta}=-(l_1\boldsymbol{\beta}_1+l_2\boldsymbol{\beta}_2+\cdots+l_r\boldsymbol{\beta}_r)\in V_2$$

则$\boldsymbol{\alpha}=\boldsymbol{\beta}\in V_1\cap V_2$，从而$V_1\cap V_2=\{\mathbf{0}\}$，即$\boldsymbol{\alpha}=\boldsymbol{\beta}=\mathbf{0}$。

又$\boldsymbol{\alpha}_1,\boldsymbol{\alpha}_2,\cdots,\boldsymbol{\alpha}_s$，$\boldsymbol{\beta}_1,\boldsymbol{\beta}_2,\cdots,\boldsymbol{\beta}_r$为$V_1$，$V_2$的基，则$k_1=\cdots=k_s=0,l_1=\cdots=l_r=0$，即$\boldsymbol{\alpha}_1,\boldsymbol{\alpha}_2,\cdots,\boldsymbol{\alpha}_s,\boldsymbol{\beta}_1,\boldsymbol{\beta}_2,\cdots,\boldsymbol{\beta}_r$线性无关，为$V_1+V_2$的一组基。

反之，若$\boldsymbol{\alpha}_1,\boldsymbol{\alpha}_2,\cdots,\boldsymbol{\alpha}_s,\boldsymbol{\beta}_1,\boldsymbol{\beta}_2,\cdots,\boldsymbol{\beta}_r$为$V_1+V_2$的一组基，设$\mathbf{0}=\boldsymbol{\alpha}+\boldsymbol{\beta}$，$\boldsymbol{\alpha}\in V_1$，$\boldsymbol{\beta}\in V_2$，不妨设$\boldsymbol{\alpha}=k_1\boldsymbol{\alpha}_1+k_2\boldsymbol{\alpha}_2+\cdots+k_s\boldsymbol{\alpha}_s$，$\boldsymbol{\beta}=l_1\boldsymbol{\beta}_1+l_2\boldsymbol{\beta}_2+\cdots+l_r\boldsymbol{\beta}_r$，从而:

$$\boldsymbol{\alpha}+\boldsymbol{\beta}=k_1\boldsymbol{\alpha}_1+k_2\boldsymbol{\alpha}_2+\cdots+k_s\boldsymbol{\alpha}_s+l_1\boldsymbol{\beta}_1+l_2\boldsymbol{\beta}_2+\cdots+l_r\boldsymbol{\beta}_r=\mathbf{0}$$

则$k_1=\cdots=k_s=l_1=\cdots=l_r=0$，即$\boldsymbol{\alpha}=\boldsymbol{\beta}=\mathbf{0}$，故零向量的分解唯一，从而$V_1+V_2$为直和。

6.1.3.4 推广到任意有限个子空间的直和

设V_1，V_2，…，V_s是线性空间V的子空间，则以下条件等价:

（1）$V_1+V_2+\cdots+V_s$是直和;

（2）V中任意向量的分解唯一;

（3）V中零向量的分解唯一;

（4）$V_i\cap(\sum\limits_{i\neq j}V_j)=\{\mathbf{0}\}\ (i=1,2,\cdots,s)$;

（5）$\sum\limits_{i=1}^{s}\dim V_i=\dim V$;

（6）分别取V_1，V_2，…，V_s的一组基，放在一起就是$V_1+V_2+\cdots+V_s$的一组基。

6.2 子空间的不完全覆盖性理论

在线性空间中，由于真子空间的维数小于原线性空间的维数，所以无论多少真子空间，其并构成的集合仅仅只是原线性空间的一个子集，从而无法覆盖原线性空间。

例 1 设V_1,V_2都是线性空间V的非平凡子空间，则存在$\boldsymbol{\alpha}\in V$，使$\boldsymbol{\alpha}\notin V_1,\boldsymbol{\alpha}\notin V_2$。

证明：由于V_1，V_2是V的非平凡子空间，故存在$\boldsymbol{\alpha}\notin V_1$，若$\boldsymbol{\alpha}\notin V_2$，则命题得证。

设$\boldsymbol{\alpha}\in V_2$，则一定存在$\boldsymbol{\beta}\notin V_2$，若$\boldsymbol{\beta}\notin V_1$，则命题也得证。设$\boldsymbol{\beta}\in V_1$，于是有$\boldsymbol{\alpha}\notin V_1,\boldsymbol{\alpha}\in V_2$及$\boldsymbol{\beta}\in V_1$，$\boldsymbol{\beta}\notin V_2$，因而必有$\boldsymbol{\alpha}+\boldsymbol{\beta}\notin V_1,\boldsymbol{\alpha}+\boldsymbol{\beta}\notin V_2$。

事实上，若$\boldsymbol{\alpha}+\boldsymbol{\beta}\in V_1$，又$\boldsymbol{\beta}\in V_1$，则由$V_1$是子空间，知必有$\boldsymbol{\alpha}\in V_1$，这与假设矛盾，即证得$\boldsymbol{\alpha}+\boldsymbol{\beta}\notin V_1$；同理可证$\boldsymbol{\alpha}+\boldsymbol{\beta}\notin V_2$。

例 2 设 $V_1,V_2,\cdots,V_s$ 为线性空间 V 的真子空间，则必存在 $\boldsymbol{\alpha}\in V$，使得$\boldsymbol{\alpha}\notin V_i(i=1,2,\cdots,s)$。

证明：用数学归纳法。当$n=s=1$时，由V_1为V的真子空间，知结论成立。

假设命题对$s-1$成立，即存在$\boldsymbol{\alpha}\in V$而$\boldsymbol{\alpha}\notin V_i(i=1,\cdots,s-1)$，则

当$\boldsymbol{\alpha}\notin V_s$时，命题成立。

当$\boldsymbol{\alpha}\in V_s$时，存在$\boldsymbol{\beta}\notin V_s$，若$\boldsymbol{\beta}\notin V_1,V_2,\cdots,V_{s-1}$，命题成立；

若$\boldsymbol{\beta}\in V_1$，则$\boldsymbol{\alpha}\notin V_1$，$\boldsymbol{\alpha}\in V_s$，$\boldsymbol{\beta}\in V_1$，$\boldsymbol{\beta}\notin V_s$，从而$\boldsymbol{\alpha}+\boldsymbol{\beta}\notin V_1$，$\boldsymbol{\alpha}+\boldsymbol{\beta}\notin V_s$。

对于$\boldsymbol{\alpha}+\boldsymbol{\beta}$做同样的讨论：

若$\boldsymbol{\alpha}+\boldsymbol{\beta}\notin V_2,\cdots,V_{s-1}$，则命题成立；

若$\boldsymbol{\alpha}+\boldsymbol{\beta}\in V_2$，则$\boldsymbol{\alpha}+(\boldsymbol{\alpha}+\boldsymbol{\beta})\notin V_1,V_2,V_s$。

再对$2\boldsymbol{\alpha}+\boldsymbol{\beta}$做同样的讨论：

若$2\boldsymbol{\alpha}+\boldsymbol{\beta}\notin V_3,\cdots,V_{s-1}$，则命题成立；

若$2\boldsymbol{\alpha}+\boldsymbol{\beta}\in V_3$，则$\boldsymbol{\alpha}+(2\boldsymbol{\alpha}+\boldsymbol{\beta})=3\boldsymbol{\alpha}+\boldsymbol{\beta}\notin V_1,V_2,V_3,V_s$。

如此进行下去，经过有限步后可得$(m-1)\boldsymbol{\alpha}+\boldsymbol{\beta}\notin V_1,V_2,\cdots,V_{s-1},V_s$（$m\leqslant s$），所以当$n=s$时，命题成立。

例 3 证明在有限维线性空间V的真子空间$V_1,V_2,\cdots,V_r$外，存在V的一组基。

证明：设$\dim V=n$，若$\boldsymbol{\varepsilon}_1\notin V_i$（$i=1,2,\cdots,r$），令$L(\boldsymbol{\varepsilon}_1)=W_1$，同理存在$\boldsymbol{\varepsilon}_2\notin V_i$，$\boldsymbol{\varepsilon}_2\notin W_1$，$\boldsymbol{\varepsilon}_1\neq\mathbf{0}$，$\boldsymbol{\varepsilon}_2\neq\mathbf{0}$，且$\boldsymbol{\varepsilon}_1,\boldsymbol{\varepsilon}_2$线性无关（若线性相关，则$\boldsymbol{\varepsilon}_2\in W_1$矛盾）。

令$L(\boldsymbol{\varepsilon}_1,\boldsymbol{\varepsilon}_2)=W_2$，则存在$\boldsymbol{\varepsilon}_3\notin V_i$，$\boldsymbol{\varepsilon}_3\notin W_2$，且$\boldsymbol{\varepsilon}_1,\boldsymbol{\varepsilon}_2,\boldsymbol{\varepsilon}_3$线性无关。继续进行下去，必可找到线性无关的$\boldsymbol{\varepsilon}_1,\boldsymbol{\varepsilon}_2,\cdots,\boldsymbol{\varepsilon}_n$，从而$\boldsymbol{\varepsilon}_1,\boldsymbol{\varepsilon}_2,\cdots,\boldsymbol{\varepsilon}_n$是$V$的一组基，且不在$V_1,V_2,\cdots,V_r$中。

将以上命题推广（北京大学）：设V为数域P上的n维线性空间，$V_1,V_2,\cdots,V_s$为V的真子空间，则

（1）存在$\boldsymbol{\alpha}\in V$，使得$\boldsymbol{\alpha}\notin V_1\cup\cdots\cup V_s$；

（2）存在一组基，使得：

$$\{\boldsymbol{\varepsilon}_1,\boldsymbol{\varepsilon}_2,\cdots,\boldsymbol{\varepsilon}_n\}\cap(V_1\cup\cdots\cup V_s)=\varnothing$$

6.3　子空间补的不唯一性

在线性空间中，对于一个子空间而言，其补子空间是不唯一的。

例 1 设V_1,V_2为n维线性空间V的两个m维子空间（$0<m<n$），则存在子空间W使得$V=V_1\oplus W=V_2\oplus W$。

证明：对$n-m$用数学归纳法。

当$n-m=1$时，$n=m+1$，V_1,V_2为V的真子空间，存在$\boldsymbol{\varepsilon}\in V$，$\boldsymbol{\varepsilon}\notin V_i$，令$W=L(\boldsymbol{\varepsilon})$，则$V=L(\boldsymbol{\varepsilon}_1,\cdots,\boldsymbol{\varepsilon}_{n-1},\boldsymbol{\varepsilon})$，其中$V_1=L(\boldsymbol{\varepsilon}_1,\cdots,\boldsymbol{\varepsilon}_{n-1})$，从而$V=V_1\oplus W$；同理可

证$V=V_2\oplus W$。

假设当$n-m=k$时命题成立，当$n-m=k+1$时，可令：

$$V_1=L(\boldsymbol{\alpha}_1,\cdots,\boldsymbol{\alpha}_m)\text{ , }V_2=L(\boldsymbol{\beta}_1,\cdots,\boldsymbol{\beta}_m)$$

则存在$\boldsymbol{\varepsilon}\notin V_i$，令$V_1'=L(\boldsymbol{\alpha}_1,\cdots,\boldsymbol{\alpha}_m,\boldsymbol{\varepsilon})$，$V_2'=L(\boldsymbol{\beta}_1,\cdots,\boldsymbol{\beta}_m,\boldsymbol{\varepsilon})$，则：

$$\dim V_1'=\dim V_2'=m+1$$

由于$n-(m+1)=(n-m)-1=(k+1)-1=k$，则由假设可得存在子空间$W'$使得$V=V_1'\oplus W'$，$V=V_2'\oplus W'$，但$V_1'=V_1\oplus L(\boldsymbol{\varepsilon})$，$V_2'=V_2\oplus L(\boldsymbol{\varepsilon})$，从而：

$$V=V_1\oplus\left[L(\boldsymbol{\varepsilon})\oplus W'\right]\text{ , }V=V_2\oplus\left[L(\boldsymbol{\varepsilon})\oplus W'\right]$$

令$W=L(\boldsymbol{\varepsilon})\oplus W'$，则$V=V_1\oplus W=V_2\oplus W$。

举例理解：在实平面$\mathbf{R}^2$中，令$V_1=\{(a,0)\mid a\in\mathbf{R}\}$，即$x$轴上以原点为起点的所有向量，$V_2=\{(0,b)\mid b\in\mathbf{R}\}$，$V_3=\{(c,c)\mid c\in\mathbf{R}\}$，则$\mathbf{R}^2=V_1\oplus V_2=V_1\oplus V_3$，即$V_1$的补子空间不唯一。

6.4 试题解析

<u>例 1</u>（郑州大学，2020）已知$\boldsymbol{A}=\begin{pmatrix}1&0&0\\1-\omega&\omega&0\\1-\omega^2&0&\omega^2\end{pmatrix}$，其中$\omega$为3次单位根，令$V=\{\boldsymbol{B}\in P^{3\times3}\mid \boldsymbol{AB}=\boldsymbol{BA}\}$，求$V$的一组基和维数。

解：设$\boldsymbol{B}=\begin{pmatrix}x_1&x_2&x_3\\x_4&x_5&x_6\\x_7&x_8&x_9\end{pmatrix}$，由$\boldsymbol{AB}=\boldsymbol{BA}$，得：

$$\begin{pmatrix}x_1&x_2&x_3\\(1-\omega)x_1+\omega x_4&(1-\omega)x_2+\omega x_5&(1-\omega)x_3+\omega x_6\\(1-\omega^2)x_1+\omega^2x_7&(1-\omega^2)x_2+\omega^2x_8&(1-\omega^2)x_3+\omega^2x_9\end{pmatrix}$$

$$=\begin{pmatrix} x_1+(1-\omega)x_2+(1-\omega^2)x_3 & \omega x_2 & \omega^2 x_3 \\ x_4+(1-\omega)x_5+(1-\omega^2)x_6 & \omega x_5 & \omega^2 x_6 \\ x_7+(1-\omega)x_8+(1-\omega^2)x_9 & \omega x_8 & \omega^2 x_9 \end{pmatrix}$$

由矩阵相等可得：

$$x_2=x_3=x_6=x_8=0\text{ , }x_4=x_5-x_1\text{ , }x_7=x_9-x_1$$

则有：

$$\boldsymbol{B}=\begin{pmatrix} x_1 & 0 & 0 \\ x_5-x_1 & x_5 & 0 \\ x_9-x_1 & 0 & x_9 \end{pmatrix}=\begin{pmatrix} x_1 & 0 & 0 \\ -x_1 & 0 & 0 \\ -x_1 & 0 & 0 \end{pmatrix}+\begin{pmatrix} 0 & 0 & 0 \\ x_5 & x_5 & 0 \\ 0 & 0 & 0 \end{pmatrix}+\begin{pmatrix} 0 & 0 & 0 \\ 0 & 0 & 0 \\ x_9 & 0 & x_9 \end{pmatrix}$$

$$=x_1\begin{pmatrix} 1 & 0 & 0 \\ -1 & 0 & 0 \\ -1 & 0 & 0 \end{pmatrix}+x_5\begin{pmatrix} 0 & 0 & 0 \\ 1 & 1 & 0 \\ 0 & 0 & 0 \end{pmatrix}+x_9\begin{pmatrix} 0 & 0 & 0 \\ 0 & 0 & 0 \\ 1 & 0 & 1 \end{pmatrix}$$

$$=x_1(\boldsymbol{E}_{11}-\boldsymbol{E}_{21}-\boldsymbol{E}_{31})+x_5(\boldsymbol{E}_{21}+\boldsymbol{E}_{22})+x_9(\boldsymbol{E}_{31}+\boldsymbol{E}_{33})$$

从而易证$\boldsymbol{E}_{11}-\boldsymbol{E}_{21}-\boldsymbol{E}_{31},\boldsymbol{E}_{21}+\boldsymbol{E}_{22},\boldsymbol{E}_{31}+\boldsymbol{E}_{33}$为其一组基，维数为 3。

例 2（成都理工大学，2022）求线性空间$P[x]_3$中基Ⅰ：$1,x-1,(x-1)^2$到基Ⅱ：$1,x+1,(x+1)^2$的过渡矩阵。

解：取线性空间$P[x]_3$的一组基$1,x,x^2$，则：

$$(1,x-1,(x-1)^2)=(1,x,x^2)\boldsymbol{X}\text{ , }(1,x+1,(x+1)^2)=(1,x,x^2)\boldsymbol{Y}$$

其中：

$$\boldsymbol{X}=\begin{pmatrix} 1 & -1 & 1 \\ 0 & 1 & -2 \\ 0 & 0 & 1 \end{pmatrix},\ \boldsymbol{Y}=\begin{pmatrix} 1 & 1 & 1 \\ 0 & 1 & 2 \\ 0 & 0 & 1 \end{pmatrix}$$

设$(1,x+1,(x+1)^2)=(1,x-1,(x-1)^2)\boldsymbol{A}$，即$(1,x,x^2)\boldsymbol{Y}=(1,x,x^2)\boldsymbol{XA}$，故基Ⅰ到基Ⅱ的过渡矩阵为：

$$\boldsymbol{A}=\boldsymbol{X}^{-1}\boldsymbol{Y}=\begin{pmatrix} 1 & -1 & 1 \\ 0 & 1 & -2 \\ 0 & 0 & 1 \end{pmatrix}^{-1}\begin{pmatrix} 1 & 1 & 1 \\ 0 & 1 & 2 \\ 0 & 0 & 1 \end{pmatrix}=\begin{pmatrix} 1 & 2 & 4 \\ 0 & 1 & 4 \\ 0 & 0 & 1 \end{pmatrix}$$

例 3（北京邮电大学，2020）设$M_n(K)$表示数域K上所有n阶矩阵组成的集合，其对矩阵加法和数乘构成K上的线性空间，数域K上的n阶矩阵：

$$A=\begin{pmatrix} a_1 & a_2 & \cdots & a_n \\ a_n & \ddots & \ddots & \vdots \\ \vdots & \ddots & \ddots & a_2 \\ a_2 & \cdots & a_n & a_1 \end{pmatrix}$$

为循环矩阵，用U表示K上所有n阶循环矩阵的集合。

（1）证明U是K上的一个子空间；

（2）求U的一组基和维数。

（1）证明：由$\mathbf{0}\in U$，知$U\neq\phi$，且循环矩阵由第一行元素唯一确定。

不妨将A记为$A=C[a_1,\cdots,a_n]$，令$B=C[b_1,\cdots,b_n]\in U$，$\forall l\in K$，则

$$A+B=C[a_1+b_1,\cdots,a_n+b_n]\in U,\ l\begin{pmatrix} a_1 & a_2 & \cdots & a_n \\ a_n & \ddots & \ddots & \vdots \\ \vdots & \ddots & \ddots & a_2 \\ a_2 & \cdots & a_n & a_1 \end{pmatrix}=l\,A=C[la_1,\cdots,la_n]\in U$$

故U是K上的一个子空间。

（2）解：令：

$$S=\begin{pmatrix} O & E_{n-1} \\ 1 & O \end{pmatrix}$$

则：

$$S^k=\begin{pmatrix} O & E_{n-k} \\ E_k & O \end{pmatrix}$$

其中$k=1,2,\cdots,n-1$，从而：

$$A=\begin{pmatrix} a_1 & a_2 & \cdots & a_n \\ a_n & \ddots & \ddots & \vdots \\ \vdots & \ddots & \ddots & a_2 \\ a_2 & \cdots & a_n & a_1 \end{pmatrix}=a_1E+a_2S+a_3S^2+\cdots+a_nS^{n-1}$$

即A可由$E,S,S^2,\cdots,S^{n-1}$线性表出。

设$a_1\boldsymbol{E}+a_2\boldsymbol{S}+a_3\boldsymbol{S}^2+\cdots+a_n\boldsymbol{S}^{n-1}=\boldsymbol{0}$，则$\boldsymbol{A}=\boldsymbol{0}$，从而$a_1=a_2=a_3=\cdots=a_n=0$。即$\boldsymbol{E},\boldsymbol{S},\boldsymbol{S}^2,\cdots,\boldsymbol{S}^{n-1}$线性无关，故$\boldsymbol{E},\boldsymbol{S},\boldsymbol{S}^2,\cdots,\boldsymbol{S}^{n-1}$为$U$的一组基，且维数为$n$。

例 4（成都理工大学，2022）设M是数域P上形如：

$$\boldsymbol{A}=\begin{pmatrix} a_1 & a_2 & \cdots & a_n \\ a_n & \ddots & \ddots & \vdots \\ \vdots & \ddots & \ddots & a_2 \\ a_2 & \cdots & a_n & a_1 \end{pmatrix}$$

的循环矩阵的集合。

（1）证明M是线性空间$P^{n\times n}$的子空间；

（2）证明对任意$\boldsymbol{A},\boldsymbol{B}\in M$有$\boldsymbol{AB}=\boldsymbol{BA}$；

（3）求M的一组基与维数。

（1）证明：由例 3 可知M是线性空间$P^{n\times n}$的子空间。

（2）证明：令：

$$\boldsymbol{A}=a_1\boldsymbol{E}+a_2\boldsymbol{S}+a_3\boldsymbol{S}^2+\cdots+a_n\boldsymbol{S}^{n-1}$$

$$\boldsymbol{B}=b_1\boldsymbol{E}+b_2\boldsymbol{S}+b_3\boldsymbol{S}^2+\cdots+b_n\boldsymbol{S}^{n-1}$$

则有：

$$\boldsymbol{AB}=a_1b_1\boldsymbol{E}+(a_1b_2+a_2b_1)\boldsymbol{S}+(a_1b_3+a_2b_2+a_3b_1)\boldsymbol{S}^2+\cdots+$$

$$(a_1b_n+a_2b_{n-1}+\cdots+a_nb_1)\boldsymbol{S}^{n-1}=\boldsymbol{BA}$$

即$\boldsymbol{AB}=\boldsymbol{BA}$。

（3）解：由例 3 可知$\boldsymbol{E},\boldsymbol{S},\boldsymbol{S}^2,\cdots,\boldsymbol{S}^{n-1}$为$M$的一组基，且维数为$n$。

例 5（西北大学，2020）已知$\boldsymbol{\varepsilon}_1,\boldsymbol{\varepsilon}_2,\cdots,\boldsymbol{\varepsilon}_n$与$\boldsymbol{\eta}_1,\boldsymbol{\eta}_2,\cdots,\boldsymbol{\eta}_n$是$n$维线性空间$V$的两组基。证明：

（1）在两组基上坐标完全相同的全体向量的集合V_1是V的子空间；

（2）$\dim V_1=n-R(\boldsymbol{E}-\boldsymbol{A})$，其中$\boldsymbol{A}$是$\boldsymbol{\varepsilon}_1,\boldsymbol{\varepsilon}_2,\cdots,\boldsymbol{\varepsilon}_n$到$\boldsymbol{\eta}_1,\boldsymbol{\eta}_2,\cdots,\boldsymbol{\eta}_n$的过渡矩阵。

证明：（1）设$\boldsymbol{\alpha}\in V_1$，$\boldsymbol{\beta}\in V_1$，且：

$$\boldsymbol{\alpha}=x_1\boldsymbol{\varepsilon}_1+x_2\boldsymbol{\varepsilon}_2+\cdots+x_n\boldsymbol{\varepsilon}_n=x_1\boldsymbol{\eta}_1+x_2\boldsymbol{\eta}_2+\cdots+x_n\boldsymbol{\eta}_n$$

$$\boldsymbol{\beta}=y_1\boldsymbol{\varepsilon}_1+y_2\boldsymbol{\varepsilon}_2+\cdots+y_n\boldsymbol{\varepsilon}_n=y_1\boldsymbol{\eta}_1+y_2\boldsymbol{\eta}_2+\cdots+y_n\boldsymbol{\eta}_n$$

从而：

$$\begin{aligned}\boldsymbol{\alpha}+\boldsymbol{\beta}&=(x_1+y_1)\boldsymbol{\varepsilon}_1+(x_2+y_2)\boldsymbol{\varepsilon}_2+\cdots+(x_n+y_n)\boldsymbol{\varepsilon}_n\\&=(x_1+y_1)\boldsymbol{\eta}_1+(x_2+y_2)\boldsymbol{\eta}_2+\cdots+(x_n+y_n)\boldsymbol{\eta}_n\end{aligned}$$

$$k\boldsymbol{\alpha}=kx_1\boldsymbol{\varepsilon}_1+kx_2\boldsymbol{\varepsilon}_2+\cdots+kx_n\boldsymbol{\varepsilon}_n=kx_1\boldsymbol{\eta}_1+kx_2\boldsymbol{\eta}_2+\cdots+kx_n\boldsymbol{\eta}_n$$

即$\boldsymbol{\alpha}+\boldsymbol{\beta},k\boldsymbol{\alpha}\in V_1$，故$V_1$是$V$的子空间。

（2）设 $\boldsymbol{\alpha}=x_1\boldsymbol{\varepsilon}_1+x_2\boldsymbol{\varepsilon}_2+\cdots+x_n\boldsymbol{\varepsilon}_n=x_1\boldsymbol{\eta}_1+x_2\boldsymbol{\eta}_2+\cdots+x_n\boldsymbol{\eta}_n$，则由基 $\boldsymbol{\varepsilon}_1,\boldsymbol{\varepsilon}_2,\cdots,\boldsymbol{\varepsilon}_n$ 到基$\boldsymbol{\eta}_1,\boldsymbol{\eta}_2,\cdots,\boldsymbol{\eta}_n$的过渡矩阵为$\boldsymbol{A}$，知向量$\boldsymbol{\alpha}$在两组基下的坐标满足$\boldsymbol{X}=\boldsymbol{AX}$，即$(\boldsymbol{E}-\boldsymbol{A})\boldsymbol{X}=\boldsymbol{0}$，即$V_1$是方程组$(\boldsymbol{E}-\boldsymbol{A})\boldsymbol{X}=\boldsymbol{0}$的解空间，从而$\dim V_1=n-R(\boldsymbol{E}-\boldsymbol{A})$。

<u>例 6</u>（南京理工大学，2018）设 V_1 是由 $\boldsymbol{\alpha}_1=(1,0,-1,1)^{\mathrm{T}}$，$\boldsymbol{\alpha}_2=(1,0,1,-1)^{\mathrm{T}}$，$\boldsymbol{\alpha}_3=(1,1,1,0)^{\mathrm{T}}$生成的子空间，$V_2$是由$\boldsymbol{\beta}_1=(1,1,0,1)^{\mathrm{T}}$，$\boldsymbol{\beta}_2=(-1,0,1,a-1)^{\mathrm{T}}$生成的子空间，若$\dim(V_1+V_2)=3$，求$a$的值，并求此时$V_1+V_2$的一组基。

解：对矩阵做初等行变换得：

$$(\boldsymbol{\alpha}_1,\boldsymbol{\alpha}_2,\boldsymbol{\alpha}_3,\boldsymbol{\beta}_1,\boldsymbol{\beta}_2)=\begin{pmatrix}1&1&1&1&-1\\0&0&1&1&0\\-1&1&1&0&1\\1&-1&0&1&a-1\end{pmatrix}\rightarrow\begin{pmatrix}1&1&1&1&-1\\0&0&1&1&0\\0&2&2&1&0\\0&0&1&1&a\end{pmatrix}$$

由$\dim(V_1+V_2)=3$，知上述矩阵的秩为 3，即$a=0$，从而：

$$(\boldsymbol{\alpha}_1,\boldsymbol{\alpha}_2,\boldsymbol{\alpha}_3,\boldsymbol{\beta}_1,\boldsymbol{\beta}_2)\rightarrow\begin{pmatrix}1&1&1&1&-1\\0&2&2&1&0\\0&0&1&1&0\\0&0&0&0&0\end{pmatrix}$$

即$\boldsymbol{\alpha}_1,\boldsymbol{\alpha}_2,\boldsymbol{\alpha}_3$为$\boldsymbol{\alpha}_1,\boldsymbol{\alpha}_2,\boldsymbol{\alpha}_3,\boldsymbol{\beta}_1,\boldsymbol{\beta}_2$的极大无关组，故$\boldsymbol{\alpha}_1,\boldsymbol{\alpha}_2,\boldsymbol{\alpha}_3$为$V_1+V_2$的一组基。

<u>例 7</u>（西安科技大学，2021）设P为数域，在P^4中取：

$$\boldsymbol{\alpha}_1=(1,1,0,1)\text{，}\boldsymbol{\alpha}_2=(1,0,0,1)\text{，}\boldsymbol{\alpha}_3=(1,1,-1,1)\text{，}\boldsymbol{\beta}_1=(1,2,0,1)\text{，}\boldsymbol{\beta}_2=(0,1,1,0)$$

求$L(\boldsymbol{\alpha}_1,\boldsymbol{\alpha}_2,\boldsymbol{\alpha}_3)+L(\boldsymbol{\beta}_1,\boldsymbol{\beta}_2)$的维数和一组基。

解：由题可知$\dim L(\boldsymbol{\alpha}_1,\boldsymbol{\alpha}_2,\boldsymbol{\alpha}_3)=3$，$\dim L(\boldsymbol{\beta}_1,\boldsymbol{\beta}_2)=2$。对矩阵做初等行变换得：

$$(\boldsymbol{\alpha}_1,\boldsymbol{\alpha}_2,\boldsymbol{\alpha}_3,\boldsymbol{\beta}_1,\boldsymbol{\beta}_2)=\begin{pmatrix}1&1&1&1&0\\1&0&1&2&1\\0&0&-1&0&1\\1&1&1&1&0\end{pmatrix}\to\begin{pmatrix}1&1&1&1&0\\0&-1&0&1&1\\0&0&-1&0&1\\0&0&0&0&0\end{pmatrix}$$

则$\boldsymbol{\alpha}_1,\boldsymbol{\alpha}_2,\boldsymbol{\alpha}_3,\boldsymbol{\beta}_1,\boldsymbol{\beta}_2$的一个极大无关组为$\boldsymbol{\alpha}_1,\boldsymbol{\alpha}_2,\boldsymbol{\alpha}_3$，从而$L(\boldsymbol{\alpha}_1,\boldsymbol{\alpha}_2,\boldsymbol{\alpha}_3)+L(\boldsymbol{\beta}_1,\boldsymbol{\beta}_2)$的一组基为$\boldsymbol{\alpha}_1,\boldsymbol{\alpha}_2,\boldsymbol{\alpha}_3$，且$\dim(L(\boldsymbol{\alpha}_1,\boldsymbol{\alpha}_2,\boldsymbol{\alpha}_3)+L(\boldsymbol{\beta}_1,\boldsymbol{\beta}_2))=3$。

<u>例 8</u>（西华大学，2019）已知$W_1=\left\{\begin{pmatrix}a&b\\0&0\end{pmatrix}\middle|a,b\in\mathbf{R}\right\}$，$W_2=\left\{\begin{pmatrix}a_1&0\\c_1&0\end{pmatrix}\middle|a_1,c_1\in\mathbf{R}\right\}$是$M_2(\mathbf{R})$的两个子空间，求$W_1\cap W_2$，$W_1+W_2$的一组基与维数。

解：由于：

$$\begin{pmatrix}a&b\\0&0\end{pmatrix}=a\boldsymbol{E}_{11}+b\boldsymbol{E}_{12}\text{，}\begin{pmatrix}a_1&0\\c_1&0\end{pmatrix}=a_1\boldsymbol{E}_{11}+c_1\boldsymbol{E}_{21}$$

则$W_1=L(\boldsymbol{E}_{11},\boldsymbol{E}_{12})$，$W_2=L(\boldsymbol{E}_{11},\boldsymbol{E}_{21})$，从而$W_1+W_2=L(\boldsymbol{E}_{11},\boldsymbol{E}_{12},\boldsymbol{E}_{21})$，其中$\boldsymbol{E}_{11},\boldsymbol{E}_{12},\boldsymbol{E}_{21}$为$W_1+W_2$的一组基，且$\dim(W_1+W_2)=3$。同理$W_1\cap W_2=L(\boldsymbol{E}_{11})$，其中$\boldsymbol{E}_{11}$为$W_1\cap W_2$的一组基，且$\dim(W_1\cap W_2)=1$。

<u>例 9</u>（成都理工大学，2021）求$\begin{cases}3x_1+2x_2-5x_3+4x_4=0\\3x_1-x_2+3x_3-3x_4=0\\3x_1+5x_2-13x_3+11x_4=0\end{cases}$解空间的基与维数。

解：对系数矩阵做初等行变换得：

$$\boldsymbol{A}=\begin{pmatrix}3&2&-5&4\\3&-1&3&-3\\3&5&-13&11\end{pmatrix}\to\begin{pmatrix}1&0&\frac{1}{9}&-\frac{2}{9}\\0&1&-\frac{8}{3}&\frac{7}{3}\\0&0&0&0\end{pmatrix}$$

原线性方程组的同解方程组为：

$$\begin{cases} x_1 = -\frac{1}{9}x_3 + \frac{2}{9}x_4 \\ x_2 = \frac{8}{3}x_3 - \frac{7}{3}x_4 \end{cases}$$

取自由未知量$\begin{pmatrix} x_3 \\ x_4 \end{pmatrix}$分别为$\begin{pmatrix} 1 \\ 0 \end{pmatrix}$，$\begin{pmatrix} 0 \\ 1 \end{pmatrix}$，可得其基础解系$\boldsymbol{\eta}_1 = (-1,24,9,0)^{\mathrm{T}}$，$\boldsymbol{\eta}_2 = (2,-21,0,9)^{\mathrm{T}}$，$\boldsymbol{\eta}_1$和$\boldsymbol{\eta}_2$即为解空间的一组基，维数为 2。

例 10（西北大学，2023）设向量组$\boldsymbol{\alpha}_1,\boldsymbol{\alpha}_2,\cdots,\boldsymbol{\alpha}_n$线性无关，$k$为常数，试问$k$取何值时，向量组$k\boldsymbol{\alpha}_1-\boldsymbol{\alpha}_2-\cdots-\boldsymbol{\alpha}_n$，$-\boldsymbol{\alpha}_1+k\boldsymbol{\alpha}_2-\cdots-\boldsymbol{\alpha}_n$，$\cdots$，$-\boldsymbol{\alpha}_1-\boldsymbol{\alpha}_2-\cdots+k\boldsymbol{\alpha}_n$是线性无关的？$k$取何值时，该向量组线性相关？

解：设$\boldsymbol{\alpha}_1,\boldsymbol{\alpha}_2,\cdots,\boldsymbol{\alpha}_n$为$n$维线性空间$V$的一组基，令

$$\boldsymbol{\beta}_i = -\boldsymbol{\alpha}_1-\cdots-\boldsymbol{\alpha}_{i-1}+k\boldsymbol{\alpha}_i-\boldsymbol{\alpha}_{i+1}-\cdots-\boldsymbol{\alpha}_n = (\boldsymbol{\alpha}_1,\boldsymbol{\alpha}_2,\cdots,\boldsymbol{\alpha}_n)(-1,\cdots,-1,k,-1,\cdots,-1)^{\mathrm{T}}$$

其中$i=1,2,\cdots,n$，则：

$$(\boldsymbol{\beta}_1,\boldsymbol{\beta}_2,\cdots,\boldsymbol{\beta}_n) = (\boldsymbol{\alpha}_1,\boldsymbol{\alpha}_2,\cdots,\boldsymbol{\alpha}_n)\boldsymbol{B}, \boldsymbol{B} = \begin{pmatrix} \boldsymbol{k} & -1 & \cdots & -1 \\ -1 & \boldsymbol{k} & \cdots & -1 \\ \vdots & \vdots & & \vdots \\ -1 & -1 & \cdots & \boldsymbol{k} \end{pmatrix}$$

当$|\boldsymbol{B}|=0$，即$k=-1$或$k=n-1$时，$\boldsymbol{\beta}_1,\boldsymbol{\beta}_2,\cdots,\boldsymbol{\beta}_n$线性相关。

当$|\boldsymbol{B}|\neq 0$，即$k\neq -1$且$k\neq n-1$时，$\boldsymbol{\beta}_1,\boldsymbol{\beta}_2,\cdots,\boldsymbol{\beta}_n$线性无关。

例 11（海南大学，2021）设V_1,V_2分别是齐次线性方程①②的解空间：

$$x_1+x_2+\cdots+x_n=0 \qquad ①$$

$$x_1=x_2=\cdots=x_n \qquad ②$$

则$P^n = V_1 \oplus V_2$。

证明：解齐次线性方程①，得其一个基础解系：

$$\boldsymbol{\varepsilon}_1=(1,0,\cdots,0,-1),\boldsymbol{\varepsilon}_2=(0,1,\cdots,0,-1),\cdots,\boldsymbol{\varepsilon}_{n-1}=(0,0,\cdots,1,-1)$$

则 $V_1=L(\boldsymbol{\varepsilon}_1,\boldsymbol{\varepsilon}_2,\cdots,\boldsymbol{\varepsilon}_{n-1})$。

解齐次线性方程②，由 $x_1=x_2=\cdots=x_n$ 有：

$$\begin{cases} x_1-x_n=0 \\ x_2-x_n=0 \\ \quad\vdots \\ x_{n-1}-x_n=0 \end{cases}$$

故②的一个基础解系为 $\boldsymbol{\varepsilon}_n=(1,1,\cdots,1)$，则 $V_2=L(\boldsymbol{\varepsilon}_n)$。

考虑向量组 $\boldsymbol{\varepsilon}_1,\boldsymbol{\varepsilon}_2,\cdots,\boldsymbol{\varepsilon}_{n-1},\boldsymbol{\varepsilon}_n$，由于：

$$\begin{vmatrix} 1 & 0 & \cdots & 0 & -1 \\ 0 & 1 & \cdots & 0 & -1 \\ \vdots & \vdots & & \vdots & \vdots \\ 0 & 0 & \cdots & 1 & -1 \\ 1 & 1 & \cdots & 1 & 1 \end{vmatrix}\neq 0$$

则 $\boldsymbol{\varepsilon}_1,\boldsymbol{\varepsilon}_2,\cdots,\boldsymbol{\varepsilon}_{n-1},\boldsymbol{\varepsilon}_n$ 线性无关，即它为 P^n 的一组基，则：

$$P^n=L(\boldsymbol{\varepsilon}_1,\cdots,\boldsymbol{\varepsilon}_{n-1},\boldsymbol{\varepsilon}_n)=L(\boldsymbol{\varepsilon}_1,\cdots,\boldsymbol{\varepsilon}_{n-1})+L(\boldsymbol{\varepsilon}_n)=V_1+V_2$$

又 $\dim V_1+\dim V_2=(n-1)+1=n=\dim P^n$，则 $P^n=V_1\oplus V_2$。

<u>例 12</u>（西南财经大学，2023；兰州大学）设 $\boldsymbol{A}$ 为数域 P 上的 n 阶方阵，$f(x),g(x)$ 为数域 P 上两互素多项式，若齐次线性方程组：

$$f(\boldsymbol{A})g(\boldsymbol{B})\boldsymbol{X}=\boldsymbol{O},f(\boldsymbol{A})\boldsymbol{X}=\boldsymbol{O},g(\boldsymbol{B})\boldsymbol{X}=\boldsymbol{O}$$

的解空间分别记作 V,V_1,V_2，证明 $V=V_1\oplus V_2$。

证明：由 $(f(x),g(x))=1$，知存在 $u(x),v(x)$ 使 $u(x)f(x)+v(x)g(x)=1$，从而：

$$f(\boldsymbol{A})f(\boldsymbol{A})+g(\boldsymbol{A})f(\boldsymbol{A})=\boldsymbol{E}$$

对于任意 $\boldsymbol{\alpha}\in V$ 有 $\boldsymbol{\alpha}=g(\boldsymbol{A})v(\boldsymbol{A})\boldsymbol{\alpha}+f(\boldsymbol{A})u(\boldsymbol{A})\boldsymbol{\alpha}$，而：

$$f(\boldsymbol{A})\left[g(\boldsymbol{A})g(\boldsymbol{A})\boldsymbol{\alpha}\right]=\boldsymbol{0},\ g(\boldsymbol{A})\left[f(\boldsymbol{A})u(\boldsymbol{A})\boldsymbol{\alpha}\right]=\boldsymbol{0}$$

故$g(\boldsymbol{A})g(\boldsymbol{A})\boldsymbol{\alpha}\in V_1$，$f(\boldsymbol{A})u(\boldsymbol{A})\boldsymbol{\alpha}\in V_2$，从而$V\subset V_1+V_2$。又$V_1+V_2\subset V$，则：

$$V=V_1+V_2$$

对于任意$\boldsymbol{\beta}\in V_1\cap V_2$，有：

$$\boldsymbol{\beta}=g(\boldsymbol{A})v(\boldsymbol{A})\boldsymbol{\beta}+f(\boldsymbol{A})u(\boldsymbol{A})\boldsymbol{\beta}=\boldsymbol{0}$$

即$V_1\cap V_2=\{\boldsymbol{0}\}$，从而$V=V_1\oplus V_2$。

例 13（西北大学，2018）设V_1和V_2分别是数域P上的齐次线性方程组$\boldsymbol{AX}=\boldsymbol{0}$与$(\boldsymbol{A}-\boldsymbol{E})\boldsymbol{X}=\boldsymbol{0}$的解空间。若$\boldsymbol{A}^2=\boldsymbol{A}$，则$n$维线性空间$P^n$是$V_1$和$V_2$的直和，即：

$$P^n=V_1\oplus V_2$$

证明：（方法一）令$V_1=\{\boldsymbol{X}\in P^n\mid \boldsymbol{AX}=\boldsymbol{0}\}$，$V_2=\{\boldsymbol{X}\in P^n\mid(\boldsymbol{A}-\boldsymbol{E})\boldsymbol{X}=\boldsymbol{0}\}$，且$\boldsymbol{A}^2=\boldsymbol{A}$，任取$\boldsymbol{\alpha}\in P^n$，有$\boldsymbol{\alpha}=\boldsymbol{A\alpha}+(\boldsymbol{\alpha}-\boldsymbol{A\alpha})$，其中$\boldsymbol{A\alpha}\in V_1$。又：

$$\boldsymbol{A}(\boldsymbol{\alpha}-\boldsymbol{A\alpha})=\boldsymbol{A\alpha}-\boldsymbol{A}^2\boldsymbol{\alpha}=\boldsymbol{A\alpha}-\boldsymbol{A\alpha}=\boldsymbol{0}$$

则$\boldsymbol{\alpha}-\boldsymbol{A\alpha}\in V_2$，于是有$\boldsymbol{\alpha}\in V_1+V_2$，从而$P^n\subseteq V_1+V_2$。

又V_1+V_2是P^n的子空间，则$P^n\supseteq V_1+V_2$，即$P^n=V_1+V_2$。

任取$\boldsymbol{\alpha}\in V_1\cap V_2$，则$\boldsymbol{\alpha}\in V_1$，$\boldsymbol{\alpha}\in V_2$，从而$\boldsymbol{A\alpha}=\boldsymbol{0}$，$\boldsymbol{A\alpha}=\boldsymbol{\alpha}$，即$\boldsymbol{\alpha}=\boldsymbol{0}$，则$V_1\cap V_2=\{\boldsymbol{0}\}$，所以$P^n=V_1\oplus V_2$。

（方法二）令$V_1=\{\boldsymbol{X}\in P^n\mid \boldsymbol{AX}=\boldsymbol{0}\}$，$V_2=\{\boldsymbol{X}\in P^n\mid(\boldsymbol{A}-\boldsymbol{E})\boldsymbol{X}=\boldsymbol{0}\}$，由$\boldsymbol{A}^2=\boldsymbol{A}$，知$\boldsymbol{A}(\boldsymbol{A}-\boldsymbol{E})=\boldsymbol{0}$，即$R(\boldsymbol{A})+R(\boldsymbol{A}-\boldsymbol{E})=n$，从而$\dim V_1+\dim V_2=n$。

任取$\boldsymbol{\alpha}\in V_1\cap V_2$，则$\boldsymbol{\alpha}\in V_1$，$\boldsymbol{\alpha}\in V_2$，从而$\boldsymbol{A\alpha}=\boldsymbol{0}$，$\boldsymbol{A\alpha}=\boldsymbol{\alpha}$，即$\boldsymbol{\alpha}=\boldsymbol{0}$，则$V_1\cap V_2=\{\boldsymbol{0}\}$，所以$P^n=V_1\oplus V_2$。

例 14（大连理工大学，2018）设V_1，V_2，V_3为n维实线性空间V的子空间，若$V=V_1\oplus V_2$且$V_1\subset V_3$，则$V=V_1\oplus(V_2\cap V_3)$。

证明：先证 $V=V_1+(V_2\cap V_3)$，即证明两个集合相互包含。由 $V_1\subset V_3$，$V_2\cap V_3\subset V_3$，知 $V_1+(V_2\cap V_3)\subseteq V$。

对于任意 $\boldsymbol{\alpha}\in V$，由 $V=V_1\oplus V_2$，知 $\boldsymbol{\alpha}=\boldsymbol{\alpha}_1+\boldsymbol{\alpha}_2$，其中 $\boldsymbol{\alpha}_1\in V_1$，$\boldsymbol{\alpha}_2\in V_2$，从而 $\boldsymbol{\alpha}_2=\boldsymbol{\alpha}-\boldsymbol{\alpha}_1\in V_3$，即 $\boldsymbol{\alpha}_2\in V_2\cap V_3$，故 $\boldsymbol{\alpha}\in V_1+(V_2\cap V_3)$，即 $V\subseteq V_1+(V_2\cap V_3)$，故 $V=V_1+(V_2\cap V_3)$。

再证 $V=V_1\oplus(V_2\cap V_3)$，下证 $V_1\cap(V_2\cap V_3)=V_1\cap V_2=\{\mathbf{0}\}$。

对于任意 $\boldsymbol{\beta}\in V_1\cap(V_2\cap V_3)$，则 $\boldsymbol{\beta}\in V_1$，$\boldsymbol{\beta}\in V_2$，又 $V=V_1\oplus V_2$，则 $\boldsymbol{\beta}=\mathbf{0}$，故 $V=V_1\oplus(V_2\cap V_3)$。

<u>例 15</u>（兰州大学，2019）已知 $\boldsymbol{\alpha}_1,\boldsymbol{\alpha}_2,\cdots,\boldsymbol{\alpha}_n$ 是 n 维线性空间 V 的一组基，$\boldsymbol{A}$ 是 $m\times s$ 矩阵，且 $(\boldsymbol{\beta}_1,\boldsymbol{\beta}_2,\cdots,\boldsymbol{\beta}_s)=(\boldsymbol{\alpha}_1,\boldsymbol{\alpha}_2,\cdots,\boldsymbol{\alpha}_n)\boldsymbol{A}$，则 $\boldsymbol{\beta}_1,\boldsymbol{\beta}_2,\cdots,\boldsymbol{\beta}_s$ 生成的子空间的维数等于 $\boldsymbol{A}$ 的秩。

证明：（方法一）设 $R(\boldsymbol{A})=r$，不失一般性，若 $\boldsymbol{A}$ 的前 r 列线性无关，则将这 r 列构成的矩阵记为 $\boldsymbol{A}_1$，其余列构成的矩阵记为 $\boldsymbol{A}_2$，则 $\boldsymbol{A}=(\boldsymbol{A}_1\boldsymbol{A}_2)$，且：

$$R(\boldsymbol{A})=R(\boldsymbol{A}_1),\ (\boldsymbol{\beta}_1,\boldsymbol{\beta}_2,\cdots,\boldsymbol{\beta}_r)=(\boldsymbol{\alpha}_1,\boldsymbol{\alpha}_2,\cdots,\boldsymbol{\alpha}_n)\boldsymbol{A}_1$$

下证 $\boldsymbol{\beta}_1,\boldsymbol{\beta}_2,\cdots,\boldsymbol{\beta}_r$ 线性无关。设 $k_1\boldsymbol{\beta}_1+k_2\boldsymbol{\beta}_2+\cdots+k_r\boldsymbol{\beta}_r=\mathbf{0}$，则：

$$(\boldsymbol{\beta}_1,\boldsymbol{\beta}_2,\cdots,\boldsymbol{\beta}_r)\begin{pmatrix}k_1\\k_2\\\vdots\\k_r\end{pmatrix}=\mathbf{0},\ (\boldsymbol{\alpha}_1,\boldsymbol{\alpha}_2,\cdots,\boldsymbol{\alpha}_n)\boldsymbol{A}_1\begin{pmatrix}k_1\\k_2\\\vdots\\k_r\end{pmatrix}=\mathbf{0}$$

又 $\boldsymbol{\alpha}_1,\boldsymbol{\alpha}_2,\cdots,\boldsymbol{\alpha}_n$ 为 V 的一组基，则 $\boldsymbol{A}_1(k_1,k_2,\cdots,k_r)^{\mathrm{T}}=\mathbf{0}$。又 $R(\boldsymbol{A}_1)=r$，则：

$$k_1=k_2=\cdots=k_r=0$$

故 $\boldsymbol{\beta}_1,\boldsymbol{\beta}_2,\cdots,\boldsymbol{\beta}_r$ 线性无关。

任取$\boldsymbol{\beta}_j$，$j=r+1,\cdots,s$，将$\boldsymbol{A}$的第j列添加到$\boldsymbol{A}_1$的右边构成矩阵$\boldsymbol{B}_j$，则：

$$(\boldsymbol{\beta}_1,\boldsymbol{\beta}_2,\cdots,\boldsymbol{\beta}_r,\boldsymbol{\beta}_j)=(\boldsymbol{\alpha}_1,\boldsymbol{\alpha}_2,\cdots,\boldsymbol{\alpha}_n)\boldsymbol{B}_j$$

设$l_1\boldsymbol{\beta}_1+l_2\boldsymbol{\beta}_2+\cdots+l_r\boldsymbol{\beta}_r+l_{r+1}\boldsymbol{\beta}_j=\boldsymbol{0}$，即：

$$(\boldsymbol{\beta}_1,\boldsymbol{\beta}_2,\cdots,\boldsymbol{\beta}_r,\boldsymbol{\beta}_j)\begin{pmatrix}l_1\\l_2\\\vdots\\l_r\\l_{r+1}\end{pmatrix}=\boldsymbol{0}，(\boldsymbol{\alpha}_1,\boldsymbol{\alpha}_2,\cdots,\boldsymbol{\alpha}_n)\boldsymbol{B}_j\begin{pmatrix}l_1\\l_2\\\vdots\\l_r\\l_{r+1}\end{pmatrix}=\boldsymbol{0}$$

则$\boldsymbol{B}_j(l_1,l_2,\cdots,l_r,l_{r+1})^{\mathrm{T}}=\boldsymbol{0}$。

又$R(\boldsymbol{B}_j)=r$，则存在不全为零的数$l_1,l_2,\cdots,l_r,l_{r+1}$，使得：

$$l_1\boldsymbol{\beta}_1+l_2\boldsymbol{\beta}_2+\cdots+l_r\boldsymbol{\beta}_r+l_{r+1}\boldsymbol{\beta}_j=\boldsymbol{0}$$

即$\boldsymbol{\beta}_1,\boldsymbol{\beta}_2,\cdots,\boldsymbol{\beta}_r,\boldsymbol{\beta}_j$线性相关，故$\boldsymbol{\beta}_1,\boldsymbol{\beta}_2,\cdots,\boldsymbol{\beta}_r$为$\boldsymbol{\beta}_1,\boldsymbol{\beta}_2,\cdots,\boldsymbol{\beta}_s$的一个极大无关组，从而$L(\boldsymbol{\beta}_1,\boldsymbol{\beta}_2,\cdots,\boldsymbol{\beta}_s)$的维数为$\boldsymbol{A}$的秩。

（方法二）由$(\boldsymbol{\beta}_1,\boldsymbol{\beta}_2,\cdots,\boldsymbol{\beta}_s)=(\boldsymbol{\alpha}_1,\boldsymbol{\alpha}_2,\cdots,\boldsymbol{\alpha}_n)\boldsymbol{A}$，知：

$$R(\boldsymbol{\beta}_1,\boldsymbol{\beta}_2,\cdots,\boldsymbol{\beta}_s)=R((\boldsymbol{\alpha}_1,\boldsymbol{\alpha}_2,\cdots,\boldsymbol{\alpha}_n)\boldsymbol{A})$$

又$\boldsymbol{\alpha}_1,\boldsymbol{\alpha}_2,\cdots,\boldsymbol{\alpha}_n$为一组基，即$\boldsymbol{\alpha}_1,\boldsymbol{\alpha}_2,\cdots,\boldsymbol{\alpha}_n$线性无关，则$R(\boldsymbol{\beta}_1,\boldsymbol{\beta}_2,\cdots,\boldsymbol{\beta}_s)=R(\boldsymbol{A})$。

例 16（西北大学，2023）设$\boldsymbol{A}$是元素全为 1 的n阶矩阵，$\boldsymbol{E}$是n阶单位矩阵。

（1）求$|a\boldsymbol{E}+b\boldsymbol{A}|$，其中$a,b$是实常数；

（2）已知$1<R(a\boldsymbol{E}+b\boldsymbol{A})<n$，试确定$a,b$满足的条件，并求子空间$W=\{\boldsymbol{X}\in P^n\mid(a\boldsymbol{E}+b\boldsymbol{A})\boldsymbol{X}=\boldsymbol{0}\}$的维数。

解：（1）由题可知：

$$|a\boldsymbol{E}+b\boldsymbol{A}|=\begin{vmatrix} a+b & b & \cdots & b \\ b & a+b & \cdots & b \\ \vdots & \vdots & & \vdots \\ b & b & \cdots & a+b \end{vmatrix}=(a+nb)a^{n-1}$$

（2）当$a=0$时，$R(a\boldsymbol{E}+b\boldsymbol{A})=1$。由$1<R(a\boldsymbol{E}+b\boldsymbol{A})<n$，知$a\neq 0$，从而$b=-\dfrac{a}{n}$，

$$a\boldsymbol{E}-\frac{a}{n}\boldsymbol{A}=\begin{pmatrix} a-\frac{a}{n} & -\frac{a}{n} & \cdots & -\frac{a}{n} \\ -\frac{a}{n} & a-\frac{a}{n} & \cdots & -\frac{a}{n} \\ \vdots & \vdots & & \vdots \\ -\frac{a}{n} & -\frac{a}{n} & \cdots & a-\frac{a}{n} \end{pmatrix}\to\begin{pmatrix} 0 & 0 & \cdots & 0 & 0 \\ 0 & a & \cdots & 0 & -a \\ \vdots & \vdots & & & \\ 0 & 0 & \cdots & a & -a \\ -\frac{a}{n} & -\frac{a}{n} & \cdots & -\frac{a}{n} & a-\frac{a}{n} \end{pmatrix}$$

$$\to\begin{pmatrix} 0 & 0 & \cdots & 0 & 0 \\ 0 & 1 & \cdots & 0 & -1 \\ \vdots & \vdots & & & \\ 0 & 0 & \cdots & 1 & -1 \\ 1 & 0 & \cdots & 0 & -1 \end{pmatrix}$$

则$(a\boldsymbol{E}+b\boldsymbol{A})\boldsymbol{X}=\boldsymbol{0}$的系数矩阵的秩为$n-1$，其基础解系为$\boldsymbol{\eta}=(1,1,\cdots,1)^{\mathrm{T}}$，从而$\dim W=1$。

例 17（西北大学，2022）设V_1,V_2为数域P上n维线性空间V的子空间，且$\dim V_1\neq\dim V_2$，若$\dim(V_1+V_2)=\dim(V_1\cap V_2)+2$，则$V_1\subseteq V_2$或$V_1\supseteq V_2$。

证明：由维数公式可得：

$$\dim V_1+\dim V_2=\dim(V_1+V_2)+\dim(V_1\cap V_2)=2\dim(V_1\cap V_2)+2$$

则$\dim V_1-\dim(V_1\cap V_2)+\dim V_2-\dim(V_1\cap V_2)=2$。

若$\dim V_1-\dim(V_1\cap V_2)=0$，$\dim V_2-\dim(V_1\cap V_2)=2$，且$V_1\cap V_2\subseteq V_1$，则$V_1=V_1\cap V_2$，从而$V_1\subseteq V_2$。

若$\dim V_1-\dim(V_1\cap V_2)=2$, $\dim V_2-\dim(V_1\cap V_2)=0$，且$V_1\cap V_2\subseteq V_2$，则

$V_2=V_1\cap V_2$，从而$V_2\subseteq V_1$。

若$\dim V_1-\dim(V_1\cap V_2)=1$，$\dim V_2-\dim(V_1\cap V_2)=1$，则$\dim V_1=\dim V_2$，与$\dim V_1\neq\dim V_2$矛盾，从而此种情况不存在。

例 18（北京科技大学，2020）设P为数域，令：

$$V_1=\{\boldsymbol{A}\in P^{n\times n}\,|\,\boldsymbol{A}=\boldsymbol{A}^{\mathrm{T}}\},\ V_2=\{\boldsymbol{B}\in P^{n\times n}\,|\,\boldsymbol{B}=-\boldsymbol{B}^{\mathrm{T}}\}$$

其中$P^{n\times n}$表示数域P上的n阶方阵的集合，则$P^{n\times n}=V_1\oplus V_2$。

证明:（方法一）对于任意$\boldsymbol{A}\in P^{n\times n}$，有:

$$\boldsymbol{A}=\frac{\boldsymbol{A}+\boldsymbol{A}^{\mathrm{T}}}{2}+\frac{\boldsymbol{A}-\boldsymbol{A}^{\mathrm{T}}}{2},\ \frac{\boldsymbol{A}+\boldsymbol{A}^{\mathrm{T}}}{2}\in V_1,\ \frac{\boldsymbol{A}-\boldsymbol{A}^{\mathrm{T}}}{2}\in V_2$$

从而$P^{n\times n}\subseteq V_1+V_2$。又$V_1+V_2\subseteq P^{n\times n}$，则$P^{n\times n}=V_1+V_2$。

对于任意$\boldsymbol{A}\in V_1\cap V_2$，有$\boldsymbol{A}\in V_1$，$\boldsymbol{A}\in V_2$，即$\boldsymbol{A}=\boldsymbol{A}^{\mathrm{T}}=-\boldsymbol{A}^{\mathrm{T}}$，故$\boldsymbol{A}=\boldsymbol{0}$，即$V_1\cap V_2=\{\boldsymbol{0}\}$，从而$P^{n\times n}=V_1\oplus V_2$。

（方法二）$P^{n\times n}=V_1+V_2$的证法同方法一。

由$\dim V_1=\dfrac{n(n+1)}{2}$，$\dim V_2=\dfrac{n(n-1)}{2}$，知:

$$\dim V_1+\dim V_2=\frac{n(n+1)}{2}+\frac{n(n-1)}{2}=n^2=\dim P^{n\times n}$$

从而$P^{n\times n}=V_1\oplus V_2$。

（方法三）由$\dim V_1=\dfrac{n(n+1)}{2}$，$\dim V_2=\dfrac{n(n-1)}{2}$，知:

$$\dim V_1+\dim V_2=\frac{n(n+1)}{2}+\frac{n(n-1)}{2}=n^2=\dim P^{n\times n}$$

对于任意$\boldsymbol{A}\in V_1\cap V_2$，有$\boldsymbol{A}\in V_1$，$\boldsymbol{A}\in V_2$，即$\boldsymbol{A}=\boldsymbol{A}^{\mathrm{T}}=-\boldsymbol{A}^{\mathrm{T}}$，故$\boldsymbol{A}=\boldsymbol{0}$，即:

$$V_1\cap V_2=\{\boldsymbol{0}\}$$

从而$P^{n\times n}=V_1\oplus V_2$。

例 19 设A是n阶幂等矩阵，A非零且不可逆，则所有与A可交换的矩阵集合关于集合的加法和乘法做成一个向量空间V，并且V的维数不超过n^2-2n+2。

证明：令$V=\left\{\boldsymbol{B}\in \boldsymbol{P}^{n\times n}\mid \boldsymbol{AB}=\boldsymbol{BA}\right\}$，对于任意$\boldsymbol{B}_1,\boldsymbol{B}_2\in V$，$k,l\in P$，有：

$$\boldsymbol{A}(k\boldsymbol{B}_1+l\boldsymbol{B}_2)=k\boldsymbol{AB}_1+l\boldsymbol{AB}_2=k\boldsymbol{B}_1\boldsymbol{A}+l\boldsymbol{B}_2\boldsymbol{A}=(k\boldsymbol{B}_1+l\boldsymbol{B}_2)\boldsymbol{A}$$

即$\boldsymbol{\beta}=k\boldsymbol{B}_1+l\boldsymbol{B}_2\in V$，$V$是向量空间。

令$\boldsymbol{A\xi}=\lambda\boldsymbol{\xi}$，则$\lambda^2\boldsymbol{\xi}=\boldsymbol{A}^2\boldsymbol{\xi}=\boldsymbol{A\xi}=\lambda\boldsymbol{\xi}$，从而有$\lambda_1=0,\lambda_2=1$。

又$\boldsymbol{A}$非零且不可逆，则$R(\boldsymbol{A})\leqslant n-1$。

当$R(\boldsymbol{A})=n-1$时，存在可逆矩阵$\boldsymbol{T}_1$，使得：

$$\boldsymbol{T}_1^{-1}\boldsymbol{AT}_1=\begin{pmatrix}\boldsymbol{E}_{n-1} & \boldsymbol{O}\\ \boldsymbol{O} & \boldsymbol{O}\end{pmatrix}=\boldsymbol{\Lambda}$$

由$\boldsymbol{AB}=\boldsymbol{BA}$有$\boldsymbol{\Lambda B}=\boldsymbol{B\Lambda}$，且$\boldsymbol{\Lambda}=\boldsymbol{T}_1^{-1}\boldsymbol{AT}_1$。

设$\boldsymbol{B}=\begin{pmatrix}\boldsymbol{B}_1 & \boldsymbol{\alpha}\\ \boldsymbol{\beta}^{\mathrm{T}} & \boldsymbol{b}_{nn}\end{pmatrix}$，$\boldsymbol{\alpha},\boldsymbol{\beta}$为$n-1$维列向量，则：

$$\boldsymbol{\Lambda B}=\begin{pmatrix}\boldsymbol{E}_{n-1} & \boldsymbol{O}\\ \boldsymbol{O} & \boldsymbol{0}\end{pmatrix}\begin{pmatrix}\boldsymbol{B}_1 & \boldsymbol{\alpha}\\ \boldsymbol{\beta}^{\mathrm{T}} & \boldsymbol{b}_{nn}\end{pmatrix}=\begin{pmatrix}\boldsymbol{B}_1 & \boldsymbol{\alpha}\\ \boldsymbol{O} & \boldsymbol{0}\end{pmatrix}$$

$$\boldsymbol{B\Lambda}=\begin{pmatrix}\boldsymbol{B}_1 & \boldsymbol{\alpha}\\ \boldsymbol{\beta}^{\mathrm{T}} & \boldsymbol{b}_{nn}\end{pmatrix}\begin{pmatrix}\boldsymbol{E}_{n-1} & \boldsymbol{O}\\ \boldsymbol{O} & \boldsymbol{O}\end{pmatrix}=\begin{pmatrix}\boldsymbol{B}_1 & \boldsymbol{O}\\ \boldsymbol{\beta}^{T} & \boldsymbol{0}\end{pmatrix}$$

由$\boldsymbol{\Lambda B}=\boldsymbol{B\Lambda}$有$\boldsymbol{\alpha}=\boldsymbol{\beta}=\boldsymbol{0}$，故$\boldsymbol{B}=\begin{pmatrix}\boldsymbol{B}_1 & \boldsymbol{O}\\ \boldsymbol{O} & \boldsymbol{b}_{nn}\end{pmatrix}$为$(n-1)(n-1)+1=n^2-2n+2$维的。由$\boldsymbol{T}_1$可逆，知$V$是$n^2-2n+2$维的。

当$R(\boldsymbol{A})<n-1$时，V的维数小于n^2-2n+2。

7　线性变换

7.1　基本内容与考点综述

7.1.1　基本概念

7.1.1.1　线性变换

设V是数域P上的线性空间，若存在V到V的映射σ，满足条件：

$$\sigma(\boldsymbol{\alpha}+\boldsymbol{\beta})=\sigma(\boldsymbol{\alpha})+\sigma(\boldsymbol{\beta}),\forall\boldsymbol{\alpha},\boldsymbol{\beta}\in V$$

$$\sigma(k\boldsymbol{\alpha})=k\,\sigma(\boldsymbol{\alpha}),\forall k\in P$$

则称σ为V的一个线性变换。

若$\sigma(\boldsymbol{\alpha})=\boldsymbol{\alpha},\forall\boldsymbol{\alpha}\in V$，则$\sigma$称为恒等变换或单位变换，记为$\sigma=\varepsilon$。

若$\sigma(\boldsymbol{\alpha})=\mathbf{0},\forall\boldsymbol{\alpha}\in V$，则$\sigma$称为零变换，记为$\sigma=\theta$。

若$\mathrm{K}(\boldsymbol{\alpha})=k\boldsymbol{\alpha}$，$\forall k\in P$，则K为$V$的数乘变换。

若σ为V的线性变换，存在V的线性变换τ，使$\sigma\tau=\tau\sigma=\varepsilon$，则称$\sigma$是可逆变换，$\tau$称为$\sigma$的逆变换，且逆变换唯一，记为$\sigma^{-1}$。

7.1.1.2　线性变换的矩阵

设$\boldsymbol{\varepsilon}_1,\boldsymbol{\varepsilon}_2,\cdots,\boldsymbol{\varepsilon}_n$是$n$维线性空间$V$的一组基，$\sigma$为$V$的线性变换，若：

$$\sigma(\boldsymbol{\varepsilon}_1,\boldsymbol{\varepsilon}_2,\cdots,\boldsymbol{\varepsilon}_n)=(\,\sigma(\boldsymbol{\varepsilon}_1),\sigma(\boldsymbol{\varepsilon}_2),\cdots,\sigma(\boldsymbol{\varepsilon}_n))=(\boldsymbol{\varepsilon}_1,\boldsymbol{\varepsilon}_2,\cdots,\boldsymbol{\varepsilon}_n)\boldsymbol{A},\boldsymbol{A}=(a_{ij})\in P^{n\times n}$$

其中$\sigma(\boldsymbol{\varepsilon}_i)=a_{1i}\boldsymbol{\varepsilon}_1+a_{2i}\boldsymbol{\varepsilon}_2+\cdots+a_{ni}\boldsymbol{\varepsilon}_n$，$i=1,2,\cdots,n$，则称$\boldsymbol{A}$为$\sigma$在基$\boldsymbol{\varepsilon}_1,\boldsymbol{\varepsilon}_2,\cdots,\boldsymbol{\varepsilon}_n$下的矩阵。

7.1.1.3 矩阵的相似

设$\boldsymbol{A}$，$\boldsymbol{B}$为数域P上的两个n阶矩阵，若存在数域P上的n阶可逆矩阵$\boldsymbol{X}$，使$\boldsymbol{B}=\boldsymbol{X}^{-1}\boldsymbol{A}\boldsymbol{X}$，则称$\boldsymbol{A}$与$\boldsymbol{B}$相似，记为$\boldsymbol{A}\sim\boldsymbol{B}$。

7.1.1.4 线性变换的特征值与特征向量

设V是数域P上的线性空间，σ为V的线性变换，若存在$\lambda_0\in P$，$\boldsymbol{\alpha}\in V$，$\boldsymbol{\alpha}\neq\boldsymbol{0}$，使$\sigma(\boldsymbol{\alpha})=\lambda_0\boldsymbol{\alpha}$，则称$\lambda_0$是$\sigma$的一个特征值，$\boldsymbol{\alpha}$称为$\sigma$属于特征值$\lambda_0$的特征向量。

7.1.1.5 方阵的特征值与特征向量

设$\boldsymbol{A}$是数域P上的n阶方阵，若存在$\lambda_0\in P$，$\boldsymbol{\alpha}\in P^n$，$\boldsymbol{\alpha}\neq\boldsymbol{0}$，使$\boldsymbol{A}\boldsymbol{\alpha}=\lambda_0\boldsymbol{\alpha}$，则称$\lambda_0$是$\boldsymbol{A}$的一个特征值，称$\boldsymbol{\alpha}$为$\boldsymbol{A}$属于特征值$\lambda_0$的特征向量。

7.1.1.6 特征多项式

设$\boldsymbol{A}$是数域P上的n阶方阵，λ是一个数，矩阵$\lambda\boldsymbol{E}-\boldsymbol{A}$的行列式：

$$|\lambda\boldsymbol{E}-\boldsymbol{A}|=\begin{vmatrix}\lambda-a_{11} & a_{12} & \cdots & a_{1n}\\ a_{21} & \lambda-a_{22} & \cdots & a_{2n}\\ \vdots & \vdots & & \vdots\\ a_{n1} & a_{n2} & \cdots & \lambda-a_{nn}\end{vmatrix}$$

称为$\boldsymbol{A}$的特征多项式。

7.1.1.7 值域、核

（1）设V是数域P上的线性空间，σ为V的线性变换，集合$\{\sigma(\boldsymbol{\alpha})\mid\boldsymbol{\alpha}\in V\}$称为$\sigma$的值域，记为$\sigma(V)$或$\mathrm{Im}\,\sigma$。

（2）设V是数域P上的线性空间，σ为V的线性变换，集合$\{\boldsymbol{\alpha}\in V\mid\sigma(\boldsymbol{\alpha})=\boldsymbol{0}\}$称为$\sigma$的核，记为$\sigma^{-1}(\boldsymbol{0})$或$\mathrm{Ker}\,\sigma$。

7.1.1.8 特征子空间

设V是数域P上的线性空间，σ为V的线性变换，$\lambda\in P$为σ的特征值，称集合$\{\boldsymbol{\alpha}\in V\mid\boldsymbol{A}\boldsymbol{\alpha}=\lambda\boldsymbol{\alpha}\}$为$\boldsymbol{A}$的特征子空间，记为$V_\lambda$。若$\boldsymbol{A}\boldsymbol{\alpha}=\sigma(\boldsymbol{\alpha})$，则$V_\lambda=\{\boldsymbol{\alpha}\in V\mid\sigma(\boldsymbol{\alpha})=\lambda\boldsymbol{\alpha}\}$称为$\sigma$的特征子空间。

7.1.1.9 不变子空间

设V是数域P上的线性空间，σ为V的线性变换，W是V的子空间，若$\forall \boldsymbol{\alpha} \in W$，有$\sigma(\boldsymbol{\alpha}) \in W$，则$W$是$\sigma$的不变子空间，或称$W$为$\sigma$－子空间。

7.1.1.10 最小多项式

设$\boldsymbol{A}$为数域P上的n阶方阵，以$\boldsymbol{A}$为根的次数最低的首项系数为 1 的多项式称为$\boldsymbol{A}$的最小多项式，记为$m_A(\lambda)$。

7.1.2 基本结论

（1）设$\boldsymbol{\varepsilon}_1,\boldsymbol{\varepsilon}_2,\cdots,\boldsymbol{\varepsilon}_n$是数域$P$上线性空间$V$的一组基，$\boldsymbol{\alpha}_1,\boldsymbol{\alpha}_2,\cdots,\boldsymbol{\alpha}_n$是$V$中任意$n$个向量，存在唯一的线性变换$\sigma$，使$\sigma\left(\boldsymbol{\varepsilon}_i\right)=\boldsymbol{\alpha}_i$, $i=1,2,\cdots,n$。

（2）设$\boldsymbol{\varepsilon}_1,\boldsymbol{\varepsilon}_2,\cdots,\boldsymbol{\varepsilon}_n$是数域$P$上$n$维线性空间$V$的一组基，$\sigma$，$\tau$为$V$的线性变换，且$\sigma$可逆，$\sigma(\boldsymbol{\varepsilon}_1,\boldsymbol{\varepsilon}_2,\cdots,\boldsymbol{\varepsilon}_n)=(\boldsymbol{\varepsilon}_1,\boldsymbol{\varepsilon}_2,\cdots,\boldsymbol{\varepsilon}_n)\boldsymbol{A}$, $\tau(\boldsymbol{\varepsilon}_1,\boldsymbol{\varepsilon}_2,\cdots,\boldsymbol{\varepsilon}_n)=(\boldsymbol{\varepsilon}_1,\boldsymbol{\varepsilon}_2,\cdots,\boldsymbol{\varepsilon}_n)\boldsymbol{B}$，则：

$$(\sigma+\tau)(\boldsymbol{\varepsilon}_1,\boldsymbol{\varepsilon}_2,\cdots,\boldsymbol{\varepsilon}_n)=(\boldsymbol{\varepsilon}_1,\boldsymbol{\varepsilon}_2,\cdots,\boldsymbol{\varepsilon}_n)(\boldsymbol{A}+\boldsymbol{B})$$

$$(\sigma\tau)(\boldsymbol{\varepsilon}_1,\boldsymbol{\varepsilon}_2,\cdots,\boldsymbol{\varepsilon}_n)=(\boldsymbol{\varepsilon}_1,\boldsymbol{\varepsilon}_2,\cdots,\boldsymbol{\varepsilon}_n)(\boldsymbol{BA})$$

$$(k\tau)(\boldsymbol{\varepsilon}_1,\boldsymbol{\varepsilon}_2,\cdots,\boldsymbol{\varepsilon}_n)=(\boldsymbol{\varepsilon}_1,\boldsymbol{\varepsilon}_2,\cdots,\boldsymbol{\varepsilon}_n)(k\boldsymbol{A})$$

$$\sigma^{-1}(\boldsymbol{\varepsilon}_1,\boldsymbol{\varepsilon}_2,\cdots,\boldsymbol{\varepsilon}_n)=(\boldsymbol{\varepsilon}_1,\boldsymbol{\varepsilon}_2,\cdots,\boldsymbol{\varepsilon}_n)\boldsymbol{A}^{-1}$$

（3）设σ是n维线性空间V的线性变换，且在基$\boldsymbol{\varepsilon}_1,\boldsymbol{\varepsilon}_2,\cdots,\boldsymbol{\varepsilon}_n$下的矩阵为$\boldsymbol{A}$，$\boldsymbol{\alpha}$在基$\boldsymbol{\varepsilon}_1,\boldsymbol{\varepsilon}_2,\cdots,\boldsymbol{\varepsilon}_n$下的坐标为$\boldsymbol{x}=(x_1,x_2,\cdots,x_n)^{\mathrm{T}}$，$\sigma(\boldsymbol{\alpha})$在基$\boldsymbol{\varepsilon}_1,\boldsymbol{\varepsilon}_2,\cdots,\boldsymbol{\varepsilon}_n$下的坐标为$\boldsymbol{y}=(y_1,y_2,\cdots,y_n)^{\mathrm{T}}$，则$\boldsymbol{y}=\boldsymbol{Ax}$。

（4）设σ是n维线性空间V的线性变换，σ在基$\boldsymbol{\varepsilon}_1,\boldsymbol{\varepsilon}_2,\cdots,\boldsymbol{\varepsilon}_n$下的矩阵为$\boldsymbol{A}$，$\sigma$在基$\boldsymbol{\eta}_1,\boldsymbol{\eta}_2,\cdots,\boldsymbol{\eta}_n$下的矩阵为$\boldsymbol{B}$，则$\boldsymbol{B}=\boldsymbol{X}^{-1}\boldsymbol{AX}$，其中$\boldsymbol{X}$为由基$\boldsymbol{\varepsilon}_1,\boldsymbol{\varepsilon}_2,\cdots,\boldsymbol{\varepsilon}_n$到基$\boldsymbol{\eta}_1,\boldsymbol{\eta}_2,\cdots,\boldsymbol{\eta}_n$的过渡矩阵。

（5）同一线性变换在两组不同基下所对应的矩阵是相似的；反过来，若两个矩阵相似，则它们可以看作同一个线性变换在两组基下所对应的矩阵。

（6）设λ_1，λ_2，⋯，λ_n是n阶方阵$\boldsymbol{A}=(a_{ij})_{nxn}$的$n$个特征值，则：

$$\lambda_1+\lambda_2+\cdots+\lambda_n=\operatorname{tr}(\boldsymbol{A})=a_{11}+a_{22}+\cdots+a_{nn}\text{，}\lambda_1\lambda_2\cdots\lambda_n=|\boldsymbol{A}|$$

（7）凯莱－哈密顿（Cayley-Hamilton）定理：设$\boldsymbol{A}$是数域P上的n阶方阵，$f(\lambda)=|\lambda\boldsymbol{E}-\boldsymbol{A}|$是$\boldsymbol{A}$的特征多项式，则$f(\boldsymbol{A})=\boldsymbol{0}$。

（8）复数域上n阶矩阵$\boldsymbol{A}$与对角矩阵相似的充要条件为$\boldsymbol{A}$有n个线性无关的特征向量；复数域上n阶矩阵$\boldsymbol{A}$与对角矩阵相似的充要条件为$\boldsymbol{A}$的每个特征值的代数重数等于几何重数；复数域上n阶矩阵$\boldsymbol{A}$与对角矩阵相似的充要条件为$\boldsymbol{A}$的最小多项式没有重根；复数域上n阶矩阵$\boldsymbol{A}$与对角矩阵相似的充要条件为$\boldsymbol{A}$的初等因子都是一次的。

（9）若$\lambda_1,\lambda_2,\cdots,\lambda_t$是线性变换的不同特征值，$\boldsymbol{\alpha}_{i_1},\boldsymbol{\alpha}_{i_2},\cdots,\boldsymbol{\alpha}_{i_{t_i}}$是属于特征值$\lambda_i$ $(i=1,2,\cdots,t)$的线性无关的特征向量，则向量组$\boldsymbol{\alpha}_{i_1},\boldsymbol{\alpha}_{i_2},\cdots,\boldsymbol{\alpha}_{i_{r_1}},\cdots,\boldsymbol{\alpha}_{t_1},\boldsymbol{\alpha}_{t_2},\cdots,\boldsymbol{\alpha}_{t_{r_t}}$也线性无关。

（10）设σ为n维线性空间V的一个线性变换，$\boldsymbol{\varepsilon}_1,\boldsymbol{\varepsilon}_2,\cdots,\boldsymbol{\varepsilon}_n$为$V$的一组基，$\sigma$在这组基下的矩阵为$\boldsymbol{A}$，则

①σ的值域$\sigma(V)$是由基像组生成的子空间，即$\sigma(V)=L(\sigma(\boldsymbol{\varepsilon}_1),\sigma(\boldsymbol{\varepsilon}_2)\ \sigma(\boldsymbol{\varepsilon}_n))$；

②σ的秩＝$\sigma(\boldsymbol{A})$。

（11）设σ为n维线性空间V的一个线性变换，则σ的秩＋σ的零度＝n，即$\dim\sigma(V)+\dim\sigma^{-1}(\boldsymbol{0})=n$。

（12）①两个σ－子空间的交与和仍是σ－子空间；

②设$W=L(\boldsymbol{\alpha}_1,\boldsymbol{\alpha}_2,\cdots,\boldsymbol{\alpha}_s)$，则$W$是$\sigma$-子空间的充要条件为：

$$\sigma(\boldsymbol{\alpha}_1),\ \sigma(\boldsymbol{\alpha}_2),\cdots,\ \sigma(\boldsymbol{\alpha}_s)\in W$$

（13）设线性变换σ的特征多项式为$f(\lambda)$，$f(\lambda)$可以分解为一次因式的乘积：

$$f(\lambda)=(\lambda-\lambda_1)^{r_1}(\lambda-\lambda_2)^{r_2}\cdots(\lambda-\lambda_s)^{r_s}$$

则 V 可以分解为不变子空间的直和 $V=V_1\oplus V_2\oplus\cdots\oplus V_s$，其中：

$$V_i=\left\{\boldsymbol{\xi}\left|(\sigma-\lambda_i\varepsilon)^{r_i}\boldsymbol{\xi}=\mathbf{0},\boldsymbol{\xi}\in V\right.\right\}$$

（14）设 $g(x)$ 是矩阵 $\boldsymbol{A}$ 的最小多项式，则 $f(\boldsymbol{A})=\mathbf{0}$ 的充要条件为 $g(x)|f(x)$。

（15）数域 P 上的 n 阶矩阵 $\boldsymbol{A}$ 与对角矩阵相似的充要条件为 $\boldsymbol{A}$ 的最小多项式是 P 上互素的一次因式的乘积。

（16）线性空间的常见不变子空间有值域、核、特征子空间、数乘变换。

7.1.3 基本方法

7.1.3.1 求线性变换 σ（矩阵）的特征值与特征向量的方法

（1）取线性空间 V 的一组基 $\boldsymbol{\varepsilon}_1,\boldsymbol{\varepsilon}_2,\cdots,\boldsymbol{\varepsilon}_n$，给出线性变换 σ 在此基下的矩阵 $\boldsymbol{A}$；

（2）求出 $|\lambda\boldsymbol{E}-\boldsymbol{A}|=0$ 在数域 P 中的全部根，它们就是 σ 的全部特征值；

（3）对于每个特征值 λ_i，解齐次线性方程组 $(\lambda_i\boldsymbol{E}-\boldsymbol{A})\boldsymbol{X}=\mathbf{0}$，求出一组基础解系，它们就是属于这个特征值的线性无关的特征向量在基 $\boldsymbol{\varepsilon}_1,\boldsymbol{\varepsilon}_2,\cdots,\boldsymbol{\varepsilon}_n$ 下的坐标。

注意：在解 $|\lambda\boldsymbol{E}-\boldsymbol{A}|=0$ 时，最好先分离出关于 λ 的因式，否则不容易求根。

7.1.3.2 求 n 阶矩阵 $\boldsymbol{A}$ 的最小多项式的方法

（1）$\boldsymbol{A}$ 的最小多项式是 $\boldsymbol{A}$ 的特征多项式 $f(\lambda)=|\lambda\boldsymbol{E}-\boldsymbol{A}|$ 的因式，且与 $f(\lambda)$ 有相同的一次因式（可能重数不同），这样可以确定 $\boldsymbol{A}$ 的最小多项式的范围；

（2）将 $\lambda\boldsymbol{E}-\boldsymbol{A}$ 化为标准形，$d_n(\lambda)$ 就是 $\boldsymbol{A}$ 的最小多项式；

（3）若 $\boldsymbol{A}$ 是分块对角矩阵，即：

$$\boldsymbol{A}=\begin{pmatrix}\boldsymbol{A}_1 & & & \\ & \boldsymbol{A}_2 & & \\ & & \ddots & \\ & & & \boldsymbol{A}_s\end{pmatrix}$$

A_i的最小多项式是$g_i(x)$，$i=1,2,\cdots,s$，则A的最小多项式是$g_i(x)$的最小公倍式。

7.1.3.3　矩阵的特征值与特征向量的相关结论（如表）

矩阵的特征值与特征向量的相关结论如表 7-1 所示。

表7-1　矩阵的特征值与特征向量的相关结论

矩阵	A	kA	A^{-1}	A^*	A^k	$aA+bE$	$f(A)=\sum_{i=0}^{n}a_iA^i$	$X^{-1}AX$
特征值	λ	$k\lambda$	λ^{-1}	$\lvert A\rvert\lambda^{-1}$	λ^k	$a\lambda+b$	$f(\lambda)=\sum_{i=0}^{n}a_i\lambda^i$	λ
特征向量	$\boldsymbol{\alpha}$	$\boldsymbol{\alpha}$	$\boldsymbol{\alpha}$	$\boldsymbol{\alpha}$	$\boldsymbol{\alpha}$	$\boldsymbol{\alpha}$	$\boldsymbol{\alpha}$	$X^{-1}\boldsymbol{\alpha}$

7.2　试题解析

例 1（云南大学，2020）设σ是$R[x]_n$上的变换，且$\sigma(f(x))=f(x+1)-f(x)$。

（1）证明 σ是线性变换；

（2）已知$\boldsymbol{\alpha}_0=1$，$\boldsymbol{\alpha}_i=\dfrac{x(x-1)\cdots(x-i+1)}{i!}$，求$\sigma$在$\boldsymbol{\alpha}_0,\boldsymbol{\alpha}_1,\cdots,\boldsymbol{\alpha}_{n-1}$下的矩阵，其中$i=1,2,\cdots,n-1$。

（1）证明：对于任意$f(x),g(x)\in R[x]_n$，$k\in\mathbf{R}$，有：

$$\sigma(f(x)+g(x))=\left[f(x+1)+g(x+1)\right]-\left[f(x)+g(x)\right]$$

$$=f(x+1)-f(x)+g(x+1)-g(x)=\sigma(f(x))+\sigma(g(x))$$

$$\sigma(kf(x))=kf(x+1)-kf(x)=k(f(x+1)-f(x))=k\sigma(f(x))$$

从而σ是线性变换。

（2）解：由题有：

$$\boldsymbol{\alpha}_0=1,\ \boldsymbol{\alpha}_1=x,\ \boldsymbol{\alpha}_2=\frac{x(x-1)}{2!},\ \cdots,\ \boldsymbol{\alpha}_{n-1}=\frac{x(x-1)\cdots(x-n+2)}{(n-1)!}$$

则：

$$\sigma(\boldsymbol{\alpha}_0)=\sigma(1)=0$$

$$\sigma(\boldsymbol{\alpha}_1)=\sigma(x)=(x+1)-x=1$$

$$\sigma(\boldsymbol{\alpha}_2)=\sigma\left(\frac{x(x-1)}{2!}\right)=\frac{(x+1)x}{2!}-\frac{x(x-1)}{2!}=x$$

$$\vdots$$

$$\begin{aligned}\sigma(\boldsymbol{\alpha}_{n-1})&=\sigma\left(\frac{x(x-1)\cdots(x-n+2)}{(n-1)!}\right)\\&=\frac{(x+1)x\cdots(x-n+3)}{(n-1)!}-\frac{x(x-1)\cdots(x-n+2)}{(n-1)!}\\&=\frac{x(x-1)\cdots(x-n+3)}{(n-2)!}\end{aligned}$$

则：

$$\sigma(\boldsymbol{\alpha}_0,\boldsymbol{\alpha}_1,\cdots,\boldsymbol{\alpha}_{n-1})=(\boldsymbol{\alpha}_0,\boldsymbol{\alpha}_1,\cdots,\boldsymbol{\alpha}_{n-1})\begin{pmatrix}0&1&0&\cdots&0&0\\0&0&1&\cdots&0&0\\0&0&0&\cdots&0&0\\\vdots&\vdots&\vdots&&\vdots&\vdots\\0&0&0&\cdots&0&1\\0&0&0&\cdots&0&0\end{pmatrix}$$

故σ在$\boldsymbol{\alpha}_0,\boldsymbol{\alpha}_1,\cdots,\boldsymbol{\alpha}_{n-1}$下的矩阵为：

$$\begin{pmatrix}0&1&0&\cdots&0&0\\0&0&1&\cdots&0&0\\0&0&0&\cdots&0&0\\\vdots&\vdots&\vdots&&\vdots&\vdots\\0&0&0&\cdots&0&1\\0&0&0&\cdots&0&0\end{pmatrix}$$

例 2（南京理工大学，2024）设$\boldsymbol{A}=\begin{pmatrix}0&2&-2\\-1&3&-3\\1&-2&a\end{pmatrix}$，$\boldsymbol{B}=\begin{pmatrix}1&-2&0\\0&b&0\\0&3&1\end{pmatrix}$，且$\boldsymbol{A}$与$\boldsymbol{B}$

相似，求a,b的值。

解：利用矩阵相似的性质，即相似的矩阵具有相同的迹、相同的行列式、相同的特征多项式和相同的特征值。

由$\boldsymbol{A}$与$\boldsymbol{B}$相似，知$\mathrm{tr}(\boldsymbol{A})=\mathrm{tr}(\boldsymbol{B})$，$|\boldsymbol{A}|=|\boldsymbol{B}|$，即$a=5$，$b=6$。

例 3（西安工程大学，2022）已知$\boldsymbol{A}=\begin{pmatrix}1&0&0\\0&0&1\\0&1&x\end{pmatrix}$与$\boldsymbol{B}=\begin{pmatrix}1&0&0\\0&y&0\\0&0&-1\end{pmatrix}$相似。

（1）求x,y；

（2）求满足$\boldsymbol{P}^{-1}\boldsymbol{A}\boldsymbol{P}=\boldsymbol{B}$的可逆矩阵$\boldsymbol{P}$。

解:（1）利用例 2 方法可得$x=0$，$y=1$。

（2）由题可知$\boldsymbol{A}$的特征值为 1（二重），−1。

解$(\boldsymbol{E}-\boldsymbol{A})\boldsymbol{x}=\boldsymbol{0}$得特征向量$\boldsymbol{\alpha}_1=(1,0,0)^{\mathrm{T}}$，$\boldsymbol{\alpha}_2=(0,1,1)^{\mathrm{T}}$；

解$(-\boldsymbol{E}-\boldsymbol{A})\boldsymbol{x}=\boldsymbol{0}$得特征向量$\boldsymbol{\alpha}_3=(0,-1,1)^{\mathrm{T}}$。

令$\boldsymbol{P}=(\boldsymbol{\alpha}_1,\boldsymbol{\alpha}_2,\boldsymbol{\alpha}_3)$，则$\boldsymbol{P}$为可逆矩阵，且$\boldsymbol{P}^{-1}\boldsymbol{A}\boldsymbol{P}=\boldsymbol{B}$。

例 4（成都理工大学，2021；西安工程大学，2020）设$\boldsymbol{A}=\begin{pmatrix}0&-2&a\\1&3&5\\0&0&2\end{pmatrix}$，$\boldsymbol{A}$与对角矩阵相似，求$a$。

解：由$|\lambda\boldsymbol{E}-\boldsymbol{A}|=(\lambda-1)(\lambda-2)^2=0$，知$\boldsymbol{A}$的特征值为 1，2（二重）。由$\boldsymbol{A}$与对角矩阵相似，知几何重数等于代数重数，从而$(2\boldsymbol{E}-\boldsymbol{A})\boldsymbol{x}=\boldsymbol{0}$的基础解系含有两个线性无关的解向量，即$R(2\boldsymbol{E}-\boldsymbol{A})=1$，从而$a=-10$。

例 5（华东师范大学，2024）设$\boldsymbol{A}=\begin{pmatrix}-2&-9&2&-31\\0&-2&1&-5\\1&4&0&12\\0&1&-1&4\end{pmatrix}$，求$\boldsymbol{A}$的特征值及相应的特征子空间。

解：由

$$|\lambda\boldsymbol{E}-\boldsymbol{A}|=\begin{vmatrix}\lambda+2 & 9 & -2 & 31\\ 0 & \lambda+2 & -1 & 5\\ -1 & -4 & \lambda & -12\\ 0 & -1 & 1 & \lambda-4\end{vmatrix}=\lambda^2(\lambda+1)(\lambda-1)=0$$

知$\lambda_1=0$（二重），$\lambda_2=-1$，$\lambda_3=1$。

对于$\lambda_1=0$，解$(\lambda_1\boldsymbol{E}-\boldsymbol{A})\boldsymbol{x}=\boldsymbol{0}$得基础解系$\boldsymbol{\xi}_1=(-8,-1,3,1)^{\mathrm{T}}$，对应的特征子空间为$V_0=L(\boldsymbol{\xi}_1)$。

对于$\lambda_2=-1$，解$(\lambda_2\boldsymbol{E}-\boldsymbol{A})\boldsymbol{x}=\boldsymbol{0}$得基础解系$\boldsymbol{\xi}_2=(-7,-2,3,1)^{\mathrm{T}}$，对应的特征子空间为$V_{-1}=L(\boldsymbol{\xi}_2)$。

对于$\lambda_3=1$，解$(\lambda_3\boldsymbol{E}-\boldsymbol{A})\boldsymbol{x}=\boldsymbol{0}$得基础解系$\boldsymbol{\xi}_3=(-6,-1,2,1)^{\mathrm{T}}$，对应的特征子空间为$V_1=L(\boldsymbol{\xi}_3)$。

例 6（西华大学，2019）设$\boldsymbol{A}$为 3 阶实对称矩阵，且存在可逆矩阵：

$$\boldsymbol{P}=\begin{pmatrix}1 & b & -2\\ a & a+1 & -5\\ 2 & 1 & 1\end{pmatrix}$$

使得$\boldsymbol{P}^{-1}\boldsymbol{AP}=\mathrm{diag}\{1,2,-1\}$，又$\boldsymbol{A}$的伴随矩阵$\boldsymbol{A}^*$有特征值$\lambda_0$，$\lambda_0$对应的特征向量为$\boldsymbol{\alpha}=(2,5,-1)^{\mathrm{T}}$。

（1）求λ_0；

（2）求$(\boldsymbol{A}^*)^{-1}$。

解：（1）由$\boldsymbol{A}$为实对称矩阵，知$\boldsymbol{A}$可对角化。由题意可知$\boldsymbol{A}$的特征值为 1,2,−1，则$|\boldsymbol{A}|=-2$，$\boldsymbol{A}^*$的特征值为 −2,−1,2，且$\boldsymbol{A}$与$\boldsymbol{A}^*$具有相同的特征向量，从而$\boldsymbol{P}$中各列相互正交，故$a=0$，$b=-2$。

由矩阵$\boldsymbol{P}$可得特征向量$\boldsymbol{\alpha}$属于$\boldsymbol{A}$的特征值 −1，则$\lambda_0=2$。

（2）由$\boldsymbol{P}^{-1}\boldsymbol{AP}=\begin{pmatrix}1&0&0\\0&2&0\\0&0&-1\end{pmatrix}$，$|\boldsymbol{A}|=-2$，知$\boldsymbol{P}^{-1}\boldsymbol{A}^{-1}\boldsymbol{P}=\begin{pmatrix}1&0&0\\0&1/2&0\\0&0&-1\end{pmatrix}$，从而有：

$$\boldsymbol{P}^{-1}\boldsymbol{A}^{*}\boldsymbol{P}=\boldsymbol{P}^{-1}|\boldsymbol{A}|\boldsymbol{A}^{-1}\boldsymbol{P}=\begin{pmatrix}-2&0&0\\0&-1&0\\0&0&2\end{pmatrix},\ \boldsymbol{A}^{*}=\boldsymbol{P}\begin{pmatrix}-2&0&0\\0&-1&0\\0&0&2\end{pmatrix}\boldsymbol{P}^{-1}$$

即$(\boldsymbol{A}^{*})^{-1}=\boldsymbol{P}^{-1}\begin{pmatrix}-2&0&0\\0&-1&0\\0&0&2\end{pmatrix}^{-1}\boldsymbol{P}=\dfrac{1}{30}\begin{pmatrix}-24&30&-18\\30&45&-15\\-18&-15&-51\end{pmatrix}$。

例 7（华中科技大学，2021）设$\boldsymbol{A}$是n阶方阵，且$\boldsymbol{A}$的元素均为整数，则$\dfrac{1}{2}$不是$\boldsymbol{A}$的特征值。

证明：若$\dfrac{1}{2}$是$\boldsymbol{A}$的特征值，则$\left|\dfrac{1}{2}\boldsymbol{E}-\boldsymbol{A}\right|=0$，即$|\boldsymbol{E}-2\boldsymbol{A}|=0$，从而$|2\boldsymbol{A}-\boldsymbol{E}|=0$。

令$\boldsymbol{A}=(a_{ij})_{n\times n}$，$a_{ij}\in\mathbf{Z}$，$i,j=1,2,\cdots,n$，则：

$$|2\boldsymbol{A}-\boldsymbol{E}|=\begin{vmatrix}2a_{11}-1&2a_{12}&\cdots&2a_{1n}\\2a_{21}&2a_{22}-1&\cdots&2a_{2n}\\\vdots&\vdots&&\vdots\\2a_{n1}&2a_{n2}&\cdots&2a_{nn}-1\end{vmatrix}$$

由行列式的定义可知，其展开式中有$n!$项，有一项是：

$$(2a_{11}-1)(2a_{22}-1)\cdots(2a_{nn}-1)$$

其中$2a_{ii}-1$是奇数，$i=1,2,\cdots,n$，则该项是奇数；而其余项中都有$2a_{ij}(i\neq j)$，即其余项都是偶数，从而$|2\boldsymbol{A}-\boldsymbol{E}|$一定是奇数，故$|2\boldsymbol{A}-\boldsymbol{E}|\neq 0$，即$\dfrac{1}{2}$不是$\boldsymbol{A}$的特征值。

例 8（电子科技大学，2019）设$\boldsymbol{A}$为 3 阶实对称矩阵，$|2\boldsymbol{E}-\boldsymbol{A}|=0$，$\boldsymbol{AB}=\boldsymbol{0}$，

其中$\boldsymbol{B}=\begin{pmatrix}1&1\\2&-1\\1&1\end{pmatrix}$，求$\boldsymbol{A}$及正交矩阵$\boldsymbol{P}$，使得$\boldsymbol{P}^{-1}\boldsymbol{AP}$为对角矩阵。

解：由$|2\boldsymbol{E}-\boldsymbol{A}|=0$，知 2 为$\boldsymbol{A}$的特征值。由：

$$\boldsymbol{AB}=\boldsymbol{0}\ ,\ \boldsymbol{B}=\begin{pmatrix}1&1\\2&-1\\1&1\end{pmatrix}$$

知 0 为$\boldsymbol{A}$的二重特征值，$\boldsymbol{\alpha}_1=(1,2,1)^{\mathrm{T}}$，$\boldsymbol{\alpha}_2=(1,-1,1)^{\mathrm{T}}$为其对应的特征向量。

又$\boldsymbol{A}$为实对称矩阵，则$\boldsymbol{A}$相似于对角矩阵$\mathrm{diag}\{0,0,2\}$，从而$\boldsymbol{A}$的不同特征值对应的特征向量相互正交。

设 2 对应的特征向量为$\boldsymbol{\alpha}_3=(x_1,x_2,x_3)^{\mathrm{T}}$，则$(\boldsymbol{\alpha}_1,\boldsymbol{\alpha}_3)=0$，$(\boldsymbol{\alpha}_2,\boldsymbol{\alpha}_3)=0$，解之可得$\boldsymbol{\alpha}_3=(-1,0,1)^{\mathrm{T}}$。

令$\boldsymbol{P}=(\boldsymbol{\alpha}_1,\boldsymbol{\alpha}_2,\boldsymbol{\alpha}_3)$，则$\boldsymbol{P}$为正交矩阵，且$\boldsymbol{P}^{-1}\boldsymbol{AP}=\mathrm{diag}\{0,0,2\}$，从而：

$$\boldsymbol{A}=\boldsymbol{P}\begin{pmatrix}0&0&0\\0&0&0\\0&0&2\end{pmatrix}\boldsymbol{P}^{-1}=\begin{pmatrix}1&1&-1\\2&-1&0\\1&1&1\end{pmatrix}\begin{pmatrix}0&0&0\\0&0&0\\0&0&2\end{pmatrix}\begin{pmatrix}1&1&-1\\2&-1&0\\1&1&1\end{pmatrix}^{-1}=\begin{pmatrix}1&0&-1\\0&0&0\\-1&0&1\end{pmatrix}$$

<u>例 9</u>（西北大学，2020）已知$\boldsymbol{A},\boldsymbol{B}$为$n$阶复矩阵，$\boldsymbol{A}$的特征值各不相同，且$\boldsymbol{AB}=\boldsymbol{BA}$，则

（1）$\boldsymbol{A}$的特征值为$\boldsymbol{B}$的特征值，$\boldsymbol{A}$的特征向量为$\boldsymbol{B}$的特征向量；

（2）存在可逆矩阵$\boldsymbol{C}$，使得$\boldsymbol{C}^{-1}\boldsymbol{AC}$与$\boldsymbol{C}^{-1}\boldsymbol{BC}$均为对角矩阵；

（3）$\boldsymbol{AB}$可对角化。

证明：（1）由$\boldsymbol{A}$的特征值各不相同，知$\boldsymbol{A}$可对角化，从而存在可逆矩阵$\boldsymbol{Q}$，使得$\boldsymbol{Q}^{-1}\boldsymbol{AQ}=\mathrm{diag}\{\lambda_1,\lambda_2,\cdots,\lambda_n\}$。又$\boldsymbol{AB}=\boldsymbol{BA}$，则$\boldsymbol{Q}^{-1}\boldsymbol{AQQ}^{-1}\boldsymbol{BQ}=\boldsymbol{Q}^{-1}\boldsymbol{BQQ}^{-1}\boldsymbol{AQ}$。而与对角线上元素互异的对角矩阵可交换的一定是对角矩阵，从而$\boldsymbol{Q}^{-1}\boldsymbol{BQ}=\mathrm{diag}\{\mu_1,\mu_2,\cdots,\mu_n\}$，即$\boldsymbol{B}$与对角矩阵相似，这样就存在唯一的$n-1$次多项式$f(x)$使

得$f(\lambda_i)=\mu_i$，$i=1,2,\cdots,n$，从而：

$$Q^{-1}f(A)Q=\mathrm{diag}\{f(\lambda_1),f(\lambda_2),\cdots,f(\lambda_n)\}=\mathrm{diag}\{\mu_1,\mu_2,\cdots,\mu_n\}=Q^{-1}BQ$$

即$B=f(A)$，从而A的特征值为B的特征值。

设λ为矩阵A的任一特征值，$\alpha\neq 0$为特征值λ对应的特征向量，则$A\alpha=\lambda\alpha$。

由$AB=BA$，知$AB\alpha=BA\alpha=B(\lambda\alpha)=\lambda(B\alpha)$。又$A$的特征值各不相同，则$\dim V_\lambda=1$，从而存在数$\mu$使得$B\alpha=\mu\alpha$，即$\alpha$为$B$的一个特征向量，故$A$的特征向量为$B$的特征向量。

（2）由A的特征值各不相同，知A可对角化，从而存在可逆矩阵C，使得$C^{-1}AC$为对角矩阵。又$AB=BA$，则$C^{-1}ACC^{-1}BC=C^{-1}BCC^{-1}AC$，而与对角矩阵可交换的只能是对角矩阵，从而$C^{-1}BC$为对角矩阵。

（3）（方法一）由（2）可知A,B均可对角化，即$C^{-1}AC$与$C^{-1}BC$均为对角矩阵，则$C^{-1}ACC^{-1}BC=C^{-1}ABC$为对角矩阵，即$AB$可对角化。

（方法二）由（1）可知：

$$Q^{-1}AQQ^{-1}BQ=\mathrm{diag}\{\lambda_1,\lambda_2,\cdots,\lambda_n\}\mathrm{diag}\{f(\lambda_1),f(\lambda_2),\cdots,f(\lambda_n)\}$$

$$Q^{-1}ABQ=\mathrm{diag}\{\lambda_1f(\lambda_1),\lambda_2f(\lambda_2),\cdots,\lambda_nf(\lambda_n)\}$$

即AB可对角化。

<u>例 10</u>（合肥工业大学，2023）设$V=\left\{X=\begin{pmatrix}x_1&x_2\\x_3&x_4\end{pmatrix}\middle|\, x_1+x_4=0,x_i\in\mathbf{R}\right\}$为线性空间。

（1）给定V上的变换σ：$\sigma(X)=X+X^{\mathrm{T}}$，$X\in V$，则$\sigma$为$V$上的线性变换；

（2）求V的一组基和σ在此基下的矩阵；

（3）求σ的特征值和特征向量。

（1）证明：对于任意$X,Y\in V$，$k\in\mathbf{R}$，有：

$$\sigma(X+Y)=X+Y+(X+Y)^{\mathrm{T}}=(X+X^{\mathrm{T}})+(Y+Y^{\mathrm{T}})=\sigma(X)+\sigma(Y)$$

$$\sigma(kX)=kX+kX^{\mathrm{T}}=k(X+X^{\mathrm{T}})=k\sigma(X)$$

则σ为V上的线性变换。

（2）解：（方法一）解$x_1+x_4=0$可得基础解系：

$$\boldsymbol{\eta}_1=(0,1,0,0)^{\mathrm{T}}\text{，}\boldsymbol{\eta}_2=(0,0,1,0)^{\mathrm{T}}\text{，}\boldsymbol{\eta}_3=(-1,0,0,1)^{\mathrm{T}}$$

则V的一组基为$\boldsymbol{A}_1=\begin{pmatrix}0&1\\0&0\end{pmatrix}$，$\boldsymbol{A}_2=\begin{pmatrix}0&0\\1&0\end{pmatrix}$，$\boldsymbol{A}_3=\begin{pmatrix}-1&0\\0&1\end{pmatrix}$。

（方法二）由$x_1+x_4=0$可知：

$$\boldsymbol{X}=\begin{pmatrix}x_1&x_2\\x_3&-x_1\end{pmatrix}=x_1\begin{pmatrix}1&0\\0&-1\end{pmatrix}+x_2\begin{pmatrix}0&1\\0&0\end{pmatrix}+x_3\begin{pmatrix}0&0\\1&0\end{pmatrix}$$

易证$\begin{pmatrix}1&0\\0&-1\end{pmatrix}$，$\begin{pmatrix}0&1\\0&0\end{pmatrix}$，$\begin{pmatrix}0&0\\1&0\end{pmatrix}$线性无关，为$V$的一组基。

（2）解：由题有：

$$\sigma(\boldsymbol{A}_1)=\boldsymbol{A}_1+\boldsymbol{A}_1^{\mathrm{T}}=\begin{pmatrix}0&1\\1&0\end{pmatrix}=(\boldsymbol{A}_1,\boldsymbol{A}_2,\boldsymbol{A}_3)\begin{pmatrix}1\\1\\0\end{pmatrix}$$

$$\sigma(\boldsymbol{A}_2)=\boldsymbol{A}_2+\boldsymbol{A}_2^{\mathrm{T}}=\begin{pmatrix}0&1\\1&0\end{pmatrix}=(\boldsymbol{A}_1,\boldsymbol{A}_2,\boldsymbol{A}_3)\begin{pmatrix}1\\1\\0\end{pmatrix}$$

$$\sigma(\boldsymbol{A}_3)=\boldsymbol{A}_3+\boldsymbol{A}_3^{\mathrm{T}}=\begin{pmatrix}-2&0\\0&2\end{pmatrix}=(\boldsymbol{A}_1,\boldsymbol{A}_2,\boldsymbol{A}_3)\begin{pmatrix}0\\0\\2\end{pmatrix}$$

则σ在基$\boldsymbol{A}_1,\boldsymbol{A}_2,\boldsymbol{A}_3$下的矩阵为$\boldsymbol{A}=\begin{pmatrix}1&1&0\\1&1&0\\0&0&2\end{pmatrix}$。

（3）解：由$|\lambda\boldsymbol{E}-\boldsymbol{A}|=\lambda(\lambda-2)^2=0$可得特征值$\lambda_1=0$，$\lambda_2=2$（二重）。

解$(\lambda_1\boldsymbol{E}-\boldsymbol{A})\boldsymbol{x}=\boldsymbol{0}$得特征向量$\boldsymbol{\alpha}_1=(-1,1,0)^{\mathrm{T}}$；

解$(\lambda_2 \boldsymbol{E}-\boldsymbol{A})\boldsymbol{x}=\boldsymbol{0}$得特征向量$\boldsymbol{\alpha}_2=(0,0,1)^{\mathrm{T}}$，$\boldsymbol{\alpha}_3=(1,1,0)^{\mathrm{T}}$。

<u>例 11</u>（长安大学，2018）若矩阵$\boldsymbol{A}=\begin{pmatrix}2&2&0\\8&2&a\\0&0&6\end{pmatrix}$相似于对角矩阵$\boldsymbol{B}$，试确定常数$a$的值，并求可逆矩阵$\boldsymbol{P}$，使得$\boldsymbol{P}^{-1}\boldsymbol{AP}=\boldsymbol{B}$。

解：由$|\lambda\boldsymbol{E}-\boldsymbol{A}|=(\lambda-6)^2(\lambda+2)=0$可得特征值$\lambda_1=6$（二重），$\lambda_2=-2$。

又$\boldsymbol{A}$相似于对角矩阵，则$\boldsymbol{A}$可对角化，从而代数重数等于几何重数，即特征方程$(6\boldsymbol{E}-\boldsymbol{A})\boldsymbol{x}=\boldsymbol{0}$系数矩阵的秩为 1，从而可得$a=0$。

$\lambda_1=6$对应的特征向量为$\boldsymbol{\alpha}_1=(1,2,0)^{\mathrm{T}}$，$\boldsymbol{\alpha}_2=(0,0,1)^{\mathrm{T}}$；

$\lambda_2=-2$对应的特征向量为$\boldsymbol{\alpha}_3=(1,-2,0)^{\mathrm{T}}$。

令$\boldsymbol{P}=(\boldsymbol{\alpha}_1,\boldsymbol{\alpha}_2,\boldsymbol{\alpha}_3)$，则$\boldsymbol{P}$是可逆矩阵，从而$\boldsymbol{P}^{-1}\boldsymbol{AP}=\mathrm{diag}\{6,6,-2\}$。

<u>例 12</u>（北京邮电大学，2020）已知$\boldsymbol{\alpha}=\begin{pmatrix}2\\1\\a-1\end{pmatrix}$是矩阵$\boldsymbol{A}=\begin{pmatrix}1&4&2\\0&-3&a+1\\0&4&a\end{pmatrix}$的特征向量。

（1）求a及特征向量$\boldsymbol{\alpha}$所对应的特征值；

（2）判断$\boldsymbol{A}$是否能相似对角化，若可以相似对角化，求可逆矩阵$\boldsymbol{P}$，使得$\boldsymbol{P}^{-1}\boldsymbol{AP}$为对角矩阵。

解：（1）设特征向量$\boldsymbol{\alpha}$对应的特征值为λ，则$\boldsymbol{A\alpha}=\lambda\boldsymbol{\alpha}$，即：

$$\begin{pmatrix}1&4&2\\0&-3&a+1\\0&4&a\end{pmatrix}\begin{pmatrix}2\\1\\a-1\end{pmatrix}=\lambda\begin{pmatrix}2\\1\\a-1\end{pmatrix}$$

利用矩阵相等解得$a=3$，$\lambda=5$（$a=-2$，$\lambda=0$舍去）。

（2）由题有$|\lambda\boldsymbol{E}-\boldsymbol{A}|=(\lambda-1)(\lambda+5)(\lambda-5)$，则$\boldsymbol{A}$的特征值为$\lambda_1=1$，$\lambda_2=-5$，$\lambda_3=5$，它们均为单根，所以$\boldsymbol{A}$可对角化。

解$(\boldsymbol{E}-\boldsymbol{A})\boldsymbol{x}=\boldsymbol{0}$得特征向量$\boldsymbol{\alpha}_1=(1,0,0)^{\mathrm{T}}$；

解$(-5\boldsymbol{E}-\boldsymbol{A})\boldsymbol{x}=\boldsymbol{0}$得特征向量$\boldsymbol{\alpha}_2=(1,-2,1)^{\mathrm{T}}$；

解$(5\boldsymbol{E}-\boldsymbol{A})\boldsymbol{x}=\boldsymbol{0}$得特征向量$\boldsymbol{\alpha}_3=(2,1,2)^{\mathrm{T}}$。

令$\boldsymbol{P}=(\boldsymbol{\alpha}_1,\boldsymbol{\alpha}_2,\boldsymbol{\alpha}_3)$，则$\boldsymbol{P}$为可逆矩阵，且$\boldsymbol{P}^{-1}\boldsymbol{A}\boldsymbol{P}=\mathrm{diag}\{1,-5,5\}$。

例 13（南京理工大学，2020）已知$\boldsymbol{A}$为 3 阶矩阵，每行元素之和为 3，且$\boldsymbol{\alpha}=(1,-1,0)^{\mathrm{T}}$，$\boldsymbol{\beta}=(0,1,-1)^{\mathrm{T}}$为$\boldsymbol{AX}=\boldsymbol{0}$的解。

（1）求$\boldsymbol{A}$；

（2）证明存在正交矩阵$\boldsymbol{Q}$，对角矩阵$\boldsymbol{C}$，使得$\boldsymbol{Q}^{\mathrm{T}}\boldsymbol{A}\boldsymbol{Q}=\boldsymbol{C}$。

（1）解：由题可知 3 为矩阵$\boldsymbol{A}$的特征值，对应的特征向量为$\boldsymbol{\gamma}=(1,1,1)^{\mathrm{T}}$。由$\boldsymbol{\alpha}$，$\boldsymbol{\beta}$为$\boldsymbol{AX}=\boldsymbol{0}$的解，知$\boldsymbol{A}\boldsymbol{\alpha}=0\boldsymbol{\alpha}$，$\boldsymbol{A}\boldsymbol{\beta}=0\boldsymbol{\beta}$，从而 0 为$\boldsymbol{A}$的二重特征值，对应的特征向量为$\boldsymbol{\alpha}$，$\boldsymbol{\beta}$。

令$\boldsymbol{P}=(\boldsymbol{\alpha},\boldsymbol{\beta},\boldsymbol{\gamma})$，则$\boldsymbol{P}$为可逆矩阵，从而：

$$\boldsymbol{A}=\boldsymbol{P}\begin{pmatrix}0&0&0\\0&0&0\\0&0&3\end{pmatrix}\boldsymbol{P}^{-1}=\begin{pmatrix}1&0&1\\-1&1&1\\0&-1&1\end{pmatrix}\begin{pmatrix}0&0&0\\0&0&0\\0&0&3\end{pmatrix}\begin{pmatrix}1&0&1\\-1&1&1\\0&-1&1\end{pmatrix}^{-1}=\begin{pmatrix}1&1&1\\1&1&1\\1&1&1\end{pmatrix}$$

（2）证明：由（1）可知$\boldsymbol{A}$为对称矩阵，则$\boldsymbol{A}$可对角化。正交单位化$\boldsymbol{\alpha},\boldsymbol{\beta}$，单位化$\boldsymbol{\gamma}$可得：

$$\boldsymbol{\delta}_1=\frac{1}{\sqrt{2}}(1,-1,0)^{\mathrm{T}}，\boldsymbol{\delta}_2=\frac{1}{\sqrt{6}}(1,1,-2)^{\mathrm{T}}，\boldsymbol{\delta}_3=\frac{1}{\sqrt{3}}(1,1,1)^{\mathrm{T}}$$

令$\boldsymbol{Q}=(\boldsymbol{\delta}_1,\boldsymbol{\delta}_2,\boldsymbol{\delta}_3)$，则$\boldsymbol{Q}$为正交矩阵，使得$\boldsymbol{Q}^{\mathrm{T}}\boldsymbol{A}\boldsymbol{Q}=\boldsymbol{C}$，其中$\boldsymbol{C}=\mathrm{diag}\{0,0,3\}$为对角矩阵。

例 14（西北大学，2022）设$\boldsymbol{A}$是复数域上的n阶方阵，若存在正整数k使得$\boldsymbol{A}^k=\boldsymbol{0}$，则称$\boldsymbol{A}$是幂零矩阵。

（1）$\boldsymbol{A}$是幂零矩阵的充要条件为$\boldsymbol{A}$的特征值均为零；

（2）若$\boldsymbol{A}$是幂零矩阵，则$|\boldsymbol{E}+\boldsymbol{A}|=1$，其中$\boldsymbol{E}$为$n$阶单位矩阵。

证明：（1）设λ是$\boldsymbol{A}$的特征值，$\boldsymbol{\alpha}$为属于λ的特征向量，则$\boldsymbol{A\alpha}=\lambda\boldsymbol{\alpha}$（$\boldsymbol{\alpha}\neq\boldsymbol{0}$）。又$\boldsymbol{A}$是幂零矩阵，则：

$$\boldsymbol{0}=\boldsymbol{A}^k\boldsymbol{\alpha}^k=\boldsymbol{A}^{k-1}(\boldsymbol{A\alpha})=\boldsymbol{A}^{k-1}(\lambda\,\boldsymbol{\alpha})=\lambda\boldsymbol{A}^{k-2}(\boldsymbol{A\alpha})=\lambda^2\boldsymbol{A}^{k-2}\,\boldsymbol{\alpha}=\cdots=\lambda^k\boldsymbol{\alpha}$$

由$\boldsymbol{\alpha}\neq\boldsymbol{0}$，知$\lambda^k=0$，从而$\boldsymbol{A}$的特征值均为零。

反之，由$\boldsymbol{A}$的特征值均为零，知$|\lambda\boldsymbol{E}-\boldsymbol{A}|=\lambda^n$；由凯莱－哈密顿定理可知$f(\boldsymbol{A})=\boldsymbol{A}^n=\boldsymbol{0}$，则$\boldsymbol{A}$是幂零矩阵。

（2）由（1）可知$\boldsymbol{A}$的特征值全为零，则$\boldsymbol{E}+\boldsymbol{A}$的特征值均为1，从而$|\boldsymbol{E}+\boldsymbol{A}|=1$。

例 15（西南大学，2019）设$\boldsymbol{A}$为数域P上的3阶实对称矩阵，$R(\boldsymbol{A})=2$，且：

$$\boldsymbol{A}\begin{pmatrix}1&1\\0&0\\-1&1\end{pmatrix}=\begin{pmatrix}-1&1\\0&0\\1&1\end{pmatrix}$$

（1）求$\boldsymbol{A}$的所有特征值及属于每个特征值的特征向量；

（2）求矩阵$\boldsymbol{A}$。

解：（1）由题可知：

$$\boldsymbol{A}\begin{pmatrix}1\\0\\-1\end{pmatrix}=-\begin{pmatrix}1\\0\\-1\end{pmatrix},\boldsymbol{A}\begin{pmatrix}1\\0\\1\end{pmatrix}=\begin{pmatrix}1\\0\\1\end{pmatrix}$$

则$-1,1$为$\boldsymbol{A}$的特征值，$\boldsymbol{\alpha}_1=(1,0,-1)^{\mathrm{T}}$，$\boldsymbol{\alpha}_2=(1,0,1)^{\mathrm{T}}$分别为其对应的特征向量。

又$R(\boldsymbol{A})=2$，则0为$\boldsymbol{A}$的特征值。由$\boldsymbol{A}$为实对称矩阵，知$\boldsymbol{A}$可对角化，从而0的特征向量$\boldsymbol{\alpha}_3$与$\boldsymbol{\alpha}_1$，$\boldsymbol{\alpha}_2$正交，即$(\boldsymbol{\alpha}_3,\boldsymbol{\alpha}_1)=0$，$(\boldsymbol{\alpha}_3,\boldsymbol{\alpha}_2)=0$，从而$\boldsymbol{\alpha}_3=(0,1,0)^{\mathrm{T}}$。

（2）令$\boldsymbol{P}=(\boldsymbol{\alpha}_1,\boldsymbol{\alpha}_2,\boldsymbol{\alpha}_3)$，则$\boldsymbol{P}$为正交矩阵，且$\boldsymbol{P}^{-1}\boldsymbol{AP}=\mathrm{diag}\{-1,1,0\}$，从而：

$$A=P\begin{pmatrix}-1&&\\&1&\\&&0\end{pmatrix}P^{-1}=\begin{pmatrix}1&1&0\\0&0&1\\-1&1&0\end{pmatrix}\begin{pmatrix}-1&&\\&1&\\&&0\end{pmatrix}\begin{pmatrix}1&1&0\\0&0&1\\-1&1&0\end{pmatrix}^{-1}=\begin{pmatrix}0&0&1\\0&0&0\\1&0&0\end{pmatrix}$$

例 16（南开大学，2024）设 $V=R[x]_4$ 是次数小于 4 的实系数多项式构成的实线性空间，定义线性变换 σ：$V\to V$ 为 $\sigma\left(f(x)\right)=(1-x^2)f''(x)-2xf'(x)$，求 V 的一组基，使得 σ 在这组基下的矩阵为对角矩阵。

解：取 V 的一组基 $1,x,x^2,x^3$，则：

$$\sigma(1)=0\,,\ \sigma(x)=-2x\,,\ \sigma(x^2)=-6x^2+2\,,\ \sigma(x^3)=-12x^3+6x$$

从而 $\sigma(1,x,x^2,x^3)=(1,x,x^2,x^3)A$，其中：

$$A=\begin{pmatrix}0&0&2&0\\0&-2&0&6\\0&0&-6&0\\0&0&0&-12\end{pmatrix}$$

由 $|\lambda E-A|=\lambda(\lambda+2)(\lambda+6)(\lambda+12)=0$，得 $\lambda_1=0$，$\lambda_2=-2$，$\lambda_3=-6$，$\lambda_4=-12$。

解 $(\lambda_i E-A)x=0$ 可得对应特征向量：

$$\xi_1=(1,0,0,0)^{\mathrm T}\,,\ \xi_2=(0,1,0,0)^{\mathrm T}\,,\ \xi_3=(1,0,-3,0)^{\mathrm T}\,,\ \xi_4=(0,-2,0,5)^{\mathrm T}$$

令 $P=(\xi_1,\xi_2,\xi_3,\xi_4)$，则 $P^{-1}AP=\mathrm{diag}\{0,-2,-6,-12\}$，从而所求基为：

$$f_1(x)=1\,,\ f_2(x)=x\,,\ f_3(x)=1-3x^2\,,\ f_4(x)=-3x+5x^3$$

例 17（大连理工大学，2024）设 σ 是线性空间 V 的线性变换，

$$\mathrm{Im}\,\sigma=\{\sigma(\xi)\mid\xi\in V\}\,,\ \mathrm{Ker}\sigma=\{\,\xi\mid\sigma(\xi)=0,\xi\in V\}$$

则 $\mathrm{Im}\,\sigma^2=\mathrm{Im}\,\sigma$ 的充要条件为 $\mathrm{Ker}\sigma^2=\mathrm{Ker}\sigma$。

证明：对于任意 $\xi\in\mathrm{Ker}\sigma^2$，有 $\sigma(\xi)=0$，从而 $\sigma^2(\xi)=0$，即 $\mathrm{Ker}\sigma\subseteq\mathrm{Ker}\sigma^2$。

又 $\dim V=\dim\mathrm{Im}\,\sigma+\dim\mathrm{Ker}\sigma$，$\dim V=\dim\mathrm{Im}\,\sigma^2+\dim\mathrm{Ker}\sigma^2$，且 $\mathrm{Im}\,\sigma^2=\mathrm{Im}\,\sigma$

则 $\dim\mathrm{Im}\,\sigma^2=\dim\mathrm{Im}\,\sigma$，从而 $\dim\mathrm{Ker}\sigma=\dim\mathrm{Ker}\sigma^2$，即 $\mathrm{Ker}\sigma^2=\mathrm{Ker}\sigma$。

反之，由$\mathrm{Ker}\sigma^2=\mathrm{Ker}\sigma$，得$\dim\mathrm{Ker}\sigma=\dim\mathrm{Ker}\sigma^2$。

由$\dim V=\dim\mathrm{Im}\sigma+\dim\mathrm{Ker}\sigma=\dim\mathrm{Im}\sigma^2+\dim\mathrm{Ker}\sigma^2$，得$\dim\mathrm{Im}\sigma^2=\dim\mathrm{Im}\sigma$

对任意$\boldsymbol{\xi}\in V$，有$\sigma(\boldsymbol{\xi})\in\mathrm{Im}\sigma$，从而$\sigma^2(\boldsymbol{\xi})\in V$，进一步$\sigma^2(\boldsymbol{\zeta})\in\mathrm{Im}\sigma$，即$\mathrm{Im}\sigma\subseteq\mathrm{Im}\sigma^2$；

对任意$\boldsymbol{\xi}\in V$，有$\sigma(\boldsymbol{\zeta})\in\mathrm{Im}\sigma^2$，从而$\sigma(\boldsymbol{\zeta})=\sigma(\sigma(\boldsymbol{\zeta}))\in\mathrm{Im}\sigma$，即$\mathrm{Im}\sigma^2\subseteq\mathrm{Im}\sigma$。

故$\mathrm{Im}\sigma^2=\mathrm{Im}\sigma$。

<u>例 18</u>（东北大学，2024）设V是$\mathbf{R}$上所有 2 阶矩阵构成的线性空间，V的两组基为：

$$\boldsymbol{E}_{11}=\begin{pmatrix}1&0\\0&0\end{pmatrix},\boldsymbol{E}_{12}=\begin{pmatrix}0&1\\0&0\end{pmatrix},\boldsymbol{E}_{21}=\begin{pmatrix}0&0\\1&0\end{pmatrix},\boldsymbol{E}_{22}=\begin{pmatrix}0&0\\0&1\end{pmatrix}$$

$$\boldsymbol{F}_{11}=\begin{pmatrix}1&0\\0&0\end{pmatrix},\boldsymbol{F}_{12}=\begin{pmatrix}1&1\\0&0\end{pmatrix},\boldsymbol{F}_{21}=\begin{pmatrix}0&0\\1&0\end{pmatrix},\boldsymbol{F}_{22}=\begin{pmatrix}1&1\\0&1\end{pmatrix}$$

定义V上的线性变换为：

$$\sigma(\boldsymbol{X})=\begin{pmatrix}1&3\\-2&-6\end{pmatrix}\boldsymbol{X},\boldsymbol{X}\in V$$

（1）求基$\boldsymbol{E}_{11},\boldsymbol{E}_{12},\boldsymbol{E}_{21},\boldsymbol{E}_{22}$到基$\boldsymbol{F}_{11},\boldsymbol{F}_{12},\boldsymbol{F}_{21},\boldsymbol{F}_{22}$的过渡矩阵；

（2）求线性变换σ在基$\boldsymbol{F}_{11},\boldsymbol{F}_{12},\boldsymbol{F}_{21},\boldsymbol{F}_{22}$下的矩阵。

解：（1）由题可得$(\boldsymbol{F}_{11},\boldsymbol{F}_{12},\boldsymbol{F}_{21},\boldsymbol{F}_{22})=(\boldsymbol{E}_{11},\boldsymbol{E}_{12},\boldsymbol{E}_{21},\boldsymbol{E}_{22})\boldsymbol{B}$，$\boldsymbol{B}$为所求过渡矩阵，其中：

$$\boldsymbol{B}=\begin{pmatrix}1&1&0&1\\0&1&0&1\\0&0&1&0\\0&0&0&1\end{pmatrix}$$

（2）由题可知：

$$\sigma(\boldsymbol{F}_{11})=\begin{pmatrix}1&0\\-2&0\end{pmatrix},\sigma(\boldsymbol{F}_{12})=\begin{pmatrix}1&1\\-2&-2\end{pmatrix}$$

$$\sigma(F_{21})=\begin{pmatrix}3 & 0\\-6 & 0\end{pmatrix},\ \sigma(F_{22})=\begin{pmatrix}1 & 4\\-2 & -8\end{pmatrix}$$

则$\sigma(F_{11},F_{12},F_{21},F_{22})=(E_{11},E_{12},E_{21},E_{22})C=(F_{11},F_{12},F_{21},F_{22})B^{-1}C$，从而所求矩阵为：

$$B^{-1}C=\begin{pmatrix}1 & 1 & 0 & 1\\0 & 1 & 0 & 1\\0 & 0 & 1 & 0\\0 & 0 & 0 & 1\end{pmatrix}^{-1}\begin{pmatrix}1 & 1 & 3 & 1\\0 & 1 & 0 & 4\\-2 & -2 & -6 & -2\\0 & -2 & 0 & -8\end{pmatrix}=\begin{pmatrix}1 & 0 & 3 & -3\\0 & 3 & 0 & 12\\-2 & -2 & -6 & -2\\0 & -2 & 0 & -8\end{pmatrix}$$

例 19（北京科技大学，2023）设$P^{2\times2}$为数域P上 2 阶方阵构成的线性空间，令$\sigma:P^{2\times2}\to P^{2\times2}$，对于任意的$X\in P^{2\times2}$，有：

$$\sigma(X)=AXB,\ A=\begin{pmatrix}-1 & 1\\1 & -1\end{pmatrix},\ B=\begin{pmatrix}0 & 1\\1 & 0\end{pmatrix}$$

（1）证明σ是$P^{2\times2}$上的线性变换。

（2）求σ在$P^{2\times2}$的基：

$$E_{11}=\begin{pmatrix}1 & 0\\0 & 0\end{pmatrix},\ E_{12}=\begin{pmatrix}0 & 1\\0 & 0\end{pmatrix},\ E_{21}=\begin{pmatrix}0 & 0\\1 & 0\end{pmatrix},\ E_{22}=\begin{pmatrix}0 & 0\\0 & 1\end{pmatrix}$$

下的矩阵。

（3）是否存在$P^{2\times2}$的某组基，使得σ在此基下的矩阵为对角矩阵？存在的话，求出基和对应的对角矩阵。

（1）证明：对于任意$X,Y\in P^{2\times2}$，$k,l\in P$，有

$$\sigma(kX+lY)=A(kX+lY)B=kAXB+lAYB=k\sigma(X)+l\sigma(Y)$$

则σ是$P^{2\times2}$上的线性变换。

（2）解：由

$$\sigma(E_{11})=AE_{11}B=\begin{pmatrix}0 & -1\\0 & 1\end{pmatrix},\ \sigma(E_{12})=AE_{12}B=\begin{pmatrix}-1 & 0\\1 & 0\end{pmatrix}$$

$$\sigma(E_{21})=AE_{21}B=\begin{pmatrix}0 & 1\\0 & -1\end{pmatrix},\ \sigma(E_{22})=AE_{22}B=\begin{pmatrix}1 & 0\\-1 & 0\end{pmatrix}$$

得σ在基$\boldsymbol{E}_{11},\boldsymbol{E}_{12},\boldsymbol{E}_{21},\boldsymbol{E}_{22}$下的矩阵为：

$$\boldsymbol{C}=\begin{pmatrix}0&-1&0&1\\-1&0&1&0\\0&1&0&-1\\1&0&-1&0\end{pmatrix}$$

（3）解：存在。由$|\lambda\boldsymbol{E}-\boldsymbol{C}|=\lambda^2(\lambda-2)(\lambda+2)=0$可得$\boldsymbol{A}$的特征值$\lambda_1=0$（二重），$\lambda_2=2$，$\lambda_3=-2$。

解$(0\boldsymbol{E}-\boldsymbol{C})\boldsymbol{x}=\boldsymbol{0}$得对应特征向量$\boldsymbol{\alpha}_1=(1,0,1,0)^{\mathrm{T}}$，$\boldsymbol{\alpha}_2=(0,1,0,1)^{\mathrm{T}}$；

解$(2\boldsymbol{E}-\boldsymbol{C})\boldsymbol{x}=\boldsymbol{0}$得对应特征向量$\boldsymbol{\alpha}_3=(1,-1,-1,1)^{\mathrm{T}}$；

解$(-2\boldsymbol{E}-\boldsymbol{C})\boldsymbol{x}=\boldsymbol{0}$得对应特征向量$\boldsymbol{\alpha}_4=(-1,-1,1,1)^{\mathrm{T}}$。

由此可知几何重数等于代数重数，则σ可对角化，所求的基为：

$$\boldsymbol{F}_{11}=\begin{pmatrix}1&0\\1&0\end{pmatrix},\ \boldsymbol{F}_{12}=\begin{pmatrix}0&1\\0&1\end{pmatrix},\ \boldsymbol{F}_{21}=\begin{pmatrix}1&-1\\-1&1\end{pmatrix},\ \boldsymbol{F}_{22}=\begin{pmatrix}-1&-1\\1&1\end{pmatrix}$$

所求矩阵为$\mathrm{diag}\{0,0,2,-2\}$。

例 20 设V是全体次数不超过n的实系数多项式再添上零多项式组成的线性空间，定义σ是V上的线性变换：$\sigma\big(f(x)\big)=xf'(x)-f(x)$，$\forall f(x)\in V$。

（1）求σ的值域$\sigma(V)$与核$\sigma^{-1}(0)$；

（2）证明 $V=\sigma(V)\oplus\sigma^{-1}(0)$。

（1）解：取线性空间V的一组基$1,x,x^2,\cdots,x^{n-1}$，则：

$$\begin{aligned}\sigma(V)&=L(\sigma(1),\sigma(x),\sigma(x^2),\cdots,\sigma(x^{n-1}))\\&=L(-1,x^2,2x^3,\cdots,(n-2)x^{n-1})=L(1,x^2,x^3,\cdots,x^{n-1})\end{aligned}$$

易得$\sigma(V)$的生成元$1,x^2,x^3,\cdots,x^{n-1}$是线性无关的，且$\dim\sigma(V)=n-1$。

由$\dim V=\dim\sigma(V)+\dim\sigma^{-1}(0)$，知$\dim\sigma^{-1}(0)=1$。

由$\sigma(x)=0$，知$\sigma^{-1}(0)=L(x)$。

（2）$\forall f(x)\in\sigma(V)\bigcap\sigma^{-1}(0)$，有$f(x)\in\sigma(V)$，$f(x)\in\sigma^{-1}(0)$，从而：

$$f(x)=a_1x=a_0+a_2x^2+a_3x^3+\cdots+a_{n-1}x^{n-1}$$

$$a_0-a_1x+a_2x^2+a_3x^3+\cdots+a_{n-1}x^{n-1}=0$$

由多项式相等可知$a_1=a_0=a_2=a_3=\cdots=a_{n-1}=0$，则$f(x)=0$，即$\sigma(V)\bigcap\sigma^{-1}(0)=\{0\}$

故$V=\sigma(V)\oplus\sigma^{-1}(0)$。

例 21（西安建筑科技大学，西安科技大学，2021）设σ,τ是线性空间V的线性变换，$\sigma\tau=\tau\sigma$，则$\tau(V)$与$\tau^{-1}(\mathbf{0})$都是σ的不变子空间。

证明：由$\tau(V)=\{\tau(\boldsymbol{\alpha})\mid\boldsymbol{\alpha}\in V\}$，知$\forall\boldsymbol{\xi}\in\tau(V)$，存在$\boldsymbol{\alpha}\in V$，使$\boldsymbol{\xi}=\tau(\boldsymbol{\alpha})$，于是有：

$$\sigma(\boldsymbol{\xi})=\sigma(\tau(\boldsymbol{\alpha}))=\sigma\tau(\boldsymbol{\alpha})=\tau\sigma(\boldsymbol{\alpha})=\tau(\sigma(\boldsymbol{\alpha}))\in\tau(V)$$

则$\tau(V)$为σ的不变子空间。

由$\tau^{-1}(\mathbf{0})=\{\boldsymbol{\alpha}\mid\boldsymbol{\alpha}\in V,\tau(\boldsymbol{\alpha})=\mathbf{0}\}$，知$\forall\boldsymbol{\xi}\in\tau^{-1}(\mathbf{0})$，有$\tau(\boldsymbol{\xi})=\mathbf{0}$，于是：

$$\tau(\sigma(\boldsymbol{\xi}))=\tau\sigma(\boldsymbol{\xi})=\sigma\tau(\boldsymbol{\xi})=\sigma(\tau(\boldsymbol{\xi}))=\sigma(\mathbf{0})=\mathbf{0}$$

则$\sigma(\boldsymbol{\xi})\in\tau^{-1}(\mathbf{0})$，故$\tau^{-1}(\mathbf{0})$是$\sigma$的不变子空间。

例 22（长安大学，2020）设V是复数域上n维线性空间，σ,τ为V上的线性变换，且$\sigma\tau=\tau\sigma$，则

（1）若λ_0是σ的特征值，则λ_0的特征子空间V_{λ_0}为τ－子空间；

（2）σ与τ至少有一个公共的特征向量。

证明：（1）设σ的特征值λ_0对应的特征向量为$\boldsymbol{\alpha}_0$，则$\sigma(\boldsymbol{\alpha}_0)=\lambda_0\boldsymbol{\alpha}_0$，从而：

$$\tau(\sigma(\boldsymbol{\alpha}_0))=\tau(\lambda_0\boldsymbol{\alpha}_0)=\lambda_0(\tau(\boldsymbol{\alpha}_0))=\sigma(\tau(\boldsymbol{\alpha}_0))$$

从而$\tau(\boldsymbol{\alpha}_0)\in V_{\lambda_0}$，即$\lambda_0$的特征子空间$V_{\lambda_0}$为$\tau$－子空间。

（2）对于任意$\boldsymbol{\alpha}\in\in V_{\lambda_i}$，有$\sigma(\boldsymbol{\alpha}_i)=\lambda_i\alpha_i$。又$\sigma\tau=\tau\sigma$，则：

$$\sigma(\tau(\boldsymbol{\alpha}_i))=(\sigma\tau)(\boldsymbol{\alpha}_i)=(\tau\sigma)(\boldsymbol{\alpha}_i)=\tau(\sigma(\boldsymbol{\alpha}_i))=\tau(\lambda_i\alpha_i)=\lambda_i(\tau(\boldsymbol{\alpha}_i))$$

从而$\tau(\boldsymbol{\alpha}_i)\in V_{\lambda_i}$，进一步存在$\mu$使得$\tau(\boldsymbol{\alpha}_i)=\mu\alpha_i$，即$\boldsymbol{\alpha}_i$为$\tau$的一个特征向量，故$\sigma$与$\tau$至少有一个公共的特征向量$\boldsymbol{\alpha}_i$。

例 23（新疆大学，2019）设$\boldsymbol{A}$是 3 阶实矩阵，$\boldsymbol{\alpha}$是 3 维列向量，且满足：

$$\boldsymbol{A}^3\boldsymbol{\alpha}=5\boldsymbol{A}\boldsymbol{\alpha}-\boldsymbol{A}^2\boldsymbol{\alpha}$$

$\boldsymbol{\alpha},\boldsymbol{A\alpha},\boldsymbol{A}^2\boldsymbol{\alpha}$线性无关，令$\boldsymbol{P}=(\boldsymbol{\alpha},\boldsymbol{A\alpha},\boldsymbol{A}^2\boldsymbol{\alpha})$。

（1）求一个 3 阶矩阵$\boldsymbol{B}$使得$\boldsymbol{AP}=\boldsymbol{PB}$；

（2）求$\boldsymbol{A}$的特征值。

解：（1）由$\boldsymbol{\alpha},\boldsymbol{A\alpha},\boldsymbol{A}^2\boldsymbol{\alpha}$线性无关，知$\boldsymbol{P}=(\boldsymbol{\alpha},\boldsymbol{A\alpha},\boldsymbol{A}^2\boldsymbol{\alpha})$是可逆矩阵。又$\boldsymbol{A}^3\boldsymbol{\alpha}=5\boldsymbol{A\alpha}-\boldsymbol{A}^2\boldsymbol{\alpha}$，则：

$$\boldsymbol{AP}=\boldsymbol{A}(\boldsymbol{\alpha},\boldsymbol{A\alpha},\boldsymbol{A}^2\boldsymbol{\alpha})=(\boldsymbol{A\alpha},\boldsymbol{A}^2\boldsymbol{\alpha},\boldsymbol{A}^3\boldsymbol{\alpha})=(\boldsymbol{A\alpha},\boldsymbol{A}^2\boldsymbol{\alpha},5\boldsymbol{A\alpha}-\boldsymbol{A}^2\boldsymbol{\alpha})$$

$$=(\boldsymbol{\alpha},\boldsymbol{A\alpha},\boldsymbol{A}^2\boldsymbol{\alpha})\begin{pmatrix}0&0&0\\1&0&5\\0&1&-1\end{pmatrix}=\boldsymbol{P}\begin{pmatrix}0&0&0\\1&0&5\\0&1&-1\end{pmatrix}$$

故$\boldsymbol{B}=\begin{pmatrix}0&0&0\\1&0&5\\0&1&-1\end{pmatrix}$。

（2）由$\boldsymbol{AP}=\boldsymbol{PB}$及$\boldsymbol{P}$可逆，知$\boldsymbol{P}^{-1}\boldsymbol{AP}=\boldsymbol{B}$，即$\boldsymbol{A}$与$\boldsymbol{B}$相似，故$\boldsymbol{A}$的特征值是$\boldsymbol{B}$的特征值。由$|\lambda\boldsymbol{E}-\boldsymbol{B}|=\lambda(\lambda^2+\lambda-5)=0$，知$\boldsymbol{B}$的特征值为：

$$0,\ \frac{-1+\sqrt{21}}{2},\ \frac{-1-\sqrt{21}}{2}$$

从而$\boldsymbol{A}$的特征值为：

$$0,\ \frac{-1+\sqrt{21}}{2},\ \frac{-1-\sqrt{21}}{2}$$

例 24（西安科技大学，2019；成都理工大学）设$\lambda_1,\lambda_2,\cdots,\lambda_n$为$n$阶可逆方阵$\boldsymbol{A}$

的特征值，则A^{-1}的全部特征值为$\lambda_1^{-1},\lambda_2^{-1},\cdots,\lambda_n^{-1}$。

证明：设$X_i \neq 0$为A属于特征值λ_i的特征向量，则$AX_i=\lambda_i X_i$。

又A为可逆矩阵，则$\lambda_i \neq 0$，$i=1,2,\cdots,n$，从而$A^{-1}(AX_i)=A^{-1}(\lambda_i X_i)$，即：

$$X_i=\lambda_i(A^{-1}X_i)\ ,\ \lambda_i^{-1}X_i=A^{-1}X_i$$

故$\lambda_1^{-1},\lambda_2^{-1},\cdots,\lambda_n^{-1}$为$A^{-1}$的特征值。

例 25（中国科学院大学，2020）已知实对称矩阵$A=\begin{pmatrix}2&2&-2\\2&5&-4\\-2&-4&5\end{pmatrix}$。

（1）求正交矩阵Q，使得$Q^{-1}AQ$为对角矩阵；

（2）求解矩阵方程$X^2=A$。

解：（1）由A的特征多项式$|\lambda E-A|=(\lambda-1)^2(\lambda-10)$，知$A$的特征值为$\lambda_1=10$，$\lambda_2=1$（二重）。

解$(10E-A)x=0$可得对应特征向量$\alpha_1=(1,2,-2)^{\mathrm T}$，将其单位化得$\gamma_1=\dfrac{1}{3}(1,2,-2)^{\mathrm T}$；

解$(E-A)x=0$可得对应特征向量$\alpha_2=(0,1,1)^{\mathrm T}$，$\alpha_3=(2,0,1)^{\mathrm T}$，将其正交化得：

$$\beta_2=(0,1,1)^{\mathrm T}\ ,\ \beta_3=\left(2,-\frac{1}{2},\frac{1}{2}\right)^{\mathrm T}$$

将β_2，β_3单位化得：

$$\gamma_2=\frac{1}{\sqrt{2}}(0,1,1)^{\mathrm T}\ ,\ \gamma_3=\frac{\sqrt{2}}{3}\left(2,-\frac{1}{2},\frac{1}{2}\right)^{\mathrm T}$$

令$Q=(\gamma_1,\gamma_2,\gamma_3)$，则$Q$为正交矩阵，且$Q^{-1}AQ=\mathrm{diag}\{10,1,1\}$。

（2）由（1）有：

$$A=Q\,\mathrm{diag}\{10,1,1\}\,Q^{\mathrm T}=Q\,\mathrm{diag}\left\{\sqrt{10},1,1\right\}Q^{\mathrm T}Q\,\mathrm{diag}\left\{\sqrt{10},1,1\right\}Q^{\mathrm T}$$

令$\boldsymbol{X}=\boldsymbol{Q}\,\mathrm{diag}\left\{\sqrt{10},1,1\right\}\boldsymbol{Q}^{\mathrm{T}}$，则$\boldsymbol{X}^2=\boldsymbol{A}$，且：

$$\boldsymbol{X}=\boldsymbol{Q}\,\mathrm{diag}\left\{\sqrt{10},1,1\right\}\boldsymbol{Q}^{\mathrm{T}}=\begin{pmatrix}\dfrac{8+\sqrt{10}}{9} & \dfrac{-2+2\sqrt{10}}{9} & \dfrac{2-2\sqrt{10}}{9}\\ \dfrac{-2+2\sqrt{10}}{9} & \dfrac{5+4\sqrt{10}}{9} & \dfrac{4-4\sqrt{10}}{9}\\ \dfrac{2-2\sqrt{10}}{9} & \dfrac{4-4\sqrt{10}}{9} & \dfrac{5+4\sqrt{10}}{9}\end{pmatrix}$$

例 26（南京航空航天大学，2018）设多项式$f(x)=x^4-2x^3-3x^2+ax+b$，且$x^2-x-2\mid f(x)$。

（1）求a,b的值；

（2）若$f(x)$是 4 阶矩阵$\boldsymbol{A}$的特征多项式，求$\boldsymbol{A}$的全部特征值；

（3）若x^2-x-2是n阶矩阵$\boldsymbol{A}$的最小多项式，则$R(\boldsymbol{A}+\boldsymbol{E})+R(\boldsymbol{A}-2\boldsymbol{E})=n$，其中$\boldsymbol{E}$是单位矩阵。

（1）解：由$x^2-x-2\mid f(x)$，知 2, −1 为$f(x)$的根，从而$f(2)=0$，$f(-1)=0$，即$a=b=4$。

（2）解：由题可知$|\lambda\boldsymbol{E}-\boldsymbol{A}|=\lambda^4-2\lambda^3-3\lambda^2+4\lambda+4=(\lambda-2)^2(\lambda+1)^2$，则$\boldsymbol{A}$的特征值为$\lambda_1=2$，$\lambda_2=-1$，且它们均为二重特征值。

（3）证明：由最小多项式定义有$\boldsymbol{A}^2-\boldsymbol{A}-2\boldsymbol{E}=\boldsymbol{0}$，则$(\boldsymbol{A}-2\boldsymbol{E})(\boldsymbol{A}+\boldsymbol{E})=\boldsymbol{0}$，从而：

$$R(\boldsymbol{A}+\boldsymbol{E})+R(\boldsymbol{A}-2\boldsymbol{E})\leqslant n$$

又$R(\boldsymbol{A}+\boldsymbol{E})+R(\boldsymbol{A}-2\boldsymbol{E})\geqslant R(\boldsymbol{A}+\boldsymbol{E}+2\boldsymbol{E}-\boldsymbol{A})=R(3\boldsymbol{E})=n$，则：

$$R(\boldsymbol{A}+\boldsymbol{E})+R(\boldsymbol{A}-2\boldsymbol{E})=n$$

例 27（北方民族大学，延安大学）设σ是线性空间V的线性变换，若$\sigma^{k-1}(\boldsymbol{\xi})\neq\boldsymbol{0}$，但$\sigma^{k}(\boldsymbol{\xi})=\boldsymbol{0}$，则$\boldsymbol{\xi},\sigma(\boldsymbol{\xi}),\sigma^2(\boldsymbol{\xi}),\cdots,\sigma^{k-1}(\boldsymbol{\xi})$线性无关。

证明：设$l_0\boldsymbol{\xi}+l_1\sigma(\boldsymbol{\xi})+l_2\sigma^2(\boldsymbol{\xi})+\cdots+l_{k-1}\sigma^{k-1}(\boldsymbol{\xi})=\boldsymbol{0}$，式子两边同乘$\sigma^{k-1}$，得：

$$l_0\sigma^{k-1}(\boldsymbol{\xi})+l_1\sigma^k(\boldsymbol{\xi})+l_2\sigma^{k+1}(\boldsymbol{\xi})+\cdots+l_{k-1}\sigma^{2k-2}(\boldsymbol{\xi})=\mathbf{0}$$

又$\sigma^{k-1}(\boldsymbol{\xi})\neq\mathbf{0}$，$\sigma^k(\boldsymbol{\xi})=\mathbf{0}$，则$l_0=0$，从而有$l_1\sigma(\boldsymbol{\xi})+l_2\sigma^2(\boldsymbol{\xi})+\cdots+l_{k-1}\sigma^{k-1}(\boldsymbol{\xi})=\mathbf{0}$，式子两边同乘$\sigma^{k-2}$，可得$l_1=0$，同理可得：

$$l_2=\cdots=l_{k-1}=0$$

故$\boldsymbol{\xi},\sigma(\boldsymbol{\xi}),\sigma^2(\boldsymbol{\xi}),\cdots,\sigma^{k-1}(\boldsymbol{\xi})$线性无关。

例 28（西安工程大学，2019）已知 3 阶实对称矩阵$\boldsymbol{A}$的特征值为$1,-1,0$，其中λ_1=1 与λ_3=0的特征向量分别为$\boldsymbol{p}_1=(1,a,1)^{\mathrm{T}}$，$\boldsymbol{p}_3=(a,a+1,1)^{\mathrm{T}}$，求$a$与矩阵$\boldsymbol{A}$。

解：由$\boldsymbol{A}$为实对称矩阵，知$\boldsymbol{A}$可以对角化，从而$\boldsymbol{A}$的不同特征值对应的特征向量相互正交，即$(\boldsymbol{p}_1,\boldsymbol{p}_3)=0$，从而$a=-1$。

设特征值$\lambda_2=-1$对应的特征向量为$\boldsymbol{p}_2$，则$(\boldsymbol{p}_1,\boldsymbol{p}_2)=0$，$(\boldsymbol{p}_2,\boldsymbol{p}_3)=0$，解之可得$\boldsymbol{p}_2=(1,2,1)^{\mathrm{T}}$。令$\boldsymbol{P}=(\boldsymbol{p}_1,\boldsymbol{p}_2,\boldsymbol{p}_3)$，则$\boldsymbol{P}$是可逆矩阵，且$\boldsymbol{P}^{-1}\boldsymbol{AP}=\mathrm{diag}\{1,-1,0\}$，从而：

$$\boldsymbol{A}=\boldsymbol{P}\,\mathrm{diag}\{1,-1,0\}\,\boldsymbol{P}^{-1}=\frac{1}{6}\begin{pmatrix}1&-4&1\\-4&-2&-4\\1&-4&1\end{pmatrix}$$

例 29（云南大学，2022）设$\boldsymbol{A}=(a_{ij})$为n阶方阵，其中a_{ij}是整数，且对于每一个$i=1,2,\cdots,n$，都有$\sum\limits_{j=1}^{n}a_{ij}=2022$，则$2022\,\|\,|\boldsymbol{A}|$。

证明：设λ是矩阵$\boldsymbol{A}$的任一特征值，$\boldsymbol{\alpha}\neq\mathbf{0}$为$\lambda$对应的特征向量，则$\boldsymbol{A\alpha}=\lambda\boldsymbol{\alpha}$。由$\sum\limits_{j=1}^{n}a_{ij}=2022$，知$\boldsymbol{A}\,(1,1,\cdots,1)^{\mathrm{T}}=2022(1,1,\cdots,1)^{\mathrm{T}}$，即 2022 为矩阵$\boldsymbol{A}$的特征值，从而$2022\,\|\,|\boldsymbol{A}|$。

例 30（西北大学，2023）设V是n维线性空间，$\boldsymbol{\varepsilon}_1,\boldsymbol{\varepsilon}_2,\cdots,\boldsymbol{\varepsilon}_n$是$V$的一组基，$\sigma$是$V$上的线性变换：$\sigma(\boldsymbol{\varepsilon}_i)=\boldsymbol{\varepsilon}_{i+1}$，$\sigma(\boldsymbol{\varepsilon}_n)=\mathbf{0}$，$i=1,2,\cdots,n-1$。

（1）求σ在基$\boldsymbol{\varepsilon}_1,\boldsymbol{\varepsilon}_2,\cdots,\boldsymbol{\varepsilon}_n$下的矩阵；

（2）求σ的值域和核；

（3）证明$\sigma^n=\theta$，$\sigma^{n-1}\neq\theta$，这里θ表示零变换。

（1）解：由题可知$\sigma(\boldsymbol{\varepsilon}_1,\boldsymbol{\varepsilon}_2,\cdots,\boldsymbol{\varepsilon}_n)=(\boldsymbol{\varepsilon}_1,\boldsymbol{\varepsilon}_2,\cdots,\boldsymbol{\varepsilon}_n)\boldsymbol{A}$，其中：

$$\boldsymbol{A}=\begin{pmatrix}0&0&\cdots&0&0\\1&0&\cdots&0&0\\0&1&\cdots&0&0\\\vdots&\vdots&&\vdots&\vdots\\0&0&\cdots&1&0\end{pmatrix}$$

则σ在基$\boldsymbol{\varepsilon}_1,\boldsymbol{\varepsilon}_2,\cdots,\boldsymbol{\varepsilon}_n$下的矩阵为$\boldsymbol{A}$。

（2）解：由题可知$\sigma(V)=L(\sigma(\boldsymbol{\varepsilon}_1),\cdots,\sigma(\boldsymbol{\varepsilon}_n))=L(\boldsymbol{\varepsilon}_2,\cdots,\boldsymbol{\varepsilon}_n)$。

由$|\lambda\boldsymbol{E}-\boldsymbol{A}|=0$可得$\boldsymbol{A}$的特征值为$\lambda=0$（$n$重），解$(0\boldsymbol{E}-\boldsymbol{A})\boldsymbol{x}=\boldsymbol{0}$得基础解系$\boldsymbol{\eta}=(0,\cdots,0,1)^{\mathrm{T}}$，所以$\sigma^{-1}(\boldsymbol{0})=L(\boldsymbol{\eta})$。

另外，由$\sigma(\boldsymbol{\varepsilon}_n)=\boldsymbol{0}$可知$\sigma^{-1}(\boldsymbol{0})=L(\boldsymbol{\eta})$。

（3）证明：由$\sigma(\boldsymbol{\varepsilon}_i)=\boldsymbol{\varepsilon}_{i+1}$，$\sigma(\boldsymbol{\varepsilon}_n)=\boldsymbol{0}$，$i=1,2,\cdots,n-1$，且$\sigma(\boldsymbol{\varepsilon}_1,\boldsymbol{\varepsilon}_2,\cdots,\boldsymbol{\varepsilon}_n)=(\boldsymbol{\varepsilon}_1,\boldsymbol{\varepsilon}_2,\cdots,\boldsymbol{\varepsilon}_n)\boldsymbol{A}$，知$\sigma^n$的矩阵为$\boldsymbol{A}^n$，从而：

$$\sigma^n(\boldsymbol{\varepsilon}_1)=\sigma^{n-1}\left(\sigma(\varepsilon_1)\right)=\sigma^{n-1}(\boldsymbol{\varepsilon}_2)=\sigma^{n-2}\left(\sigma(\boldsymbol{\varepsilon}_2)\right)=\sigma^{n-2}(\boldsymbol{\varepsilon}_3)=\cdots=\sigma(\boldsymbol{\varepsilon}_n)=\boldsymbol{0}$$

$$\sigma^n(\boldsymbol{\varepsilon}_2)=\sigma^{n-1}\left(\sigma(\boldsymbol{\varepsilon}_2)\right)=\sigma^{n-1}(\boldsymbol{\varepsilon}_3)=\sigma^{n-2}\left(\sigma(\boldsymbol{\varepsilon}_3)\right)=\sigma^{n-2}\left((\boldsymbol{\varepsilon}_4)\right)=\cdots=\sigma^2\boldsymbol{\varepsilon}_n=\boldsymbol{0}$$

以此类推$\sigma^n(\boldsymbol{\varepsilon}_n)=\sigma^{n-1}(\sigma(\boldsymbol{\varepsilon}_n))=0$，即$\boldsymbol{A}^n=\boldsymbol{O}$，故$\sigma^n=\theta$。

又$\sigma^{n-1}(\boldsymbol{\varepsilon}_1)=\sigma^{n-2}\left(\sigma(\boldsymbol{\varepsilon}_1)\right)=\sigma^{n-2}(\boldsymbol{\varepsilon}_2)=\sigma^{n-3}\left(\sigma(\boldsymbol{\varepsilon}_2)\right)=\sigma^{n-3}\boldsymbol{\varepsilon}_3=\cdots=\sigma(\boldsymbol{\varepsilon}_{n-1})=\boldsymbol{\varepsilon}_n$，则$\sigma^{n-1}$的矩阵为$\boldsymbol{A}^{n-1}\neq\boldsymbol{O}$，即$\sigma^{n-1}\neq\theta$。

<u>例 31</u>（西安电子科技大学，2019）设W为n维线性空间V的子空间，σ是V的线性变换，证明$\dim W=\dim\sigma(W)+\dim(W\cap\sigma^{-1}(\boldsymbol{0}))$。

证明：设 $\dim W = m$，$\dim(W\cap\sigma^{-1}(\mathbf{0}))=r$，任取其一组基 $\boldsymbol{\varepsilon}_1,\boldsymbol{\varepsilon}_2,\cdots,\boldsymbol{\varepsilon}_r$，再将其扩充为 W 的一组基 $\boldsymbol{\varepsilon}_1,\boldsymbol{\varepsilon}_2,\cdots,\boldsymbol{\varepsilon}_r,\boldsymbol{\varepsilon}_{r+1},\boldsymbol{\varepsilon}_{r+2},\cdots,\boldsymbol{\varepsilon}_m$。

由 $\boldsymbol{\varepsilon}_1,\boldsymbol{\varepsilon}_2,\cdots,\boldsymbol{\varepsilon}_r\in(W\cap\sigma^{-1}(\mathbf{0}))$，知 $\sigma(\boldsymbol{\varepsilon}_1)=\mathbf{0}$，$\sigma(\boldsymbol{\varepsilon}_2)=\mathbf{0}$，$\cdots$，$\sigma(\boldsymbol{\varepsilon}_r)=\mathbf{0}$，且：

$$\begin{aligned}\sigma(W)&=\sigma\left(L(\boldsymbol{\varepsilon}_1,\cdots,\boldsymbol{\varepsilon}_r,\boldsymbol{\varepsilon}_{r+1},\cdots,\boldsymbol{\varepsilon}_m)\right)\\&=L(\sigma(\boldsymbol{\varepsilon}_1),\cdots,\sigma(\boldsymbol{\varepsilon}_r),\sigma(\boldsymbol{\varepsilon}_{r+1}),\cdots,\sigma(\boldsymbol{\varepsilon}_m))\\&=L(\sigma\left(\boldsymbol{\varepsilon}_{r+1}\right),\cdots,\sigma(\boldsymbol{\varepsilon}_m))\end{aligned}$$

设 $k_{r+1}\sigma\left(\boldsymbol{\varepsilon}_{r+1}\right)+k_{r+2}\sigma\left(\boldsymbol{\varepsilon}_{r+2}\right)+\cdots+k_m\,\sigma\left(\boldsymbol{\varepsilon}_m\right)=\mathbf{0}$，则 $\sigma(k_{r+1}\boldsymbol{\varepsilon}_{r+1}+\cdots+k_m\boldsymbol{\varepsilon}_m)=\mathbf{0}$，从而 $k_{r+1}\boldsymbol{\varepsilon}_{r+1}+\cdots+k_m\boldsymbol{\varepsilon}_m\in W\cap\sigma^{-1}(\mathbf{0})$，故 $k_{r+1}\boldsymbol{\varepsilon}_{r+1}+\cdots+k_m\boldsymbol{\varepsilon}_m$ 可由 $W\cap\sigma^{-1}(\mathbf{0})$ 的基线性表出，即 $k_{r+1}\boldsymbol{\varepsilon}_{r+1}+\cdots+k_m\boldsymbol{\varepsilon}_m=k_1\boldsymbol{\varepsilon}_1+\cdots+k_r\boldsymbol{\varepsilon}_r$。

又 $\boldsymbol{\varepsilon}_1,\cdots,\boldsymbol{\varepsilon}_r,\boldsymbol{\varepsilon}_{r+1},\cdots,\boldsymbol{\varepsilon}_m$ 线性无关，则 $k_{r+1}=\cdots=k_m=0$，从而 $\sigma(\boldsymbol{\varepsilon}_{r+1}),\cdots,\sigma(\boldsymbol{\varepsilon}_m)$ 线性无关，即为 $\sigma(W)$ 的一组基，从而 $\dim\sigma(W)=m-r$，故：

$$\dim\sigma(W)+\dim\left(W\cap\sigma^{-1}(\mathbf{0})\right)=\dim W$$

<u>**例 32**</u>（西安工程大学，2020）已知 3 维线性空间的基①：$\boldsymbol{\alpha}_1,\boldsymbol{\alpha}_2,\boldsymbol{\alpha}_3$ 和基②：

$$\boldsymbol{\beta}_1=2\boldsymbol{\alpha}_1+\boldsymbol{\alpha}_2+3\boldsymbol{\alpha}_3,\ \boldsymbol{\beta}_2=\boldsymbol{\alpha}_1+\boldsymbol{\alpha}_2+2\boldsymbol{\alpha}_3,\ \boldsymbol{\beta}_3=\boldsymbol{\alpha}_1+\boldsymbol{\alpha}_2+\boldsymbol{\alpha}_3$$

又 V 的线性变换 σ 在基 $\boldsymbol{\alpha}_1,\boldsymbol{\alpha}_2,\boldsymbol{\alpha}_3$ 下的矩阵为 $\boldsymbol{A}=\begin{pmatrix}5&7&5\\0&4&-1\\2&8&3\end{pmatrix}$。

（1）求 σ 在基②下的矩阵；

（2）求 $\boldsymbol{\alpha}=4\boldsymbol{\alpha}_1-5\boldsymbol{\alpha}_2-\boldsymbol{\alpha}_3$ 在基②下的坐标。

解:（1）由题可知 $(\boldsymbol{\beta}_1,\boldsymbol{\beta}_2,\boldsymbol{\beta}_3)=(\boldsymbol{\alpha}_1,\boldsymbol{\alpha}_2,\boldsymbol{\alpha}_3)\boldsymbol{X}$，其中 $\boldsymbol{X}=\begin{pmatrix}2&1&1\\1&1&1\\3&2&1\end{pmatrix}$。

又 $\varepsilon_1,\varepsilon_2,\cdots,\varepsilon_r(\boldsymbol{\alpha}_1,\boldsymbol{\alpha}_2,\boldsymbol{\alpha}_3)=(\boldsymbol{\alpha}_1,\boldsymbol{\alpha}_2,\boldsymbol{\alpha}_3)\boldsymbol{A}$，令 $\varepsilon_1,\varepsilon_2,\cdots,\varepsilon_r(\boldsymbol{\beta}_1,\boldsymbol{\beta}_2,\boldsymbol{\beta}_3)=(\boldsymbol{\beta}_1,\boldsymbol{\beta}_2,\boldsymbol{\beta}_3)\boldsymbol{B}$,

则：

$$B = X^{-1}AX = \begin{pmatrix} 31 & 20 & 14 \\ -42 & -26 & -18 \\ 12 & -12 & 7 \end{pmatrix}$$

（2）令：

$$\alpha = (\alpha_1, \alpha_2, \alpha_3)\begin{pmatrix} 4 \\ -5 \\ -1 \end{pmatrix} = (\beta_1, \beta_2, \beta_3)\begin{pmatrix} x_1 \\ x_2 \\ x_3 \end{pmatrix}$$

则：

$$\begin{pmatrix} 4 \\ -5 \\ -1 \end{pmatrix} = X\begin{pmatrix} x_1 \\ x_2 \\ x_3 \end{pmatrix}$$

即：

$$\begin{pmatrix} x_1 \\ x_2 \\ x_3 \end{pmatrix} = X^{-1}\begin{pmatrix} 4 \\ -5 \\ -1 \end{pmatrix} = \begin{pmatrix} 9 \\ -14 \\ 0 \end{pmatrix}$$

例 33（陕西师范大学，2023）设A,B都是n阶实矩阵，并设λ为BA的非零特征值，以V_λ^{BA}表示BA关于λ的特征子空间，则

（1）λ也是AB的特征值；

（2）$\dim V_\lambda^{AB} = \dim V_\lambda^{BA}$。

证明：（1）（方法一）由题可知$|\lambda E - AB| = |\lambda E - BA|$。事实上，有：

$$\begin{pmatrix} E & O \\ -A & E \end{pmatrix}\begin{pmatrix} \lambda E & B \\ \lambda A & \lambda E \end{pmatrix} = \begin{pmatrix} \lambda E & B \\ O & \lambda E - AB \end{pmatrix}$$

$$\begin{pmatrix} \lambda E & B \\ \lambda A & \lambda E \end{pmatrix}\begin{pmatrix} E & O \\ -A & E \end{pmatrix} = \begin{pmatrix} \lambda E - BA & B \\ O & \lambda E \end{pmatrix}$$

式子两边取行列式得：

$$\begin{vmatrix} E & O \\ -A & E \end{vmatrix}\begin{vmatrix} \lambda E & B \\ \lambda A & \lambda E \end{vmatrix}=\begin{vmatrix} \lambda E & B \\ \lambda A & \lambda E \end{vmatrix}=\begin{vmatrix} \lambda E & B \\ O & \lambda E-AB \end{vmatrix}$$

$$=|\lambda E||\lambda E-AB|=\lambda^n|\lambda E-AB|$$

$$\begin{vmatrix} \lambda E & B \\ \lambda A & \lambda E \end{vmatrix}\begin{vmatrix} E & O \\ -A & E \end{vmatrix}=\begin{vmatrix} \lambda E-BA & B \\ O & \lambda E \end{vmatrix}$$

$$=|\lambda E||\lambda E-BA|=\lambda^n|\lambda E-BA|$$

则$|\lambda E-AB|=|\lambda E-BA|$，即$\lambda$也是$AB$的特征值。

（方法二）设$\xi\in V_\lambda^{BA}$，则$(BA)\xi=\lambda\xi$。又$\xi\neq 0$，则$A\xi\neq 0$，从而：

$$(AB)(A\xi)=A(BA)\xi=A(\lambda\xi)=\lambda(A\xi)$$

故λ也是AB的特征值。

（2）设$\dim V_\lambda^{AB}=r_1$，$\dim V_\lambda^{BA}=r_2$，则$\forall \xi_1,\xi_2\in V_\lambda^{BA}$，$\xi_1\neq\xi_2$，存在$A\xi_1,A\xi_2$，且$A\xi_1\neq A\xi_2\in V_\lambda^{AB}$，从而$r_1\leqslant r_2$；同理$r_1\geqslant r_2$，故$r_1=r_2$。

例 34（大连理工大学，2024）设σ是有限维线性空间V上的线性变换，且σ是可逆线性变换，W是V的子空间，若W是σ的不变子空间，则W也是σ^{-1}的不变子空间。

证明：取W的一组基$\alpha_1,\alpha_2,\cdots,\alpha_r$，将其扩充为$V$的一组基$\alpha_1,\alpha_2,\cdots,\alpha_r,\alpha_{r+1},\cdots,\alpha_n$，则$\sigma$在此基下的矩阵为：

$$A=\begin{pmatrix} A_1 & B \\ O & A_2 \end{pmatrix}$$

其中A_1为r阶方阵，A_2为$n-r$阶方阵，B为$(n-r)\times r$阶矩阵。

由σ^{-1}在此基下的矩阵为：

$$A^{-1}=\begin{pmatrix} A_1 & B \\ O & A_2 \end{pmatrix}^{-1}=\begin{pmatrix} A_1^{-1} & -A_1^{-1}BA_2^{-1} \\ O & A_2^{-1} \end{pmatrix}$$

知W也是σ^{-1}的不变子空间。

例 35（大连理工大学，2024）设σ,τ是n维线性空间V的线性变换，σ有n个不同的特征值，则$\sigma\tau=\tau\sigma$的充要条件为存在多项式$f(x)$，使得$\tau=f(\sigma)$。

证明：设$\lambda_1,\lambda_2,\cdots,\lambda_n$为$\sigma$的$n$个不同的特征值，$\boldsymbol{A},\boldsymbol{B}$分别为$\sigma,\tau$在一组基下的矩阵，则存在可逆矩阵$\boldsymbol{Q}$使得$\boldsymbol{Q}^{-1}\boldsymbol{A}\boldsymbol{Q}=\mathrm{diag}\{\lambda_1,\lambda_2,\cdots,\lambda_n\}$。又$\sigma\tau=\tau\sigma$，则：

$$\boldsymbol{Q}^{-1}\boldsymbol{A}\boldsymbol{Q}\boldsymbol{Q}^{-1}\boldsymbol{B}\boldsymbol{Q}=\boldsymbol{Q}^{-1}\boldsymbol{B}\boldsymbol{Q}\boldsymbol{Q}^{-1}\boldsymbol{A}\boldsymbol{Q}$$

而与对角线上元素互异的对角矩阵可交换的一定是对角矩阵，从而：

$$\boldsymbol{Q}^{-1}\boldsymbol{B}\boldsymbol{Q}=\mathrm{diag}\{\mu_1,\mu_2,\cdots,\mu_n\}$$

即$\boldsymbol{B}$与对角矩阵相似，这样就存在唯一的$n-1$次多项式$f(x)$使得$f(\lambda_i)=\mu_i$，$i=1,2,\cdots,n$，从而

$$\boldsymbol{Q}^{-1}f(\boldsymbol{A})\boldsymbol{Q}=\mathrm{diag}\{f(\lambda_1),f(\lambda_2),\cdots,f(\lambda_n)\}=\mathrm{diag}\{\mu_1,\mu_2,\cdots,\mu_n\}=\boldsymbol{Q}^{-1}\boldsymbol{B}\boldsymbol{Q}$$

即$\boldsymbol{B}=f(\boldsymbol{A})$，故$\tau=f(\sigma)$。

反之，设$f(x)=a_nx^n+a_{n-1}x^{n-1}+\cdots+a_1x+a_0$，则：

$$f(\sigma)=a_n\sigma^n+a_{n-1}\sigma^{n-1}+\cdots+a_1\sigma+a_0$$

从而：

$$\sigma\tau=\sigma f(\sigma)=a_n\sigma^{n+1}+a_{n-1}\sigma^n+\cdots+a_1\sigma^2+a_0\sigma$$

$$\tau\sigma=f(\sigma)\sigma=a_n\sigma^{n+1}+a_{n-1}\sigma^n+\cdots+a_1\sigma^2+a_0\sigma$$

即$\sigma\tau=\tau\sigma$。

例 36（西安电子科技大学，2018）设 3 阶实对称矩阵$\boldsymbol{A}$的特征值为$\lambda_1=1$，$\lambda_2=2$，$\lambda_3=-2$，且$\boldsymbol{\alpha}_1=(1,-1,1)^{\mathrm{T}}$是$\boldsymbol{A}$属于$\lambda_1$的一个特征向量，记$\boldsymbol{B}=\boldsymbol{A}^5-4\boldsymbol{A}^3+2\boldsymbol{E}$，其中$\boldsymbol{E}$为 3 阶单位矩阵。

（1）验证$\boldsymbol{\alpha}_1$是矩阵$\boldsymbol{B}$的特征向量，并求$\boldsymbol{B}$的全部特征值与特征向量；

（2）求矩阵$\boldsymbol{B}$。

解：(1) 由题可知$A\alpha_1=\lambda_1\alpha_1$，则$B\alpha_1=(A^5-4A^3+2E)\alpha_1=(\lambda_1^5-4\lambda_1^3+2)\,\alpha_1$，从而$\alpha_1$是矩阵$B$的特征向量。

由A的特征值为$\lambda_1=1$，$\lambda_2=2$，$\lambda_3=-2$，$B=A^5-4A^3+2E$，知B的特征值满足$\lambda^5-4\lambda^3+2$，即B的全部特征值为$-1,2,2$。

又A为实对称矩阵，则B也是实对称矩阵，从而不同特征值的特征向量是正交的，即特征值2对应的特征向量与α_1正交，由此可得$\alpha_2=(1,1,0)^{\mathrm{T}}$，$\alpha_3=(-1,0,1)^{\mathrm{T}}$。

(2) 令$P=(\alpha_1,\alpha_2,\alpha_3)$，则$P$是正交矩阵，由 (1) 可知，

$$P^{-1}BP=\begin{pmatrix}-1&&\\&2&\\&&2\end{pmatrix}$$

$$B=P\begin{pmatrix}-1&&\\&2&\\&&2\end{pmatrix}P^{-1}=\begin{pmatrix}1&1&-1\\-1&1&0\\1&0&1\end{pmatrix}\begin{pmatrix}-1&&\\&2&\\&&2\end{pmatrix}\begin{pmatrix}1&1&-1\\-1&1&0\\1&0&1\end{pmatrix}^{-1}=\begin{pmatrix}1&1&-1\\1&1&1\\-1&1&1\end{pmatrix}$$

<u>例 37</u>（上海大学，2020）已知实对称矩阵A有特征值$2,2,a$，且A有特征向量$(1,-1,0)^{\mathrm{T}}$，$(1,0,-1)^{\mathrm{T}}$，若$|A|=20$，求A。

解：由题可知$|A|=20=2\times2\cdot a$，则$a=5$。由A为实对称矩阵，知A可对角化，从而存在正交矩阵P使得$P^{-1}AP=\mathrm{diag}\{2,2,5\}$。

令$P=(\alpha_1,\alpha_2,\alpha_3)$，由$\alpha_1=(1,-1,0)^{\mathrm{T}}$，$\alpha_2=(1,0,-1)^{\mathrm{T}}$，$(\alpha_1,\alpha_3)=0$，$(\alpha_2,\alpha_3)=0$，可得$\alpha_3=(1,1,1)^{\mathrm{T}}$，从而：

$$A=P\begin{pmatrix}2&&\\&2&\\&&5\end{pmatrix}P^{-1}=\begin{pmatrix}1&1&1\\-1&0&1\\0&-1&1\end{pmatrix}\begin{pmatrix}2&&\\&2&\\&&5\end{pmatrix}\begin{pmatrix}1&1&1\\-1&0&1\\0&-1&1\end{pmatrix}^{-1}=\begin{pmatrix}3&1&1\\1&3&1\\1&1&3\end{pmatrix}$$

<u>例 38</u>（西北大学，2022；兰州大学）设A是一个n阶方阵，$A^2=A$，则A与$\mathrm{diag}\{1,\cdots,1,0,\cdots,0\}$相似。

分析：矩阵问题与线性变换问题可以相互转换。

命题可以转换如下：设$\sigma\in L(V)$，$\sigma^2=\sigma$，其中：

$$W_1=\{\boldsymbol{\xi}\in V\mid\sigma(\boldsymbol{\xi})=\boldsymbol{\xi}\}\text{，}W_0=\{\boldsymbol{\eta}\in V\mid\sigma(\boldsymbol{\eta})=\mathbf{0}\}$$

则$V=W_1\oplus W_0$，且σ与$\operatorname{diag}\{1,\cdots,1,0,\cdots,0\}$相似。

证明：（方法一）设$\boldsymbol{\alpha}_1,\boldsymbol{\alpha}_2,\cdots,\boldsymbol{\alpha}_n$为线性空间$V$的一组基，$\sigma\in L(V)$，且：

$$\sigma(\boldsymbol{\alpha}_1,\boldsymbol{\alpha}_2,\cdots,\boldsymbol{\alpha}_n)=(\boldsymbol{\alpha}_1,\boldsymbol{\alpha}_2,\cdots,\boldsymbol{\alpha}_n)\boldsymbol{A}$$

由$\boldsymbol{A}^2=\boldsymbol{A}$，知$\sigma^2=\sigma$。

对于任意$\boldsymbol{\alpha}\in V$，有$\boldsymbol{\alpha}=\sigma(\boldsymbol{\alpha})+\boldsymbol{\alpha}-\sigma(\boldsymbol{\alpha})$，从而：

$$\sigma(\boldsymbol{\alpha})\in\sigma(V)\text{，}\sigma(\boldsymbol{\alpha}-\sigma(\boldsymbol{\alpha}))=\sigma(\boldsymbol{\alpha})-\sigma^2\boldsymbol{\alpha}=\sigma(\boldsymbol{\alpha})-\sigma(\boldsymbol{\alpha})=\mathbf{0}$$

即$\boldsymbol{\alpha}-\sigma(\boldsymbol{\alpha})\in\sigma^{-1}(\mathbf{0})$，故$V\subseteq\sigma(V)+\sigma^{-1}(\mathbf{0})$。

又$\sigma(V)+\sigma^{-1}(\mathbf{0})\subseteq V$，则$V=\sigma(V)+\sigma^{-1}(\mathbf{0})$。

对于任意$\boldsymbol{\beta}\in\sigma(V)\cap\sigma^{-1}(\mathbf{0})$，有$\boldsymbol{\beta}\in\sigma(V)$，$\boldsymbol{\beta}\in\sigma^{-1}(\mathbf{0})$，从而存在$\boldsymbol{\xi}\in V$使得$\sigma(\boldsymbol{\beta})=\mathbf{0}$，$\boldsymbol{\beta}==\sigma(\boldsymbol{\xi})$，即$\sigma(\boldsymbol{\beta})=\sigma^2(\boldsymbol{\xi})=\sigma(\boldsymbol{\xi})=\boldsymbol{\beta}$，$\boldsymbol{\beta}=\mathbf{0}$，从而$\sigma(V)\cap\sigma^{-1}(\mathbf{0})=\{\mathbf{0}\}$，故：

$$V=\sigma(V)\oplus\sigma^{-1}(\mathbf{0})$$

取$\sigma(V)$的一组基$\boldsymbol{\eta}_1,\cdots,\boldsymbol{\eta}_r$，且$\sigma(\boldsymbol{\eta}_j)=\boldsymbol{\eta}_i$，$i=1,2,\cdots,r$，取$\sigma^{-1}(\mathbf{0})$的一组基$\boldsymbol{\eta}_{r+1},\cdots,\boldsymbol{\eta}_n$，且$\sigma(\boldsymbol{\eta}_j)=\mathbf{0}$，$j=r+1,\cdots,n$，从而：

$$\sigma(\boldsymbol{\eta}_1,\cdots,\boldsymbol{\eta}_r,\boldsymbol{\eta}_{r+1},\cdots,\boldsymbol{\eta}_n)=(\boldsymbol{\eta}_1,\cdots,\boldsymbol{\eta}_r,\boldsymbol{\eta}_{r+1},\cdots,\boldsymbol{\eta}_n)\operatorname{diag}\{1,\cdots,1,0,\cdots,0\}$$

即$\boldsymbol{A}$与$\operatorname{diag}\{1,\cdots,1,0,\cdots,0\}$相似。

（方法二）由$\boldsymbol{A}^2=\boldsymbol{A}$及凯莱－哈密顿定理可知$\lambda^2=\lambda$，则$\boldsymbol{A}$的特征值为0,1。

设$\boldsymbol{\xi}\neq\mathbf{0}$为$\lambda$对应的特征向量，则$\boldsymbol{A}\boldsymbol{\xi}=\lambda\boldsymbol{\xi}$。

令$V_1=\{\boldsymbol{\xi}\in V\mid\boldsymbol{A}\boldsymbol{\xi}=\boldsymbol{\xi}\}$，$V_0=\{\boldsymbol{\xi}\in V\mid\boldsymbol{A}\boldsymbol{\xi}=\mathbf{0}\}$，对于任意$\boldsymbol{\alpha}\in V$，有$\boldsymbol{\alpha}=\boldsymbol{A}\boldsymbol{\alpha}+\boldsymbol{\alpha}-\boldsymbol{A}\boldsymbol{\alpha}$

从而：

$$A(A\alpha)=A^2\alpha=A\alpha$$

$$A(\alpha-A\alpha)=A\alpha-A^2\alpha=A\alpha-A\alpha=\mathbf{0}$$

即$A\alpha\in V_1$，$\alpha-A\alpha\in V_2$，从而$V\subseteq V_1+V_0$。

又$V_1+V_0\subseteq V$，则$V=V_1+V_0$。

对于任意$\beta\in V_1\cap V_0$，有$\beta\in V_1$，$\beta\in V_0$，从而$A\beta=\beta$，$A\beta=\mathbf{0}$，即$\beta=\mathbf{0}$，故$V_1\cap V_0=\{\mathbf{0}\}$，故$V=V_1\oplus V_0$。

取V_1的一组基$\eta_1,\cdots,\eta_r$，且$A(\eta_j)=\eta_i$，$i=1,2,\cdots,r$，取V_0的一组基$\eta_{r+1},\cdots,\eta_n$，且$A(\eta_j)=\mathbf{0}$，$j=r+1,\cdots,n$，从而：

$$A(\eta_1,\cdots,\eta_r,\eta_{r+1},\cdots,\eta_n)=(\eta_1,\cdots,\eta_r,\eta_{r+1},\cdots,\eta_n)\operatorname{diag}\{1,\cdots,1,0,\cdots,0\}$$

即A与$\operatorname{diag}\{1,\cdots,1,0,\cdots,0\}$相似。

（方法三）由$A^2=A$，知A的最小多项式为$\lambda^2-\lambda=\lambda(\lambda-1)$，即最小多项式没有重根，故$A$可对角化，即$A$与$\operatorname{diag}\{1,\cdots,1,0,\cdots,0\}$相似。

用同样的方法可以证明例39。

例 39（北京科技大学，2020）设A是一个n阶方阵，$A^2=E$，则A与$\operatorname{diag}\{1,\cdots,1,-1,\cdots,-1\}$相似。

矩阵问题可以转换为如下线性变换问题：设$\sigma\in L(V)$，$\sigma^2=\varepsilon$（ε为恒等变换），

$$W_1=\left\{\zeta\in V\middle|\sigma(\zeta)=\zeta\right\},\ W_{-1}=\{\eta\in V|\sigma(\eta)=-\eta\}$$

则$V=W_1\oplus W_{-1}$，且σ与$\operatorname{diag}\{1,\cdots,1,-1,\cdots,-1\}$相似。

例 40（郑州大学，2020）已知σ是V上的线性变换，σ在基$\varepsilon_1,\varepsilon_2,\cdots,\varepsilon_n$下的矩阵为$A$，且$\sigma^2=\sigma$，则

（1）$V=\sigma(V)\oplus\sigma^{-1}(\mathbf{0})$；

（2）$|\sigma+\varepsilon|=2^r$，其中r为$\boldsymbol{A}$的秩。

证明:（1）由题可知$\sigma(\boldsymbol{\varepsilon}_1,\boldsymbol{\varepsilon}_2,\cdots,\boldsymbol{\varepsilon}_n)=(\boldsymbol{\varepsilon}_1,\boldsymbol{\varepsilon}_2,\cdots,\boldsymbol{\varepsilon}_n)\boldsymbol{A}$，且$\sigma^2=\sigma$，则$\boldsymbol{A}^2=\boldsymbol{A}$。由例 38 可知$V=\sigma(V)\oplus\sigma^{-1}(\boldsymbol{0})$。

（2）由（1）及$R(\boldsymbol{A})=r$可知，$\boldsymbol{A}$的特征值为 1（r重），0（$n-r$重），则:

$$|\sigma+\varepsilon|=|\mathrm{diag}\{1+1,\cdots,1+1,1+0,\cdots,1+0\}|=2^r$$

<u>例 41</u>（扬州大学，2022）设V是数域P上的n维线性空间，σ是V的线性变换且不是数乘变换，$g(x)=x^2-9$，且$g(\sigma)=0$（零线性变换），则

（1）3 和- 3 都是σ的特征值；

（2）$V=V_3\oplus V_{-3}$。

证明:（1）设λ是σ的任一特征值，$g(\sigma)=0$，则$g(\lambda)=0$，即$\lambda^2-9=0$，从而，σ的特征值是 3 和- 3。

（2）任取$\boldsymbol{\alpha}\in V$，令$\boldsymbol{\alpha}=\dfrac{\sigma(\boldsymbol{\alpha})+3\boldsymbol{\alpha}}{6}+\dfrac{3\boldsymbol{\alpha}-\sigma(\boldsymbol{\alpha})}{6}$，则:

$$\sigma\left(\frac{\sigma(\boldsymbol{\alpha})+3\boldsymbol{\alpha}}{6}\right)=\frac{1}{6}\left[\sigma^2(\boldsymbol{\alpha})+3\sigma(\boldsymbol{\alpha})\right]=\frac{1}{6}\left[9(\boldsymbol{\alpha})+3\sigma(\boldsymbol{\alpha})\right]=3\left[\frac{\sigma(\boldsymbol{\alpha})+3(\boldsymbol{\alpha})}{6}\right]$$

$$\sigma\left(\frac{3\boldsymbol{\alpha}-\sigma(\boldsymbol{\alpha})}{6}\right)=\frac{1}{6}\left[3\sigma(\boldsymbol{\alpha})-\sigma^2(\boldsymbol{\alpha})\right]=\frac{1}{6}\left[3\sigma(\boldsymbol{\alpha})-9\boldsymbol{\alpha}\right]=-3\left[\frac{3\boldsymbol{\alpha}-\sigma(\boldsymbol{\alpha})}{6}\right]$$

则$\dfrac{\sigma(\boldsymbol{\alpha})+3\boldsymbol{\alpha}}{6}\in V_3$，$\dfrac{3\boldsymbol{\alpha}-\sigma(\boldsymbol{\alpha})}{6}\in V_{-3}$，即$V\subset V_3+V_{-3}$。

又$V_3+V_{-3}\subset V$，则$V=V_3+V_{-3}$。

任取$\boldsymbol{\xi}=V_3\cap V_{-3}$，则$\boldsymbol{\xi}\in V_3$，$\boldsymbol{\xi}\in V_{-3}$，从而$\sigma(\boldsymbol{\xi})=3\boldsymbol{\xi}=-3\boldsymbol{\xi}$，即$\boldsymbol{\xi}=\boldsymbol{0}$，故$V_3\cap V_{-3}=\{\boldsymbol{0}\}$，从而$V=V_3\oplus V_{-3}$。

<u>例 42</u>（南京师范大学，2020）设σ是实线性空间$\mathbf{R}^3$上的线性变换，ε为恒等变换，σ的特征多项式为λ^3-1，令$V_1=\{\boldsymbol{\alpha}\mid(\sigma-\varepsilon)(\boldsymbol{\alpha})=\boldsymbol{0}\}$，$V_2=\{\boldsymbol{\alpha}\mid(\sigma^2+\sigma+\varepsilon)$

$(\boldsymbol{\alpha})=\mathbf{0}\}$，则

（1）V_1和V_2都是σ的不变子空间；

（2）$\mathbf{R}^3=V_1\oplus V_2$。

证明：（1）对于任意$\boldsymbol{\beta}\in V_1$，有$(\sigma-\varepsilon)(\boldsymbol{\beta})=\mathbf{0}$，即$\sigma(\boldsymbol{\beta})=\boldsymbol{\beta}\in V_1$，故$V_1$是$\sigma$的不变子空间。

对于任意$\boldsymbol{\gamma}\in V_2$，有$(\sigma^2+\sigma+\varepsilon)(\boldsymbol{\gamma})=\mathbf{0}$，即$\boldsymbol{\gamma}=-\sigma^2(\boldsymbol{\gamma})-\sigma(\boldsymbol{\gamma})$，且$\sigma(\boldsymbol{\gamma})=-\sigma^2(\boldsymbol{\gamma})-(\boldsymbol{\gamma})$，从而$\sigma(\boldsymbol{\gamma})=-\sigma^3(\boldsymbol{\gamma})-\sigma^2(\boldsymbol{\gamma})$。由$\sigma$的特征多项式为$\lambda^3-1$，知$\sigma^3=\varepsilon$，从而$\sigma(\boldsymbol{\gamma})=-\boldsymbol{\gamma}-\sigma^2(\boldsymbol{\gamma})$，故$V_2$是$\sigma$的不变子空间。

（2）设$\boldsymbol{\varepsilon}_1,\boldsymbol{\varepsilon}_2,\boldsymbol{\varepsilon}_3$为$\mathbf{R}^3$的一组基，且$\sigma(\boldsymbol{\varepsilon}_1,\boldsymbol{\varepsilon}_2,\boldsymbol{\varepsilon}_3)=(\boldsymbol{\varepsilon}_1,\boldsymbol{\varepsilon}_2,\boldsymbol{\varepsilon}_3)\boldsymbol{A}$，则$\boldsymbol{A}^3=\boldsymbol{E}$，即：

$$(\boldsymbol{A}-\boldsymbol{E})(\boldsymbol{A}^2+\boldsymbol{A}+\boldsymbol{E})=\mathbf{0}$$

故$R(\boldsymbol{A}-\boldsymbol{E})+R(\boldsymbol{A}^2+\boldsymbol{A}+\boldsymbol{E})=3$。

事实上，考虑分块矩阵：

$$\begin{pmatrix}\boldsymbol{E}-\boldsymbol{A} & \boldsymbol{O}\\ \boldsymbol{O} & \boldsymbol{E}+\boldsymbol{A}+\boldsymbol{A}^2\end{pmatrix}\to\begin{pmatrix}\boldsymbol{E}-\boldsymbol{A} & \boldsymbol{E}-\boldsymbol{A}^2\\ \boldsymbol{O} & \boldsymbol{E}+\boldsymbol{A}+\boldsymbol{A}^2\end{pmatrix}\to\begin{pmatrix}\boldsymbol{E}-\boldsymbol{A} & 2\boldsymbol{E}+\boldsymbol{A}\\ \boldsymbol{O} & \boldsymbol{E}+\boldsymbol{A}+\boldsymbol{A}^2\end{pmatrix}$$

$$\to\begin{pmatrix}3\boldsymbol{E} & 2\boldsymbol{E}+\boldsymbol{A}\\ \boldsymbol{E}+\boldsymbol{A}+\boldsymbol{A}^2 & \boldsymbol{E}+\boldsymbol{A}+\boldsymbol{A}^2\end{pmatrix}\to\begin{pmatrix}3\boldsymbol{E} & 2\boldsymbol{E}+\boldsymbol{A}\\ \boldsymbol{O} & \boldsymbol{E}-\boldsymbol{A}^3\end{pmatrix}\to\begin{pmatrix}\boldsymbol{E} & \boldsymbol{O}\\ \boldsymbol{O} & \boldsymbol{E}-\boldsymbol{A}^3\end{pmatrix}$$

则$\dim V_1+\dim V_2=3$。

对于任意$\boldsymbol{\xi}\in V_1\cap V_2$，有$\boldsymbol{\xi}\in V_1$，$\boldsymbol{\xi}\in V_2$，从而$(\sigma-\varepsilon)(\boldsymbol{\xi})=\mathbf{0}$，$(\sigma^2-\sigma-\varepsilon)(\xi)=\mathbf{0}$，进一步有$\boldsymbol{\xi}=\mathbf{0}$，即$V_1\cap V_2=\{\mathbf{0}\}$，故$\mathbf{R}^3=V_1\oplus V_2$。

<u>例 43</u>（郑州大学，2021）设$\boldsymbol{A}$为数域P上的n阶方阵，记：

$$R(\boldsymbol{A})=\{\boldsymbol{AX}\,|\,\boldsymbol{X}\in P^{n\times n}\},\ N(\boldsymbol{A})=\{\boldsymbol{X}\in P^{n\times n}\,|\,\boldsymbol{AX}=\mathbf{0}\}$$

则$R(\boldsymbol{A})\cap N(\boldsymbol{A})=\{\mathbf{0}\}$的充要条件为$N(\boldsymbol{A})=N(\boldsymbol{A}^2)$。

证明：若$N(\boldsymbol{A})=N(\boldsymbol{A}^2)$，设$\boldsymbol{\alpha}\in R(\boldsymbol{A})\cap N(\boldsymbol{A})$，则$\boldsymbol{\alpha}\in R(\boldsymbol{A})$，存在$\boldsymbol{X}_0\in P^{n\times n}$，使得$\boldsymbol{\alpha}=\boldsymbol{A}\boldsymbol{X}_0$。

又 $\boldsymbol{\alpha}\in N(\boldsymbol{A})$，则 $\boldsymbol{A}\boldsymbol{\alpha}=\boldsymbol{A}(\boldsymbol{A}\boldsymbol{X}_0)=\boldsymbol{A}^2\boldsymbol{X}_0=\boldsymbol{0}$，从而 $\boldsymbol{X}_0\in N(\boldsymbol{A})=N(\boldsymbol{A}^2)$，即 $\boldsymbol{\alpha}=\boldsymbol{A}\boldsymbol{X}_0=\boldsymbol{0}$。由$\boldsymbol{\alpha}$的任意性可知$R(\boldsymbol{A})\cap N(\boldsymbol{A})=\{\boldsymbol{0}\}$。

反之，设$\boldsymbol{\beta}\in N(\boldsymbol{A})$，则$\boldsymbol{A}\boldsymbol{\beta}=\boldsymbol{0}$，从而：

$$\boldsymbol{A}(\boldsymbol{A}^2\boldsymbol{\beta})=\boldsymbol{A}^2(\boldsymbol{A}\boldsymbol{\beta})=\boldsymbol{A}^2\boldsymbol{0}=\boldsymbol{0}$$

即$\boldsymbol{A}^2\boldsymbol{\beta}\in N(\boldsymbol{A})$，而$\boldsymbol{A}^2\boldsymbol{\beta}\in R(\boldsymbol{A})$，故$\boldsymbol{A}^2\boldsymbol{\beta}\in R(\boldsymbol{A})\cap N(\boldsymbol{A})$。

由$R(\boldsymbol{A})\cap N(\boldsymbol{A})=\{\boldsymbol{0}\}$，知$\boldsymbol{A}^2\boldsymbol{\beta}=\boldsymbol{0}$，从而$\boldsymbol{\beta}\in N(\boldsymbol{A}^2)$，故$N(\boldsymbol{A})\subseteq N(\boldsymbol{A}^2)$。

设$\boldsymbol{\gamma}\in N(\boldsymbol{A}^2)$，则$\boldsymbol{A}^2\boldsymbol{\gamma}=\boldsymbol{A}(\boldsymbol{A}\boldsymbol{\gamma})=\boldsymbol{0}$，从而$\boldsymbol{A}\boldsymbol{\gamma}\in N(\boldsymbol{A})$。而$\boldsymbol{A}\boldsymbol{\gamma}\in R(\boldsymbol{A})$，则$\boldsymbol{A}\boldsymbol{\gamma}\in R(\boldsymbol{A})\cap N(\boldsymbol{A})=\{\boldsymbol{0}\}$，即$N(\boldsymbol{A}^2)\subseteq N(\boldsymbol{A})$，从而$N(\boldsymbol{A})=N(\boldsymbol{A}^2)$。

例 44（西安工程大学，2021）设$\boldsymbol{\varepsilon}_1,\boldsymbol{\varepsilon}_2,\boldsymbol{\varepsilon}_3,\boldsymbol{\varepsilon}_4$是线性空间$V$的一组基，已知线性变换$\sigma$在此组基下的矩阵为：

$$\boldsymbol{A}=\begin{pmatrix}1&0&2&1\\-1&2&1&3\\1&2&5&5\\2&-2&1&-2\end{pmatrix}$$

（1）求$\sigma(V)$与$\sigma^{-1}(\boldsymbol{0})$；

（2）在$\sigma^{-1}(\boldsymbol{0})$中选一组基，把它扩充为$V$的一组基，并求$\sigma$在这组基下的矩阵；

（3）在$\sigma(V)$中选一组基把它扩充为V的一组基，并求σ在这组基下的矩阵。

解：（1）先求$\sigma^{-1}(\boldsymbol{0})$。设$\boldsymbol{\xi}\in\sigma^{-1}(\boldsymbol{0})$，它在$\boldsymbol{\varepsilon}_1,\boldsymbol{\varepsilon}_2,\boldsymbol{\varepsilon}_3,\boldsymbol{\varepsilon}_4$下的坐标为$(x_1,x_2,x_3,x_4)$，由$\sigma(\boldsymbol{\xi})=\boldsymbol{0}$，有$\sigma(\boldsymbol{\xi})$在$\boldsymbol{\varepsilon}_1,\boldsymbol{\varepsilon}_2,\boldsymbol{\varepsilon}_3,\boldsymbol{\varepsilon}_4$下的坐标为$(0,0,0,0)$，故解$\boldsymbol{A}\boldsymbol{X}=\boldsymbol{0}$得其一个基础解系$(-2,-\frac{2}{3},1,0)$，$(-1,-2,0,1)$，从而$\boldsymbol{\eta}_1=-2\boldsymbol{\varepsilon}_1-\frac{2}{3}\boldsymbol{\varepsilon}_2+\boldsymbol{\varepsilon}_3,\boldsymbol{\eta}_2=-\boldsymbol{\varepsilon}_1-2\boldsymbol{\varepsilon}_2+\boldsymbol{\varepsilon}_4$是$\sigma^{-1}(\boldsymbol{0})$的一组基，则$\sigma^{-1}(\boldsymbol{0})=L(\boldsymbol{\eta}_1,\boldsymbol{\eta}_2)$。

再求$\sigma(V)$。由σ的零度为2，知σ的秩为2，即$\dim\sigma(V)=2$。由矩阵$\boldsymbol{A}$有$\sigma(\boldsymbol{\varepsilon}_1)=\boldsymbol{\varepsilon}_1-\boldsymbol{\varepsilon}_2+\boldsymbol{\varepsilon}_3+2\boldsymbol{\varepsilon}_4$，$\boldsymbol{\sigma}(\boldsymbol{\varepsilon}_2)=2\boldsymbol{\varepsilon}_2+2\boldsymbol{\varepsilon}_3-2\boldsymbol{\varepsilon}_4$，则$\sigma(\boldsymbol{\varepsilon}_1),\sigma(\boldsymbol{\varepsilon}_2)$线性无关，从而有

$$\sigma(V)=L(\sigma(\boldsymbol{\varepsilon}_1),\sigma(\boldsymbol{\varepsilon}_2),\sigma(\boldsymbol{\varepsilon}_3),\sigma(\boldsymbol{\varepsilon}_4))=L(\sigma(\boldsymbol{\varepsilon}_1),\sigma(\boldsymbol{\varepsilon}_2))$$

$\sigma(\boldsymbol{\varepsilon}_1),\sigma(\boldsymbol{\varepsilon}_2)$为$\sigma(V)$的一组基。

（2）因为：

$$(\boldsymbol{\varepsilon}_1,\boldsymbol{\varepsilon}_2,\boldsymbol{\alpha}_1,\boldsymbol{\alpha}_2)=(\boldsymbol{\varepsilon}_1,\boldsymbol{\varepsilon}_2,\boldsymbol{\varepsilon}_3,\boldsymbol{\varepsilon}_4)\begin{pmatrix}1&0&-4&-1\\0&1&3&-2\\0&0&2&0\\0&0&0&1\end{pmatrix}=(\boldsymbol{\varepsilon}_1,\boldsymbol{\varepsilon}_2,\boldsymbol{\varepsilon}_3,\boldsymbol{\varepsilon}_4)\boldsymbol{D}_1$$

$|\boldsymbol{D}_1|=1\neq0$，则$D_1$可逆，从而$\boldsymbol{\varepsilon}_1,\boldsymbol{\varepsilon}_2,\boldsymbol{\alpha}_1,\boldsymbol{\alpha}_2$线性无关，即为$V$的一组基，$\sigma$在基$\boldsymbol{\varepsilon}_1,\boldsymbol{\varepsilon}_2,\boldsymbol{\alpha}_1,\boldsymbol{\alpha}_2$下的矩阵为：

$$\boldsymbol{D}_1^{-1}\boldsymbol{A}\boldsymbol{D}_1=\begin{pmatrix}5&2&0&0\\\frac{9}{2}&1&0&0\\\frac{1}{2}&2&0&0\\2&-2&0&0\end{pmatrix}$$

（3）因为：

$$(\sigma(\boldsymbol{\varepsilon}_1),\sigma(\boldsymbol{\varepsilon}_2),\boldsymbol{\varepsilon}_3,\boldsymbol{\varepsilon}_4)=(\boldsymbol{\varepsilon}_1,\boldsymbol{\varepsilon}_2,\boldsymbol{\varepsilon}_3,\boldsymbol{\varepsilon}_4)\begin{pmatrix}1&0&0&0\\-1&2&0&0\\1&2&1&0\\2&-2&0&1\end{pmatrix}=(\boldsymbol{\varepsilon}_1,\boldsymbol{\varepsilon}_2,\boldsymbol{\varepsilon}_3,\boldsymbol{\varepsilon}_4)\boldsymbol{D}_2$$

$|\boldsymbol{D}_2|=2\neq0$，则$\boldsymbol{D}_2$可逆。从而$\sigma(\boldsymbol{\varepsilon}_1),\sigma(\boldsymbol{\varepsilon}_2),\boldsymbol{\varepsilon}_3,\boldsymbol{\varepsilon}_4$线性无关，为$V$的一组基，$\sigma$在此基下的矩阵为：

$$\boldsymbol{D}_2^{-1}\boldsymbol{A}\boldsymbol{D}_2=\begin{pmatrix}5&2&2&1\\\frac{9}{2}&1&\frac{3}{2}&2\\0&0&0&0\\0&0&0&0\end{pmatrix}$$

例45（西安理工大学，2021）已知$\boldsymbol{A}$是n阶实对称矩阵，且满足$\boldsymbol{A}^2+2\boldsymbol{A}=\boldsymbol{0}$，

$R(\boldsymbol{A})=k$，求$|\boldsymbol{A}+3\boldsymbol{E}|$。

解：由$\boldsymbol{A}$是实对称矩阵，知$\boldsymbol{A}$可对角化。又$\boldsymbol{A}^2+2\boldsymbol{A}=\boldsymbol{0}$，即$f(\boldsymbol{A})=\boldsymbol{A}^2+2\boldsymbol{A}=\boldsymbol{0}$，从而特征值满足$f(\lambda)=\lambda^2+2\lambda=0$。又$R(\boldsymbol{A})=k$，则$\boldsymbol{A}$的特征值为0（$n-k$重），$-2$（$k$重），故$|\boldsymbol{A}+3\boldsymbol{E}|=3^{n-k}$。

8　λ-矩阵

8.1　基本内容与考点综述

8.1.1　基本要求

8.1.1.1　λ - 矩阵的概念

设P是一个数域，$P[\lambda]$为多项式环，若矩阵$\boldsymbol{A}$的元素是λ的多项式，即为$P[\lambda]$中的元素，则称$\boldsymbol{A}$为λ - 矩阵，记为$\boldsymbol{A}(\lambda)$。

为了与λ - 矩阵相区别，把以数域P中的数为元素的矩阵称为数字矩阵。

8.1.1.2　λ - 矩阵的秩

若λ - 矩阵$\boldsymbol{A}(\lambda)$中有一个r阶子式不为零，而所有$r+1$阶子式（若存在）都为零，则称$\boldsymbol{A}(\lambda)$的秩为r。零矩阵的秩为零。

8.1.1.3　λ - 矩阵的逆矩阵

设$\boldsymbol{A}(\lambda)$为n阶λ - 矩阵，若存在n阶λ - 矩阵$\boldsymbol{B}(\lambda)$使得：

$$\boldsymbol{A}(\lambda)\boldsymbol{B}(\lambda)=\boldsymbol{B}(\lambda)\boldsymbol{A}(\lambda)=\boldsymbol{E}$$

则称$\boldsymbol{A}(\lambda)$为可逆的，称$\boldsymbol{B}(\lambda)$为$\boldsymbol{A}(\lambda)$的逆矩阵。

8.1.1.4　λ - 矩阵的初等变换

以下 3 种变换称为λ - 矩阵的初等变换：

（1）交换矩阵的两行（列）；

（2）用非零常数乘矩阵某一行（列）；

（3）把矩阵某一行（列）的 $\varphi(\lambda)$倍加到另一行（列）。

8.1.1.5 λ－矩阵的等价

若λ－矩阵$\boldsymbol{A}(\lambda)$经过若干次初等变换变为$\boldsymbol{B}(\lambda)$，则称$\boldsymbol{A}(\lambda)$与$\boldsymbol{B}(\lambda)$等价。

8.1.1.6 λ－矩阵的标准形

若任意一个$s\times n$非零λ－矩阵$\boldsymbol{A}(\lambda)$等价于矩阵：

$$\begin{pmatrix} d_1(\lambda) & & & & & \\ & \ddots & & & & \\ & & d_r(\lambda) & & & \\ & & & 0 & & \\ & & & & \ddots & \\ & & & & & 0 \end{pmatrix}$$

其中$d_i(\lambda)$（$i=1,2,\cdots,r$）为首 1 多项式，且$d_i(\lambda)\mid d_{i+1}(\lambda)$，$i=1,2,\cdots,r-1$，则称该矩阵为$\boldsymbol{A}(\lambda)$的标准形。

8.1.1.7 λ－矩阵的行列式因子

设λ－矩阵$\boldsymbol{A}(\lambda)$的秩为r，对于正整数$k(1\leqslant k\leqslant r)$，$\boldsymbol{A}(\lambda)$中全部$k$阶子式的首项系数为 1 的最大公因式，称为$\boldsymbol{A}(\lambda)$的$k$阶行列式因子，记为$D_k(\lambda)$。

8.1.1.8 λ－矩阵的不变因子

设$\boldsymbol{A}(\lambda)$是$m\times n$矩阵，且$R(\boldsymbol{A}(\lambda))=r$，则$\boldsymbol{A}(\lambda)$可经过若干次初等变换变成标准形，即存在可逆矩阵$\boldsymbol{P}(\lambda)$和$\boldsymbol{Q}(\lambda)$使$\boldsymbol{P}(\lambda)\boldsymbol{A}(\lambda)\boldsymbol{Q}(\lambda)$为标准形，其中$d_i(\lambda)(i=1,2,\cdots,r)$的首项系数为 1，且$d_i(\lambda)\mid d_{i+1}(\lambda)$，$i=1,2,\cdots,r-1$，称$d_1(\lambda),d_2(\lambda),\cdots,d_r(\lambda)$为$\boldsymbol{A}(\lambda)$的不变因子。

设$\boldsymbol{A}\in P^{n\times n}$，若$R(\lambda\boldsymbol{E}-\boldsymbol{A})=r$，则$\lambda\boldsymbol{E}-\boldsymbol{A}$等价于：

$$\operatorname{diag}\{d_1(\lambda),\cdots,d_r(\lambda),0,\cdots,0\},\ d_i(\lambda)\mid d_{i+1}(\lambda),\ i=1,2,\cdots,r-1$$

称$d_1(\lambda)$，$d_2(\lambda)$，$\cdots$，$d_r(\lambda)$为$\lambda\boldsymbol{E}-\boldsymbol{A}$或$\boldsymbol{A}$的不变因子。

8.1.1.9 λ－矩阵的初等因子

把矩阵$\lambda\boldsymbol{E}-\boldsymbol{A}$或$\boldsymbol{A}$（线性变换$\sigma$）的每个次数大于 0 的不变因子分解成互不相同的一次因式的方幂的乘积，所有这些一次因式的方幂（相同的按出现次数计算）

称为$\lambda\boldsymbol{E}-\boldsymbol{A}$或$\boldsymbol{A}$（线性变换$\sigma$）的初等因子。

8.1.2 基本结论

（1）用初等λ - 矩阵左乘（右乘）某矩阵相当于对该矩阵做一次行（列）变换。初等λ - 矩阵均可逆。

（2）等价是λ - 矩阵之间的一种关系，具有反身性、对称性和传递性。等价的λ - 矩阵具有相同的秩和相同的不变因子、行列式因子、初等因子。

（3）矩阵$\boldsymbol{A}(\lambda)$与$\boldsymbol{B}(\lambda)$等价的充要条件为存在一系列初等矩阵：

$$\boldsymbol{P}_1(\lambda),\cdots,\boldsymbol{P}_s(\lambda),\boldsymbol{Q}_1(\lambda),\cdots,\boldsymbol{Q}_t(\lambda)$$

使得$\boldsymbol{P}_s(\lambda)\cdots\boldsymbol{P}_1(\lambda)\boldsymbol{A}(\lambda)\boldsymbol{Q}_1(\lambda)\cdots\boldsymbol{Q}_t(\lambda)=\boldsymbol{B}(\lambda)$。

（4）设$R(\boldsymbol{A}(\lambda))=r$，则

$$D_1(\lambda)=d_1(\lambda)\text{ , }D_2(\lambda)=d_1(\lambda)d_2(\lambda)\text{ , }\cdots\text{ , }D_r(\lambda)=d_1(\lambda)d_2(\lambda)\cdots d_r(\lambda)$$

且$D_k(\lambda)$与$d_k(\lambda)$相互确定，$k=1,2,\cdots,r$。

（5）设$\boldsymbol{A},\boldsymbol{B}$是数域$P$上的$n$阶矩阵，则$\boldsymbol{A},\boldsymbol{B}$等价的充要条件为$\lambda\boldsymbol{E}-\boldsymbol{A}$与$\lambda\boldsymbol{E}-\boldsymbol{B}$等价；$\boldsymbol{A},\boldsymbol{B}$等价的充要条件为$\lambda\boldsymbol{E}-\boldsymbol{A}$与$\lambda\boldsymbol{E}-\boldsymbol{B}$有相同的行列式因子、不变因子；$\boldsymbol{A},\boldsymbol{B}$等价的充要条件为$\boldsymbol{A}$与$\boldsymbol{B}$有相同的初等因子。

（6）设$\boldsymbol{A}\in P^{n\times n}$，矩阵$\boldsymbol{A}$的最小多项式是唯一的。

若$g(\lambda)\in P[\lambda],g(\boldsymbol{A})=\boldsymbol{0}$，则$g(\lambda)$称为$\boldsymbol{A}$的零化多项式，且$\boldsymbol{A}$的最小多项式$m(\lambda)\mid g(\lambda)$。

设$\boldsymbol{A}=\begin{pmatrix}\boldsymbol{A}_1 & & \\ & \ddots & \\ & & \boldsymbol{A}_s\end{pmatrix}$是准对角矩阵，且$m_i(\lambda)$分别为$\boldsymbol{A}_i$的最小多项式，$m(\lambda)$为$\boldsymbol{A}$的最小多项式，则$m(\lambda)=[m_1(\lambda),m_2(\lambda),\cdots,m_s(\lambda)]$（最小公倍数）。

（7）若尔当（Jordan）定理：设$\boldsymbol{A}\in\mathbf{C}^{n\times n}$，则存在可逆阵$\boldsymbol{T}\in\mathbf{C}^{n\times n}$，使：

$$\boldsymbol{J}=\boldsymbol{T}^{-1}\boldsymbol{A}\boldsymbol{T}=\begin{pmatrix}\boldsymbol{J}_1 & & \\ & \ddots & \\ & & \boldsymbol{J}_s\end{pmatrix}$$

$\boldsymbol{J}$为若尔当形矩阵，且这个若尔当形矩阵除去其中若尔当块的排列次序外是被矩阵$\boldsymbol{A}$唯一决定的，称为$\boldsymbol{A}$的若尔当标准形，其中若尔当块为：

$$\boldsymbol{J}_k=\begin{pmatrix}\lambda_k & & & \\ 1 & \lambda_k & & \\ & \ddots & \ddots & \\ & & 1 & \lambda_k\end{pmatrix}\in\mathbf{C}^{n_k\times n_k},\ k=1,2,\cdots,s$$

从而$\boldsymbol{J}$的全部初等因子为$(\lambda-\lambda_1)^{n_1}$，$\cdots$，$(\lambda-\lambda_s)^{n_s}$，其中$\lambda_i$为$\boldsymbol{A}$的特征值。

（8）设σ是复数域上n维线性空间V的线性变换，则在V中必存在一组基，使σ在这组基下的矩阵是若尔当形矩阵，且这个若尔当形矩阵除去其中若尔当块的排列次序外是被σ唯一决定的。

（9）设$\boldsymbol{A}\in\mathbf{C}^{n\times n}$，则存在可逆阵$\boldsymbol{T}\in\mathbf{C}^{n\times n}$，使：

$$\boldsymbol{T}^{-1}\boldsymbol{A}\boldsymbol{T}=\begin{pmatrix}\lambda_1 & & * \\ & \ddots & \\ & & \lambda_n\end{pmatrix}$$

其中$\lambda_1,\cdots,\lambda_n$为$\boldsymbol{A}$的全部特征值。

（10）设$\boldsymbol{A}\in\boldsymbol{C}^{n\times n}$，$g(x)\in\boldsymbol{C}[x]$，若$\lambda_1,\cdots,\lambda_n$为$\boldsymbol{A}$的全部特征值，则$g(\boldsymbol{A})$的全部特征值为$g(\lambda_1),\cdots,g(\lambda_n)$，即存在可逆阵$\boldsymbol{T}\in\boldsymbol{C}^{n\times n}$，使：

$$\boldsymbol{T}^{-1}g(\boldsymbol{A})\boldsymbol{T}=\begin{pmatrix}g(\lambda_1) & & * \\ & \ddots & \\ & & g(\lambda_n)\end{pmatrix}$$

8.1.3 基本方法

8.1.3.1 求数字矩阵的若尔当标准形的方法

（1）（方法一）先求n阶矩阵$\boldsymbol{A}$的全部初等因子，再求若尔当标准形。

$$(\lambda-\lambda_1)^{r_1},(\lambda-\lambda_2)^{r_2},\cdots,(\lambda-\lambda_s)^{r_s}$$

其中$\lambda_1,\lambda_2,\cdots,\lambda_s$可能相等，指数$r_1,r_2,\cdots,r_s$也可能相等，则$\boldsymbol{A}$的若尔当标准形$\boldsymbol{J}$由$s$个若尔当块构成，即：

$$\boldsymbol{J}=\begin{pmatrix}\boldsymbol{J}_1 & & & \\ & \boldsymbol{J}_2 & & \\ & & \ddots & \\ & & & \boldsymbol{J}_s\end{pmatrix}$$

每个初等因子$(\lambda-\lambda_i)^{r_i}$对应一个若尔当块：

$$\boldsymbol{J}_i=\begin{pmatrix}\lambda_i & & & \\ 1 & \lambda_i & & \\ & \ddots & \ddots & \\ & & 1 & \lambda_i\end{pmatrix}_{r_i\times r_i}$$

（2）（方法二）利用特征向量求矩阵的若尔当标准形。

设$\boldsymbol{A}\in P^{n\times n}$，若$\lambda_i$是$\boldsymbol{A}$的单特征值，则对应于1阶若尔当块$\boldsymbol{J}_i=(\lambda_i)$；若$\lambda_i$是$\boldsymbol{A}$的$r_i$（$r_i>1$）重特征值，有$k$个线性无关的特征向量属于$\lambda_i$，则有$k$个以$\lambda_i$为对角元素的若尔当块，这些若尔当块的阶数之和等于$r_i$。

8.1.3.2　求矩阵的初等因子的方法

（1）（方法一）将$\lambda\boldsymbol{E}-\boldsymbol{A}$用初等变换化为标准形，求出$\boldsymbol{A}$的所有不变因子，然后将每个次数大于零的不变因子分解成互不相同的一次因式方幂的积（可能出现相同的因式），所有这些一次因式的方幂就是$\boldsymbol{A}$的所有初等因子。

（2）（方法二）求出$\boldsymbol{A}$的所有行列式因子$D_1(\lambda),D_2(\lambda),\cdots,D_r(\lambda)$，利用行列式因子与不变因子的关系式：$d_1(\lambda)=D_1(\lambda)$，$d_k(\lambda)=\dfrac{D_k(\lambda)}{D_{k-1}(\lambda)}$，$k=2,3,\cdots,r$，求出$A$的不变因子，再利用（方法一）求出$\boldsymbol{A}$的所有初等因子。

（3）（方法三）用矩阵的初等变换将$\lambda\boldsymbol{E}-\boldsymbol{A}$化为对角形，利用基本结论求出$\boldsymbol{A}$的所有不变因子，再利用（方法一）求出$\boldsymbol{A}$的所有初等因子。

8.1.3.3 矩阵三因子之间的关系

设$\boldsymbol{A}$是n阶方阵，则

（1）$D_k(\lambda)=d_1(\lambda)d_2(\lambda)\cdots d_k(\lambda)$，$k=1,2,\cdots,n$；

（2）$d_1(\lambda)=D_1(\lambda)$，$d_k(\lambda)=\dfrac{D_k(\lambda)}{D_{k-1}(\lambda)}$，$k=2,3,\cdots,n$；

（3）利用初等因子求不变因子：在$\boldsymbol{A}$的全部初等因子中，将同一个一次因式$\lambda-\lambda_i$，$i=1,2,\cdots,r$的方幂的初等因子按降幂排列，当个数不足n个时，补上适当个数的1，使得总共有n个，将这些排列后的初等因子按列相乘，即可得到不变因子；

（4）$\boldsymbol{A}$的所有初等因子的乘积等于$\boldsymbol{A}$的所有不变因子的乘积等于：

$$f(\lambda)=|\lambda\boldsymbol{E}-\boldsymbol{A}|$$

8.1.3.4 判断矩阵$\boldsymbol{A}$与对角矩阵相似的方法

设$\boldsymbol{A}$为n阶复矩阵，若$\boldsymbol{A}$有n个线性无关的特征向量，则$\boldsymbol{A}$与对角矩阵相似；若$\boldsymbol{A}$的最小多项式没有重根，则$\boldsymbol{A}$与对角矩阵相似；若$\boldsymbol{A}$的初等因子都是一次因式，则$\boldsymbol{A}$与对角矩阵相似。

8.2 矩阵的最小多项式

凯莱－哈密顿定理表明：任给数域P上的一个n阶矩阵$\boldsymbol{A}$，总可以找到数域P上的多项式$f(x)$，使得$f(\boldsymbol{A})=\boldsymbol{0}$；若多项式$f(x)$使得$f(\boldsymbol{A})=\boldsymbol{0}$，则称$f(x)$为矩阵$\boldsymbol{A}$的零化多项式，且$\boldsymbol{A}$的零化多项式有多个。

事实上，由于$\boldsymbol{A}$为n阶方阵，则存在可逆矩阵$\boldsymbol{P}$，使得：

$$\boldsymbol{P}^{-1}\boldsymbol{A}\boldsymbol{P}=\begin{pmatrix}\lambda_1 & & * \\ & \ddots & \\ & & \lambda_n\end{pmatrix}$$

由$f_A(x)=(x-\lambda_1)(x-\lambda_2)\cdots(x-\lambda_n)$，知：

$$P^{-1}f_A(A)P = P^{-1}(A-\lambda_1 E)(A-\lambda_2 E)\cdots(A-\lambda_n E)P$$

$$= \begin{pmatrix} 0 & & & \\ & \lambda_2-\lambda_1 & & \\ & & \ddots & \\ & & & \lambda_n-\lambda_1 \end{pmatrix} \begin{pmatrix} \lambda_1-\lambda_2 & & & \\ & 0 & & \\ & & \ddots & \\ & & & \lambda_n-\lambda_2 \end{pmatrix} \cdots$$

$$\begin{pmatrix} \lambda_1-\lambda_n & & & \\ & \ddots & & \\ & & \lambda_{n-1}-\lambda_n & \\ & & & 0 \end{pmatrix} = \mathbf{0}$$

因此$f_A(A)=\mathbf{0}$。

8.2.1 基本概念与理论

8.2.1.1 定义

次数最低的首 1 的零化多项式称为矩阵A的最小多项式，记为$m_A(x)$。

8.2.1.2 性质

（1）矩阵A的最小多项式是唯一的。

（2）相似的矩阵具有相同的最小多项式。

（3）矩阵A的最小多项式是$xE-A$的最后一个不变因子。

（4）当A的最小多项式无重根，即A的最后一个不变因子无重根时，A必可对角化。

<u>例 1</u> 设$A\in P^{n\times n}$，$g(x)\in P[x]$，若$g(A)=\mathbf{0}$，则$m_A(x)\mid g(x)$。

证明：设$g(x)=m_A(x)q(x)+r(x)$，其中$r(x)=0$或$\partial r(x)<\partial m_A(x)$，则：

$$g(A)=m_A(A)\,q(A)+r(A)$$

由于$g(A)=\mathbf{0}$，则$r(A)=\mathbf{0}$。由最小多项式的定义可知$r(x)=0$，即$m_A(x)\mid g(x)$。

<u>例 2</u> 相似的矩阵的最小多项式相同。

证明：设A,B是两个相似的n阶方阵，则存在可逆矩阵P使得$B=P^{-1}AP$。

设 $m_A(x),m_B(x)$ 分别为 $\boldsymbol{A},\boldsymbol{B}$ 的最小多项式，则 $m_A(\boldsymbol{B})=m_A(\boldsymbol{P}^{-1}\boldsymbol{AP})=\boldsymbol{P}^{-1}\boldsymbol{m}_A(\boldsymbol{A})\boldsymbol{P}=\boldsymbol{0}$，从而$m_B(x)\mid m_A(x)$。同理可得$m_B(\boldsymbol{A})=m_B(\boldsymbol{PBP}^{-1})=\boldsymbol{P}\,m_B(\boldsymbol{B})\boldsymbol{P}^{-1}=\boldsymbol{0}$，即$m_A(x)\mid m_B(x)$，故$m_B(x)=m_A(x)$。

例 3 矩阵$\boldsymbol{A}$的最小多项式是$x\boldsymbol{E}-\boldsymbol{A}$的最后一个不变因子，即$m_A(x)=d_n(x)$。

证明：设$\boldsymbol{A}$的若尔当标准形为：

$$\boldsymbol{J}=\begin{pmatrix}\boldsymbol{J}_{\lambda_1} & & \\ & \ddots & \\ & & \boldsymbol{J}_{\lambda_s}\end{pmatrix}$$

$\boldsymbol{J}_{\lambda_i}$为$k_i$阶若尔当块，则$\left|\lambda\boldsymbol{E}_{k_i}-\boldsymbol{J}_{\lambda_i}\right|=(\lambda-\lambda_i)^{k_i}$。

由：

$$\boldsymbol{m}_{J_{k_i}}(\boldsymbol{J}_{\lambda_i})^{t_i}=(\boldsymbol{J}_{\lambda_i}-\lambda_i\boldsymbol{E}_{k_i})^{t_i}=\begin{pmatrix}0 & & & \\ 1 & 0 & & \\ & \ddots & \ddots & \\ & & 1 & 0\end{pmatrix}^{t_i}=\boldsymbol{0}$$

知必有$t_i=k_i$，从而$\boldsymbol{J}_{\lambda_i}$的最小多项式为$(\lambda-\lambda_i)^{k_i}$。

对于任意$g(x)\in P[x]$，均有：

$$g(\boldsymbol{J})=\begin{pmatrix}g(\boldsymbol{J}_{\lambda_1}) & & \\ & \ddots & \\ & & g(\boldsymbol{J}_{\lambda_s})\end{pmatrix}$$

则$g(\boldsymbol{J})=\boldsymbol{0}$的充要条件为$g(\boldsymbol{J}_{\lambda_i})=\boldsymbol{0}$（$i=1,2,\cdots,s$）。

类似地，$m_J(\boldsymbol{J})=\boldsymbol{0}$的充要条件为$m_{J_{\lambda_i}}(\boldsymbol{J}_{\lambda_i})=\boldsymbol{0}$，其中$i=1,\cdots,s$，从而：

$$m_{J_{\lambda i}}(x)\mid m_J(x)$$

即$m_J(x)$是$m_{J_{\lambda_i}}(x)$的最小公倍式，也是所有初等因子的最小公倍式，即最后一个不变因子：

$$m_A(x)=m_J(x)=d_n(x)=\frac{D_n(x)}{D_{n-1}(x)}$$

注：当$\boldsymbol{A}$的最小多项式无重根，即$\boldsymbol{A}$的最后一个不变因子无重根时，依据若尔当标准形的定义，$\boldsymbol{A}$必可对角化。

8.2.2 矩阵最小多项式的求法

8.2.2.1 利用特征多项式

方阵$\boldsymbol{A}$的最小多项式实质包含$\boldsymbol{A}$的特征多项式中的所有不同的一次因式的乘积。

例 4 求矩阵$\boldsymbol{A}=\begin{pmatrix}2&1&1\\1&2&1\\1&1&2\end{pmatrix}$的最小多项式。

解：由$\boldsymbol{A}$的特征多项式$f(\lambda)=(\lambda-1)^2(\lambda-4)$，知$\boldsymbol{A}$的最小多项式可能为：

$$(\lambda-1)(\lambda-4)\ ,\ (\lambda-1)^2(\lambda-4)$$

由$(\boldsymbol{A}-\boldsymbol{E})(\boldsymbol{A}-4\boldsymbol{E})=\boldsymbol{0}$，知$\boldsymbol{A}$的最小多项式为$(\lambda-1)(\lambda-4)$。

例 5 设$\boldsymbol{A}=\boldsymbol{E}_n-\boldsymbol{\alpha\beta}^{\mathrm{T}}$，而$\boldsymbol{\alpha}^{\mathrm{T}}\boldsymbol{\beta}=1$，其中$\boldsymbol{\alpha},\boldsymbol{\beta}$为$n$维列向量，求$\boldsymbol{A}$的特征多项式及最小多项式。

解：由$\left|\lambda\boldsymbol{E}-\boldsymbol{A}\right|=\left|(\lambda-1)\boldsymbol{E}+\boldsymbol{\alpha\beta}^{\mathrm{T}}\right|=(\lambda-1)^{n-1}(\lambda-1+\boldsymbol{\beta}^{\mathrm{T}}\boldsymbol{\alpha})$，$\boldsymbol{\beta}^{\mathrm{T}}\boldsymbol{\alpha}=\boldsymbol{\alpha}^{\mathrm{T}}\boldsymbol{\beta}=1$，知：

$$\left|\lambda\boldsymbol{E}-\boldsymbol{A}\right|=\lambda(\lambda-1)^{n-1}$$

设$\boldsymbol{A}$的最小多项式为$m_A(\lambda)$，则$m_A(\lambda)|\lambda(\lambda-1)^{n-1}$。

由$\lambda(\lambda-1)$可知对应的矩阵表达式为$(\boldsymbol{E}-\boldsymbol{\alpha\beta}^{\mathrm{T}})(-\boldsymbol{\alpha\beta}^{\mathrm{T}})=\boldsymbol{0}$，即$m_A(\lambda)=\lambda(\lambda-1)$且$m_A(\lambda)\neq\lambda$，否则$\boldsymbol{E}-\boldsymbol{\alpha\beta}^{\mathrm{T}}=\boldsymbol{0}$，即$\boldsymbol{E}=\boldsymbol{\alpha\beta}^{\mathrm{T}}$，而$R(\boldsymbol{E})=n>1$，$R(\boldsymbol{\alpha\beta}^{\mathrm{T}})\leqslant 1$，矛盾。

同时$m_A(\lambda)\neq\lambda-1$，则$\boldsymbol{\alpha\beta}^{\mathrm{T}}=\boldsymbol{0}$，$\boldsymbol{\beta}^{\mathrm{T}}\boldsymbol{\alpha\beta}^{\mathrm{T}}=\boldsymbol{0}$。又$\boldsymbol{\beta}^{\mathrm{T}}\boldsymbol{\alpha}=\boldsymbol{\alpha}^{\mathrm{T}}\boldsymbol{\beta}=1$，则$\boldsymbol{\beta}^{\mathrm{T}}=\boldsymbol{0}$，即$\boldsymbol{\beta}=\boldsymbol{0}$，从而$\boldsymbol{\alpha}^{\mathrm{T}}\boldsymbol{\beta}=0$，矛盾，即$m_A(\lambda)=\lambda(\lambda-1)$。

8.2.2.2 利用最小多项式的定义

利用最小多项式的定义求法的步骤如下：

（1）试解$\boldsymbol{A}=\lambda_0\boldsymbol{E}$，若可求出$\lambda_0$，则$\boldsymbol{A}$的最小多项式为$m_A(\lambda)=\lambda-\lambda_0$；否则进行下一步。

（2）试解$\boldsymbol{A}^2=\lambda_0\boldsymbol{E}+\lambda_1\boldsymbol{A}$，若可求出$\lambda_0$，$\lambda_1$，则$\boldsymbol{A}$的最小多项式为$m_A(\lambda)=\lambda^2-\lambda_1\lambda-\lambda_0$；否则进行下一步。

（3）试解$\boldsymbol{A}^3=\lambda_0\boldsymbol{E}+\lambda_1\boldsymbol{A}+\lambda_2\boldsymbol{A}^2$，若可求出$\lambda_0$，$\lambda_1$，$\lambda_2$，则$\boldsymbol{A}$的最小多项式为$m_A(\lambda)=\lambda^3-\lambda_2\lambda^2-\lambda_1\lambda-\lambda_0$；否则进行下一步。

（4）试解$\boldsymbol{A}^4=\lambda_0\boldsymbol{E}+\lambda_1\boldsymbol{A}+\lambda_2\boldsymbol{A}^2+\lambda_3\boldsymbol{A}^3$，若可求出$\lambda_0$，$\lambda_1$，$\lambda_2$，$\lambda_3$，则$\boldsymbol{A}$的最小多项式为$m_A(\lambda)=\lambda^4-\lambda_3\lambda^3-\lambda_2\lambda^2-\lambda_1\lambda-\lambda_0$；否则进行下一步。

依次类推直到矩阵方程成立（由凯莱－哈密顿定理可知此过程为有限步）。

8.2.2.3 利用若尔当标准形

设$\boldsymbol{A}\in\mathbf{C}^{n\times n}$，则$\boldsymbol{A}$的最小多项式可以由$\phi(\lambda)=(\lambda-\lambda_1)^{d_1}(\lambda-\lambda_2)^{d_2}\cdots(\lambda-\lambda_s)^{d_s}$给出，其中$\lambda_i$为$\boldsymbol{A}$互异的特征值，$d_i$为$\boldsymbol{A}$的若尔当标准形中含$\lambda_i$的若尔当块的最大阶数。

例6 求矩阵$\boldsymbol{A}=\begin{pmatrix}0&0&0&0&0&-1\\2&1&-1&-1&0&-1\\0&0&2&1&0&0\\0&0&0&2&0&0\\0&0&0&0&2&0\\1&0&0&0&0&2\end{pmatrix}$的最小多项式。

解：（方法一）由$\boldsymbol{A}$的特征多项式$f(\lambda)=|\lambda\boldsymbol{E}-\boldsymbol{A}|=(\lambda-1)^3(\lambda-2)^3$可知其特征值为$\lambda_1=1,\lambda_2=2$（均为三重），易得$R(\boldsymbol{E}-\boldsymbol{A})=5$，则$\lambda_1=1$对应的特征向量只有1个，表明对应的若尔当块只有1个；而$R(2\boldsymbol{E}-\boldsymbol{A})=4$，则$\lambda_2=2$对应的特征向量有2个，表明对应的若尔当块有2个，则$\boldsymbol{A}$的若尔当标准形为：

$$\begin{pmatrix} 1 & & & & & \\ 1 & 1 & & & & \\ & 1 & 1 & & & \\ & & & 2 & & \\ & & & 1 & 2 & \\ & & & & & 2 \end{pmatrix}$$

显然含 $\lambda_1=1$ 的若尔当块的阶数为 3，含 $\lambda_2=2$ 的若尔当块的最大阶数为 2，故 $\boldsymbol{A}$ 的最小多项式为 $m_A(\lambda)=(\lambda-1)^3(\lambda-2)^2$。

（方法二）利用行列式因子与不变因子之间的关系求。由于：

$$\lambda\boldsymbol{E}-\boldsymbol{A}=\begin{pmatrix} \lambda & 0 & 0 & 0 & 0 & 1 \\ -2 & \lambda-1 & 1 & 1 & 0 & 1 \\ 0 & 0 & \lambda-2 & -1 & 0 & 0 \\ 0 & 0 & 0 & \lambda-2 & 0 & 0 \\ 0 & 0 & 0 & 0 & \lambda-2 & 0 \\ -1 & 0 & 0 & 0 & 0 & \lambda-2 \end{pmatrix}$$

易知 $D_1=D_2=1$，其中：

$$\begin{vmatrix} 0 & 0 & 1 \\ 1 & 1 & 1 \\ \lambda-2 & -1 & 0 \end{vmatrix}=-1-(\lambda-2)=1-\lambda，\begin{vmatrix} \lambda-2 & 0 & 0 \\ 0 & \lambda-2 & 0 \\ 0 & 0 & \lambda-2 \end{vmatrix}=(\lambda-2)^3$$

则 $D_3=1$，同时：

$$\begin{vmatrix} \lambda-2 & -1 & 0 & 0 \\ 0 & \lambda-2 & 0 & 0 \\ 0 & 0 & \lambda-2 & 0 \\ 0 & 0 & 0 & \lambda-2 \end{vmatrix}=(\lambda-2)^4，\begin{vmatrix} \lambda & 0 & 0 & 1 \\ -2 & \lambda-1 & 1 & 1 \\ 0 & 0 & -1 & 0 \\ -1 & 0 & 0 & \lambda-2 \end{vmatrix}=-(\lambda-1)^3$$

则 $D_4=1$，同理可知 $D_5=\lambda-2$，$D_6=(\lambda-1)^3(\lambda-2)^3$，从而可得：

$$d_1=d_2=d_3=d_4=1，d_5=\lambda-2，d_6=(\lambda-1)^3(\lambda-2)^2$$

故 $\boldsymbol{A}$ 的最小多项式为 $d_6=(\lambda-1)^3(\lambda-2)^2$。

8.2.2.4 利用不变因子

n阶矩阵$\boldsymbol{A}$的最小多项式是$\lambda\boldsymbol{E}-\boldsymbol{A}$的最后一个不变因子$d_n(\lambda)$。

例 7 求矩阵$\boldsymbol{A}(\lambda)=\begin{pmatrix}\lambda & -1 & 0 & 0\\ 0 & \lambda & -1 & 0\\ 0 & 0 & \lambda & -1\\ 5 & 4 & 3 & \lambda+2\end{pmatrix}$的最小多项式。

解：由

$$\begin{vmatrix}\lambda & -1 & 0 & 0\\ 0 & \lambda & -1 & 0\\ 0 & 0 & \lambda & -1\\ 5 & 4 & 3 & \lambda+2\end{vmatrix}=\lambda^4+2\lambda^3+3\lambda^2+4\lambda+5,\quad \begin{vmatrix}-1 & 0 & 0\\ \lambda & -1 & 0\\ 0 & \lambda & -1\end{vmatrix}=-1$$

知$D_1=D_2=D_3=1$，从而$d_1=d_2=d_3=1$，$d_4=\lambda^4+2\lambda^3+3\lambda^2+4\lambda+5$，进一步$\boldsymbol{A}$的不变因子为 1,1,1, $\lambda^4+2\lambda^3+3\lambda^2+4\lambda+5$，从而$\boldsymbol{A}$的最小多项式为：

$$m_A(\lambda)=\lambda^4+2\lambda^3+3\lambda^2+4\lambda+5$$

8.2.3 矩阵最小多项式的应用

利用最小多项式可求出一个矩阵的若尔当标准形，也可判断矩阵多项式是否可逆及给出矩阵方幂的一个快速求法，还可判断方阵是否可对角化。

例 8 设$\boldsymbol{\alpha}=(a_1,a_2,\cdots,a_n)$，$\boldsymbol{\beta}=(b_1,b_2,\cdots,b_n)$为非零复向量，且$\sum_{i=1}^{n}a_ib_i=0$，令$\boldsymbol{A}=\boldsymbol{\alpha}^{\mathrm{T}}\boldsymbol{\beta}$，试求$\boldsymbol{A}$的若尔当标准形和不变因子。

解：由$\boldsymbol{A}=\boldsymbol{\alpha}^{\mathrm{T}}\boldsymbol{\beta}$，$\boldsymbol{\alpha}$，$\boldsymbol{\beta}$为非零向量，知$R(\boldsymbol{\alpha})=R(\boldsymbol{\beta})=1$，$R(\boldsymbol{A})\neq 0$。

若$R(\boldsymbol{A})=0$，则$\boldsymbol{A}=\boldsymbol{0}$，$\sum_{i=1}^{n}a_ib_i=0$，$\boldsymbol{\beta}=\boldsymbol{0}$矛盾。

又$R(\boldsymbol{A})\leqslant\min\{R(\boldsymbol{\alpha}),R(\boldsymbol{\beta})\}$，则$R(\boldsymbol{A})\leqslant 1$，故$R(\boldsymbol{A})=1$。

又$\boldsymbol{A}^2=(\boldsymbol{\alpha}^{\mathrm{T}}\boldsymbol{\beta})(\boldsymbol{\alpha}^{\mathrm{T}}\boldsymbol{\beta})=\boldsymbol{\alpha}^{\mathrm{T}}(\boldsymbol{\beta}\boldsymbol{\alpha}^{\mathrm{T}})\boldsymbol{\beta}=\boldsymbol{0}$，故$\boldsymbol{A}$的最小多项式为$\lambda^2$。对于$\boldsymbol{A}$，存在可

逆矩阵$\boldsymbol{P}$，使得$\boldsymbol{P}^{-1}\boldsymbol{A}\boldsymbol{P}=(\boldsymbol{J}_1,\cdots,\boldsymbol{J}_s)$，其中$\boldsymbol{J}_1,\cdots,\boldsymbol{J}_{s-1}$为 1 阶若尔当块，且：

$$\boldsymbol{J}_s=\begin{pmatrix}0&0\\1&0\end{pmatrix}$$

事实上，由$R(\boldsymbol{J}_s)=2$，$R(\boldsymbol{A})=n$，知$R(\boldsymbol{J}_i)=1$，其中$i=1,\cdots,s-1$，故$\boldsymbol{A}$的初等因子为λ（$n-2$个），λ^2，$\boldsymbol{A}$的若尔当标准形为：

$$\mathrm{diag}\left(0,\cdots,0,\begin{pmatrix}0&0\\1&0\end{pmatrix}\right)_{n\times n}$$

故$\boldsymbol{A}$的不变因子为λ（$n-2$个），λ^2。

例 9 设$\boldsymbol{A}=\begin{pmatrix}3&-10&-6\\1&-4&-3\\-1&5&4\end{pmatrix}$，求$\boldsymbol{A}^{100}$。

解：由于$\boldsymbol{A}$的特征多项式$f(\lambda)=(\lambda-1)^3$，则$\boldsymbol{A}$的最小多项式可能为$(\lambda-1)$，$(\lambda-1)^2,(\lambda-1)^3$。由$(\boldsymbol{A}-\boldsymbol{E})^2=\boldsymbol{0}$，知$\boldsymbol{A}$的最小多项式可能为$m_A(\lambda)=(\lambda-1)^2$。

令$\lambda^{100}=q(\lambda)m_A(\lambda)+r(\lambda)$，$r(\lambda)=a\lambda+b$，由于$m_A(1)=0$，令$\lambda=1$，得$1=a+b$，求导后再令$\lambda=1$，得$a=100$，即$a=100,b=-99$，故：

$$\boldsymbol{A}^{100}=q(\boldsymbol{A})\,m_A(\boldsymbol{A})+a\boldsymbol{A}+b\boldsymbol{E}=\boldsymbol{0}+100\boldsymbol{A}-99\boldsymbol{E}=\begin{pmatrix}201&-1\,000&-600\\100&-499&-300\\-100&500&301\end{pmatrix}$$

例 10 设$\boldsymbol{A}=\begin{pmatrix}1&3&4+\mathrm{i}\\0&\varpi&5\\0&0&\varpi^2\end{pmatrix}$，其中$\varpi=\cos\dfrac{2\pi}{3}+\mathrm{i}\sin\dfrac{2\pi}{3}$是 3 次单位根，求$\boldsymbol{A}^{1000}$。

解：由$\boldsymbol{A}$的特征多项式$f(x)=(x-1)(x-\varpi)(x-\varpi^2)$，知$\boldsymbol{A}$的最小多项式为$f(x)$，从而$f(\boldsymbol{A})=\boldsymbol{A}^3-\boldsymbol{E}=\boldsymbol{0}$，即$\boldsymbol{A}^3=\boldsymbol{E}$，故$\boldsymbol{A}^{1\,000}=(\boldsymbol{A}^3)^{333}\boldsymbol{A}=\boldsymbol{A}$。

例 11 设n阶实矩阵$\boldsymbol{A}$的秩为$n-1$，n阶实矩阵$\boldsymbol{B}\neq\boldsymbol{0}$，且$\boldsymbol{AB}=\boldsymbol{BA}=\boldsymbol{0}$，证明存在多项式$f(x)$使得$\boldsymbol{B}=f(\boldsymbol{A})$。

证明：由$\boldsymbol{AB}=\boldsymbol{0}$，知$R(\boldsymbol{A})+R(\boldsymbol{B})\leqslant n$。由$R(\boldsymbol{A})=n-1$，$\boldsymbol{B}\neq\boldsymbol{0}$，知$R(\boldsymbol{B})=1$，从而可设：

$$\boldsymbol{B}=\boldsymbol{\alpha}\boldsymbol{\beta}^{\mathrm{T}}\text{，}\boldsymbol{\alpha}=(a_1,a_2,\cdots,a_n)^{\mathrm{T}}\neq\boldsymbol{0}\text{，}\boldsymbol{\beta}=(b_1,b_2,\cdots,b_n)^{\mathrm{T}}\neq\boldsymbol{0}$$

则$\boldsymbol{AB}=\boldsymbol{0}\Rightarrow\boldsymbol{A}\boldsymbol{\alpha}\boldsymbol{\beta}^{\mathrm{T}}=\boldsymbol{0}$，从而$\boldsymbol{A}\boldsymbol{\alpha}\boldsymbol{\beta}^{\mathrm{T}}\boldsymbol{\beta}=\boldsymbol{0}$，即$\boldsymbol{A}\boldsymbol{\alpha}=\boldsymbol{0}(\boldsymbol{\beta}\neq\boldsymbol{0})$。

由于$R(\boldsymbol{A})=n-1$，则$\boldsymbol{AX}=\boldsymbol{0}$的解形如$k\boldsymbol{\alpha}$。由于$\boldsymbol{BA}=\boldsymbol{0}$，则$\boldsymbol{\alpha}\boldsymbol{\beta}^{\mathrm{T}}\boldsymbol{A}=\boldsymbol{0}$，从而$\boldsymbol{A}^{\mathrm{T}}\boldsymbol{\alpha}\boldsymbol{\beta}^{\mathrm{T}}\boldsymbol{A}=\boldsymbol{0}$，即$\boldsymbol{\beta}^{\mathrm{T}}\boldsymbol{A}=\boldsymbol{0}$，$\boldsymbol{\beta}$是$\boldsymbol{X}^{\mathrm{T}}\boldsymbol{A}=\boldsymbol{0}$的解，且其解形如$l\boldsymbol{\beta}$。

设$m(x)$为$\boldsymbol{A}$的最小多项式，且$\partial m(x)\geqslant 2$，否则，假设$m(x)=x+a$，若$a=0$，则$\boldsymbol{A}=\boldsymbol{0}$，与$R(\boldsymbol{A})=n-1$矛盾。若$a\neq 0$，则$m(\boldsymbol{A})=\boldsymbol{A}+a\boldsymbol{E}=\boldsymbol{0}$，即$\boldsymbol{A}=-a\boldsymbol{E}$，$R(\boldsymbol{A})=n$矛盾。

设$m(x)=b_mx^m+\cdots+b_1x+b_0$，且$b_0=0$，假设$b_0\neq 0$，则$b_m\boldsymbol{A}^m+\cdots+b_1\boldsymbol{A}+b_0\boldsymbol{E}=\boldsymbol{0}$，即$\boldsymbol{A}(-b_m\boldsymbol{A}^{m-1}-\cdots-b_1\boldsymbol{E})=b_0\boldsymbol{E}$，从而$\boldsymbol{A}$可逆，与$R(\boldsymbol{A})=n-1$矛盾，故$m(x)=xg(x)$，其中$g(x)=b_mx^{m-1}+\cdots+b_2x+b_1$，故$\boldsymbol{A}g(\boldsymbol{A})=\boldsymbol{0}$。

由题知$g(\boldsymbol{A})\neq\boldsymbol{0}$，假设$g(\boldsymbol{A})=\boldsymbol{0}$，则$g(x)$为$\boldsymbol{A}$的零化多项式，而$\partial g(x)<\partial m(x)$与最小多项式的定义矛盾，故$g(\boldsymbol{A})\neq\boldsymbol{0}$。又$\boldsymbol{A}g(\boldsymbol{A})=\boldsymbol{0}$，且$R(\boldsymbol{A})=n-1$，则$g(\boldsymbol{A})$的秩为1，从而$g(\boldsymbol{A})=\boldsymbol{\gamma}\boldsymbol{\delta}^{\mathrm{T}}$，即$\boldsymbol{\gamma}$为$\boldsymbol{AX}=\boldsymbol{0}$的解，且$\boldsymbol{\gamma}=k\boldsymbol{\alpha}$，$k\neq 0$。同理$\boldsymbol{\delta}=l\boldsymbol{\beta}$，$l\neq 0$，从而$g(\boldsymbol{A})=kl\boldsymbol{B}$，即$\boldsymbol{B}=\dfrac{1}{kl}g(\boldsymbol{A})$。

<u>例 12</u> 设$\boldsymbol{A}\in P^{n\times n}$，$f_A(x)$和$m_A(x)$分别是$\boldsymbol{A}$的特征多项式和最小多项式，则$f_A(x)$在$P$上的任一不可约因式都是$m_A(x)$的因式。

证明：由$f_A(x)=|x\boldsymbol{E}-\boldsymbol{A}|$为$n$个不变因子的乘积，知$f_A(x)$的任一不可约因式$q(x)$至少整除$f_A(x)=|x\boldsymbol{E}-\boldsymbol{A}|$的某一个不变因子，而每个不变因子都整除第$n$个不变因子$d_n(x)$，所以$q(x)$整除$d_n(x)$，而$d_n(x)=m_A(x)$，故$q(x)$整除$m_A(x)$。

8.3 试题解析

例 1（上海理工大学，2017）设$A=\begin{pmatrix}13 & 16 & 16\\ -5 & -7 & -6\\ -6 & -8 & -7\end{pmatrix}$，求矩阵$A$的不变因子、初等因子、若尔当标准形和有理标准形。

解：由于$|\lambda E-A|=(\lambda-1)^2(\lambda+3)$，则$A$的特征值为$\lambda_1=1$（2 重），$\lambda_2=-3$。

又 1 的几何重数为$3-R(E-A)=1$，则A的若尔当标准形为：

$$\begin{pmatrix}1 & 0 & 0\\ 1 & 1 & 0\\ 0 & 0 & -3\end{pmatrix}$$

从而A的初等因子为$(\lambda-1)^2$，$\lambda+3$，不变因子为：

$$d_3(\lambda)=(\lambda-1)^2(\lambda+3)=\lambda^3+\lambda^2-5\lambda+3,\ d_1(\lambda)=d_2(\lambda)=1$$

A的有理标准形为：

$$\begin{pmatrix}0 & 0 & -3\\ 1 & 0 & 5\\ 0 & 1 & -1\end{pmatrix}$$

例 2（苏州大学，2020）已知$A=\begin{pmatrix}0 & 1 & 0\\ -4 & -4 & 0\\ -2 & 1 & 2\end{pmatrix}$。

（1）求A的初等因子、不变因子、若尔当标准形；

（2）求可逆矩阵P，使得$P^{-1}AP$为若尔当标准形。

解：（1）由$\lambda E-A=\begin{pmatrix}\lambda & -1 & 0\\ 4 & \lambda+4 & 0\\ 2 & -1 & \lambda-2\end{pmatrix}$可知$D_1=D_2=1$，则$A$的不变因子为：

$$d_1=d_2=1,\ d_3=|\lambda E-A|=(\lambda-2)(\lambda+2)^2$$

从而A的初等因子为$\lambda-2,(\lambda+2)^2$，若尔当标准形为

$$J=\begin{pmatrix}2&0&0\\0&-2&1\\0&0&-2\end{pmatrix}$$

（2）设$P=(\alpha_1,\alpha_2,\alpha_3)$，则：

$$A(\alpha_1,\alpha_2,\alpha_3)=(\alpha_1,\alpha_2,\alpha_3)\begin{pmatrix}2&0&0\\0&-2&1\\0&0&-2\end{pmatrix}$$

从而有$A\alpha_1=2\alpha_1,A\alpha_2=-2\alpha_2,A\alpha_3=\alpha_2-2\alpha_3$，解之可得：

$$\alpha_1=(0,0,1)^{\mathrm{T}},\alpha_2=(-1,2,-1)^{\mathrm{T}},\alpha_3=(0,-1,0)^{\mathrm{T}}$$

显然P为可逆矩阵，且$P^{-1}AP=J$。

例 3（合肥工业大学，2024）设复矩阵$A=\begin{pmatrix}1&5&5\\0&4&3\\0&a&2\end{pmatrix}$有一个二重特征值，求$A$的最小多项式和若尔当标准形，并求$A$可对角化的充要条件。

解：由$f_A(\lambda)=|\lambda E-A|=(\lambda-1)(\lambda^2-6\lambda+8-3a)$，知$a=1$或$-\frac{1}{3}$时有重根。

当$a=1$时，二重特征值为 1，则：

$$\lambda E-A=\begin{pmatrix}\lambda-1&-5&-5\\0&\lambda-4&-3\\0&-1&\lambda-2\end{pmatrix}\to\begin{pmatrix}1&0&0\\0&\lambda-1&0\\0&0&(\lambda-1)(\lambda-5)\end{pmatrix}$$

从而A的不变因子为$1,\lambda-1,(\lambda-1)(\lambda-5)$，最小多项式为$m(\lambda)=(\lambda-1)(\lambda-5)$，若尔当标准形为：

$$J=\begin{pmatrix}1&&\\&1&\\&&5\end{pmatrix}$$

即A可对角化。

当$a=-\frac{1}{3}$时，二重特征值为 3，则：

$$\lambda E-A=\begin{pmatrix}\lambda-1 & -5 & -5\\ 0 & \lambda-4 & -3\\ 0 & -\frac{1}{3} & \lambda-2\end{pmatrix}\to\begin{pmatrix}1 & 0 & 0\\ 0 & \lambda-1 & 0\\ 0 & 0 & (\lambda-3)^2\end{pmatrix}$$

从而A的不变因子为 1, $\lambda-1$, $(\lambda-3)^2$，最小多项式为$m(\lambda)=(\lambda-1)(\lambda-3)^2$，若尔当标准形为：

$$J=\begin{pmatrix}1 & & \\ & 3 & \\ & 1 & 3\end{pmatrix}$$

即A不可对角化。

综上A可对角化的充要条件为$a=1$。

<u>例 4</u> 证明矩阵$A=\begin{pmatrix}0 & 1 & 2\\ 1 & 0 & -2\\ -1 & 1 & 3\end{pmatrix}$与矩阵$B=\begin{pmatrix}-1 & 1 & 3\\ 3 & 0 & -4\\ -2 & 1 & 4\end{pmatrix}$不相似。

证明：考虑两者的初等因子、不变因子和行列式因子是否相同。由题可知：

$$\lambda E-A=\begin{pmatrix}\lambda & -1 & -2\\ -1 & \lambda & 2\\ 1 & -1 & \lambda-3\end{pmatrix}\to\begin{pmatrix}0 & \lambda-1 & -\lambda^2+3\lambda-2\\ 0 & \lambda-1 & \lambda-1\\ 1 & -1 & \lambda-3\end{pmatrix}\to\begin{pmatrix}1 & 0 & 0\\ 0 & \lambda-1 & \lambda-1\\ 0 & \lambda-1 & -\lambda^2+3\lambda-2\end{pmatrix}$$

$$\to\begin{pmatrix}1 & 0 & 0\\ 0 & \lambda-1 & \lambda-1\\ 0 & 0 & -\lambda^2+2\lambda-1\end{pmatrix}\to\begin{pmatrix}1 & 0 & 0\\ 0 & \lambda-1 & 0\\ 0 & 0 & (\lambda-1)^2\end{pmatrix}$$

$$\lambda E-B=\begin{pmatrix}\lambda+1 & -1 & -3\\ -3 & \lambda & 4\\ 2 & -1 & \lambda-4\end{pmatrix}\to\begin{pmatrix}0 & -1 & 0\\ \lambda^2+\lambda-3 & \lambda & -3\lambda+4\\ -\lambda+1 & -1 & \lambda-1\end{pmatrix}\to\begin{pmatrix}1 & 0 & 0\\ 0 & \lambda-1 & -\lambda+1\\ 0 & \lambda^2+\lambda-3 & -3\lambda+4\end{pmatrix}$$

$$\to\begin{pmatrix}1 & 0 & 0\\ 0 & \lambda-1 & -\lambda+1\\ 0 & \lambda^2-2\lambda & 1\end{pmatrix}\to\begin{pmatrix}1 & 0 & 0\\ 0 & (\lambda-1)^3 & 0\\ 0 & \lambda^2-2\lambda & 1\end{pmatrix}\to\begin{pmatrix}1 & 0 & 0\\ 0 & 1 & 0\\ 0 & 0 & (\lambda-1)^3\end{pmatrix}$$

则$\boldsymbol{A}$的初等因子为$\lambda-1$，$(\lambda-1)^2$，$\boldsymbol{B}$的初等因子为$(\lambda-1)^3$，显然两者的初等因子不同，从而两者的若尔当标准形不同，故两个矩阵不相似。

此题不仅可以通过因子判断，也可以转换为几何重数与代数重数判断。当几何重数与代数重数不相等时，矩阵不可对角化。

例 5（中山大学，2019）求k阶矩阵$\boldsymbol{A}_k=\begin{pmatrix}0&0&0&\cdots&0&-a_0\\1&0&0&\cdots&0&-a_1\\0&1&0&\cdots&0&-a_2\\\vdots&\vdots&\vdots&&\vdots&\vdots\\0&0&0&\cdots&0&-a_{k-2}\\0&0&0&\cdots&1&-a_{k-1}\end{pmatrix}$的特征多项式与最小多项式。

解：由题可知$|\lambda\boldsymbol{E}-\boldsymbol{A}_k|=x^k+a_{k-1}x^{k-1}+\cdots+a_1x+a_0$。

由$\lambda\boldsymbol{E}-\boldsymbol{A}_k$的一个行列式因子为：

$$\begin{vmatrix}-1&\lambda&&\\&-1&\ddots&\\&&\ddots&\lambda\\&&&-1\end{vmatrix}=(-1)^{k-1}$$

知$D_{k-1}=1$，从而$d_{k-1}=1$，即$d_k=|\lambda\boldsymbol{E}-\boldsymbol{A}_k|$，故$\boldsymbol{A}$的最小多项式为：

$$x^k+a_{k-1}x^{k-1}+\cdots+a_1x+a_0$$

例 6（苏州大学，2020）已知σ是数域P上的n维线性空间V上的线性变换。

（1）若存在$\boldsymbol{\alpha}\in V$，使得$\boldsymbol{\alpha},\sigma(\boldsymbol{\alpha}),\sigma^2(\boldsymbol{\alpha}),\cdots,\sigma^{n-1}(\boldsymbol{\alpha})$线性无关，则$\sigma$的特征多项式和最小多项式相同。

（2）试问（1）的逆命题是否成立？并说明理由。

（1）证明：设$\xi_1,\xi_2,\xi_3,\cdots,\xi_n$为$V$的一组基，则$\sigma(\xi_1,\xi_2,\cdots,\xi_n)=(\xi_1,\xi_2,\cdots,\xi_n)\boldsymbol{A}$。由存在$\boldsymbol{\alpha}\in V$，使得$\boldsymbol{\alpha},\sigma(\boldsymbol{\alpha}),\sigma^2(\boldsymbol{\alpha}),\cdots,\sigma^{n-1}(\boldsymbol{\alpha})$线性无关，则$\boldsymbol{\alpha},\boldsymbol{A\alpha},\cdots,\boldsymbol{A}^{n-1}\boldsymbol{\alpha}$线性无关；

令$\boldsymbol{A}^n\boldsymbol{\alpha}=b_0\boldsymbol{\alpha}+b_1\boldsymbol{A\alpha}+\cdots+b_{n-1}\boldsymbol{A}^{n-1}\boldsymbol{\alpha}$，取$\boldsymbol{P}=(\boldsymbol{\alpha},\boldsymbol{A\alpha},\cdots,\boldsymbol{A}^{n-1}\boldsymbol{\alpha})$，则$\boldsymbol{P}$是可逆矩阵，

从而：

$$\boldsymbol{A}(\boldsymbol{\alpha},\boldsymbol{A\alpha},\cdots,\boldsymbol{A}^{n-1}\boldsymbol{\alpha})=(\boldsymbol{A\alpha},\boldsymbol{A}^2\boldsymbol{\alpha},\cdots,\boldsymbol{A}^n\boldsymbol{\alpha})=(\boldsymbol{\alpha},\boldsymbol{A\alpha},\cdots,\boldsymbol{A}^{n-1}\boldsymbol{\alpha})\begin{pmatrix}0&0&0&\cdots&b_0\\1&0&0&\cdots&b_1\\0&1&0&\cdots&b_2\\\vdots&\vdots&\vdots&&\vdots\\0&0&0&\cdots&b_{n-1}\end{pmatrix}$$

即：

$$\boldsymbol{P}^{-1}\boldsymbol{AP}=\begin{pmatrix}0&0&0&\cdots&b_0\\1&0&0&\cdots&b_1\\0&1&0&\cdots&b_2\\\vdots&\vdots&\vdots&&\vdots\\0&0&0&\cdots&b_{n-1}\end{pmatrix}$$

由此可知$\boldsymbol{A}$的不变因子为：

$$d_1=\cdots=d_{n-1}=1\text{ , }d_n=|\lambda\boldsymbol{E}-\boldsymbol{A}|=\lambda^n+b_{n-1}\lambda^{n-1}+\cdots+b_1\lambda+b_0$$

即σ的特征多项式与最小多项式相同。

（2）解：（1）的逆命题是不成立的。由题可知，σ的特征多项式与最小多项式相同，而σ的最小多项式为最后一个不变因子，则：

$$|\lambda\boldsymbol{E}-\boldsymbol{A}|=d_1d_2\cdots d_n\text{ , }d_1=\cdots=d_{n-1}=1\text{ , }m(\lambda)=d_n$$

这样σ的若尔当标准形的若尔当块不能确定为只有 1 阶，即每个特征值对应的几何重数不一定等于代数重数。

例 7（陕西师范大学,2018）设$\boldsymbol{B}=\begin{pmatrix}3&0&8\\3&-1&6\\-2&0&-5\end{pmatrix}$，求$\boldsymbol{B}$的不变因子、初等因子、若尔当标准形、有理标准形和最小多项式。

解：由于：

$$\lambda\boldsymbol{E}-\boldsymbol{B}=\begin{pmatrix}\lambda-3&0&-8\\-3&\lambda+1&-6\\2&0&\lambda+5\end{pmatrix}\to\begin{pmatrix}\lambda+1&0&0\\-3&\lambda+1&0\\2&0&\lambda+1\end{pmatrix}\to\begin{pmatrix}1&0&0\\0&\lambda+1&0\\0&0&(\lambda+1)^2\end{pmatrix}$$

故$\boldsymbol{B}$的不变因子为$1,\lambda+1,(\lambda+1)^2$；$\boldsymbol{B}$的初等因子为$\lambda+1,(\lambda+1)^2$；若尔当标准形为：

$$\begin{pmatrix}-1 & & \\ & -1 & \\ & 1 & -1\end{pmatrix}$$

有理标准形为：

$$\begin{pmatrix}-1 & 0 & 0\\ 0 & 0 & -1\\ 0 & 1 & -2\end{pmatrix}$$

最小多项式为$(\lambda+1)^2$。

例 8（华东师范大学，2023）考虑未定元为x,y的次数至多为 2 的复系数二元多项式的线性空间，求线性变换$\sigma: f(x,y)\mapsto f(2x+1,2y+1)$的若尔当标准形。

解：取线性空间的一组基$1,x,y,x^2,xy,y^2$，根据定义，有

$$\sigma(1)=1\ ,\ \sigma(x)=1+2x\ ,\ \sigma(y)=1+2y\ ,\ \sigma(x^2)=(1+2x)^2=1+4x+4x^2$$

$$\sigma(y^2)=(1+2y)^2=1+4y+4y^2\ ,\ \sigma(xy)=(1+2x)(1+2y)=1+2x+2y+4xy$$

从而σ在此基下的矩阵为：

$$\boldsymbol{A}=\begin{pmatrix}1&1&1&1&1&1\\0&2&0&4&2&0\\0&0&2&0&2&4\\0&0&0&4&0&0\\0&0&0&0&4&0\\0&0&0&0&0&4\end{pmatrix}$$

显然$\boldsymbol{A}$的特征值为 1，2（二重），4（三重）。同时，易知：

$$R(\boldsymbol{E}-\boldsymbol{A})=5\ ,\ R(2\boldsymbol{E}-\boldsymbol{A})=4\ ,\ R(4\boldsymbol{E}-\boldsymbol{A})=3$$

从而可知特征值 1,2,4 的几何重数分别为 1,2,3，即$\boldsymbol{A}$的每个特征值的代数重数等于几何重数，故$\boldsymbol{A}$可对角化，即σ的若尔当标准形为$\mathrm{diag}\{1,2,2,4,4,4\}$。

9　欧氏空间

9.1　基本内容与考点综述

9.1.1　基本观念

9.1.1.1　内积

设V是实数域$\mathbf{R}$上的线性空间，对V中任意两个向量$\boldsymbol{\alpha},\boldsymbol{\beta}$，定义一个二元实函数，记作$(\boldsymbol{\alpha},\boldsymbol{\beta})$，若$\forall\boldsymbol{\alpha},\boldsymbol{\beta},\boldsymbol{\gamma}\in V,\forall k\in\mathbf{R}$，$(\boldsymbol{\alpha},\boldsymbol{\beta})$满足性质：

（1）对称性$(\boldsymbol{\alpha},\boldsymbol{\beta})=(\boldsymbol{\beta},\boldsymbol{\alpha})$；

（2）数乘性$(k\boldsymbol{\alpha},\boldsymbol{\beta})=k(\boldsymbol{\alpha},\boldsymbol{\beta})$；

（3）可加性$(\boldsymbol{\alpha}+\boldsymbol{\beta},\boldsymbol{\gamma})=(\boldsymbol{\alpha},\boldsymbol{\gamma})+(\boldsymbol{\beta},\boldsymbol{\gamma})$；

（4）正定性$(\boldsymbol{\alpha},\boldsymbol{\alpha})\geqslant 0$，当且仅当$\boldsymbol{\alpha}=\mathbf{0}$时$(\boldsymbol{\alpha},\boldsymbol{\alpha})=0$。

则称$(\boldsymbol{\alpha},\boldsymbol{\beta})$为$\boldsymbol{\alpha},\boldsymbol{\beta}$的内积。

9.1.1.2　欧氏空间

设V是实数域$\mathbf{R}$上的线性空间，对V中任意两个向量$\boldsymbol{\alpha},\boldsymbol{\beta}$，定义一个二元实函数，记作$(\boldsymbol{\alpha},\boldsymbol{\beta})$，若$(\boldsymbol{\alpha},\boldsymbol{\beta})$为$\boldsymbol{\alpha},\boldsymbol{\beta}$的内积，则称这种定义了内积的实数域$\mathbf{R}$上的线性空间$V$为欧氏空间。

9.1.1.3　向量的长度

对于任意$\boldsymbol{\alpha}\in V$，$|\boldsymbol{\alpha}|=\sqrt{(\boldsymbol{\alpha},\boldsymbol{\alpha})}$称为向量$\boldsymbol{\alpha}$的长度，记为$|\boldsymbol{\alpha}|$。

特别地，当$|\boldsymbol{\alpha}|=1$时，称$\boldsymbol{\alpha}$为单位向量。

9.1.1.4　**向量的夹角**

设V为欧氏空间，$\boldsymbol{\alpha},\boldsymbol{\beta}$为$V$中任意两个非零向量，其夹角定义为：

$$<\boldsymbol{\alpha},\boldsymbol{\beta}>=\arccos\frac{\boldsymbol{\alpha\beta}}{|\boldsymbol{\alpha}|\cdot|\boldsymbol{\beta}|}$$

其中$0\leqslant<\boldsymbol{\alpha},\boldsymbol{\beta}>\leqslant\pi$。

9.1.1.5　**向量的正交**

设V为欧氏空间，$\boldsymbol{\alpha},\boldsymbol{\beta}$为$V$中任意两个非零向量，其夹角为直角，则称向量$\boldsymbol{\alpha},\boldsymbol{\beta}$正交，记为$\boldsymbol{\alpha}\perp\boldsymbol{\beta}$。

9.1.1.6　**度量矩阵**

设$\boldsymbol{\varepsilon}_1,\boldsymbol{\varepsilon}_2,\cdots,\boldsymbol{\varepsilon}_n$为欧氏空间$V$的一组基，对$V$中任意两个向量：

$$\boldsymbol{\alpha}=x_1\boldsymbol{\varepsilon}_1+x_2\boldsymbol{\varepsilon}_2+\cdots+x_n\boldsymbol{\varepsilon}_n\text{ , }\boldsymbol{\beta}=y_1\boldsymbol{\varepsilon}_1+y_2\boldsymbol{\varepsilon}_2+\cdots+y_n\boldsymbol{\varepsilon}_n$$

$$(\boldsymbol{\alpha},\boldsymbol{\beta})=\left(\sum_{i=1}^{n}x_i\boldsymbol{\varepsilon}_i,\sum_{j=1}^{n}x_j\boldsymbol{\varepsilon}_j\right)=\sum_{i,j=1}^{n}(\boldsymbol{\varepsilon}_i,\boldsymbol{\varepsilon}_j)x_iy_j$$

令$a_{ij}=(\boldsymbol{\varepsilon}_i,\boldsymbol{\varepsilon}_j)$，$\boldsymbol{A}=(a_{ij})_{n\times n}$，$\boldsymbol{X}=(x_1,x_2,\cdots,x_n)^{\mathrm{T}}$, $\boldsymbol{Y}=(y_1,y_2,\cdots,y_n)^{\mathrm{T}}$，则：

$$(\boldsymbol{\alpha},\boldsymbol{\beta})=\sum_{i,j=1}^{n}a_{ij}x_iy_j=\boldsymbol{X}^{\mathrm{T}}\boldsymbol{AY}$$

定义矩阵：

$$\boldsymbol{A}=\begin{pmatrix}(\boldsymbol{\varepsilon}_1,\boldsymbol{\varepsilon}_1) & (\boldsymbol{\varepsilon}_1,\boldsymbol{\varepsilon}_2) & \cdots & (\boldsymbol{\varepsilon}_1,\boldsymbol{\varepsilon}_n)\\(\boldsymbol{\varepsilon}_2,\boldsymbol{\varepsilon}_1) & (\boldsymbol{\varepsilon}_2,\boldsymbol{\varepsilon}_2) & \cdots & (\boldsymbol{\varepsilon}_2,\boldsymbol{\varepsilon}_n)\\\vdots & \vdots & & \vdots\\(\boldsymbol{\varepsilon}_n,\boldsymbol{\varepsilon}_1) & (\boldsymbol{\varepsilon}_n,\boldsymbol{\varepsilon}_2) & \cdots & (\boldsymbol{\varepsilon}_n,\boldsymbol{\varepsilon}_n)\end{pmatrix}$$

为基$\boldsymbol{\varepsilon}_1,\boldsymbol{\varepsilon}_2,\cdots,\boldsymbol{\varepsilon}_n$的度量矩阵。

9.1.1.7　**正交向量组**

设V为欧氏空间，非零向量$\boldsymbol{\alpha}_1,\boldsymbol{\alpha}_2,\cdots,\boldsymbol{\alpha}_n\in V$，若它们两两正交，则称向量组$\boldsymbol{\alpha}_1,\boldsymbol{\alpha}_2,\cdots,\boldsymbol{\alpha}_n$为正交向量组。

9.1.1.8 正交基、标准正交基

在n维欧氏空间中，由n个向量构成的正交向量组称为正交基；由单位向量构成的正交基称为标准正交基。

9.1.1.9 正交矩阵

设$\boldsymbol{A}=(a_{ij})\in\mathbf{R}^{n\times n}$，若$\boldsymbol{A}$满足$\boldsymbol{A}^{\mathrm{T}}\boldsymbol{A}=\boldsymbol{E}$，则称$\boldsymbol{A}$为正交矩阵。

9.1.1.10 欧氏空间的同构

若实数域$\mathbf{R}$上欧氏空间V与V'满足以下条件就称为同构的：

若σ：$V\to V'$为一一对应的，且满足

（1）$\sigma(\boldsymbol{\alpha}+\boldsymbol{\beta})=\sigma(\boldsymbol{\alpha})+\sigma(\boldsymbol{\beta})$；

（2）$\sigma(k\boldsymbol{\alpha})=k\,\sigma(\boldsymbol{\alpha}),\forall\boldsymbol{\alpha},\boldsymbol{\beta}\in V,\forall k\in\mathbf{R}$；

（3）$(\sigma(\boldsymbol{\alpha}),\sigma(\boldsymbol{\beta}))=(\boldsymbol{\alpha},\boldsymbol{\beta})$，则$\sigma$称为$V$到$V'$的同构映射。

9.1.1.11 正交子空间

（1）设V_1,V_2为欧氏空间V中的两个子空间，若对于任意$\boldsymbol{\alpha}\in V_1,\boldsymbol{\beta}\in V_2$，都有$(\boldsymbol{\alpha},\boldsymbol{\beta})=0$，则称子空间$V_1,V_2$为正交的，记为$V_1\perp V_2$。

（2）对于给定的向量$\boldsymbol{\alpha}\in V$，若对于任意$\boldsymbol{\beta}\in V_1$，恒有$(\boldsymbol{\alpha},\boldsymbol{\beta})=0$，则称向量$\boldsymbol{\alpha}$与子空间$V_1$正交，记作$\boldsymbol{\alpha}\perp V_1$。

9.1.1.12 子空间的正交补

若欧氏空间V的子空间V_1，V_2满足$V_1\perp V_2$，且$V_1+V_2=V$，则称V_2为V_1的正交补。

9.1.1.13 正交变换

设σ为欧氏空间V的线性变换，若保持向量的内积不变，即：

$$(\sigma(\boldsymbol{\alpha}),\sigma(\boldsymbol{\beta}))=(\boldsymbol{\alpha},\boldsymbol{\beta}),\forall\boldsymbol{\alpha},\boldsymbol{\beta}\in V$$

则称σ为V的一个正交变换。

9.1.1.14　对称（反对称）变换

（1）设σ为欧氏空间V中的线性变换，若满足$(\sigma(\boldsymbol{\alpha}),\boldsymbol{\beta})=(\boldsymbol{\alpha},\sigma(\boldsymbol{\beta})),\forall\boldsymbol{\alpha},\boldsymbol{\beta}\in V$，则称$\sigma$为$V$的一个对称变换。

（2）设σ为欧氏空间V中的线性变换，若满足$(\sigma(\boldsymbol{\alpha}),\boldsymbol{\beta})=-(\boldsymbol{\alpha},\sigma(\boldsymbol{\beta})),\forall\boldsymbol{\alpha},\boldsymbol{\beta}\in V$，则称$\sigma$为$V$的一个反对称变换。

9.1.1.15　最小二乘解

实系数线性方程组：

$$\begin{cases}a_{11}x_1+a_{12}x_2+\cdots+a_{1n}x_n=b_1\\a_{21}x_1+a_{22}x_2+\cdots+a_{2n}x_n=b_2\\\qquad\vdots\\a_{m1}x_1+a_{m2}x_2+\cdots+a_{mn}x_n=b_m\end{cases}$$

可能无解，即任意一组实数$x_1,x_2,\cdots,x_n$都可使：

$$\sum_{i=1}^{m}(a_{i1}x_1+a_{i2}x_2+\cdots+a_{in}x_n-b_i)^2$$

不等于零，能满足上式的最小的实数组$x_1{}^0,x_2{}^0,\cdots,x_n{}^0$称为方程组的最小二乘解。

9.1.1.16　内射影

设W为欧氏空间V的子空间，且$V=W\oplus W^{\perp}$，对于任意$\boldsymbol{\alpha}\in V$，有唯一的$\boldsymbol{\alpha}_1\in W,\boldsymbol{\alpha}_2\in W^{\perp}$，使$\boldsymbol{\alpha}=\boldsymbol{\alpha}_1+\boldsymbol{\alpha}_2$，则称$\boldsymbol{\alpha}_1$为$\boldsymbol{\alpha}$在子空间$W$上的内射影。

9.1.1.17　镜面反射

在欧氏空间V中任取一组标准正交基$\boldsymbol{\varepsilon}_1,\boldsymbol{\varepsilon}_2,\cdots,\boldsymbol{\varepsilon}_n$，定义线性变换：

$$\sigma:\ \sigma(\boldsymbol{\varepsilon}_1)=-\boldsymbol{\varepsilon}_1,\ \sigma(\boldsymbol{\varepsilon}_i)=\boldsymbol{\varepsilon}_i,\ i=2,\cdots,n$$

则称σ为第二类正交变换，也称为镜面反射。

9.1.2　基本结论

9.1.2.1　常见的欧氏空间（定义了内积的线性空间）

（1）$\mathbf{R}^n$：对于实向量$\boldsymbol{\alpha}=(a_1,a_2,\cdots,a_n)$，$\boldsymbol{\beta}=(b_1,b_2,\cdots,b_n)$，内积为$(\boldsymbol{\alpha},\boldsymbol{\beta})=$

$a_1b_1+a_2b_2+\cdots+a_nb_n=\boldsymbol{\alpha\beta}^{\mathrm{T}}$或$(\boldsymbol{\alpha},\boldsymbol{\beta})=\boldsymbol{\alpha A\beta}^{\mathrm{T}}$，其中$\boldsymbol{A}$为正定矩阵，$\mathbf{R}^n$对于内积$(\boldsymbol{\alpha},\boldsymbol{\beta})$就为一个欧氏空间。

（2）$\mathbf{R}^{m\times n}$：对于实矩阵$\boldsymbol{A}=(a_{ij})_{m\times n}$，$\boldsymbol{B}=(b_{ij})_{m\times n}$，内积为$(\boldsymbol{A},\boldsymbol{B})=\sum\limits_{i,j=1}^{n}a_{ij}b_{ij}$，则$\mathbf{R}^{m\times n}$构成一个欧氏空间。

（3）$\mathbf{R}[x]$：对于实系数多项式$f(x),g(x)$，内积为$(f(x),g(x))=\int_0^1 f(x)g(x)\mathrm{d}x$或$(f(x),g(x))=\int_{-1}^1 f(x)g(x)\mathrm{d}x$，则$\mathbf{R}[x]$构成一个欧氏空间。

（4）$C(a,b)$：闭区间$[a,b]$上所有实连续函数所成线性空间，对于函数$f(x),g(x)$，内积为$(f(x),g(x))=\int_a^b f(x)g(x)\mathrm{d}x$，则$C(a,b)$构成一个欧氏空间。

注：由于$\forall\boldsymbol{\alpha},\boldsymbol{\beta}\in V$，未必有$(\boldsymbol{\alpha},\boldsymbol{\beta})=(\boldsymbol{\beta},\boldsymbol{\alpha})$，即有两种不同的内积，从而$\mathbf{R}^n$对于这两种内积构成不同的欧氏空间。

9.1.2.2 欧氏空间的性质

设V为欧氏空间，$\forall\boldsymbol{\alpha},\boldsymbol{\beta},\boldsymbol{\gamma}\in V,\forall k\in\mathbf{R}$，有：

$$(\boldsymbol{\alpha},k\boldsymbol{\beta})=k(\boldsymbol{\alpha},\boldsymbol{\beta})\ ,\ (k\boldsymbol{\alpha},k\boldsymbol{\beta})=k^2(\boldsymbol{\alpha},\boldsymbol{\beta})\ ,\ (\boldsymbol{\alpha},\boldsymbol{\beta}+\boldsymbol{\gamma})=(\boldsymbol{\alpha},\boldsymbol{\beta})+(\boldsymbol{\alpha},\boldsymbol{\gamma})$$

推广：$\left(\boldsymbol{\alpha},\sum\limits_{i=1}^{s}\boldsymbol{\beta}_i\right)=\sum\limits_{i=1}^{s}(\boldsymbol{\alpha},\boldsymbol{\beta}_i)$，$(\boldsymbol{0},\boldsymbol{\beta})=0$。

9.1.2.3 柯西－布涅科夫斯基（Cauchy-Buniakowsky）不等式

对于欧氏空间V中任意两个向量$\boldsymbol{\alpha},\boldsymbol{\beta}$，有$|(\boldsymbol{\alpha},\boldsymbol{\beta})|\leqslant|\boldsymbol{\alpha}||\boldsymbol{\beta}|$，当且仅当$\boldsymbol{\alpha},\boldsymbol{\beta}$线性相关时等号成立。

9.1.2.4 度量矩阵的结论

度量矩阵$\boldsymbol{A}$为实对称矩阵，在内积的正定下，度量矩阵$\boldsymbol{A}$也是正定矩阵。

事实上，对于任意$\boldsymbol{\alpha}\in V,\boldsymbol{\alpha}\neq\boldsymbol{0}$，即$\boldsymbol{X}\neq\boldsymbol{0}$，有$(\boldsymbol{\alpha},\boldsymbol{\alpha})=\boldsymbol{X}^{\mathrm{T}}\boldsymbol{AX}>0$，则$\boldsymbol{A}$为正定矩阵；由矩阵$\boldsymbol{A}$知，在基$\boldsymbol{\varepsilon}_1,\boldsymbol{\varepsilon}_2,\cdots,\boldsymbol{\varepsilon}_n$下，向量的内积由度量矩阵$\boldsymbol{A}$完全确定。

对同一内积而言，不同基的度量矩阵是合同的。

设$\boldsymbol{\varepsilon}_1,\boldsymbol{\varepsilon}_2,\cdots,\boldsymbol{\varepsilon}_n$和$\boldsymbol{\eta}_1,\boldsymbol{\eta}_2,\cdots,\boldsymbol{\eta}_n$为欧氏空间$V$的两组基，其度量矩阵分别为$\boldsymbol{A}$和$\boldsymbol{B}$，

且$(\boldsymbol{\eta}_1,\boldsymbol{\eta}_2,\cdots,\boldsymbol{\eta}_n)=(\boldsymbol{\varepsilon}_1,\boldsymbol{\varepsilon}_2,\cdots,\boldsymbol{\varepsilon}_n)\boldsymbol{C}$，令$\boldsymbol{C}=(c_{ij})_{n\times n}=(\boldsymbol{C}_1,\boldsymbol{C}_2,\cdots,\boldsymbol{C}_n)$，则$\boldsymbol{\eta}_i=\sum\limits_{k=1}^{n}c_{ki}\boldsymbol{\varepsilon}_k$，

于是：

$$(\boldsymbol{\eta}_i,\boldsymbol{\eta}_j)=\left(\sum_{k=1}^{n}c_{ki}\boldsymbol{\varepsilon}_k,\sum_{l=1}^{n}c_{lj}\boldsymbol{\varepsilon}_l\right)=\sum_{k,l=1}^{n}(\boldsymbol{\varepsilon}_k,\boldsymbol{\varepsilon}_l)c_{ki}c_{lj}=\sum_{k,l=1}^{n}a_{kl}c_{ki}c_{lj}=\boldsymbol{C}_i^{\mathrm{T}}\boldsymbol{A}\boldsymbol{C}_j$$

则$\boldsymbol{B}=((\boldsymbol{\eta}_i,\boldsymbol{\eta}_j))=(\boldsymbol{C}_i^{\mathrm{T}}\boldsymbol{A}\boldsymbol{C}_j)=(\boldsymbol{C}_1^{\mathrm{T}},\boldsymbol{C}_2^{\mathrm{T}},\cdots,\boldsymbol{C}_n^{\mathrm{T}})^{\mathrm{T}}\boldsymbol{A}(\boldsymbol{C}_1,\boldsymbol{C}_2,\cdots,\boldsymbol{C}_n)=\boldsymbol{C}^{\mathrm{T}}\boldsymbol{A}\boldsymbol{C}$。

9.1.2.5 勾股定理

设V为欧氏空间，对于任意$\boldsymbol{\alpha},\boldsymbol{\beta}\in V$，$\boldsymbol{\alpha}\perp\boldsymbol{\beta}$的充要条件为：

$$|\boldsymbol{\alpha}+\boldsymbol{\beta}|^2=|\boldsymbol{\alpha}|^2+|\boldsymbol{\beta}|^2$$

推广：若欧氏空间V中向量$\boldsymbol{\alpha}_1,\boldsymbol{\alpha}_2,\cdots,\boldsymbol{\alpha}_n$两两正交，即：

$$(\boldsymbol{\alpha}_i,\boldsymbol{\alpha}_j)=0\ ,\ i=1,2,\cdots,n\ ,\ j=1,2,\cdots,n$$

则$|\boldsymbol{\alpha}_1+\boldsymbol{\alpha}_2+\cdots+\boldsymbol{\alpha}_n|^2=|\boldsymbol{\alpha}_1|^2+|\boldsymbol{\alpha}_2|^2+\cdots+|\boldsymbol{\alpha}_n|^2$。

9.1.2.6 正交向量组的结论

（1）若$\boldsymbol{\alpha}\neq\boldsymbol{0}$，则$\boldsymbol{\alpha}$是正交向量组；

（2）正交向量组必是线性无关的向量组；

（3）欧氏空间中线性无关的向量组未必是正交向量组；

（4）n维欧氏空间中正交向量组所含向量个数≤n。

9.1.2.7 标准正交基的结论

（1）将正交基的每个向量单位化，可得到一组标准正交基；

（2）在n维欧氏空间V中，一组基$\boldsymbol{\varepsilon}_1,\boldsymbol{\varepsilon}_2,\cdots,\boldsymbol{\varepsilon}_n$为标准正交基的充要条件是$(\boldsymbol{\varepsilon}_i,\boldsymbol{\varepsilon}_j)=\begin{cases}1,i=j\\0,i\neq j\end{cases}$；

（3）在n维欧氏空间V中，一组基$\boldsymbol{\varepsilon}_1,\boldsymbol{\varepsilon}_2,\cdots,\boldsymbol{\varepsilon}_n$为标准正交基的充要条件是其度

量矩阵$\boldsymbol{A}=((\boldsymbol{\varepsilon}_i,\boldsymbol{\varepsilon}_j))=\boldsymbol{E}_n$；

（4）在n维欧氏空间V中，任意一个正交向量组都能扩充为一组正交基；

（5）对于n维欧氏空间V中任意一组基$\boldsymbol{\varepsilon}_1,\boldsymbol{\varepsilon}_2,\cdots,\boldsymbol{\varepsilon}_n$都可找到一组标准正交基$\boldsymbol{\eta}_1,\boldsymbol{\eta}_2,\cdots,\boldsymbol{\eta}_n$，使得$L(\boldsymbol{\varepsilon}_1,\boldsymbol{\varepsilon}_2,\cdots,\boldsymbol{\varepsilon}_i)=L(\boldsymbol{\eta}_1,\boldsymbol{\eta}_2,\cdots,\boldsymbol{\eta}_i)$。

9.1.2.8 正交矩阵的性质

设$\boldsymbol{A}$为n阶实矩阵。

（1）若$\boldsymbol{A}$为正交矩阵，则$|\boldsymbol{A}|=\pm1$；

（2）由标准正交基到标准正交基的过渡矩阵$\boldsymbol{A}$是正交矩阵；

（3）设$\boldsymbol{\varepsilon}_1,\boldsymbol{\varepsilon}_2,\cdots,\boldsymbol{\varepsilon}_n$是$V$的一组标准正交基，则$\boldsymbol{A}$是正交矩阵的充要条件为$\sigma(\boldsymbol{\varepsilon}_1,\boldsymbol{\varepsilon}_2,\cdots,\boldsymbol{\varepsilon}_n)=(\boldsymbol{\varepsilon}_1,\boldsymbol{\varepsilon}_2,\cdots,\boldsymbol{\varepsilon}_n)\boldsymbol{A}$，其中$\sigma$是正交变换；

（4）$\boldsymbol{A}$为正交矩阵的充要条件是$\boldsymbol{A}$的列向量组是欧氏空间$\mathbf{R}^n$的标准正交基；

（5）$\boldsymbol{A}$为正交矩阵的充要条件是$\boldsymbol{A}^{-1}=\boldsymbol{A}^{\mathrm{T}}$；

（6）$\boldsymbol{A}$为正交矩阵的充要条件是$\boldsymbol{A}$的行向量组是欧氏空间$\mathbf{R}^n$的标准正交基。

9.1.2.9 同构的性质

（1）若σ是欧氏空间V到V'的同构映射，则σ也是线性空间V到V'的同构映射；

（2）若σ是有限维欧氏空间V到V'的同构映射，则$\dim V=\dim V'$；

（3）任一n维欧氏空间V必与$\mathbf{R}^n$同构；

（4）同构作为欧氏空间之间的关系具有反身性、对称性、传递性；

（5）两个有限维欧氏空间V与V'同构的充要条件为$\dim V=\dim V'$。

9.1.2.10 正交子空间的性质

（1）两两正交的子空间的和必是直和；

（2）设V为欧氏空间，$\boldsymbol{\alpha}$，$\boldsymbol{\alpha}_i$，$\boldsymbol{\beta}_j\in V$，则$L(\boldsymbol{\alpha}_1,\cdots,\boldsymbol{\alpha}_s)\perp L(\boldsymbol{\beta}_1,\cdots,\boldsymbol{\beta}_t)$的充要条件为$\boldsymbol{\alpha}_i\perp\boldsymbol{\beta}_j$，即$(\boldsymbol{\alpha}_i,\boldsymbol{\beta}_j)=0$，其中$i=1,\cdots,s$，$j=1,\cdots,t$；$\boldsymbol{\alpha}\perp L(\boldsymbol{\alpha}_1,\cdots,\boldsymbol{\alpha}_s)$的充要条件为

$\boldsymbol{\alpha}_i \perp \boldsymbol{\alpha}$，即$(\boldsymbol{\alpha},\boldsymbol{\alpha}_i)=0$，其中$i=1,\cdots,s$。

9.1.2.11　**正交补的性质**

（1）n维欧氏空间V的每个子空间V_1都有唯一正交补；

（2）子空间W的正交补记为$W^{\perp}$，即$W^{\perp}=\{\boldsymbol{\alpha}\in V \mid \boldsymbol{\alpha}\perp W\}$；

（3）n维欧氏空间V的子空间W的正交补满足：

$$(W^{\perp})^{\perp}=W\text{；}\dim W+\dim W^{\perp}=\dim V=n\text{；}W\oplus W^{\perp}=V$$

W的正交补$W^{\perp}$必是W的余子空间。

一般地，子空间W的余子空间未必是其正交补。

9.1.2.12　**正交变换的性质**

（1）设σ是欧氏空间V的一个线性变换，下述命题是等价的：

①σ是正交变换；

②σ保持向量长度不变，即$|\sigma(\boldsymbol{\alpha})|=|\boldsymbol{\alpha}|,\forall\boldsymbol{\alpha}\in V$；

③σ保持向量间的距离不变，即$d(\sigma(\boldsymbol{\alpha}),\sigma(\boldsymbol{\beta}))=d(\boldsymbol{\alpha},\boldsymbol{\beta}),\forall\boldsymbol{\alpha},\boldsymbol{\beta},\in V$。

（2）若$\boldsymbol{\varepsilon}_1,\boldsymbol{\varepsilon}_2,\cdots,\boldsymbol{\varepsilon}_n$为欧氏空间$V$的一组标准正交基，$\sigma$为$V$的线性变换，则$\sigma(\boldsymbol{\varepsilon}_1),\sigma(\boldsymbol{\varepsilon}_2),\cdots,\sigma(\boldsymbol{\varepsilon}_n)$为标准正交基的充要条件为$\sigma$为正交变换。

（3）n维欧氏空间V中的线性变换σ是正交变换的充要条件为σ在任一组标准正交基下的矩阵是正交矩阵。

（4）n维欧氏空间中正交变换的分类：设n维欧氏空间V中的线性变换σ在标准正交基$\boldsymbol{\varepsilon}_1,\boldsymbol{\varepsilon}_2,\cdots,\boldsymbol{\varepsilon}_n$下的矩阵是正交矩阵$\boldsymbol{A}$，则$|\boldsymbol{A}|=\pm1$。若$|\boldsymbol{A}|=1$，则称$\sigma$为第一类的（旋转）；若$|\boldsymbol{A}|=-1$，则称$\sigma$为第二类的。

9.1.2.13　**对称（反对称）变换的性质**

（1）实对称矩阵可确定一个对称变换。

（2）对称变换在标准正交基下的矩阵是实对称矩阵。

（3）对称变换的特征值都是实数；反对称变换的特征值都是零或纯虚数。

（4）对称变换的属于不同特征值的特征向量是正交的。

（5）对称变换的不变子空间的正交补也是其不变子空间。

（6）存在标准正交基使得对称变换在此基下的矩阵为对角矩阵。

9.1.3 基本方法

9.1.3.1 柯西－布涅科夫斯基不等式的应用

（1）柯西不等式：$|a_1b_1+a_2b_2+\cdots+a_nb_n|\leqslant\sqrt{a_1^2+a_2^2+\cdots+a_n^2}\sqrt{b_1^2+b_2^2+\cdots+b_n^2}$，$a_i,b_i\in\mathbf{R},i=1,2,\cdots,n$。

（2）施瓦茨（Schwarz）不等式：$\left|\int_a^b f(x)g(x)\mathrm{d}x\right|\leqslant\sqrt{\int_a^b f^2(x)\mathrm{d}x}\sqrt{\int_a^b g^2(x)\mathrm{d}x}$。

（3）三角不等式：对欧氏空间中的任意两个向量$\boldsymbol{\alpha},\boldsymbol{\beta}$，有$|\boldsymbol{\alpha}+\boldsymbol{\beta}|\leqslant|\boldsymbol{\alpha}|+|\boldsymbol{\beta}|$。

9.1.3.2 施密特正交化

设$\boldsymbol{\alpha}_1,\boldsymbol{\alpha}_2,\cdots,\boldsymbol{\alpha}_m$为欧氏空间$V$的一组基。

（1）将$\boldsymbol{\alpha}_1,\boldsymbol{\alpha}_2,\cdots,\boldsymbol{\alpha}_m$正交化得$\boldsymbol{\beta}_1,\boldsymbol{\beta}_2,\cdots,\boldsymbol{\beta}_m$，其中：

$$\boldsymbol{\beta}_1=\boldsymbol{\alpha}_1,\ \boldsymbol{\beta}_2=\boldsymbol{\alpha}_2-\frac{(\boldsymbol{\alpha}_2,\boldsymbol{\beta}_1)}{(\boldsymbol{\beta}_1,\boldsymbol{\beta}_1)}\boldsymbol{\beta}_1,\ \cdots,\ \boldsymbol{\beta}_n=\boldsymbol{\alpha}_n-\frac{(\boldsymbol{\alpha}_n,\boldsymbol{\beta}_1)}{(\boldsymbol{\beta}_1,\boldsymbol{\beta}_1)}\boldsymbol{\beta}_1-\cdots-\frac{(\boldsymbol{\alpha}_n,\boldsymbol{\beta}_{n-1})}{(\boldsymbol{\beta}_{n-1},\boldsymbol{\beta}_{n-1})}\boldsymbol{\beta}_{n-1}$$

则$\boldsymbol{\beta}_1,\boldsymbol{\beta}_2,\cdots,\boldsymbol{\beta}_m$为正交向量组。

（2）将正交向量组$\boldsymbol{\beta}_1,\boldsymbol{\beta}_2,\cdots,\boldsymbol{\beta}_m$单位化，得到欧氏空间$V$的一组标准正交向量组$\boldsymbol{\eta}_1,\boldsymbol{\eta}_2,\cdots,\boldsymbol{\eta}_m$，其中$\boldsymbol{\eta}_i=\frac{1}{|\boldsymbol{\beta}_i|}\boldsymbol{\beta}_i$，$i=1,2,\cdots,m$。

9.1.3.3 基变换

设$\boldsymbol{\varepsilon}_1,\boldsymbol{\varepsilon}_2,\cdots,\boldsymbol{\varepsilon}_n$与$\boldsymbol{\eta}_1,\boldsymbol{\eta}_2,\cdots,\boldsymbol{\eta}_n$是$n$维欧氏空间$V$中的两组标准正交基，它们之间的过渡矩阵为$\boldsymbol{A}=(a_{ij})_{n\times n}$，即$(\boldsymbol{\eta}_1,\boldsymbol{\eta}_2,\cdots,\boldsymbol{\eta}_n)=(\boldsymbol{\varepsilon}_1,\boldsymbol{\varepsilon}_2,\cdots,\boldsymbol{\varepsilon}_n)\boldsymbol{A}$或$\boldsymbol{\eta}_i=a_{1i}\boldsymbol{\varepsilon}_1+a_{2i}\boldsymbol{\varepsilon}_2+\cdots+a_{ni}\boldsymbol{\varepsilon}_n$，则：

$$(\boldsymbol{\eta}_i,\boldsymbol{\eta}_j)=a_{1i}\boldsymbol{\varepsilon}_{1j}+a_{2i}\boldsymbol{\varepsilon}_{2j}+\cdots+a_{ni}\boldsymbol{\varepsilon}_{nj}=\begin{cases}1,i=j\\0,i\neq j\end{cases}$$

令$\boldsymbol{A}=(\boldsymbol{A}_1,\boldsymbol{A}_2,\cdots,\boldsymbol{A}_n)$，则：

$$\boldsymbol{A}^{\mathrm{T}}\boldsymbol{A}=\begin{pmatrix}\boldsymbol{A}_1^{\mathrm{T}}\\\vdots\\\boldsymbol{A}_n^{\mathrm{T}}\end{pmatrix}(\boldsymbol{A}_1,\cdots,\boldsymbol{A}_n)=\boldsymbol{E}$$

9.2　矩阵对角化

9.2.1　一个矩阵对角化

一个矩阵对角化是针对方阵的，多出现在合同与相似对角化问题中。在合同对角化问题中，通常与正定矩阵建立联系，正定矩阵是实对称矩阵，所以会合同相似于对角矩阵。此类型题目在考研中经常出现。相似对角化问题多与几何重数等于代数重数结合，即大多数由特征值和特征向量进行判定与证明。

例 1 设$\boldsymbol{A},\boldsymbol{B}$为实对称矩阵且$\boldsymbol{A}$为正定矩阵，则$\boldsymbol{AB}$相似于对角矩阵。

证明：由$\boldsymbol{A}$为实对称矩阵且正定，知存在实对称正定矩阵$\boldsymbol{C}$使得$\boldsymbol{A}=\boldsymbol{C}^2$，从而有$\boldsymbol{AB}=\boldsymbol{C}^2\boldsymbol{B}=\boldsymbol{C}(\boldsymbol{CBC})\boldsymbol{C}^{-1}$。又$\boldsymbol{C}$为对称矩阵，则$\boldsymbol{CBC}$仍为对称矩阵，从而存在正交矩阵$\boldsymbol{P}$使得$\boldsymbol{P}^{-1}\boldsymbol{CBCP}$为对角矩阵，故$\boldsymbol{AB}$相似于对角矩阵。

例 2（云南大学，2019）设$\boldsymbol{A},\boldsymbol{B}$为实对称矩阵，$\boldsymbol{A}$为正定矩阵，则存在实可逆矩阵$\boldsymbol{T}$，使得$\boldsymbol{T}^{-1}(\boldsymbol{A}+\boldsymbol{B})\boldsymbol{T}$为对角矩阵。

证明：由$\boldsymbol{A}$为正定矩阵，知$\boldsymbol{A}$与单位矩阵$\boldsymbol{E}$合同，从而存在可逆矩阵$\boldsymbol{P}$使得$\boldsymbol{P}^{\mathrm{T}}\boldsymbol{AP}=\boldsymbol{E}$，且$(\boldsymbol{P}^{\mathrm{T}}\boldsymbol{BP})^{\mathrm{T}}=\boldsymbol{P}^{\mathrm{T}}\boldsymbol{B}^{\mathrm{T}}\boldsymbol{P}=\boldsymbol{P}^{\mathrm{T}}\boldsymbol{BP}$为实对称矩阵，即存在正交矩阵$\boldsymbol{Q}$使得：

$$\boldsymbol{Q}^{\mathrm{T}}(\boldsymbol{P}^{\mathrm{T}}\boldsymbol{BP})\boldsymbol{Q}=\mathrm{diag}\{\lambda_1,\lambda_2,\cdots,\lambda_n\}$$

其中$\lambda_1,\lambda_2,\cdots,\lambda_n$为其特征值，且$\boldsymbol{Q}^{\mathrm{T}}\boldsymbol{P}^{\mathrm{T}}\boldsymbol{APQ}=\boldsymbol{E}$，从而：

$$\boldsymbol{Q}^{\mathrm{T}}\boldsymbol{P}^{\mathrm{T}}(\boldsymbol{A}+\boldsymbol{B})\boldsymbol{PQ}=\mathrm{diag}\{1+\lambda_1,1+\lambda_2,\cdots,1+\lambda_n\}$$

令 $\boldsymbol{T}=\boldsymbol{PQ}$，则 $\boldsymbol{T}$ 为可逆矩阵，且 $\boldsymbol{T}^{\mathrm{T}}(\boldsymbol{A}+\boldsymbol{B})\boldsymbol{T}$ 为对角矩阵。

例 3（华东师范大学，2019）已知 $\boldsymbol{A}=\begin{pmatrix}0&1&-1\\-2&-3&a\\3&3&-4\end{pmatrix}$ 的特征多项式有二重特征值，求 a 的值，并讨论 $\boldsymbol{A}$ 是否可对角化。

解：由题知 $|\lambda\boldsymbol{E}-\boldsymbol{A}|=(\lambda+1)(\lambda^2+6\lambda-3a+11)$，若 $\lambda=-1$ 为 $\boldsymbol{A}$ 的二重特征值，则 -1 为 $\lambda^2+6\lambda-3a+11=0$ 的根，从而 $a=2$；若 $\lambda=-1$ 不为 $\boldsymbol{A}$ 的二重特征值，则 $\lambda^2+6\lambda-3a+11$ 为完全平方式，从而 $a=\dfrac{2}{3}$，二重特征值为 $\lambda=-3$。

当 $a=2$ 时，解 $(-\boldsymbol{E}-\boldsymbol{A})\boldsymbol{x}=\boldsymbol{0}$ 可得几何重数等于代数重数，即 $\boldsymbol{A}$ 可对角化；

当 $a=\dfrac{2}{3}$ 时，解 $(-3\boldsymbol{E}-\boldsymbol{A})\boldsymbol{x}=\boldsymbol{0}$ 可得几何重数不等于代数重数，即 $\boldsymbol{A}$ 不可对角化。

例 4（华东师范大学，2020）已知矩阵 $\boldsymbol{A}\in M_{n\times n}(\mathbf{C})$ 满足：

$$\boldsymbol{A}+\boldsymbol{A}^2+\frac{1}{2!}\boldsymbol{A}^3+\frac{1}{3!}\boldsymbol{A}^4+\cdots+\frac{1}{2\,019!}\boldsymbol{A}^{2\,020}=\boldsymbol{0}$$

则 $\boldsymbol{A}$ 可对角化。

证明：由 $\boldsymbol{A}+\boldsymbol{A}^2+\dfrac{1}{2!}\boldsymbol{A}^3+\dfrac{1}{3!}\boldsymbol{A}^4+\cdots+\dfrac{1}{2\,019!}\boldsymbol{A}^{2\,020}$ 及凯莱－哈密顿定理可知：

$$f(x)=x+x^2+\frac{1}{2!}x^3+\frac{1}{3!}x^4+\cdots+\frac{1}{2\,019!}x^{2\,020}$$

$$=x\left(1+x+\frac{1}{2!}x^2+\frac{1}{3!}x^3+\cdots+\frac{1}{2\,019!}x^{2\,019}\right)$$

又 $g(x)=1+x+\dfrac{1}{2!}x^2+\dfrac{1}{3!}x^3+\cdots+\dfrac{1}{2\,019!}x^{2\,019}$ 没有重因式，且 0 不是 $g(x)=0$ 的根，则 $f(x)$ 无重根，从而 $\boldsymbol{A}$ 可对角化。

9.2.2 两个矩阵同时对角化

9.2.2.1 两个矩阵同时合同对角化

对于两个实对称矩阵，有以下同时合同对角化的条件

结论 1：设$\boldsymbol{A},\boldsymbol{B}$为$n$阶实对称矩阵，且$\boldsymbol{A}$为正定的，则存在实可逆矩阵$\boldsymbol{T}$使得$\boldsymbol{T}^{\mathrm{T}}\boldsymbol{A}\boldsymbol{T}=\boldsymbol{E}$，$\boldsymbol{T}^{\mathrm{T}}\boldsymbol{B}\boldsymbol{T}=\mathrm{diag}\{\lambda_1,\cdots,\lambda_n\}$，其中$\lambda_i\in\mathbf{R}$，$i=1,2,\cdots,n$。

证明：由$\boldsymbol{A}$为正定的，知存在可逆矩阵$\boldsymbol{P}$使得$\boldsymbol{P}^{\mathrm{T}}\boldsymbol{A}\boldsymbol{P}=\boldsymbol{E}$。又$\boldsymbol{B}$为对称矩阵，则$\boldsymbol{P}^{\mathrm{T}}\boldsymbol{B}\boldsymbol{P}$仍为对称矩阵，从而存在正交矩阵$\boldsymbol{Q}$，使得：

$$\boldsymbol{Q}^{\mathrm{T}}(\boldsymbol{P}^{\mathrm{T}}\boldsymbol{B}\boldsymbol{P})\boldsymbol{Q}=\mathrm{diag}\{\lambda_1,\cdots,\lambda_n\}$$

且$\boldsymbol{Q}^{\mathrm{T}}(\boldsymbol{P}^{\mathrm{T}}\boldsymbol{A}\boldsymbol{P})\boldsymbol{Q}=\boldsymbol{Q}^{\mathrm{T}}\boldsymbol{E}\boldsymbol{Q}=\boldsymbol{E}$。

令$\boldsymbol{T}=\boldsymbol{P}\boldsymbol{Q}$，则$\boldsymbol{T}$可逆，且$\boldsymbol{T}^{\mathrm{T}}\boldsymbol{A}\boldsymbol{T}=\boldsymbol{E}$，$\boldsymbol{T}^{\mathrm{T}}\boldsymbol{B}\boldsymbol{T}=\mathrm{diag}\{\lambda_1,\cdots,\lambda_n\}$，即结论成立。

结论 2：设$\boldsymbol{A},\boldsymbol{B}$为$n$阶半正定矩阵，则存在实可逆矩阵$\boldsymbol{T}$使得$\boldsymbol{T}^{\mathrm{T}}\boldsymbol{A}\boldsymbol{T}$与$\boldsymbol{T}^{\mathrm{T}}\boldsymbol{B}\boldsymbol{T}$同时为对角矩阵。

证明：由$\boldsymbol{A}$为半正定矩阵，知$\boldsymbol{A}$为实对称矩阵，从而存在实可逆矩阵$\boldsymbol{P}$，使得：

$$\boldsymbol{P}^{-1}\boldsymbol{A}\boldsymbol{P}=\mathrm{diag}\{\lambda_1,\cdots,\lambda_r,0,\cdots,0\}$$

又$\boldsymbol{B}$为实对称矩阵，则$\boldsymbol{P}^{\mathrm{T}}\boldsymbol{B}\boldsymbol{P}$仍为实对称矩阵，从而存在正交矩阵$\boldsymbol{Q}$，使得：

$$\boldsymbol{Q}^{-1}(\boldsymbol{P}^{\mathrm{T}}\boldsymbol{B}\boldsymbol{P})\boldsymbol{Q}=\mathrm{diag}\{\mu_1,\cdots,\mu_s,0,\cdots,0\}$$

令$\boldsymbol{T}=\boldsymbol{P}\boldsymbol{Q}$，则$\boldsymbol{T}$可逆，从而$\boldsymbol{T}^{\mathrm{T}}\boldsymbol{A}\boldsymbol{T}$与$\boldsymbol{T}^{\mathrm{T}}\boldsymbol{B}\boldsymbol{T}$同时为对角矩阵。

结论 3：设$\boldsymbol{A}$为n阶半正定矩阵，$\boldsymbol{B}$为n阶实对称矩阵，则存在可逆矩阵$\boldsymbol{P}$使得$\boldsymbol{P}^{\mathrm{T}}\boldsymbol{A}\boldsymbol{P}$与$\boldsymbol{P}^{\mathrm{T}}\boldsymbol{B}\boldsymbol{P}$同时为对角矩阵。

证明：方法同结论 2。

结论 4：设$\boldsymbol{A},\boldsymbol{B}$为$n$阶实对称矩阵，且$\boldsymbol{B}$可逆，$\boldsymbol{B}^{-1}\boldsymbol{A}$有$n$个互异的特征值，则存在可逆矩阵$\boldsymbol{P}$使得$\boldsymbol{P}^{\mathrm{T}}\boldsymbol{A}\boldsymbol{P}$与$\boldsymbol{P}^{\mathrm{T}}\boldsymbol{B}\boldsymbol{P}$同时为对角矩阵。

证明：设$\lambda_1,\cdots,\lambda_n$为$\boldsymbol{B}^{-1}\boldsymbol{A}$的$n$个互异特征值，对应的特征向量为$\boldsymbol{\alpha}_1,\cdots,\boldsymbol{\alpha}_n$，即

$B^{-1}A\alpha_i=\lambda_i\alpha_i$，$i=1,2,\cdots,n$。

由$\alpha_1,\cdots,\alpha_n$线性无关，知$P=(\alpha_1,\cdots,\alpha_n)$可逆，且$B^{-1}AP=P\operatorname{diag}\{\lambda_1,\cdots,\lambda_n\}$，即$AP=BP\operatorname{diag}\{\lambda_1,\cdots,\lambda_n\}$，从而$P^{\mathrm{T}}AP=P^{\mathrm{T}}BP\operatorname{diag}\{\lambda_1,\cdots,\lambda_n\}$，而$P^{\mathrm{T}}AP$为对称矩阵，故$(P^{\mathrm{T}}AP)^{\mathrm{T}}=P^{\mathrm{T}}AP$，从而有：

$$P^{\mathrm{T}}BP\operatorname{diag}\{\lambda_1,\cdots,\lambda_n\}=\operatorname{diag}\{\lambda_1,\cdots,\lambda\}P^{\mathrm{T}}BP$$

又$\lambda_1,\cdots,\lambda_n$互异，则$P^{\mathrm{T}}BP=\operatorname{diag}\{\mu_1,\cdots,\mu_n\}$，于是：

$$P^{\mathrm{T}}AP=\operatorname{diag}\{\mu_1,\cdots,\mu_n\}\operatorname{diag}\{\lambda_1,\cdots,\lambda_n\}=\operatorname{diag}\{\lambda_1\mu_1,\cdots,\lambda_n\mu_n\}$$

命题1：设A,B为n阶实对称矩阵，则存在正交矩阵Q，使得$Q^{\mathrm{T}}AQ$与$Q^{\mathrm{T}}BQ$同时为对角矩阵的充要条件为$AB=BA$。

证明：由于$Q^{\mathrm{T}}AQ$与$Q^{\mathrm{T}}BQ$同为对角矩阵，令：

$$Q^{\mathrm{T}}AQ=\operatorname{diag}\{\lambda_1,\cdots,\lambda_n\},Q^{\mathrm{T}}BQ=\operatorname{diag}\{\mu_1,\cdots,\mu_n\}$$

则有$Q^{\mathrm{T}}ABQ=\operatorname{diag}\{\lambda_1\mu_1,\cdots,\lambda_n\mu_n\}=Q^{\mathrm{T}}BAQ$。由$Q$为正交矩阵，知$AB=BA$。

反之，由A为实对称矩阵，知存在正交矩阵P，使得：

$$P^{\mathrm{T}}AP=\operatorname{diag}\{\lambda_1E_{n_1},\cdots,\lambda_sE_{n_s}\}$$

其中$\lambda_1,\cdots,\lambda_s$互异，$\sum_{i=1}^{s}n_i=n$。

由$AB=BA$，知$(P^{\mathrm{T}}AP)(P^{\mathrm{T}}BP)=(P^{\mathrm{T}}BP)(P^{\mathrm{T}}AP)$，故：

$$P^{\mathrm{T}}BP=\operatorname{diag}\{B_{n_1},\cdots,B_{n_s}\}$$

即分块对角矩阵，其中B_{n_i}为n_i阶的对称方阵。

又B为实对称矩阵，则B可对角化，故B_{n_i}也可对角化，即存在正交矩阵C_{n_i}，使得${C_{n_i}}^{\mathrm{T}}B_{n_i}C_{n_i}$为对角矩阵。

令 $\boldsymbol{Q}=\boldsymbol{P}\operatorname{diag}\left\{C_{n_1},\cdots,C_{n_s}\right\}$，则 $\boldsymbol{Q}$ 为正交矩阵，使得 $\boldsymbol{Q}^{\mathrm{T}}\boldsymbol{A}\boldsymbol{Q}$ 与 $\boldsymbol{Q}^{\mathrm{T}}\boldsymbol{B}\boldsymbol{Q}$ 同时为对角矩阵。

命题 2：设 $\boldsymbol{A},\boldsymbol{B}$ 为 n 阶实对称矩阵，存在正定的实对称矩阵 $\boldsymbol{H}$，使得 $\boldsymbol{AHB}=\boldsymbol{BHA}$，则 $\boldsymbol{A},\boldsymbol{B}$ 在实合同变换下可同时对角化。

证明：由 $\boldsymbol{H}$ 为正定矩阵，知 $\boldsymbol{H}$ 为实对称矩阵，从而存在可逆矩阵 $\boldsymbol{P}$，使得 $\boldsymbol{H}=\boldsymbol{P}\boldsymbol{P}^{\mathrm{T}}$。由 $\boldsymbol{AHB}=\boldsymbol{BHA}$，知 $\boldsymbol{A}\boldsymbol{P}\boldsymbol{P}^{\mathrm{T}}\boldsymbol{B}=\boldsymbol{B}\boldsymbol{P}\boldsymbol{P}^{\mathrm{T}}\boldsymbol{A}$，从而：

$$\boldsymbol{P}^{\mathrm{T}}\boldsymbol{A}\boldsymbol{P}\boldsymbol{P}^{\mathrm{T}}\boldsymbol{B}\boldsymbol{P}=\boldsymbol{P}^{\mathrm{T}}\boldsymbol{B}\boldsymbol{P}\boldsymbol{P}^{\mathrm{T}}\boldsymbol{A}\boldsymbol{P}$$

令 $\boldsymbol{P}^{\mathrm{T}}\boldsymbol{A}\boldsymbol{P}=\boldsymbol{C}$，$\boldsymbol{P}^{\mathrm{T}}\boldsymbol{B}\boldsymbol{P}=\boldsymbol{D}$，则 $\boldsymbol{C}^{\mathrm{T}}=\boldsymbol{C},\boldsymbol{D}^{\mathrm{T}}=\boldsymbol{D}$，即 $\boldsymbol{CD}=\boldsymbol{DC}$，从而存在正交矩阵 $\boldsymbol{Q}$，使得 $\boldsymbol{Q}^{\mathrm{T}}\boldsymbol{C}\boldsymbol{Q}$，$\boldsymbol{Q}^{\mathrm{T}}\boldsymbol{D}\boldsymbol{Q}$ 为对角矩阵，于是 $\boldsymbol{Q}^{\mathrm{T}}(\boldsymbol{P}^{\mathrm{T}}\boldsymbol{A}\boldsymbol{P})\boldsymbol{Q}$，$\boldsymbol{Q}^{\mathrm{T}}(\boldsymbol{P}^{\mathrm{T}}\boldsymbol{B}\boldsymbol{P})\boldsymbol{Q}$ 为对角矩阵，结论成立。

9.2.2.2　**两个矩阵同时相似对角化**

对于一般的两个方阵，若 $\boldsymbol{A},\boldsymbol{B}$ 可交换且满足一定的条件，则 $\boldsymbol{A},\boldsymbol{B}$ 可同时相似对角化。

命题 3：设 $\boldsymbol{A},\boldsymbol{B}\in P^{n\times n}$，$\boldsymbol{A},\boldsymbol{B}$ 均可相似对角化，且 $\boldsymbol{A}$ 的特征值相等，则 $\boldsymbol{A},\boldsymbol{B}$ 可同时相似对角化。

证明：由 $\boldsymbol{A}$ 可相似对角化，且 $\boldsymbol{A}$ 的特征值相等，知存在可逆矩阵 $\boldsymbol{P}_1$，使得 $\boldsymbol{P}_1^{-1}\boldsymbol{A}\boldsymbol{P}_1=\operatorname{diag}\{\lambda,\cdots,\lambda\}=\lambda\boldsymbol{E}$。

又 $\boldsymbol{B}$ 可相似对角化，则对于 $\boldsymbol{P}_1^{-1}\boldsymbol{B}\boldsymbol{P}_1$，存在可逆矩阵 $\boldsymbol{P}_2$，使得：

$$\boldsymbol{P}_2^{-1}(\boldsymbol{P}_1^{-1}\boldsymbol{B}\boldsymbol{P}_1)\boldsymbol{P}_2=\operatorname{diag}\{\mu_1,\cdots,\mu_n\}$$

令 $\boldsymbol{P}=\boldsymbol{P}_1\boldsymbol{P}_2$，则 $\boldsymbol{P}$ 可逆，且：

$$\boldsymbol{P}^{-1}\boldsymbol{A}\boldsymbol{P}=\boldsymbol{P}_2^{-1}(\boldsymbol{P}_1^{-1}\boldsymbol{A}\boldsymbol{P}_1)\boldsymbol{P}_2=\boldsymbol{P}_2^{-1}\lambda\boldsymbol{E}\boldsymbol{P}_2=\lambda\boldsymbol{E}$$

$$\boldsymbol{P}^{-1}\boldsymbol{B}\boldsymbol{P}=\boldsymbol{P}_2^{-1}(\boldsymbol{P}_1^{-1}\boldsymbol{B}\boldsymbol{P}_1)\boldsymbol{P}_2=\operatorname{diag}\{\mu_1,\cdots,\mu_n\}$$

即结论成立。

命题4：设$\boldsymbol{A},\boldsymbol{B}\in P^{n\times n}$，$\boldsymbol{A}$在$P$中有$n$个不同的特征值，且$\boldsymbol{AB}=\boldsymbol{BA}$，则存在可逆矩阵$\boldsymbol{P}\in P^{n\times n}$，使得$\boldsymbol{P}^{-1}\boldsymbol{AP}$，$\boldsymbol{P}^{-1}\boldsymbol{BP}$同时为对角矩阵。

证明：由$\boldsymbol{A}$有n个不同的特征值，知$\boldsymbol{A}$可对角化，从而存在可逆矩阵$\boldsymbol{P}$，使得：

$$\boldsymbol{P}^{-1}\boldsymbol{AP}=\mathrm{diag}\{\lambda_1,\cdots,\lambda_n\}$$

其中$\lambda_1,\cdots,\lambda_n$为$\boldsymbol{A}$的$n$个不同的特征值。

又$\boldsymbol{AB}=\boldsymbol{BA}$，则$(\boldsymbol{P}^{-1}\boldsymbol{AP})(\boldsymbol{P}^{-1}\boldsymbol{BP})=(\boldsymbol{P}^{-1}\boldsymbol{BP})(\boldsymbol{P}^{-1}\boldsymbol{AP})$，从而$\boldsymbol{P}^{-1}\boldsymbol{BP}$为对角矩阵，故结论成立。

例5（西安电子科技大学，2024）设$\boldsymbol{A},\boldsymbol{B}\in P^{n\times n}$，$\boldsymbol{A},\boldsymbol{B}$均可相似对角化，则存在可逆矩阵$\boldsymbol{P}\in P^{n\times n}$，使得$\boldsymbol{P}^{-1}\boldsymbol{AP}$，$\boldsymbol{P}^{-1}\boldsymbol{BP}$同时为对角矩阵的充要条件为$\boldsymbol{AB}=\boldsymbol{BA}$。

证明：由$\boldsymbol{A}$可对角化，知存在可逆矩阵$\boldsymbol{Q}_1$，使得：

$$\boldsymbol{A}_1=\boldsymbol{Q}_1^{\mathrm{T}}\boldsymbol{AQ}_1=\begin{pmatrix}\lambda_1\boldsymbol{E}_{r_1} & & \\ & \ddots & \\ & & \lambda_s\boldsymbol{E}_{r_s}\end{pmatrix},\sum_{i=1}^{s}r_i=n$$

记$\boldsymbol{B}_1=\boldsymbol{Q}_1^{\mathrm{T}}\boldsymbol{BQ}_1$，由$\boldsymbol{AB}=\boldsymbol{BA}$可知$\boldsymbol{A}_1\boldsymbol{B}_1=\boldsymbol{B}_1\boldsymbol{A}_1$，从而$\boldsymbol{B}_1$是与$\boldsymbol{A}_1$对应的准对角矩阵，即：

$$\boldsymbol{B}_1=\begin{pmatrix}\boldsymbol{B}_{11} & & \\ & \ddots & \\ & & \boldsymbol{B}_{1s}\end{pmatrix}$$

其中$\boldsymbol{B}_{1i}$为$r_i(i=1,2,\cdots,s)$阶方阵。

由$\boldsymbol{B}$可对角化，知$\boldsymbol{B}_{1i}$也可对角化，从而存在可逆矩阵$\boldsymbol{Q}_{2i}$（$i=1,2,\cdots,s$）使：

$$\boldsymbol{Q}_{2i}^{-1}\boldsymbol{B}_{1i}\boldsymbol{Q}_{2i}=\begin{pmatrix}\mu_{i_1}\boldsymbol{E}_{i_1} & & \\ & \ddots & \\ & & \mu_{i_{s_i}}\boldsymbol{E}_{i_{s_i}}\end{pmatrix},\sum_{i=1}^{s_i}r_i=n$$

记$\boldsymbol{P}=\boldsymbol{Q}_1\begin{pmatrix}\boldsymbol{Q}_{21} & & \\ & \ddots & \\ & & \boldsymbol{Q}_{2s}\end{pmatrix}$，则$\boldsymbol{P}^{-1}\boldsymbol{AP}$，$\boldsymbol{P}^{-1}\boldsymbol{BP}$均为对角矩阵。

反之，由$P^{-1}AP$，$P^{-1}BP$均为对角矩阵，有：

$$P^{-1}AP=\begin{pmatrix}\lambda_1 & & \\ & \ddots & \\ & & \lambda_n\end{pmatrix},\quad P^{-1}BP=\begin{pmatrix}\mu_1 & & \\ & \ddots & \\ & & \mu_n\end{pmatrix}$$

其中λ_i,μ_i分别为A,B的特征值，从而有：

$$AB=P\begin{pmatrix}\lambda_1\mu_1 & & \\ & \ddots & \\ & & \lambda_n\mu_n\end{pmatrix}P^{-1}=P\begin{pmatrix}\mu_1\lambda_1 & & \\ & \ddots & \\ & & \mu_n\lambda_n\end{pmatrix}P^{-1}=BA$$

命题5：设A,B为n阶循环矩阵，则存在可逆矩阵P，使得A,B同时对角化。

证明：设矩阵A是由$\alpha_1,\cdots,\alpha_n$构成的循环矩阵，B是由$\beta_1,\cdots,\beta_n$构成的循环矩阵，循环矩阵A的特征值为$f(1),f(\xi),\cdots,f(\xi^{n-1})$，其中：

$$f(x)=a_1+a_2x+\cdots+a_nx^{n-1}$$

ξ为单位根，属于特征值$f(\xi^m)$的特征向量为$(1,\xi^m,\cdots,(\xi^m)^{(n-1)})$。

令：

$$P=\begin{pmatrix}1 & 1 & \cdots & 1\\ 1 & \xi & \cdots & \xi^{n-1}\\ \vdots & \vdots & & \vdots\\ 1 & \xi^{n-1} & \cdots & (\xi^{n-1})^{n-1}\end{pmatrix}$$

则$|P|\neq 0$，即P的列向量线性无关，从而A有n个线性无关的特征向量，即A可对角化，且$P^{-1}AP=\operatorname{diag}\{f(1),f(\xi),\cdots,f(\xi^{n-1})\}$。同理存在$g(x)$的特征值$g(1),g(\xi),\cdots,g(\xi^{n-1})$，且$P^{-1}BP=\operatorname{diag}\{g(1),g(\xi),\cdots,g(\xi^{n-1})\}$，故结论成立。

类似的方法可以证明以下结论。

命题6：设$A,B\in P^{n\times n}$，$AB=BA$，A,B的初等因子全为一次的，则A,B可同时相似于对角矩阵。

命题 7：设$\boldsymbol{A},\boldsymbol{B}\in P^{n\times n}$，$\boldsymbol{AB}=\boldsymbol{BA}$，$\boldsymbol{A},\boldsymbol{B}$的最小多项式无重根，则$\boldsymbol{A},\boldsymbol{B}$可同时相似于对角矩阵。

命题 8：设$\boldsymbol{A},\boldsymbol{B}\in P^{n\times n}$，$\boldsymbol{AB}=\boldsymbol{BA}$，$\boldsymbol{A}^2=\boldsymbol{A},\boldsymbol{B}^2=\boldsymbol{B}$，则$\boldsymbol{A},\boldsymbol{B}$可同时相似于对角矩阵。

命题 9：设$\boldsymbol{A},\boldsymbol{B}\in P^{n\times n}$，$\boldsymbol{AB}=\boldsymbol{BA}$，$\boldsymbol{A}^2=\boldsymbol{B}^2=\boldsymbol{E}$，则$\boldsymbol{A},\boldsymbol{B}$可同时相似于对角矩阵。

命题 10：设$\boldsymbol{A},\boldsymbol{B}\in P^{n\times n}$，$\boldsymbol{AB}=\boldsymbol{BA}$，$\boldsymbol{A}^k=\boldsymbol{B}^k=\boldsymbol{E}$，其中$k$为正整数，则$\boldsymbol{A},\boldsymbol{B}$可同时相似于对角矩阵。

命题 11：设$\boldsymbol{A}\in P^{n\times n}$，且$\boldsymbol{A}$可对角化，$\boldsymbol{A}^*$为$\boldsymbol{A}$的伴随矩阵，则$\boldsymbol{A}^*,\boldsymbol{A}$可同时相似于对角矩阵。

证明：由$\boldsymbol{A}$可对角化，知存在可逆矩阵$\boldsymbol{P}$，使得$\boldsymbol{P}^{-1}\boldsymbol{AP}=\operatorname{diag}\{\lambda_1,\cdots,\lambda_n\}$，则$(\boldsymbol{P}^{-1}\boldsymbol{AP})^*=\left(\operatorname{diag}\{\lambda_1,\cdots,\lambda_n\}\right)^*$，即$\boldsymbol{P}^*\boldsymbol{A}^*(\boldsymbol{P}^{-1})^*=\operatorname{diag}\{\lambda_1,\cdots,\lambda_n\}^*=\operatorname{diag}\{\mu_1,\cdots,\mu_n\}$，由于$\boldsymbol{A}^*\boldsymbol{A}=\boldsymbol{AA}^*$，则由命题 4 即证。

命题 12：设$\boldsymbol{A}\in P^{n\times n}$，且$\boldsymbol{A}\pm\boldsymbol{B}=\boldsymbol{AB}$，$\boldsymbol{A},\boldsymbol{B}$相似于对角矩阵，则$\boldsymbol{A},\boldsymbol{B}$可同时相似于对角矩阵。

证明：只证$\boldsymbol{A}+\boldsymbol{B}=\boldsymbol{AB}$的情况。

由$\boldsymbol{A}+\boldsymbol{B}=\boldsymbol{AB}$，知$\boldsymbol{AB}-\boldsymbol{A}-\boldsymbol{B}+\boldsymbol{E}=\boldsymbol{E}$，即$(\boldsymbol{A}-\boldsymbol{E})(\boldsymbol{B}-\boldsymbol{E})=\boldsymbol{E}$，故：

$$(\boldsymbol{A}-\boldsymbol{E})^{-1}=\boldsymbol{B}-\boldsymbol{E}$$

于是$\boldsymbol{E}=(\boldsymbol{B}-\boldsymbol{E})(\boldsymbol{A}-\boldsymbol{E})=\boldsymbol{BA}-\boldsymbol{B}-\boldsymbol{A}+\boldsymbol{E}$，即$\boldsymbol{BA}=\boldsymbol{B}+\boldsymbol{A}$，从而$\boldsymbol{AB}=\boldsymbol{BA}$，则由命题 4 即证。

命题 13：设$\boldsymbol{A},\boldsymbol{B}\in P^{n\times n}$，且$\boldsymbol{A},\boldsymbol{B}$的特征值都在$P$中，$\boldsymbol{AB}=\boldsymbol{BA}$，则存在可逆矩阵$\boldsymbol{T}\in P^{n\times n}$，使得$\boldsymbol{T}^{-1}\boldsymbol{AT}$，$\boldsymbol{T}^{-1}\boldsymbol{BT}$同时为上三角矩阵。

证明：对矩阵的阶数n用数学归纳法。

当$n=1$时，命题成立；

假设结论对$n-1$阶矩阵成立，由于$\boldsymbol{AB}=\boldsymbol{BA}$，从而$\boldsymbol{A},\boldsymbol{B}$有公共的特征向量，设为$\boldsymbol{\alpha}_1$，将其扩充为$P^n$的一组基$\boldsymbol{\alpha}_1,\cdots,\boldsymbol{\alpha}_n$，令$\boldsymbol{Q}=(\boldsymbol{\alpha}_1,\cdots,\boldsymbol{\alpha}_n)$，则$\boldsymbol{Q}$可逆，且：

$$\boldsymbol{Q}^{-1}\boldsymbol{AQ}=\begin{pmatrix}\lambda_1 & \boldsymbol{\alpha}\\ \boldsymbol{O} & \boldsymbol{A}_1\end{pmatrix},\ \boldsymbol{Q}^{-1}\boldsymbol{BQ}=\begin{pmatrix}\mu_1 & \boldsymbol{\beta}\\ \boldsymbol{O} & \boldsymbol{B}_1\end{pmatrix}$$

由$\boldsymbol{AB}=\boldsymbol{BA}$，可得$\boldsymbol{A}_1\boldsymbol{B}_1=\boldsymbol{B}_1\boldsymbol{A}_1$，由归纳假设，知存在$n-1$阶可逆矩阵$\boldsymbol{Q}_1$使得$\boldsymbol{Q}_1^{-1}\boldsymbol{A}_1\boldsymbol{Q}_1$，$\boldsymbol{Q}_1^{-1}\boldsymbol{B}_1\boldsymbol{Q}_1$同时为上三角矩阵，令$\boldsymbol{T}=\boldsymbol{Q}\begin{pmatrix}1 & \boldsymbol{O}\\ \boldsymbol{O} & \boldsymbol{Q}_1\end{pmatrix}$，则$\boldsymbol{T}^{-1}\boldsymbol{AT}$，$\boldsymbol{T}^{-1}\boldsymbol{BT}$同时为上三角矩阵。

例 6（西北大学，2020）已知$\boldsymbol{A},\boldsymbol{B}$为$n$阶复矩阵，$\boldsymbol{A}$的特征值各不相同，且$\boldsymbol{AB}=\boldsymbol{BA}$，则

（1）$\boldsymbol{A}$的特征向量也是$\boldsymbol{B}$的特征向量；

（2）存在可逆矩阵$\boldsymbol{C}$，使得$\boldsymbol{C}^{-1}\boldsymbol{AC}$与$\boldsymbol{C}^{-1}\boldsymbol{BC}$均为对角矩阵；

（3）$\boldsymbol{AB}$可对角化。

证明：（1）设$\lambda_1,\lambda_2,\cdots,\lambda_n$为$\boldsymbol{A}$的特征值，$\boldsymbol{\alpha}_1,\boldsymbol{\alpha}_2,\cdots,\boldsymbol{\alpha}_n$为其对应的特征向量，则$\boldsymbol{A\alpha}_i=\lambda_i\boldsymbol{\alpha}_i$（$i=1,2,\cdots,n$），$(\lambda_i\boldsymbol{E}-\boldsymbol{A})\boldsymbol{\alpha}_i=\boldsymbol{0}$，即$\boldsymbol{\alpha}_i$为$(\lambda_i\boldsymbol{E}-\boldsymbol{A})x=\boldsymbol{0}$的解。

又$\boldsymbol{A}$的特征值均为单根，则$(\lambda_i\boldsymbol{E}-\boldsymbol{A})\boldsymbol{x}=\boldsymbol{0}$的基础解系只含一个向量，从而$\boldsymbol{\alpha}_i$为$(\lambda_i\boldsymbol{E}-\boldsymbol{A})\boldsymbol{x}=\boldsymbol{0}$的基础解系。

由$\boldsymbol{AB}=\boldsymbol{BA}$，知：

$$(\lambda_i\boldsymbol{E}-\boldsymbol{A})\boldsymbol{B\alpha}_i=\lambda_i\boldsymbol{B\alpha}_i-\boldsymbol{AB\alpha}_i=\lambda_i\boldsymbol{B\alpha}_i-\boldsymbol{BA\alpha}_i=\lambda_i\boldsymbol{B\alpha}_i-\boldsymbol{B}\lambda_i\boldsymbol{\alpha}_i=\boldsymbol{0}$$

从而$\boldsymbol{B\alpha}_i$为$(\lambda_i\boldsymbol{E}-\boldsymbol{A})\boldsymbol{x}=\boldsymbol{0}$的基础解系，即$\boldsymbol{B\alpha}_i$可由$\boldsymbol{\alpha}_1,\boldsymbol{\alpha}_2,\cdots,\boldsymbol{\alpha}_n$线性表示，从而存在$\mu_i$使得$\boldsymbol{B\alpha}_i=\mu_i\boldsymbol{\alpha}_i$，故$\boldsymbol{A}$的特征向量也是$\boldsymbol{B}$的特征向量。

（2）由（1）可知$\boldsymbol{\alpha}_1,\boldsymbol{\alpha}_2,\cdots,\boldsymbol{\alpha}_n$线性无关，则$\boldsymbol{\alpha}_1,\boldsymbol{\alpha}_2,\cdots,\boldsymbol{\alpha}_n$为$\boldsymbol{B}$的线性无关的特征向量。

令$\boldsymbol{C}=(\boldsymbol{\alpha}_1,\boldsymbol{\alpha}_2,\cdots,\boldsymbol{\alpha}_n)$，则：

$$\boldsymbol{C}^{-1}\boldsymbol{A}\boldsymbol{C}=\mathrm{diag}\{\lambda_1,\lambda_2,\cdots,\lambda_n\}\text{ , }\boldsymbol{C}^{-1}\boldsymbol{B}\boldsymbol{C}=\mathrm{diag}\{\mu_1,\mu_2,\cdots,\mu_n\}$$

（3）由（2）有：

$$\begin{aligned}\boldsymbol{C}^{-1}\boldsymbol{A}\boldsymbol{C}\boldsymbol{C}^{-1}\boldsymbol{B}\boldsymbol{C}=\boldsymbol{C}^{-1}\boldsymbol{A}\boldsymbol{B}\boldsymbol{C}&=\mathrm{diag}\{\lambda_1,\lambda_2,\cdots,\lambda_n\}\cdot\mathrm{diag}\{\mu_1,\mu_2,\cdots,\mu_n\}\\&=\mathrm{diag}\{\lambda_1\mu_1,\lambda_2\mu_2,\cdots,\lambda_n\mu_n\}\end{aligned}$$

则$\boldsymbol{AB}$可对角化。

9.3 矩阵方幂的若干求法

矩阵的方幂在高等代数的解题及矩阵的稳定性讨论、预测、控制等方面有广泛的应用，其求法的原理贯穿代数学习的过程。求矩阵的方幂可以用到矩阵的各方面的知识，其计算量往往较大，但方法适当，可以大大降低计算难度。

9.3.1 秩为 1 的情况（低秩分解）

当n阶矩阵$\boldsymbol{A}$的秩为 1 时，$\boldsymbol{A}$可以写成一个列向量与一个行向量的乘积，即$\boldsymbol{A}=\boldsymbol{\alpha}\boldsymbol{\beta}^{\mathrm{T}}$，$\boldsymbol{\alpha},\boldsymbol{\beta}$为$n$维列向量，利用矩阵乘法的结合律有：

$$\boldsymbol{A}^k=(\boldsymbol{\alpha}\boldsymbol{\beta}^{\mathrm{T}})^k=\boldsymbol{\alpha}(\boldsymbol{\beta}^{\mathrm{T}}\boldsymbol{\alpha})^{k-1}\boldsymbol{\beta}^{\mathrm{T}}$$

$\boldsymbol{\beta}^{\mathrm{T}}\boldsymbol{\alpha}$为一个数，即$\boldsymbol{A}^k=(\boldsymbol{\beta}^{\mathrm{T}}\boldsymbol{\alpha})^{k-1}\boldsymbol{A}$。

例 1 设$\boldsymbol{A}=\begin{pmatrix}1&2&-1\\3&6&-3\\-2&-4&2\end{pmatrix}$，求$\boldsymbol{A}^k$，$k$为自然数。

解：由于$\boldsymbol{A}$的行（列）之间成比例，即$R(\boldsymbol{A})=1$，故有：

$$\boldsymbol{A}=\begin{pmatrix}1&2&-1\\3&6&-3\\-2&-4&2\end{pmatrix}=\begin{pmatrix}1\\3\\-2\end{pmatrix}\begin{pmatrix}1&2&-1\end{pmatrix}=\boldsymbol{\alpha}\boldsymbol{\beta}^{\mathrm{T}}\text{ , }\boldsymbol{\beta}^{\mathrm{T}}\boldsymbol{\alpha}=9\text{ ,}$$

则$\boldsymbol{A}^k=(\boldsymbol{\beta}^{\mathrm{T}}\boldsymbol{\alpha})^{k-1}\boldsymbol{A}=9^{k-1}\boldsymbol{A}$。

例 2 设$A=\begin{pmatrix}1&\frac{1}{2}&\frac{1}{3}&\frac{1}{4}\\2&1&\frac{2}{3}&\frac{1}{2}\\3&\frac{3}{2}&1&\frac{3}{4}\\4&2&\frac{4}{3}&1\end{pmatrix}$，求$A^k$。

解：由于$A=\begin{pmatrix}1\\2\\3\\4\end{pmatrix}\left(1,\frac{1}{2},\frac{1}{3},\frac{1}{4}\right)$，则：

$$A^k=\begin{pmatrix}1\\2\\3\\4\end{pmatrix}\left(1,\frac{1}{2},\frac{1}{3},\frac{1}{4}\right)\begin{pmatrix}1\\2\\3\\4\end{pmatrix}\left(1,\frac{1}{2},\frac{1}{3},\frac{1}{4}\right)\cdots\begin{pmatrix}1\\2\\3\\4\end{pmatrix}\left(1,\frac{1}{2},\frac{1}{3},\frac{1}{4}\right)=4^{k-1}A$$

9.3.2 可分解为数量矩阵和幂零矩阵之和的情况（分解法）

利用二项展开式：将矩阵A分解为$A=B+C$，B,C的方幂易求，且$BC=CB$，则有$A^k=(B+C)^k=B^k+C_k^1B^{k-1}C+C_k^2B^{k-2}C^2+\cdots+C_k^{k-1}BC^{k-1}+C_k^kC^k$。

当矩阵$A_{n\times n}$可分解为一个数量矩阵与一个幂零矩阵的和，即$A=\lambda E+P$，其中$P^{m-1}\neq O, P^m=O$时，λE与P的乘法适合交换律，则由二项式定理得

$$A^k=(\lambda E+P)^k=(\lambda E)^k+C_k^1(\lambda E)^{k-1}P+\cdots+C_k^{k-1}(\lambda E)P^{k-1}+C_k^kP^k$$

由于P为幂零矩阵，那么P的某个次幂为零矩阵，从而展开式后面有些项就为O，这样非零项就比较少了，便于计算。

分块对角矩阵：对于分块对角矩阵，若$A=\operatorname{diag}\{A_1,A_2,\cdots,A_s\}$，$A_i$ $(i=1,2,\cdots,s)$为方阵，则$A^k=\operatorname{diag}\{A_1{}^k,A_2{}^k,\cdots,A_s{}^k\}$。

例 3 设$A=\begin{pmatrix}2&4&0&0\\1&2&0&0\\0&0&2&4\\0&0&0&2\end{pmatrix}$，求$A^k$。

解：令$A=\begin{pmatrix}B&O\\O&C\end{pmatrix}$，其中$B=\begin{pmatrix}2&4\\1&2\end{pmatrix}, C=\begin{pmatrix}2&4\\0&2\end{pmatrix}$，则$A^k=\begin{pmatrix}B^k&O\\O&C^k\end{pmatrix}$。

由于$R(B)=1$，即$B=\begin{pmatrix}2\\1\end{pmatrix}\begin{pmatrix}1&2\end{pmatrix}$，则$B^k=4^{k-1}B$。

又$C=2E+\begin{pmatrix}0&4\\0&0\end{pmatrix}=2E+P$，$P$为幂零矩阵，则：

$$C^k=(2E+P)^k=(2E)^k+k(2E)^{k-1}P=\begin{pmatrix}2^k&2^{k+1}k\\0&2^k\end{pmatrix}$$

从而$A^k=\begin{pmatrix}B^k&O\\O&C^k\end{pmatrix}$。

例 4 设$A=\begin{pmatrix}3&1&3\\0&3&1\\0&0&3\end{pmatrix}$，求$A^k$。

解：令$A=\begin{pmatrix}3&1&3\\0&3&1\\0&0&3\end{pmatrix}=\begin{pmatrix}3&0&0\\0&3&0\\0&0&3\end{pmatrix}+\begin{pmatrix}0&1&3\\0&0&1\\0&0&0\end{pmatrix}=3E+P$，显然$P$为幂零矩阵，

所以：

$$A^k=(3E+P)^k=(3E)^k+C_k^1(3E)^{k-1}P+C_k^2(3E)^{k-2}P^2=\begin{pmatrix}3^k&C_k^1 3^{k-1}&C_k^1 3^k+C_k^2 3^{k-2}\\0&3^k&C_k^1 3^{k-1}\\0&0&3^k\end{pmatrix}$$

例 5 设a为实数，$A=\begin{pmatrix}a&1&&\\&a&\ddots&\\&&\ddots&1\\&&&a\end{pmatrix}\in\mathbf{R}^{100\times100}$，求$A^{50}$的第一行所有元素之和。

解：设$\boldsymbol{A}=a\boldsymbol{E}+\boldsymbol{J}$，而$\boldsymbol{EJ}=\boldsymbol{JE}$，则：

$$\boldsymbol{A}^{50}=(a\boldsymbol{E}+\boldsymbol{J})^{50}=\mathrm{C}_{50}^{0}a^{50}\boldsymbol{E}^{50}+\mathrm{C}_{50}^{1}a^{49}\boldsymbol{E}^{49}\boldsymbol{J}+\cdots+\mathrm{C}_{50}^{49}a\boldsymbol{E}\boldsymbol{J}^{49}+\mathrm{C}_{50}^{50}\boldsymbol{J}^{50}$$

由于$\boldsymbol{E},\boldsymbol{J},\boldsymbol{J}^2,\cdots,\boldsymbol{J}^{50}$每个矩阵的第一行元素之和均为1，从而$\boldsymbol{A}^{50}$的第一行所有元素之和为$\mathrm{C}_{50}^{0}a^{50}+\mathrm{C}_{50}^{1}a^{49}+\cdots+\mathrm{C}_{50}^{50}=(a+1)^{50}$。

9.3.3 归纳法（递推法）

一般地，与自然数n有关，先求出矩阵$\boldsymbol{A}$的低次幂，猜测高次结果的一般形，再用数学归纳法证明一般形的正确性。

例6 已知$\boldsymbol{A}=\begin{pmatrix}1&\alpha&\beta\\0&1&\alpha\\0&0&1\end{pmatrix}$，求$\boldsymbol{A}^n$。

解：由于

$$\boldsymbol{A}^2=\begin{pmatrix}1&2\alpha&\alpha^2+2\beta\\0&1&2\alpha\\0&0&1\end{pmatrix},\boldsymbol{A}^3=\begin{pmatrix}1&3\alpha&3\alpha^2+3\beta\\0&1&3\alpha\\0&0&1\end{pmatrix},\cdots$$

猜测：

$$\boldsymbol{A}^n=\begin{pmatrix}1&n\alpha&\frac{n(n-1)}{2}\alpha^2+n\beta\\0&1&n\alpha\\0&0&1\end{pmatrix}$$

下面用数学归纳法证明猜测：

当$n=1,2$时命题成立；

假设当$n=k$时，命题成立，即：

$$\boldsymbol{A}^k=\begin{pmatrix}1&k\alpha&\frac{k(k-1)}{2}\alpha^2+k\beta\\0&1&k\alpha\\0&0&1\end{pmatrix}$$

则当$n=k+1$时，

$$A^{k+1}=A^kA=\begin{pmatrix}1 & k\alpha & \frac{k(k-1)}{2}\alpha^2+k\beta \\ 0 & 1 & k\alpha \\ 0 & 0 & 1\end{pmatrix}\begin{pmatrix}1 & \alpha & \beta \\ 0 & 1 & \alpha \\ 0 & 0 & 1\end{pmatrix}$$

$$=\begin{pmatrix}1 & (k+1)\alpha & \frac{k(k+1)}{2}\alpha^2+(k+1)\beta \\ 0 & 1 & (k+1)\alpha \\ 0 & 0 & 1\end{pmatrix}$$

命题成立，从而对于任意自然数n，命题都成立。

例 7（中山大学、北京邮电大学，2024）设$A=\begin{pmatrix}1 & 0 & 0 \\ 1 & 0 & 1 \\ 0 & 1 & 0\end{pmatrix}(n\geqslant 3)$，证明 $A^n=A^{n-2}+A^2-E$，并计算A^{100}。

解：由于A的特征多项式为$f(\lambda)=(\lambda-1)^2(\lambda+1)$，故由凯莱－哈密顿定理可知：

$$f(A)=A^3-A^2-A+E=\mathbf{0}$$

即$A^3=A+A^2-E$，由此得递推公式$A^n=A^{n-2}+A^2-E\,(n\geqslant 3)$。

下面用数学归纳法加以证明：

当$n=3$时，命题成立；假设当$n=k$时命题成立，则当$n=k+1$时，有：

$$A^{k+1}=A^kA=(A^{k-2}+A^2-E)A=A^{k-1}+A^3-A=A^{k-1}+A^2-E$$

即对于一切$n\geqslant 3$递推公式成立。于是：

$$A^{100}=A^{98}+(A^2-E)=(A^{96}+A^2-E)+A^2-E=A^{96}+2(A^2-E)$$

$$=\cdots=A^2+49(A^2-E)=50A^2-49E=\begin{pmatrix}1 & 0 & 0 \\ 50 & 1 & 0 \\ 50 & 0 & 1\end{pmatrix}$$

类似的题如下：

（西南交通大学，2024）设$A=\begin{pmatrix}1&0&1\\0&2&0\\1&0&1\end{pmatrix}$，求$A^n-2A^{n-1}$。

9.3.4 相似变换法

若已知矩阵A可以经过相似变换化为对角矩阵B，则存在可逆矩阵P，使得$P^{-1}AP=B$，其中B为对角矩阵，对角线上的元素为A的特征值，这样$A=PBP^{-1}$，$A^k=PB^kP^{-1}$。由于过渡矩阵P和对角矩阵B^k可以很快求出，因此A^k也可很快求出。

<u>例 8</u> 设$A=\begin{pmatrix}1&2&2\\2&1&2\\2&2&1\end{pmatrix}$，求$A^k$。

解：易求A的特征值为$\lambda_1=\lambda_2=-1$，$\lambda_3=5$。

对于$\lambda_1=\lambda_2=-1$有线性无关的特征向量$\boldsymbol{\alpha}_1=(1,0,-1)^{\mathrm T},\boldsymbol{\alpha}_2=(0,1,-1)^{\mathrm T}$；

对于$\lambda_3=5$有特征向量$\boldsymbol{\alpha}_3=(1,1,1)^{\mathrm T}$。

令$P=(\boldsymbol{\alpha}_1,\boldsymbol{\alpha}_2,\boldsymbol{\alpha}_3)$，则$P$可逆，且有：

$$P^{-1}AP=\mathrm{diag}\{-1,-1,5\}\text{ , }B^k=\mathrm{diag}\{(-1)^k,(-1)^k,5^k\}$$

从而$A=PBP^{-1}$，$A^k=PB^kP^{-1}$，即：

$$A^k=\frac{1}{3}\begin{pmatrix}(-1)^k\times2+5^k&(-1)^{k+1}+5^k&(-1)^{k+1}+5^k\\(-1)^{k+1}+5^k&(-1)^k\times2+5^k&(-1)^{k+1}+5^k\\(-1)^{k+1}+5^k&(-1)^{k+1}+5^k&(-1)^k\times2+5^k\end{pmatrix}$$

<u>例 9</u> 设 3 阶矩阵A的三个特征值分别是$-1,0,1$，其对应的特征向量分别为$(1,1,1)^{\mathrm T}$，$(0,1,1)^{\mathrm T}$，$(0,0,1)^{\mathrm T}$，求A^n。

解：由于 3 阶矩阵A有三个不同的特征值，则A与对角矩阵相似，即存在可逆矩阵$P=\begin{pmatrix}1&0&0\\1&1&0\\1&1&1\end{pmatrix}$，使得$P^{-1}AP=\begin{pmatrix}-1&&\\&0&\\&&1\end{pmatrix}$，故：

$$A^n = P\begin{pmatrix} -1 & & \\ & 0 & \\ & & 1 \end{pmatrix}^n P^{-1} = P\begin{pmatrix} (-1)^n & & \\ & 0 & \\ & & 1 \end{pmatrix} P^{-1} = \begin{pmatrix} (-1)^n & 0 & 0 \\ (-1)^n & 0 & 0 \\ (-1)^n & -1 & 1 \end{pmatrix}$$

9.3.5 特征多项式法（最小多项式法）

此方法其实是降次法。设$\boldsymbol{A}$是n阶方阵，对于数域P上任意多项式$g(\lambda)$，存在一个多项式$r(\lambda)$，其中$\partial r(\lambda) \leqslant n-1$或$r(\lambda)=0$，使得$g(\boldsymbol{A})=r(\boldsymbol{A})$。

事实上，用$\boldsymbol{A}$的特征多项式$f(\lambda)$（n次的）做除式，对于任意多项式$g(\lambda)$做带余除法得$g(\lambda)=f(\lambda)q(\lambda)+r(\lambda)$，则$r(\lambda)=0$或$\partial r(\lambda)<\partial f(\lambda)=n$，即$\partial r(\lambda)\leqslant n-1$，由凯莱－哈密顿定理可知$f(\boldsymbol{A})=\boldsymbol{0}$，故有$g(\boldsymbol{A})=r(\boldsymbol{A})$。

同样可用以$\boldsymbol{A}$的最小多项式为除式的带余除法得到次数更低的多项式$r(\lambda)$，使得$g(\boldsymbol{A})=r(\boldsymbol{A})$。

有时可以利用矩阵的特征多项式（最小多项式）进行高次幂的运算。

<u>例 10</u> 设$\boldsymbol{A}=\begin{pmatrix} 3 & -10 & -6 \\ 1 & -4 & -3 \\ -1 & 5 & 4 \end{pmatrix}$，求$\boldsymbol{A}^{100}$。

解:（方法一）特征多项式法。

由题可知$\boldsymbol{A}$的特征多项式为$f(\lambda)=|\lambda \boldsymbol{E}-\boldsymbol{A}|=(\lambda-1)^3=\lambda^3-3\lambda^2+3\lambda+1$，令$\lambda^{100}=f(\lambda)q(\lambda)+r(\lambda)$，其中$r(\lambda)=a\lambda^2+b\lambda+c$，即$\lambda^{100}=f(\lambda)q(\lambda)+a\lambda^2+b\lambda+c$，由于$f(1)=f'(1)=f''(1)=0$，则:

$$\lambda^{100}=f(\lambda)q(\lambda)+a\lambda^2+b\lambda+c$$

$$100\lambda^{99}=(f(\lambda)q(\lambda))'+2a\lambda+b$$

$$9\,900\lambda^{98}=(f(\lambda)q(\lambda))''+2a$$

都以 1 为根，从而$1=a+b+c$，$100=2a+b$，$9\,900=2a$，解之可得$a=4\,950$，

$b=-9\,800$，$c=4\,851$。因此将$\boldsymbol{A}$代入后得：

$$\boldsymbol{A}^{100}=f(\boldsymbol{A})\,q\,(\boldsymbol{A})+4\,950\boldsymbol{A}^2-9\,800\boldsymbol{A}+4\,851\boldsymbol{E}=\begin{pmatrix}201 & -1\,000 & -600\\ 100 & -499 & -300\\ -100 & 500 & 301\end{pmatrix}$$

（方法二）最小多项式法。

由题易得$\boldsymbol{A}$的最小多项式为：

$$m(\lambda)=(\lambda-1)^2=\lambda^2-2\lambda+1$$

令$\lambda^{100}=m(\lambda)q(\lambda)+r(\lambda)$，其中$r(\lambda)=a\lambda+b$，又$m(1)=m'(1)=0$，则：

$$\lambda^{100}=m(\lambda)q(\lambda)+a\lambda+b$$

$$100\lambda^{99}=(m(\lambda)q(\lambda))'+a$$

都以 1 为根，从而$1=a+b$，$100=a$，即$a=100$，$b=-99$，故：

$$\boldsymbol{A}^{100}=m\,(\boldsymbol{A})\,q\,(\boldsymbol{A})+100\boldsymbol{A}-99\boldsymbol{E}=\begin{pmatrix}201 & -1\,000 & -600\\ 100 & -499 & -300\\ -100 & 500 & 301\end{pmatrix}$$

例 11（中山大学，2022）设$\boldsymbol{A},\boldsymbol{B},\boldsymbol{C}$均为$n$阶复方阵，且$\boldsymbol{C}$的所有特征值均为实数，若$\boldsymbol{AB}-\boldsymbol{BA}=\boldsymbol{C}^2$，则$\boldsymbol{C}^n=\boldsymbol{O}$。

证明：设$\boldsymbol{C}$的特征值为$\lambda_1,\lambda_2,\cdots,\lambda_n$，又$\boldsymbol{AB}-\boldsymbol{BA}=\boldsymbol{C}^2$，则：

$$\operatorname{tr}(\boldsymbol{C}^2)=\operatorname{tr}(\boldsymbol{AB}-\boldsymbol{BA})=\operatorname{tr}(\boldsymbol{AB})-\operatorname{tr}(\boldsymbol{BA})=\operatorname{tr}(\boldsymbol{AB})-\operatorname{tr}(\boldsymbol{AB})=0$$

从而$\boldsymbol{C}^2$的特征值为$\lambda_1^2,\lambda_2^2,\cdots,\lambda_n^2$，且$\lambda_1^2+\lambda_2^2+\cdots+\lambda_n^2=0$。又$\lambda_1,\lambda_2,\cdots,\lambda_n$均为实数，则$\lambda_1=\lambda_2=\cdots=\lambda_n=0$，从而$\boldsymbol{C}$的特征多项式为$\lambda^n$，由凯莱－哈密顿定理可知$\boldsymbol{C}^n=\boldsymbol{O}$。

例 12设$\boldsymbol{A}=\begin{pmatrix}1 & 0 & 2\\ 0 & -1 & 1\\ 0 & 1 & 0\end{pmatrix}$，$f(x)=2x^{11}+2x^8-8x^7+3x^5+x^4+17x^2-4$，求$(f(\boldsymbol{A}))^{-1}$。

解：由于$\boldsymbol{A}$的特征多项式$g(\lambda)=\lambda^3-2\lambda+1$，则$g(x)=x^3-2x+1$为$\boldsymbol{A}$的零化多项式，做带余除法得$f(x)=(x^3-2x+1)(2x^8+4x^6-4x^3+3x^2-7x+10)+(27x-14)$，故$f(\boldsymbol{A})=27\boldsymbol{A}-14\boldsymbol{E}$。由于$|f(\boldsymbol{A})|=-2\ 015$，则$f(\boldsymbol{A})$可逆，且：

$$(\boldsymbol{f}(\boldsymbol{A}))^{-1}=-\frac{1}{2\ 015}(\boldsymbol{f}(\boldsymbol{A}))^{*}=-\frac{1}{2\ 015}\begin{pmatrix}574 & 0 & 2\ 214\\ 0 & -182 & -351\\ 0 & 0 & -533\end{pmatrix}$$

9.3.6 若尔当标准形法

若在相似变换中$\boldsymbol{A}$不与对角矩阵相似，即不可对角化，则先求出$\boldsymbol{A}$的若尔当标准形，再求出一个可逆矩阵$\boldsymbol{P}$，使得$\boldsymbol{P}^{-1}\boldsymbol{A}\boldsymbol{P}=\boldsymbol{J}$，从而$\boldsymbol{A}^n=\boldsymbol{P}\boldsymbol{J}^n\boldsymbol{P}^{-1}$。

<u>例 13</u> 设$\boldsymbol{A}=\begin{pmatrix}-1 & -2 & 6\\ -1 & 0 & 3\\ -1 & -1 & 4\end{pmatrix}$，求$\boldsymbol{A}^k$。

解：先求$\boldsymbol{A}$的若尔当标准形，由于：

$$\lambda\boldsymbol{E}-\boldsymbol{A}=\begin{pmatrix}\lambda+1 & 2 & -6\\ 1 & \lambda & -3\\ 1 & 1 & \lambda-4\end{pmatrix}\to\begin{pmatrix}1 & & \\ & \lambda-1 & \\ & & (\lambda-1)^2\end{pmatrix}$$

则其初等因子为$\lambda-1$，$(\lambda-1)^2$，故$\boldsymbol{A}$的若尔当标准形为：

$$\boldsymbol{J}=\begin{pmatrix}1 & 0 & 0\\ 0 & 1 & 0\\ 0 & 1 & 1\end{pmatrix}$$

再求可逆矩阵$\boldsymbol{P}$，使得$\boldsymbol{P}^{-1}\boldsymbol{A}\boldsymbol{P}=\boldsymbol{J}$，即$\boldsymbol{A}\boldsymbol{P}=\boldsymbol{P}\boldsymbol{J}$。设$\boldsymbol{P}=(\boldsymbol{\alpha}_1,\boldsymbol{\alpha}_2,\boldsymbol{\alpha}_3)$，则有：

$$\boldsymbol{A}(\boldsymbol{\alpha}_1,\boldsymbol{\alpha}_2,\boldsymbol{\alpha}_3)=(\boldsymbol{\alpha}_1,\boldsymbol{\alpha}_2,\boldsymbol{\alpha}_3)\begin{pmatrix}1 & 0 & 0\\ 0 & 1 & 0\\ 0 & 1 & 1\end{pmatrix}$$

即$\boldsymbol{A}\boldsymbol{\alpha}_1=\boldsymbol{\alpha}_1$，$\boldsymbol{A}\boldsymbol{\alpha}_2=\boldsymbol{\alpha}_2+\boldsymbol{\alpha}_3$，$\boldsymbol{A}\boldsymbol{\alpha}_3=\boldsymbol{\alpha}_3$。

对于 $\boldsymbol{A\alpha}_2=\boldsymbol{\alpha}_2+\boldsymbol{\alpha}_3$ 有 $(\boldsymbol{E}-\boldsymbol{A})\boldsymbol{\alpha}_2=-\boldsymbol{\alpha}_3$，令 $\boldsymbol{\alpha}_2=(x_1,x_2,x_3)^{\mathrm{T}}$，$\boldsymbol{\alpha}_3=(y_1,y_2,y_3)^{\mathrm{T}}$，则有：

$$(\boldsymbol{E}-\boldsymbol{A}\ \ -\boldsymbol{\alpha}_3)=\begin{pmatrix}2&2&-6&-y_1\\1&1&-3&-y_2\\1&1&-3&-y_3\end{pmatrix}\to\begin{pmatrix}2&2&-6&-y_1\\1&1&-3&-y_2\\0&0&0&y_2-y_3\end{pmatrix}$$

而$(\boldsymbol{E}-\boldsymbol{A})\boldsymbol{\alpha}_2=-\boldsymbol{\alpha}_3$有解，则$y_2=y_3$。

又$\boldsymbol{A\alpha}_3=\boldsymbol{\alpha}_3$，则有$(\boldsymbol{E}-\boldsymbol{A})\boldsymbol{\alpha}_3=\boldsymbol{0}$，即：

$$\begin{pmatrix}2&2&-6\\1&1&-3\\1&1&-3\end{pmatrix}\begin{pmatrix}y_1\\y_2\\y_3\end{pmatrix}=\boldsymbol{0}$$

于是有$y_1+y_2-3y_3=0$，从而$y_1=2y_2$。

令$y_2=y_3=1$，则$y_1=2$，于是$\boldsymbol{\alpha}_3=(2,1,1)^{\mathrm{T}}$。

再解$(\boldsymbol{E}-\boldsymbol{A})\boldsymbol{\alpha}_2=-\boldsymbol{\alpha}_3$，得$\boldsymbol{\alpha}_2=(-1,0,0)^{\mathrm{T}}$，又$\boldsymbol{\alpha}_1=(3,0,1)^{\mathrm{T}}$，则：

$$\boldsymbol{P}=(\boldsymbol{\alpha}_1,\boldsymbol{\alpha}_2,\boldsymbol{\alpha}_3)=\begin{pmatrix}3&-1&2\\0&0&1\\1&0&1\end{pmatrix}$$

由$\boldsymbol{A}=\boldsymbol{PJP}^{-1}$，知：

$$\boldsymbol{A}^k=\boldsymbol{PJ}^k\boldsymbol{P}^{-1}=\begin{pmatrix}3&-1&2\\0&0&1\\1&0&1\end{pmatrix}\begin{pmatrix}1&0&0\\0&1&0\\0&1&1\end{pmatrix}^k\begin{pmatrix}3&-1&2\\0&0&1\\1&0&1\end{pmatrix}^{-1}=\begin{pmatrix}1-2k&-2-2k&6k\\-k&1-k&3k\\-k&-k&1+3k\end{pmatrix}$$

9.3.7 其他类型

除以上类型外，还有个别特殊情况，求解过程不拘一格。

例 14 计算$\begin{pmatrix}1&0&0\\0&1&0\\0&1&1\end{pmatrix}^{2\,010}\begin{pmatrix}1&2&3\\4&5&6\\7&8&9\end{pmatrix}\begin{pmatrix}0&0&1\\0&1&0\\1&0&0\end{pmatrix}^{2\,009}$。

解：令$\boldsymbol{A}=\begin{pmatrix}1&2&3\\4&5&6\\7&8&9\end{pmatrix}$，$\begin{pmatrix}1&0&0\\0&1&0\\0&1&1\end{pmatrix}^{2\,010}$即将单位矩阵的第二行加到第三行 2 010 次，$\begin{pmatrix}0&0&1\\0&1&0\\1&0&0\end{pmatrix}^{2\,009}$即将单位矩阵的第一列与第三列交换 2 009 次，从而：

$$\begin{pmatrix}1&0&0\\0&1&0\\0&1&1\end{pmatrix}^{2\,010}=\begin{pmatrix}1&0&0\\0&1&0\\0&2\,010&1\end{pmatrix},\begin{pmatrix}0&0&1\\0&1&0\\1&0&0\end{pmatrix}^{2\,009}=\begin{pmatrix}0&0&1\\0&1&0\\1&0&0\end{pmatrix}$$

则：

$$\begin{pmatrix}1&0&0\\0&1&0\\0&1&1\end{pmatrix}^{2\,010}\begin{pmatrix}1&2&3\\4&5&6\\7&8&9\end{pmatrix}\begin{pmatrix}0&0&1\\0&1&0\\1&0&0\end{pmatrix}^{2\,009}=\begin{pmatrix}1&0&0\\0&1&0\\0&2\,010&1\end{pmatrix}\begin{pmatrix}1&2&3\\4&5&6\\7&8&9\end{pmatrix}\begin{pmatrix}0&0&1\\0&1&0\\1&0&0\end{pmatrix}$$

$$=\begin{pmatrix}3&2&1\\6&5&4\\12\,069&10\,058&8\,047\end{pmatrix}$$

9.4 矩阵的分解

一般地，矩阵的分解分为加法分解和乘法分解。加法分解是将一个矩阵分解成若干个矩阵之和，乘法分解是将一个矩阵分解成若干个矩阵之积。两个矩阵的关系：等价（一般矩阵）、合同（方阵）、相似（方阵），它们对应矩阵的等价分解、合同分解、相似分解；等价变换可将任意矩阵转化为等价标准形，合同变换可将方阵转化为合同标准形，相似变换可将任意方阵转化为若尔当标准形。矩阵分解的一般思路：首先将矩阵转化为合适的标准形，其次对于标准形建立所要求的形式，最后还原为原矩阵。矩阵分解的关键：寻求适当的标准形，验证分解式对于标准形成立。

9.4.1 加法分解

9.4.1.1 秩 1 的分解

此法解决的是将矩阵分解为秩为 1 的若干矩阵的和的问题。

例 1（武汉大学，2019）设$A\in P^{m\times n}$，$R(A)=r$，其中$0\leqslant r\leqslant \min\{m,n\}$，则存在秩为 1 的矩阵$A_i\in P^{m\times n}$，$i=1,2,\cdots,r$，满足$A=\sum_{i=1}^{r}A_i$。

证明：一般矩阵由等价标准形出发。

由$R(A)=r$，知存在可逆矩阵$P_{m\times m}$，$Q_{n\times n}$，使得$A=P\begin{pmatrix}E_r & O\\ O & O\end{pmatrix}Q$。

令$A_i=PE_{ii}Q$，$i=1,2,\cdots,r$，则$R(A_i)=1$，满足$A=\sum_{i=1}^{r}A_i$。

例 2 设矩阵$A_{m\times n}$的秩为r，则A相似于后$n-r$行全为零的矩阵。

证明：由$R(A)=r$，知存在可逆矩阵$P_{m\times m}$，$Q_{n\times n}$，使得$A=P\begin{pmatrix}E_r & O\\ O & O\end{pmatrix}Q$，从而$P^{-1}AP=\begin{pmatrix}E_r & O\\ O & O\end{pmatrix}QP$，显然矩阵$\begin{pmatrix}E_r & O\\ O & O\end{pmatrix}QP$的后$n-r$行全为零。

例 3 设矩阵$A_{m\times n}$的秩为r，则存在可逆矩阵$P_{m\times m}$，$Q_{n\times n}$，使得PA的后$m-r$行全为零，AQ的后$n-r$列全为零。

证明：由$R(A)=r$，知存在可逆矩阵$P_{m\times m}$，$Q_{n\times n}$，使得：

$$A=P^{-1}\begin{pmatrix}E_r & O\\ O & O\end{pmatrix}Q^{-1},\ PA=\begin{pmatrix}E_r & O\\ O & O\end{pmatrix}Q^{-1}$$

显然其后$m-r$行全为零，$AQ=P^{-1}\begin{pmatrix}E_r & O\\ O & O\end{pmatrix}$后$n-r$列全为零。

例 4 设矩阵$A_{m\times s}$，$B_{s\times n}$满足$AB=C$，若$R(A)=r$（$r<s$），则存在一个秩为$\min\{s-r,n\}$的矩阵$D_{s\times n}$，对任意矩阵$G_{n\times n}$，都有$A(DG+B)=C$。

证明：由$\boldsymbol{AB}=\boldsymbol{C}$，知只要证明$\boldsymbol{ADG}=\boldsymbol{O}$即可。

由$R(\boldsymbol{A})=r$，知存在可逆矩阵$\boldsymbol{P}_{m\times m}$，$\boldsymbol{Q}_{s\times s}$，使得$\boldsymbol{A}=\boldsymbol{P}\begin{pmatrix}\boldsymbol{E}_r & \boldsymbol{O}\\ \boldsymbol{O} & \boldsymbol{O}\end{pmatrix}\boldsymbol{Q}$，取：

$$\boldsymbol{D}_{s\times n}=\boldsymbol{Q}^{-1}\begin{pmatrix}\boldsymbol{O}\\ \boldsymbol{X}_{(s-r)\times n}\end{pmatrix},\ R_{n\times n}(\boldsymbol{X})=\min\{s-r,n\}$$

则对于任意矩阵$\boldsymbol{G}_{n\times n}$，有：

$$\boldsymbol{ADG}=\boldsymbol{P}\begin{pmatrix}\boldsymbol{E}_r & \boldsymbol{O}\\ \boldsymbol{O} & \boldsymbol{O}\end{pmatrix}\boldsymbol{QQ}^{-1}\begin{pmatrix}\boldsymbol{O}\\ \boldsymbol{X}\end{pmatrix}\boldsymbol{G}=\boldsymbol{P}\begin{pmatrix}\boldsymbol{E}_r & \boldsymbol{O}\\ \boldsymbol{O} & \boldsymbol{O}\end{pmatrix}\begin{pmatrix}\boldsymbol{O}\\ \boldsymbol{X}\end{pmatrix}\boldsymbol{G}=\boldsymbol{O}$$

9.4.1.2　小秩分解

此法解决的是将矩阵分解为秩较小的若干矩阵的和的问题。

<u>**例 5**</u>（西南交通大学，2023）设$\boldsymbol{A}\in P^{m\times n}$，$R(\boldsymbol{A})=r$，其中$0\leqslant r\leqslant\min\{m,n\}$，证明对任意正整数$r_1,r_2$，若$r_1+r_2=r$，则存在$\boldsymbol{A}_1,\boldsymbol{A}_2\in P^{m\times n}$，满足$\boldsymbol{A}_1+\boldsymbol{A}_2=\boldsymbol{A}$且$R(\boldsymbol{A}_i)=r_i$，$i=1,2$。

证明：由$R(\boldsymbol{A})=r$，知存在可逆矩阵$\boldsymbol{P}_{m\times m}$，$\boldsymbol{Q}_{n\times n}$，使：

$$\boldsymbol{A}=\boldsymbol{P}\begin{pmatrix}\boldsymbol{E}_r & \boldsymbol{O}\\ \boldsymbol{O} & \boldsymbol{O}\end{pmatrix}\boldsymbol{Q},\ \begin{pmatrix}\boldsymbol{E}_r & \boldsymbol{O}\\ \boldsymbol{O} & \boldsymbol{O}\end{pmatrix}=\begin{pmatrix}\boldsymbol{E}_{r_1} & \boldsymbol{O} & \boldsymbol{O}\\ \boldsymbol{O} & \boldsymbol{O} & \boldsymbol{O}\\ \boldsymbol{O} & \boldsymbol{O} & \boldsymbol{O}\end{pmatrix}+\begin{pmatrix}\boldsymbol{O} & \boldsymbol{O} & \boldsymbol{O}\\ \boldsymbol{O} & \boldsymbol{E}_{r_2} & \boldsymbol{O}\\ \boldsymbol{O} & \boldsymbol{O} & \boldsymbol{O}\end{pmatrix}$$

则：

$$\boldsymbol{A}=\boldsymbol{P}\begin{pmatrix}\boldsymbol{E}_r & \boldsymbol{O}\\ \boldsymbol{O} & \boldsymbol{O}\end{pmatrix}\boldsymbol{Q}=\boldsymbol{P}\begin{pmatrix}\boldsymbol{E}_{r_1} & \boldsymbol{O} & \boldsymbol{O}\\ \boldsymbol{O} & \boldsymbol{O} & \boldsymbol{O}\\ \boldsymbol{O} & \boldsymbol{O} & \boldsymbol{O}\end{pmatrix}\boldsymbol{Q}+\boldsymbol{P}\begin{pmatrix}\boldsymbol{O} & \boldsymbol{O} & \boldsymbol{O}\\ \boldsymbol{O} & \boldsymbol{E}_{r_2} & \boldsymbol{O}\\ \boldsymbol{O} & \boldsymbol{O} & \boldsymbol{O}\end{pmatrix}\boldsymbol{Q}=\boldsymbol{A}_1+\boldsymbol{A}_2$$

且$R(\boldsymbol{A}_i)=r_i$，$i=1,2$。

小秩分解的推广：任一矩阵可分解为若干矩阵之和，使秩之和等于和之秩。事实上，一般矩阵由等价标准形出发。

设$\boldsymbol{A}\in P^{m\times n}$，$\boldsymbol{R}(\boldsymbol{A})=r$，其中$0\leqslant r\leqslant\min\{m,n\}$，则存在可逆矩阵$\boldsymbol{P}_{m\times m}$，$\boldsymbol{Q}_{n\times n}$，使

$\boldsymbol{A}=\boldsymbol{P}\begin{pmatrix}\boldsymbol{E}_r & \boldsymbol{O}\\ \boldsymbol{O} & \boldsymbol{O}\end{pmatrix}\boldsymbol{Q}$，从而：

$$\boldsymbol{A}=\boldsymbol{P}\begin{pmatrix}\boldsymbol{E}_r & \boldsymbol{O}\\ \boldsymbol{O} & \boldsymbol{O}\end{pmatrix}\boldsymbol{Q}$$

$$=\boldsymbol{P}\begin{pmatrix}\boldsymbol{E}_{r_1} & \boldsymbol{O} & \cdots & \boldsymbol{O}\\ \boldsymbol{O} & \boldsymbol{O} & \cdots & \boldsymbol{O}\\ \vdots & \vdots & & \vdots\\ \boldsymbol{O} & \boldsymbol{O} & \cdots & \boldsymbol{O}\end{pmatrix}\boldsymbol{Q}+\cdots+\boldsymbol{P}\begin{pmatrix}\boldsymbol{O} & \cdots & \boldsymbol{O} & \boldsymbol{O}\\ \vdots & & \vdots & \vdots\\ \boldsymbol{O} & \cdots & \boldsymbol{E}_{r_s} & \boldsymbol{O}\\ \boldsymbol{O} & \cdots & \boldsymbol{O} & \boldsymbol{O}\end{pmatrix}\boldsymbol{Q}$$

$$=\boldsymbol{A}_1+\cdots+\boldsymbol{A}_s$$

且$R(\boldsymbol{A}_i)=r_i$，$i=1,2,\cdots,s$。

9.4.1.3 对称反对称分解

对称矩阵与反对称矩阵是特殊的矩阵，而任意方阵都可分解为两者之和。

<u>例 6</u> 数域P上任一n阶方阵$\boldsymbol{A}$可分解为一个对称矩阵和一个反对称矩阵之和。

证明：令$\boldsymbol{A}=\dfrac{\boldsymbol{A}+\boldsymbol{A}^{\mathrm{T}}}{2}+\dfrac{\boldsymbol{A}-\boldsymbol{A}^{\mathrm{T}}}{2}$，其中$\dfrac{\boldsymbol{A}+\boldsymbol{A}^{\mathrm{T}}}{2}$为对称矩阵，$\dfrac{\boldsymbol{A}-\boldsymbol{A}^{\mathrm{T}}}{2}$为反对称矩阵。

9.4.1.4 对角、幂零矩阵的分解

对角矩阵和幂零矩阵有其特殊性质，求逆、高次幂都有一定的规律。

<u>例 7</u>（北京师范大学，2019）设$R(\boldsymbol{A})=r$，则存在可对角化矩阵$\boldsymbol{B}_{n\times n}$和幂零矩阵$\boldsymbol{C}_{n\times n}$，使得$\boldsymbol{A}=\boldsymbol{B}+\boldsymbol{C}$，且$\boldsymbol{BC}=\boldsymbol{CB}$。

证明：问题可以从若尔当标准形出发解决。

设$\boldsymbol{A}$的若尔当标准形为$\boldsymbol{J}$，则存在可逆矩$\boldsymbol{P}$使$\boldsymbol{P}^{-1}\boldsymbol{AP}=\boldsymbol{J}$，即$\boldsymbol{A}=\boldsymbol{PJP}^{-1}$，其中：

$$\boldsymbol{J}=\begin{pmatrix}\boldsymbol{J}_1 & & & \\ & \boldsymbol{J}_2 & & \\ & & \ddots & \\ & & & \boldsymbol{J}_s\end{pmatrix},\boldsymbol{J}_i=\begin{pmatrix}\lambda_i & & & \\ 1 & \lambda_i & & \\ & \ddots & \ddots & \\ & & 1 & \lambda_i\end{pmatrix}_{r_i}$$

令

$$J_i = \begin{pmatrix} \lambda_i & & & \\ & \lambda_i & & \\ & & \ddots & \\ & & & \lambda_i \end{pmatrix} + \begin{pmatrix} 0 & & & \\ 1 & 0 & & \\ & \ddots & \ddots & \\ & & 1 & 0 \end{pmatrix} = B_i + C_i$$

其中B_i为对角矩阵，C_i为幂零矩阵，且$B_iC_i = C_iB_i$。令：

$$B = P\begin{pmatrix} B_1 & & & \\ & B_2 & & \\ & & \ddots & \\ & & & B_s \end{pmatrix}P^{-1}, C = P\begin{pmatrix} C_1 & & & \\ & C_2 & & \\ & & \ddots & \\ & & & C_s \end{pmatrix}P^{-1}$$

则B是可对角化矩阵，C为幂零矩阵，且$BC = CB$。

9.4.1.5 迹分解

矩阵的迹不仅可以用于矩阵的特征值分析中，由其性质也可以应用在矩阵分解中。

例 8（厦门大学，2019）设$A \in P^{n\times n}$，则存在数量矩阵B和方阵C，使$A = B + C$，且$\mathrm{tr}(A) = \mathrm{tr}(B)$，$\mathrm{tr}(C) = 0$。

证明：设$A = (a_{ij})_{n\times n}$，则$\mathrm{tr}(A) = \sum_{i=1}^{n} a_{ii}$，取$B = \frac{\mathrm{tr}(A)}{n} E_n$，$C = (c_{ij})_{n\times n}$，其中：

$$c_{ij} = \begin{cases} a_{ij} - \dfrac{\mathrm{tr}(A)}{n}, i = j \\ a_{ij}, i \neq j \end{cases}, i, j = 1, 2, \cdots, n$$

这样有$A = B + C$，且$\mathrm{tr}(A) = \mathrm{tr}(B)$，$\mathrm{tr}(C) = 0$。

9.4.2 乘法分解

9.4.2.1 等价分解

（1）若$A_{m\times n}$，$B_{m\times n}$等价，则存在可逆矩阵$P_{m\times m}$，$Q_{n\times n}$，满足$A = PBQ$；

（2）任一矩阵$A_{m\times n}(\mathrm{R}(A) = r)$有等价标准形，即存在可逆矩阵$P_{m\times m}$，$Q_{n\times n}$，满足$A = P\begin{pmatrix} E_r & O \\ O & O \end{pmatrix}Q$。

例 9（西北大学，2019）设$A=\begin{pmatrix}1&3&-2&1\\2&0&1&1\\3&3&-1&2\end{pmatrix}$，求可逆矩阵$P,Q$使得$A$化为等价标准形，并说明这样的$P,Q$是否唯一。

解：对矩阵做初等变换，得：

$$\begin{pmatrix}A&E_3\\E_4&O\end{pmatrix}=\begin{pmatrix}1&3&-2&1&1&0&0\\2&0&1&1&0&1&0\\3&3&-1&2&0&0&1\\1&0&0&0&0&0&0\\0&1&0&0&0&0&0\\0&0&1&0&0&0&0\\0&0&0&1&0&0&0\end{pmatrix}\to\begin{pmatrix}1&0&0&0&1&0&0\\0&1&0&0&-2&1&0\\0&0&0&0&-1&-1&1\\1&1&-3&0&0&0&0\\0&-1&5&-1&0&0&0\\0&-1&6&-1&0&0&0\\0&0&0&1&0&0&0\end{pmatrix}$$

取

$$P=\begin{pmatrix}1&0&0\\-2&1&0\\-1&-1&1\end{pmatrix},\ Q=\begin{pmatrix}1&1&-3&0\\0&-1&5&-1\\0&-1&6&-1\\0&0&0&1\end{pmatrix}$$

则

$$PAQ=\begin{pmatrix}1&0&0&0\\0&1&0&0\\0&0&0&0\end{pmatrix}$$

显然，满足条件的P,Q不唯一。

9.4.2.2 **合同分解**

（1）若对称矩阵$A_{n\times n}$，$B_{n\times n}$合同，则存在可逆矩阵$P_{n\times n}$，满足$A=P^{\mathrm{T}}BP$；

（2）对称矩阵$A_{n\times n}$合同于其合同标准形，即存在可逆矩阵$P_{n\times n}$，满足：

$$A=P^{\mathrm{T}}\begin{pmatrix}E_p&&\\&-E_q&\\&&O\end{pmatrix}P$$

9.4.2.3 **相似分解**

（1）若矩阵$\boldsymbol{A}_{n\times n}$，$\boldsymbol{B}_{n\times n}$相似，则存在可逆矩阵$\boldsymbol{P}_{n\times n}$，满足$\boldsymbol{A}=\boldsymbol{P}^{-1}\boldsymbol{B}\boldsymbol{P}$；

（2）矩阵$\boldsymbol{A}_{n\times n}$相似于其若尔当标准形，即存在可逆矩阵$\boldsymbol{P}_{n\times n}$，满足：

$$\boldsymbol{A}=\boldsymbol{P}^{-1}\begin{pmatrix}\boldsymbol{J}_1 & & \\ & \ddots & \\ & & \boldsymbol{J}_s\end{pmatrix}\boldsymbol{P}$$

注：①等价、合同、相似不仅是两个矩阵之间的关系，其定义也构成三种不同的乘法分解，以此为工具，可以将任意一个矩阵转化为标准形这样的特殊矩阵，这在很大程度上方便了矩阵分解；②等价分解适合于一切矩阵，合同分解与相似分解适合于方阵。

9.4.2.4 **满秩分解**

对于非满秩的一般矩阵，都可以通过等价标准形分解为行满秩与列满秩矩阵的乘积。

<u>例 10</u> 设$\boldsymbol{A}\in\mathbf{R}^{m\times n}$，$R(\boldsymbol{A})=r$，则存在$\boldsymbol{M}\in\mathbf{R}^{m\times r}$，$\boldsymbol{N}\in\mathbf{R}^{r\times n}$，满足$\boldsymbol{A}=\boldsymbol{M}\boldsymbol{N}$，且$R(\boldsymbol{M})=R(\boldsymbol{N})=r$。

证明：一般$m\times n$矩阵转化为等价标准形。

（方法一）由$R(\boldsymbol{A})=r$，知存在可逆矩阵$\boldsymbol{P}_{m\times m}$，$\boldsymbol{Q}_{n\times n}$，满足：

$$\boldsymbol{A}=\boldsymbol{P}\begin{pmatrix}\boldsymbol{E}_r & \boldsymbol{O}\\ \boldsymbol{O} & \boldsymbol{O}\end{pmatrix}\boldsymbol{Q}=\boldsymbol{P}\begin{pmatrix}\boldsymbol{E}_r\\ \boldsymbol{O}\end{pmatrix}\begin{pmatrix}\boldsymbol{E}_r & \boldsymbol{O}\end{pmatrix}\boldsymbol{Q}$$

令$\boldsymbol{M}=\boldsymbol{P}\begin{pmatrix}\boldsymbol{E}_r\\ \boldsymbol{O}\end{pmatrix},\boldsymbol{N}=\begin{pmatrix}\boldsymbol{E}_r & \boldsymbol{O}\end{pmatrix}\boldsymbol{Q}$，则$\boldsymbol{A}=\boldsymbol{M}\boldsymbol{N}$，且$R(\boldsymbol{M})=R(\boldsymbol{N})=r$。

（方法二）由$R(\boldsymbol{A})=r$，知存在可逆矩阵$\boldsymbol{P}_{m\times m}$，使得$\boldsymbol{P}\boldsymbol{A}=\begin{pmatrix}\boldsymbol{N}\\ \boldsymbol{O}\end{pmatrix}$，$\boldsymbol{N}$为$r\times n$的阶梯形矩阵，从而：

$$\boldsymbol{A}=\boldsymbol{P}^{-1}\begin{pmatrix}\boldsymbol{N}\\ \boldsymbol{O}\end{pmatrix}=\begin{pmatrix}\boldsymbol{M} & \boldsymbol{S}\end{pmatrix}\begin{pmatrix}\boldsymbol{N}\\ \boldsymbol{O}\end{pmatrix}=\boldsymbol{M}\boldsymbol{N}$$

例 11 求矩阵$A=\begin{pmatrix}-1&0&1&2\\1&2&-1&1\\2&2&-2&1\end{pmatrix}$的满秩分解。

解：对矩阵做初等变换，得：

$$(A\vdots E)=\begin{pmatrix}-1&0&1&2&1&0&0\\1&2&-1&1&0&1&0\\2&2&-2&1&0&0&1\end{pmatrix}\to\begin{pmatrix}-1&0&1&2&1&0&0\\0&2&0&3&1&1&0\\0&0&0&2&1&-1&1\end{pmatrix}$$

取$P=\begin{pmatrix}1&0&0\\1&1&0\\1&-1&1\end{pmatrix}$，可得$P^{-1}=\begin{pmatrix}1&0&0\\-1&1&0\\-2&1&1\end{pmatrix}$。

令$M=\begin{pmatrix}1&0\\-1&1\\-2&1\end{pmatrix}$, $N=\begin{pmatrix}-1&0&1&2\\0&2&0&3\end{pmatrix}$，则$A=MN$，且$R(M)=R(N)=2$。

例 12 设A是$m\times r$矩阵，则

（1）A是列满秩的充要条件为存在可逆矩阵$P_{m\times m}$使得$A=P\begin{pmatrix}E_r\\O\end{pmatrix}$；

（2）A是行满秩的充要条件为存在可逆矩阵$Q_{r\times r}$使得$A=(E_m\ O)Q$。

证明:（1）由于$R(A)=r$，则存在可逆矩阵$(B_1)_{m\times m}$, $(C_1)_{r\times r}$，使得:

$$A=B_1\begin{pmatrix}E_r\\O\end{pmatrix}C_1=B_1\begin{pmatrix}C_1\\O\end{pmatrix}=B_1\begin{pmatrix}C_1&O\\O&E_{m-r}\end{pmatrix}\begin{pmatrix}E_r\\O\end{pmatrix}$$

令$P=B_1\begin{pmatrix}C_1&O\\O&E_{m-r}\end{pmatrix}$，则$A=P\begin{pmatrix}E_r\\O\end{pmatrix}$。

反之，若P可逆，且$A=P\begin{pmatrix}E_r\\O\end{pmatrix}$，则$R(A)=R\begin{pmatrix}E_r\\O\end{pmatrix}=r$，即$A$是列满秩的。

（2）由于A是行满秩的，则A^{T}是列满秩的。由（1）可知有可逆矩阵$P_{r\times r}$，使得

$A^{\mathrm{T}}=P\begin{pmatrix}E_m\\O\end{pmatrix}$，则$A=(E_m\ O)P^{\mathrm{T}}$，令$Q=P^{\mathrm{T}}$，则$A=(E_m\ O)Q$。

反之，易证。

例 13 设$\boldsymbol{A}$是秩为r的n阶实对称矩阵，则$\boldsymbol{A}$的满秩分解是$\boldsymbol{A}=\boldsymbol{HSH}^{\mathrm{T}}$，其中$\boldsymbol{H}$是$n\times r$列满秩矩阵，$\boldsymbol{S}$是$r$阶可逆矩阵。

证明：由于$\boldsymbol{A}$是秩为r的n阶实对称矩阵，则存在可逆矩阵$\boldsymbol{P}$使得：

$$\boldsymbol{A}=\boldsymbol{P}^{\mathrm{T}}\begin{pmatrix}\boldsymbol{E}_r & \boldsymbol{O}\\ \boldsymbol{O} & \boldsymbol{O}\end{pmatrix}\boldsymbol{P}$$

从而有：

$$\boldsymbol{A}=\boldsymbol{P}^{\mathrm{T}}\begin{pmatrix}\boldsymbol{E}_r & \boldsymbol{O}\\ \boldsymbol{O} & \boldsymbol{O}\end{pmatrix}\boldsymbol{P}=\boldsymbol{P}^{\mathrm{T}}\begin{pmatrix}\boldsymbol{E}_r\\ \boldsymbol{O}\end{pmatrix}\begin{pmatrix}\boldsymbol{E}_p & \boldsymbol{O}\\ \boldsymbol{O} & -\boldsymbol{E}_q\end{pmatrix}(\boldsymbol{E}_r\ \boldsymbol{O})\boldsymbol{P}$$

令$\boldsymbol{H}=\boldsymbol{P}^{\mathrm{T}}\begin{pmatrix}\boldsymbol{E}_r\\ \boldsymbol{O}\end{pmatrix}$，$\boldsymbol{S}=\begin{pmatrix}\boldsymbol{E}_p & \boldsymbol{O}\\ \boldsymbol{O} & -\boldsymbol{E}_q\end{pmatrix}$，则$\boldsymbol{A}=\boldsymbol{HSH}^{\mathrm{T}}$，$\boldsymbol{H}$为列满秩矩阵，$\boldsymbol{S}$为$r$阶可逆矩阵。

例 14 设$\boldsymbol{A}$是一个n阶矩阵，且$R(\boldsymbol{A})=r$，证明$\boldsymbol{A}^2=\boldsymbol{A}$的充要条件为存在行满秩矩阵$\boldsymbol{B}_{r\times n}$与列满秩矩阵$\boldsymbol{C}_{n\times r}$使得$\boldsymbol{A}=\boldsymbol{CB}$且$\boldsymbol{BC}=\boldsymbol{E}$。

证明：（1）必要性。由$\boldsymbol{A}^2=\boldsymbol{A}$，知存在$n$阶可逆矩阵$\boldsymbol{P}$使得：

$$\boldsymbol{P}^{-1}\boldsymbol{AP}=\begin{pmatrix}\boldsymbol{E}_r & \boldsymbol{O}\\ \boldsymbol{O} & \boldsymbol{O}\end{pmatrix}=\begin{pmatrix}\boldsymbol{E}_r\\ \boldsymbol{O}\end{pmatrix}(\boldsymbol{E}_r\ \boldsymbol{O})$$

故$\boldsymbol{A}=\boldsymbol{P}\begin{pmatrix}\boldsymbol{E}_r\\ \boldsymbol{O}\end{pmatrix}(\boldsymbol{E}_r\ \boldsymbol{O})\boldsymbol{P}^{-1}=\boldsymbol{CB}$，其中$\boldsymbol{C}=\boldsymbol{P}\begin{pmatrix}\boldsymbol{E}_r\\ \boldsymbol{O}\end{pmatrix}$为列满秩矩阵，$\boldsymbol{B}=(\boldsymbol{E}_r\ \boldsymbol{O})\boldsymbol{P}^{-1}$为行满秩矩阵，且$\boldsymbol{BC}=(\boldsymbol{E}_r\ \boldsymbol{O})\boldsymbol{P}^{-1}\boldsymbol{P}\begin{pmatrix}\boldsymbol{E}_r\\ \boldsymbol{O}\end{pmatrix}=\boldsymbol{E}$。

（2）充分性。由于$\boldsymbol{A}=\boldsymbol{CB}$且$\boldsymbol{BC}=\boldsymbol{E}$，则有$\boldsymbol{A}^2=\boldsymbol{CBCB}=\boldsymbol{CB}=\boldsymbol{A}$。

9.4.2.5 可逆幂等分解

任一方阵可分解为一个可逆矩阵与一个幂等矩阵的乘积，可以考虑其等价标准形。

例 15（西北大学，2022；中国矿业大学，2020）设$A\in P^{n\times n}$，则存在可逆矩阵$B_{n\times n}$和幂等矩阵$C_{n\times n}$，使得$A=BC$。

证明：设$R(A)=r$，则存在n阶可逆矩阵Q_1,Q_2，使得：

$$A=Q_1\begin{pmatrix}E_r & O\\ O & O\end{pmatrix}Q_2=Q_1Q_2Q_2^{-1}\begin{pmatrix}E_r & O\\ O & O\end{pmatrix}Q_2$$

令$B=Q_1Q_2$，$C=Q_2^{-1}\begin{pmatrix}E_r & O\\ O & O\end{pmatrix}Q_2$，则$B$可逆且$C^2=C$，满足$A=BC$。

例 16 证明对于任一非零方阵A，存在可逆矩阵P，使得：

$$P^{-1}AP=\begin{pmatrix}B & \\ & C\end{pmatrix}$$

其中B,C都是方阵且B为幂零矩阵，C为可逆矩阵。

证明：设A的若尔当标准形为：

$$P^{-1}AP=J=\begin{pmatrix}J_1 & & \\ & \ddots & \\ & & J_s\end{pmatrix}$$

且$J_1,J_2,\cdots,J_k$主对角线上的元素全为零，$J_{k+1},J_{k+2},\cdots,J_s$主对角线上的元素全非零，取：

$$B=\begin{pmatrix}J_1 & & \\ & \ddots & \\ & & J_k\end{pmatrix},\ C=\begin{pmatrix}J_{k+1} & & \\ & \ddots & \\ & & J_s\end{pmatrix}$$

其中$J_1,J_2,\cdots,J_k$分别为$n_1,n_2,\cdots,n_k$阶若尔当块，则$P^{-1}AP=\begin{pmatrix}B & \\ & C\end{pmatrix}$。

令$m=\max\{n_1,\cdots,n_k\}$，则：

$$B^m=\begin{pmatrix}J_1^{\ m} & & \\ & \ddots & \\ & & J_k^{\ m}\end{pmatrix}$$

表明$\boldsymbol{B}$为幂零矩阵，而$\boldsymbol{C}$的主对角线上的元素全非零，即$\boldsymbol{C}$是可逆矩阵。

9.4.2.6 Voss 分解

例 17 证明任一复方阵可分解为两个对称矩阵的乘积，其中一个是实可逆矩阵。

证明：对于方阵可考虑若尔当标准形。

设$\boldsymbol{A}\in\boldsymbol{C}^{n\times n}$，$\boldsymbol{J}$为其若尔当标准形，则存在可逆矩阵$\boldsymbol{P}$，使$\boldsymbol{A}=\boldsymbol{P}^{-1}\boldsymbol{J}\boldsymbol{P}$，其中：

$$\boldsymbol{J}=\begin{pmatrix}\boldsymbol{J}_1 & & \\ & \ddots & \\ & & \boldsymbol{J}_s\end{pmatrix},\ \boldsymbol{J}_i=\begin{pmatrix}\lambda_i & & & \\ 1 & \lambda_i & & \\ & \ddots & \ddots & \\ & & 1 & \lambda_i\end{pmatrix}_{r_i},\ \sum_{i=1}^{s} r_i=n$$

再验证若尔当块符合题设分解，令：

$$\boldsymbol{S}_i=\begin{pmatrix} & & 1\\ & \cdot^{\cdot^{\cdot}} & \\ 1 & & \end{pmatrix},\ \boldsymbol{M}_i=\begin{pmatrix} & & 1 & \lambda_i\\ & \cdot^{\cdot^{\cdot}} & \lambda_i & \\ 1 & \cdot^{\cdot^{\cdot}} & & \\ \lambda_i & & & \end{pmatrix}_{r_i}$$

则$\boldsymbol{S}_i^{\mathrm{T}}=\boldsymbol{S},\boldsymbol{M}_i^{\mathrm{T}}=\boldsymbol{M}$，且$|\boldsymbol{S}_i|=\pm1$，满足$\boldsymbol{J}_i=\boldsymbol{S}_i\boldsymbol{M}_i$。这样有：

$$\boldsymbol{A}=\boldsymbol{P}^{-1}\boldsymbol{J}\boldsymbol{P}=\boldsymbol{P}^{-1}\begin{pmatrix}\boldsymbol{S}_1 & & \\ & \ddots & \\ & & \boldsymbol{S}_s\end{pmatrix}\begin{pmatrix}\boldsymbol{M}_1 & & \\ & \ddots & \\ & & \boldsymbol{M}_s\end{pmatrix}\boldsymbol{P}$$

$$=\left[\boldsymbol{P}^{-1}\begin{pmatrix}\boldsymbol{S}_1 & & \\ & \ddots & \\ & & \boldsymbol{S}_s\end{pmatrix}(\boldsymbol{P}^{-1})^{\mathrm{T}}\right]\left[\boldsymbol{P}^{\mathrm{T}}\begin{pmatrix}\boldsymbol{M}_1 & & \\ & \ddots & \\ & & \boldsymbol{M}_s\end{pmatrix}\boldsymbol{P}\right]=\boldsymbol{B}\boldsymbol{C}$$

称矩阵的上述分解为 Voss 分解。

9.4.3 特殊矩阵的分解

9.4.3.1 可逆矩阵的分解

由可逆矩阵的性质可知其经过乘法分解后仍是可逆矩阵的乘积。

例 18（武汉大学，2020）任何可逆实方阵都可以唯一的分解为正交矩阵与正线上三角矩阵（主对角线上元素为正数）之积。

分析：已知可逆实方阵的列向量组线性无关，由施密特正交化方法知，它们可以正交化为一组正交基，两组基之间的过渡矩阵为一个正线上三角矩阵。

证明：设$\boldsymbol{A}=(a_{ij})_{n\times n}$的列向量组为$\boldsymbol{\alpha}_1,\boldsymbol{\alpha}_2,\cdots,\boldsymbol{\alpha}_n$，由施密特正交化方法有：

$$\boldsymbol{\beta}_1=\boldsymbol{\alpha}_1,\ \boldsymbol{\beta}_2=\boldsymbol{\alpha}_2-\frac{(\boldsymbol{\alpha}_2,\boldsymbol{\beta}_1)}{(\boldsymbol{\beta}_1,\boldsymbol{\beta}_1)}\boldsymbol{\beta}_1,\cdots,\boldsymbol{\beta}_n=\boldsymbol{\alpha}_n-\frac{(\boldsymbol{\alpha}_n,\boldsymbol{\beta}_1)}{(\boldsymbol{\beta}_1,\boldsymbol{\beta}_1)}\boldsymbol{\beta}_1-\cdots-\frac{(\boldsymbol{\alpha}_n,\boldsymbol{\beta}_{n-1})}{(\boldsymbol{\beta}_{n-1},\boldsymbol{\beta}_{n-1})}\boldsymbol{\beta}_{n-1}$$

从而有：

$$\boldsymbol{\alpha}_1=\boldsymbol{\beta}_1,\ \boldsymbol{\alpha}_2=\frac{(\boldsymbol{\alpha}_2,\boldsymbol{\beta}_1)}{(\boldsymbol{\beta}_1,\boldsymbol{\beta}_1)}\boldsymbol{\beta}_1+\boldsymbol{\beta}_2,\cdots,\boldsymbol{\alpha}_n=\frac{(\boldsymbol{\alpha}_n,\boldsymbol{\beta}_1)}{(\boldsymbol{\beta}_1,\boldsymbol{\beta}_1)}\boldsymbol{\beta}_1+\cdots+\frac{(\boldsymbol{\alpha}_n,\boldsymbol{\beta}_{n-1})}{(\boldsymbol{\beta}_{n-1},\boldsymbol{\beta}_{n-1})}\boldsymbol{\beta}_{n-1}+\boldsymbol{\beta}_n$$

即：

$$\boldsymbol{A}=(\boldsymbol{\alpha}_1,\boldsymbol{\alpha}_2,\cdots,\boldsymbol{\alpha}_n)=(\boldsymbol{\beta}_1,\boldsymbol{\beta}_2,\cdots,\boldsymbol{\beta}_n)\begin{pmatrix}1 & b_{12} & \cdots & b_{1n}\\ 0 & 1 & \cdots & b_{2n}\\ \vdots & \vdots & & \vdots\\ 0 & 0 & \cdots & 1\end{pmatrix}$$

$$=\left[\frac{\boldsymbol{\beta}_1}{|\boldsymbol{\beta}_1|},\frac{\boldsymbol{\beta}_2}{|\boldsymbol{\beta}_2|},\cdots,\frac{\boldsymbol{\beta}_n}{|\boldsymbol{\beta}_n|}\right]\left[\begin{pmatrix}|\boldsymbol{\beta}_1| & 0 & \cdots & 0\\ 0 & |\boldsymbol{\beta}_2| & \cdots & 0\\ \vdots & \vdots & & \vdots\\ 0 & 0 & \cdots & |\boldsymbol{\beta}_n|\end{pmatrix}\begin{pmatrix}1 & b_{12} & \cdots & b_{1n}\\ 0 & 1 & \cdots & b_{2n}\\ \vdots & \vdots & & \vdots\\ 0 & 0 & \cdots & 1\end{pmatrix}\right]=\boldsymbol{QR}$$

唯一性。设还有$\boldsymbol{A}=\boldsymbol{Q}_1\boldsymbol{R}_1$，其中$\boldsymbol{Q}_1$为正交矩阵，$\boldsymbol{R}_1$为正线上三角矩阵，则$\boldsymbol{Q}_1\boldsymbol{R}_1=\boldsymbol{QR}$，从而$\boldsymbol{R}\boldsymbol{R}_1^{-1}=\boldsymbol{Q}^{-1}\boldsymbol{Q}_1$。又上三角矩阵的逆矩阵、乘积仍是上三角矩阵，正交矩阵的逆矩阵、乘积仍是正交矩阵，则$\boldsymbol{Q}^{-1}\boldsymbol{Q}_1$既是正交矩阵也是正线上三角矩阵，且：

$$(\boldsymbol{Q}^{-1}\boldsymbol{Q}_1)^{\mathrm{T}}=(\boldsymbol{Q}^{-1}\boldsymbol{Q}_1)^{-1}=(\boldsymbol{R}\boldsymbol{R}_1^{-1})^{-1}=\boldsymbol{R}_1\boldsymbol{R}^{-1}$$

从而$\boldsymbol{Q}^{-1}\boldsymbol{Q}_1$和$(\boldsymbol{Q}^{-1}\boldsymbol{Q}_1)^{\mathrm{T}}$为正线上三角阵，则$\boldsymbol{Q}^{-1}\boldsymbol{Q}_1$是对角矩阵，也是正交矩阵，从而$\boldsymbol{Q}^{-1}\boldsymbol{Q}_1$为单位矩阵，即$\boldsymbol{Q}^{-1}\boldsymbol{Q}_1=\boldsymbol{E}$，所以$\boldsymbol{Q}=\boldsymbol{Q}_1$，$\boldsymbol{R}=\boldsymbol{R}_1$。

例 19（厦门大学，2023）设$\boldsymbol{A}=\begin{pmatrix}0&1&1\\1&1&0\\1&0&1\end{pmatrix}$，求正交矩阵$\boldsymbol{Q}$和上三角矩阵$\boldsymbol{R}$，使得$\boldsymbol{A}=\boldsymbol{Q}\boldsymbol{R}$。

证明：令$\boldsymbol{A}=(\boldsymbol{\alpha}_1,\boldsymbol{\alpha}_2,\boldsymbol{\alpha}_3)$，其中$\boldsymbol{\alpha}_1=(0,1,1)^{\mathrm{T}}$，$\boldsymbol{\alpha}_2=(1,1,0)^{\mathrm{T}}$，$\boldsymbol{\alpha}_3=(1,0,1)^{\mathrm{T}}$。对向量组进行正交化得：

$$\boldsymbol{\beta}_1=(0,1,1)^{\mathrm{T}}=\sqrt{2}\left[\frac{1}{\sqrt{2}}(0,1,1)^{\mathrm{T}}\right]=\sqrt{2}\boldsymbol{\gamma}_1$$

$$\boldsymbol{\beta}_2=\boldsymbol{\alpha}_2-\frac{(\boldsymbol{\alpha}_2,\boldsymbol{\beta}_1)}{(\boldsymbol{\beta}_1,\boldsymbol{\beta}_1)}\boldsymbol{\beta}_1=(1,1,0)^{\mathrm{T}}-\frac{1}{2}(0,1,1)^{\mathrm{T}}=\frac{\sqrt{6}}{2}\left[\frac{1}{\sqrt{6}}(2,1,-1)^{\mathrm{T}}\right]=\frac{\sqrt{6}}{2}\boldsymbol{\gamma}_2$$

$$\boldsymbol{\beta}_3=\boldsymbol{\alpha}_3-\frac{(\boldsymbol{\alpha}_3,\boldsymbol{\beta}_1)}{(\boldsymbol{\beta}_1,\boldsymbol{\beta}_1)}\boldsymbol{\beta}_1-\frac{(\boldsymbol{\alpha}_3,\boldsymbol{\beta}_2)}{(\boldsymbol{\beta}_2,\boldsymbol{\beta}_2)}\boldsymbol{\beta}_2=\frac{2\sqrt{3}}{3}\left[\frac{1}{\sqrt{3}}(1,-1,1)^{\mathrm{T}}\right]=\frac{2\sqrt{3}}{3}\boldsymbol{\gamma}_3$$

则$\boldsymbol{\gamma}_1,\boldsymbol{\gamma}_2,\boldsymbol{\gamma}_3$是两两正交的单位向量。由此可得：

$$\boldsymbol{\alpha}_1=\sqrt{2}\boldsymbol{\gamma}_1,\ \boldsymbol{\alpha}_2=\frac{\sqrt{2}}{2}\boldsymbol{\gamma}_1+\frac{\sqrt{6}}{2}\boldsymbol{\gamma}_2,\ \boldsymbol{\alpha}_3=\frac{\sqrt{2}}{2}\boldsymbol{\gamma}_1+\frac{\sqrt{6}}{6}\boldsymbol{\gamma}_2+\frac{2\sqrt{3}}{3}\boldsymbol{\gamma}_3$$

则：

$$\boldsymbol{A}=(\boldsymbol{\alpha}_1,\boldsymbol{\alpha}_2,\boldsymbol{\alpha}_3)=(\boldsymbol{\gamma}_1,\boldsymbol{\gamma}_2,\boldsymbol{\gamma}_3)\begin{pmatrix}\sqrt{2}&\frac{\sqrt{2}}{2}&\frac{\sqrt{2}}{2}\\0&\frac{\sqrt{6}}{2}&\frac{\sqrt{6}}{6}\\0&0&\frac{2\sqrt{3}}{3}\end{pmatrix}$$

从而：

$$\boldsymbol{Q}=(\boldsymbol{\gamma}_1,\boldsymbol{\gamma}_2,\boldsymbol{\gamma}_3)=\begin{pmatrix}0&\frac{\sqrt{6}}{3}&\frac{\sqrt{3}}{6}\\\frac{\sqrt{2}}{2}&\frac{\sqrt{6}}{6}&-\frac{\sqrt{3}}{3}\\\frac{\sqrt{2}}{2}&-\frac{\sqrt{6}}{6}&\frac{\sqrt{3}}{3}\end{pmatrix},\boldsymbol{R}=\begin{pmatrix}\sqrt{2}&\frac{\sqrt{2}}{2}&\frac{\sqrt{2}}{2}\\0&\frac{\sqrt{6}}{2}&\frac{\sqrt{6}}{6}\\0&0&\frac{2\sqrt{3}}{3}\end{pmatrix}$$

显然Q是正交矩阵，R是上三角矩阵。

例 20（合肥工业大学，2024）证明任何可逆实方阵A都可以唯一的分解为正线下三角矩阵T与正交矩阵Q之积，即$A=TQ$。

证明：证明过程类似QR分解。

例 21（华中科技大学、四川师范大学，2021）正定正交分解：设$A\in\mathbf{R}^{n\times n}$是可逆矩阵，则存在实数域上的正定矩阵$P$和正交矩阵$Q$，使得$A=TQ$且这一分解式是唯一的。

证明：由A为可逆矩阵，知AA^{T}为正定矩阵，从而存在正定矩阵P，使得$AA^{\mathrm{T}}=P^2$（正定矩阵的性质），即$A=PP(A^{\mathrm{T}})^{-1}$。

令$Q=P(A^{\mathrm{T}})^{-1}$，下面证Q为正交矩阵即可。

由$Q^{\mathrm{T}}Q=A^{-1}P^{\mathrm{T}}P(A^{\mathrm{T}})^{-1}=A^{-1}P^2(A^{\mathrm{T}})^{-1}=A^{-1}AA^{\mathrm{T}}(A^{\mathrm{T}})^{-1}=E$，故$Q$为正交矩阵。

唯一性。（归一法）若存在另一组正定矩阵P_1和正交矩阵Q_1，使得$A=P_1Q_1$，则：

$$AA^{\mathrm{T}}=P_1Q_1Q_1^{\mathrm{T}}P_1^{\mathrm{T}}=P_1P_1^{\mathrm{T}}=P_1^2$$

由于AA^{T}分解为正定矩阵的平方是唯一的，故$P=P_1$，从而：

$$Q_1=P_1^{-1}A=P^{-1}A=Q$$

即此分解式是唯一的。

例 22（华中师范大学，2020）设$A\in\mathbf{R}^{n\times n}$是可逆矩阵，则存在正交矩阵$Q_1,Q_2$，使得：

$$Q_1AQ_2=\mathrm{diag}\{\lambda_1,\cdots,\lambda_n\}\text{ , }0\leqslant\lambda_1\leqslant\cdots\leqslant\lambda_n$$

且λ_i^2，$i=1,2,\cdots,n$为AA^{T}的所有特征值。

证明：由于A为可逆矩阵，则存在实数域上的正定矩阵$P_{n\times n}$和正交矩阵$Q_{n\times n}$，使得$A=PQ$，且$AA^{\mathrm{T}}=P^2$。由于$P_{n\times n}$为正定矩阵，则存在正交矩阵Q_1，使得

$\boldsymbol{Q}_1\boldsymbol{P}\boldsymbol{Q}_1^{-1}=\text{diag}\{\lambda_1,\cdots,\lambda_n\}$，其中$\lambda_i$为$\boldsymbol{P}$的特征值，从而$\lambda_i^2$为$\boldsymbol{A}\boldsymbol{A}^{\text{T}}$的特征值，经正交变换可使$0\leqslant\lambda_1\leqslant\cdots\leqslant\lambda_n$，又$\boldsymbol{P}=\boldsymbol{A}\boldsymbol{Q}^{-1}$，则：

$$\boldsymbol{Q}_1\boldsymbol{P}\boldsymbol{Q}_1^{-1}=\boldsymbol{Q}_1\boldsymbol{A}\boldsymbol{Q}^{-1}\boldsymbol{Q}_1^{-1}=\text{diag}\{\lambda_1,\cdots,\lambda_n\}$$

令$\boldsymbol{Q}_2=\boldsymbol{Q}^{-1}\boldsymbol{Q}_1^{-1}$，则$\boldsymbol{Q}_1,\boldsymbol{Q}_2$为正交矩阵，且$\boldsymbol{Q}_1\boldsymbol{A}\boldsymbol{Q}_2=\text{diag}\{\lambda_1,\cdots,\lambda_n\}$。

9.4.3.2 对称矩阵的分解

对称矩阵为特殊的矩阵，可以施行等价分解、合同分解、相似分解，对称矩阵的分解与二次型的分解为对偶分解。

例 23 证明任一对称矩阵可分解为两个半正定矩阵的差。

证明：对称矩阵一般考虑合同标准形。设$\boldsymbol{A}\in P^{n\times n}$，$\boldsymbol{A}^{\text{T}}=\boldsymbol{A}$，则存在可逆矩阵$P$使得：

$$\boldsymbol{A}=\boldsymbol{P}^{\text{T}}\begin{pmatrix}\boldsymbol{E}_p & & \\ & -\boldsymbol{E}_q & \\ & & \boldsymbol{O}\end{pmatrix}\boldsymbol{P}=\boldsymbol{P}^{\text{T}}\begin{pmatrix}\boldsymbol{E}_p & & \\ & \boldsymbol{O} & \\ & & \boldsymbol{O}\end{pmatrix}\boldsymbol{P}-\boldsymbol{P}^{\text{T}}\begin{pmatrix}\boldsymbol{O} & & \\ & \boldsymbol{E}_q & \\ & & \boldsymbol{O}\end{pmatrix}\boldsymbol{P}=\boldsymbol{B}-\boldsymbol{C}$$

其中：

$$\boldsymbol{B}=\boldsymbol{P}^{\text{T}}\begin{pmatrix}\boldsymbol{E}_p & & \\ & \boldsymbol{O} & \\ & & \boldsymbol{O}\end{pmatrix}\boldsymbol{P},\ \boldsymbol{C}=\boldsymbol{P}^{\text{T}}\begin{pmatrix}O & & \\ & \boldsymbol{E}_q & \\ & & O\end{pmatrix}\boldsymbol{P}$$

为半正定矩阵。

例 24 证明复数域上的任意n阶矩阵$\boldsymbol{A}$均可分解为两个对称矩阵的乘积，且其中之一是非退化的。

证明：由于$\boldsymbol{A}$是复数域上的矩阵，则存在n阶可逆矩阵$\boldsymbol{P}$使：

$$\boldsymbol{T}^{-1}\boldsymbol{A}\boldsymbol{T}=\boldsymbol{J}=\begin{pmatrix}\boldsymbol{J}_1 & & & \\ & \boldsymbol{J}_2 & & \\ & & \ddots & \\ & & & \boldsymbol{J}_s\end{pmatrix}$$

其中：

$$\boldsymbol{J}_i=\begin{pmatrix}\lambda_i & & & \\ 1 & \lambda_i & & \\ & \ddots & \ddots & \\ & & 1 & \lambda_i\end{pmatrix}$$

令$\boldsymbol{H}_i=\begin{pmatrix} & & & 1\\ & & 1 & \\ & \cdot^{\cdot^{\cdot}} & & \\ 1 & & & \end{pmatrix}$，$\boldsymbol{H}_i$与$\boldsymbol{J}_i$阶数相同，则$\boldsymbol{J}_i=\boldsymbol{H}_i\boldsymbol{J}_i^{\mathrm{T}}\boldsymbol{H}_i$。

令$\boldsymbol{H}=\begin{pmatrix}\boldsymbol{H}_1 & & & \\ & \boldsymbol{H}_2 & & \\ & & \ddots & \\ & & & \boldsymbol{H}_s\end{pmatrix}$，则$\boldsymbol{H}^{\mathrm{T}}=\boldsymbol{H}^{-1}=\boldsymbol{H},\boldsymbol{J}=\boldsymbol{H}\boldsymbol{J}^{\mathrm{T}}\boldsymbol{H}$，从而：

$$\boldsymbol{A}=\boldsymbol{T}\boldsymbol{J}\boldsymbol{T}^{-1}=\boldsymbol{T}\boldsymbol{H}\boldsymbol{J}^{\mathrm{T}}\boldsymbol{H}\boldsymbol{T}^{-1}=\boldsymbol{T}\boldsymbol{H}\boldsymbol{T}^{\mathrm{T}}\boldsymbol{A}^{\mathrm{T}}(\boldsymbol{T}^{-1})^{\mathrm{T}}\boldsymbol{H}\boldsymbol{T}^{-1}=(\boldsymbol{T}\boldsymbol{H}\boldsymbol{T}^{\mathrm{T}})\boldsymbol{A}^{\mathrm{T}}(\boldsymbol{T}\boldsymbol{H}\boldsymbol{T}^{\mathrm{T}})^{-1}$$

令$\boldsymbol{B}=\boldsymbol{T}\boldsymbol{H}\boldsymbol{T}^{\mathrm{T}}$，则$\boldsymbol{A}=\boldsymbol{B}\boldsymbol{A}^{\mathrm{T}}\boldsymbol{B}^{-1}$。令$\boldsymbol{C}=\boldsymbol{A}^{\mathrm{T}}\boldsymbol{B}^{-1}$，则$\boldsymbol{A}=\boldsymbol{B}\boldsymbol{C}$，其中$\boldsymbol{B}$是非退化的且

$$\boldsymbol{B}^{\mathrm{T}}=(\boldsymbol{T}\boldsymbol{H}\boldsymbol{T}^{\mathrm{T}})^{\mathrm{T}}=\boldsymbol{T}\boldsymbol{H}^{\mathrm{T}}\boldsymbol{T}^{\mathrm{T}}=\boldsymbol{T}\boldsymbol{H}\boldsymbol{T}^{\mathrm{T}}=\boldsymbol{B}$$

$$\boldsymbol{C}^{\mathrm{T}}=(\boldsymbol{A}^{\mathrm{T}}\boldsymbol{B}^{-1})^{\mathrm{T}}=(\boldsymbol{B}^{-1})^{\mathrm{T}}(\boldsymbol{A}^{\mathrm{T}})^{\mathrm{T}}=(\boldsymbol{B}^{-1})^{\mathrm{T}}\boldsymbol{A}=(\boldsymbol{B}^{-1})^{\mathrm{T}}\boldsymbol{B}\boldsymbol{A}^{\mathrm{T}}\boldsymbol{B}^{-1}=\boldsymbol{A}^{\mathrm{T}}\boldsymbol{B}^{-1}=\boldsymbol{C}$$

即$\boldsymbol{A}$可分解为两个对称矩阵的乘积，且其中之一为非退化的。

9.4.3.3 正定矩阵的分解

正定矩阵合同于单位矩阵，正交矩阵合同于正线对角矩阵。

例 25（北京师范大学、湖南师范大学，2024）设$\boldsymbol{A}$为n阶实矩阵，则$\boldsymbol{A}$为正定矩阵的充要条件为存在可逆下三角矩阵$\boldsymbol{L}$使得$\boldsymbol{A}=\boldsymbol{L}\boldsymbol{L}^{\mathrm{T}}$。

证明：设$\boldsymbol{A}$为正定矩阵，则存在实可逆矩阵$\boldsymbol{C}$，使得$\boldsymbol{A}=\boldsymbol{C}^{\mathrm{T}}\boldsymbol{C}$（$\boldsymbol{A}$正定，则$\boldsymbol{A}$与$\boldsymbol{E}$合同）。由于$\boldsymbol{A}$为实可逆矩阵，则存在正交矩阵$\boldsymbol{Q}$和可逆上三角矩阵$\boldsymbol{L}^{\mathrm{T}}$（$\boldsymbol{L}$为下三角矩阵）使得$\boldsymbol{C}=\boldsymbol{Q}\boldsymbol{L}^{\mathrm{T}}$，于是有：

$$\boldsymbol{A}=\boldsymbol{C}^{\mathrm{T}}\boldsymbol{C}=(\boldsymbol{Q}\boldsymbol{L}^{\mathrm{T}})^{\mathrm{T}}\boldsymbol{Q}\boldsymbol{L}^{\mathrm{T}}=\boldsymbol{L}\boldsymbol{Q}^{\mathrm{T}}\boldsymbol{Q}\boldsymbol{L}^{\mathrm{T}}=\boldsymbol{L}\boldsymbol{L}^{\mathrm{T}}$$

反之，设$\boldsymbol{A}=\boldsymbol{L}\boldsymbol{L}^{\mathrm{T}}$，$\boldsymbol{L}$为可逆下三角实矩阵，则$\boldsymbol{A}$为正定矩阵。

9.4.3.4 一般矩阵的奇异值分解

设$\boldsymbol{A}$为$m\times n$矩阵，且$R(\boldsymbol{A})=r$，$\boldsymbol{A}^{\mathrm{T}}\boldsymbol{A}$的特征值为：

$$\lambda_1\geqslant\lambda_2\geqslant\cdots\geqslant\lambda_r>\lambda_{r+1}=\cdots=\lambda_n=0$$

则称$\sigma_i=\sqrt{\lambda_i}(i=1,2,\cdots,n)$为$\boldsymbol{A}$的奇异值。

例 26（上海交通大学，2020）设$\boldsymbol{A}$是$m\times n$实矩阵，则存在$m\times n$非负实对称矩阵$\boldsymbol{D}$（所有行标与列标相同的元素均为非负，其余元素均为0）与两个正交矩阵$\boldsymbol{U},\boldsymbol{V}$，使得$\boldsymbol{A}=\boldsymbol{UDV}^{\mathrm{T}}$。

证明：设实矩阵$\boldsymbol{A}^{\mathrm{T}}\boldsymbol{A}$的特征值为$\lambda_1\geqslant\lambda_2\geqslant\cdots\geqslant\lambda_r>\lambda_{r+1}=\cdots=\lambda_n=0$，且$\boldsymbol{A}^{\mathrm{T}}\boldsymbol{A}$为实对称矩阵，则存在正交矩阵$\boldsymbol{V}$，使得：

$$\boldsymbol{V}^{\mathrm{T}}(\boldsymbol{A}^{\mathrm{T}}\boldsymbol{A})\boldsymbol{V}=\mathrm{diag}\{\lambda_1,\cdots,\lambda_n\}=\mathrm{diag}\left\{\sqrt{\lambda_1}^2,\cdots,\sqrt{\lambda_r}^2,0,\cdots,0\right\}$$

令$\boldsymbol{V}=(\boldsymbol{V}_1\ \boldsymbol{V}_2)$，$\boldsymbol{\Sigma}^2=\mathrm{diag}\left\{\sqrt{\lambda_1}^2,\cdots,\sqrt{\lambda_r}^2\right\}$，其中$\boldsymbol{V}_1$为$\boldsymbol{V}$的前$r$列，$\boldsymbol{V}_2$为$\boldsymbol{V}$的后$n-r$列，则有：

$$\boldsymbol{A}^{\mathrm{T}}\boldsymbol{A}\boldsymbol{V}=\boldsymbol{V}\begin{pmatrix}\boldsymbol{\Sigma}^2 & \boldsymbol{O}\\ \boldsymbol{O} & \boldsymbol{O}\end{pmatrix},\ \boldsymbol{A}^{\mathrm{T}}\boldsymbol{A}(\boldsymbol{V}_1\ \boldsymbol{V}_2)=(\boldsymbol{V}_1\ \boldsymbol{V}_2)\begin{pmatrix}\boldsymbol{\Sigma}^2 & \boldsymbol{O}\\ \boldsymbol{O} & \boldsymbol{O}\end{pmatrix}$$

即 $\boldsymbol{A}^{\mathrm{T}}\boldsymbol{A}\boldsymbol{V}_1=\boldsymbol{V}_1\boldsymbol{\Sigma}^2$，$\boldsymbol{A}^{\mathrm{T}}\boldsymbol{A}\boldsymbol{V}_2=\boldsymbol{O}$，从而 $\boldsymbol{V}_1^{\mathrm{T}}\boldsymbol{A}^{\mathrm{T}}\boldsymbol{A}\boldsymbol{V}_1=\boldsymbol{\Sigma}^2$ 或 $(\boldsymbol{A}\boldsymbol{V}_1\boldsymbol{\Sigma}^{-1})^{\mathrm{T}}\ (\boldsymbol{A}\boldsymbol{V}_1\boldsymbol{\Sigma}^{-1})=\boldsymbol{E}_r$，$(\boldsymbol{A}\boldsymbol{V}_2)^{\mathrm{T}}(\boldsymbol{A}\boldsymbol{V}_2)=\boldsymbol{O}$或$\boldsymbol{A}\boldsymbol{V}_2=\boldsymbol{O}$。

令$\boldsymbol{U}_1=\boldsymbol{A}\boldsymbol{V}_1\boldsymbol{\Sigma}^{-1}$，则$\boldsymbol{U}_1^{\mathrm{T}}\boldsymbol{U}_1=\boldsymbol{E}_r$，即$\boldsymbol{U}_1$的$r$列是两两正交的单位向量，记为$\boldsymbol{U}_1=(\boldsymbol{u}_1,\cdots,\boldsymbol{u}_r)$，因此可将$\boldsymbol{u}_1,\cdots,\boldsymbol{u}_r$扩充为$\mathbf{R}^n$的标准正交基$\boldsymbol{u}_1,\cdots,\boldsymbol{u}_r,\boldsymbol{u}_{r+1},\cdots,\boldsymbol{u}_n$，并令$\boldsymbol{U}_2=(\boldsymbol{u}_{r+1},\cdots,\boldsymbol{u}_n)$，则$\boldsymbol{U}=(\boldsymbol{U}_1\ \boldsymbol{U}_2)=(\boldsymbol{u}_1,\cdots,\boldsymbol{u}_r,\boldsymbol{u}_{r+1},\cdots,\boldsymbol{u}_n)$是$n$阶正交矩阵，且有$\boldsymbol{U}_1^{\mathrm{T}}\boldsymbol{U}_1=\boldsymbol{E}_r$，$\boldsymbol{U}_2^{\mathrm{T}}\boldsymbol{U}_1=\boldsymbol{O}$，从而：

$$\boldsymbol{U}^{\mathrm{T}}\boldsymbol{A}\boldsymbol{V}=\boldsymbol{U}^{\mathrm{T}}(\boldsymbol{A}\boldsymbol{V}_1\boldsymbol{A}\boldsymbol{V}_2)=\begin{pmatrix}\boldsymbol{U}_1^{\mathrm{T}}\\ \boldsymbol{U}_2^{\mathrm{T}}\end{pmatrix}(\boldsymbol{U}_1\,\boldsymbol{\Sigma}\,\boldsymbol{O})=\begin{pmatrix}\boldsymbol{\Sigma} & \boldsymbol{O}\\ \boldsymbol{O} & \boldsymbol{O}\end{pmatrix}$$

即：

$$A=U\begin{pmatrix}\Sigma & O\\ O & O\end{pmatrix}V^{\mathrm{T}}=\sqrt{\lambda_1}U_1V_1^{\mathrm{T}}+\cdots+\sqrt{\lambda_r}U_rV_r^{\mathrm{T}}$$

例 27（陕西师范大学，2020）设A是实数域上秩为r的$n\times m$矩阵，则存在n阶正交矩阵Q_1和m阶正交矩阵Q_2，使得$Q_1AQ_2=\begin{pmatrix}A_1 & O\\ O & O\end{pmatrix}$，其中$A_1$为$r$阶可逆矩阵。

证明：仿例 26。

9.5 试题解析

例 1（西北师范大学，2024）设$\varepsilon_1,\varepsilon_2,\varepsilon_3$是欧氏空间$V$的一组基，$\alpha_1=\varepsilon_1+\varepsilon_2$，且$\varepsilon_1,\varepsilon_2,\varepsilon_3$的度量矩阵为$A=\begin{pmatrix}1 & -1 & 2\\ -1 & 2 & -1\\ 2 & -1 & 6\end{pmatrix}$。

（1）证明α_1是一个单位向量；

（2）求k，使得α_1与$\beta_1=\varepsilon_1+\varepsilon_2+k\varepsilon_3$正交。

（1）证明：由题可知，$\alpha_1=\varepsilon_1+\varepsilon_2=(\varepsilon_1,\varepsilon_2,\varepsilon_3)(1,1,0)^{\mathrm{T}}$，则：

$$(\alpha_1,\alpha_1)=(\alpha_1)^{\mathrm{T}}\alpha_1=(1,1,0)\begin{pmatrix}\varepsilon_1\\ \varepsilon_2\\ \varepsilon_3\end{pmatrix}(\varepsilon_1,\varepsilon_2,\varepsilon_3)\begin{pmatrix}1\\ 1\\ 0\end{pmatrix}=(1,1,0)A\begin{pmatrix}1\\ 1\\ 0\end{pmatrix}=1$$

故α_1是一个单位向量。

（2）解：由题可知：

$$(\alpha_1,\beta_1)=(\alpha_1)^{\mathrm{T}}\beta_1=(1,1,0)\begin{pmatrix}\varepsilon_1\\ \varepsilon_2\\ \varepsilon_3\end{pmatrix}(\varepsilon_1,\varepsilon_2,\varepsilon_3)\begin{pmatrix}1\\ 1\\ k\end{pmatrix}=(1,1,0)A\begin{pmatrix}1\\ 1\\ k\end{pmatrix}=1+k=0$$

解得$k=-1$，即$k=-1$时两个向量正交。

例 2（电子科技大学，2019）设$\varepsilon_1,\varepsilon_2,\cdots,\varepsilon_n$为欧氏空间$V$的标准正交基，则

$\boldsymbol{\eta}_1,\boldsymbol{\eta}_2,\cdots,\boldsymbol{\eta}_n$为标准正交基的充要条件为存在正交矩阵$\boldsymbol{A}$，使得：

$$(\boldsymbol{\eta}_1,\boldsymbol{\eta}_2,\cdots,\boldsymbol{\eta}_n)=(\boldsymbol{\varepsilon}_1,\boldsymbol{\varepsilon}_2,\cdots,\boldsymbol{\varepsilon}_n)\boldsymbol{A}$$

证明：令$\boldsymbol{A}=(a_{ij})_{n\times n}$，由$(\boldsymbol{\eta}_1,\boldsymbol{\eta}_2,\cdots,\boldsymbol{\eta}_n)=(\boldsymbol{\varepsilon}_1,\boldsymbol{\varepsilon}_2,\cdots,\boldsymbol{\varepsilon}_n)\boldsymbol{A}$可知：

$$\boldsymbol{\eta}_i=a_{1i}\boldsymbol{\varepsilon}_1+a_{2i}\boldsymbol{\varepsilon}_2+\cdots+a_{ni}\boldsymbol{\varepsilon}_n\text{ , }i=1,2,\cdots,n$$

而$\boldsymbol{\varepsilon}_1,\boldsymbol{\varepsilon}_2,\cdots,\boldsymbol{\varepsilon}_n$为标准正交基，则：

$$(\boldsymbol{\eta}_i,\boldsymbol{\eta}_j)=a_{1i}a_{1j}+a_{2i}a_{2j}+\cdots+a_{ni}a_{nj}\text{ , }i,j=1,2,\cdots,n$$

从而$\boldsymbol{\eta}_1,\boldsymbol{\eta}_2,\cdots,\boldsymbol{\eta}_n$为标准正交基的充要条件为：

$$a_{1i}a_{1j}+a_{2i}a_{2j}+\cdots+a_{ni}a_{nj}=\begin{cases}1,i=j\\0,i\neq j\end{cases}$$

即$\boldsymbol{A}$为正交矩阵。

<u>例 3</u>（长安大学，2017）设$\boldsymbol{A},\boldsymbol{B}$为两个$n$阶正交矩阵，且$|\boldsymbol{AB}|=-1$，则

（1）$|\boldsymbol{A}^{\mathrm{T}}\boldsymbol{B}|=|\boldsymbol{AB}^{\mathrm{T}}|=|\boldsymbol{A}^{\mathrm{T}}\boldsymbol{B}^{\mathrm{T}}|=-1$；

（2）-1是$\boldsymbol{A}^{\mathrm{T}}\boldsymbol{B}$的一个特征值；

（3）$|\boldsymbol{A}+\boldsymbol{B}|=0$。

证明:（1）由$\boldsymbol{A},\boldsymbol{B}$为正交矩阵，且$|\boldsymbol{AB}|=-1$，知$|\boldsymbol{A}^{\mathrm{T}}\boldsymbol{B}|=|\boldsymbol{A}||\boldsymbol{B}^{\mathrm{T}}|=|\boldsymbol{A}||\boldsymbol{B}|=|\boldsymbol{AB}|=-1$。同理$|\boldsymbol{AB}^{\mathrm{T}}|=|\boldsymbol{A}^{\mathrm{T}}\boldsymbol{B}^{\mathrm{T}}|=-1$。

（2）由$|\boldsymbol{AB}^{\mathrm{T}}|=-1$，知$\boldsymbol{A}^{\mathrm{T}}\boldsymbol{B}$为第二类正交矩阵，从而对于$f(\lambda)=|\lambda\boldsymbol{E}-\boldsymbol{A}^{\mathrm{T}}\boldsymbol{B}|$有

$$\begin{aligned}|-\boldsymbol{E}-\boldsymbol{A}^{\mathrm{T}}\boldsymbol{B}|&=(-1)^n|\boldsymbol{E}+\boldsymbol{A}^{\mathrm{T}}\boldsymbol{B}|=(-1)^n|\boldsymbol{A}^{\mathrm{T}}\boldsymbol{AB}^{\mathrm{T}}\boldsymbol{B}+\boldsymbol{A}^{\mathrm{T}}\boldsymbol{B}|=(-1)^n|\boldsymbol{A}^{\mathrm{T}}||\boldsymbol{AB}^{\mathrm{T}}+\boldsymbol{E}||\boldsymbol{B}|\\&=(-1)^n|\boldsymbol{A}^{\mathrm{T}}\boldsymbol{B}||\boldsymbol{AB}^{\mathrm{T}}+\boldsymbol{E}|=(-1)^{n+1}|\boldsymbol{A}^{\mathrm{T}}\boldsymbol{B}+\boldsymbol{E}|=(-1)^{2n+1}|-\boldsymbol{E}-\boldsymbol{A}^{\mathrm{T}}\boldsymbol{B}|\end{aligned}$$

则$|-\boldsymbol{E}-\boldsymbol{A}^{\mathrm{T}}\boldsymbol{B}|=0$，即$-1$是$\boldsymbol{A}^{\mathrm{T}}\boldsymbol{B}$的一个特征值。

（3）（方法一）由$\boldsymbol{A},\boldsymbol{B}$为正交矩阵，知$\boldsymbol{A}^{\mathrm{T}}\boldsymbol{A}=\boldsymbol{E}$，$\boldsymbol{B}^{\mathrm{T}}\boldsymbol{B}=\boldsymbol{E}$，从而

$$|A+B|=|BB^{\mathrm{T}}A+BA^{\mathrm{T}}A|=|B||A^{\mathrm{T}}+B^{\mathrm{T}}||A|=-|A+B|$$

即$|A+B|=0$。

（方法二）由正交矩阵的逆矩阵也是正交矩阵及（2）有：

$$|A+B|=|(-A)(-E-A^{-1}B)|=|-A||-E-A^{\mathrm{T}}B|=0$$

例 4（重庆大学，2019）设A为正交矩阵，且$|A|=-1$，则$A+E$为不可逆矩阵，E为单位矩阵。

证明：由A为正交矩阵，知$A^{\mathrm{T}}A=AA^{\mathrm{T}}=E$。又$|A|=-1$，则：

$$|A+E|=|A+AA^{\mathrm{T}}|=|A(E+A^{\mathrm{T}})|=|A||E+A^{\mathrm{T}}|=-|E+A|$$

从而$|A+E|=0$，故$A+E$为不可逆矩阵。

例 5（西安电子科技大学，2023）已知实矩阵

$$A=\begin{pmatrix}2&2&-2\\2&5&-4\\-2&-4&5\end{pmatrix}$$

（1）求一个正交矩阵P，使得$P^{-1}AP$为对角矩阵；

（2）令V是所有与A可交换的实矩阵的全体，则V是实数域上的一个线性空间，并确定V的维数。

解：（1）由$|\lambda E-A|=(\lambda-1)^2(\lambda-10)=0$可知$A$的特征值为$\lambda_1=1$（二重），$\lambda_2=10$。

解$(E-A)x=0$可得特征向量$\alpha_1=(-2,1,0)^{\mathrm{T}}$，$\alpha_2=(2,0,1)^{\mathrm{T}}$，正交化可得，

$$\beta_1=(-2,1,0)^{\mathrm{T}},\ \beta_2=\left(\frac{2}{5},\frac{4}{5},1\right)^{\mathrm{T}}$$

单位化可得：

$$\gamma_1=\frac{1}{\sqrt{5}}(-2,1,0)^{\mathrm{T}},\ \gamma_2=\frac{\sqrt{5}}{3}\left(\frac{2}{5},\frac{4}{5},1\right)^{\mathrm{T}}$$

解$(10\boldsymbol{E}-\boldsymbol{A})\boldsymbol{x}=\boldsymbol{0}$可得特征向量$\boldsymbol{\alpha}_3=(1,2,-2)^{\mathrm{T}}$，单位化可得：

$$\gamma_3=\frac{1}{3}(1,2,-2)^{\mathrm{T}}$$

令$\boldsymbol{P}=(\boldsymbol{\alpha}_1,\boldsymbol{\alpha}_2,\boldsymbol{\alpha}_3)$，则$\boldsymbol{P}$为正交矩阵，且：

$$\boldsymbol{P}^{-1}\boldsymbol{A}\boldsymbol{P}=\begin{pmatrix}1&&\\&1&\\&&10\end{pmatrix}$$

（2）设$\boldsymbol{B}\in V$，则$\boldsymbol{AB}=\boldsymbol{BA}$。又$\boldsymbol{A}$为对称矩阵，则$\boldsymbol{B}$也是对称矩阵。

令$\boldsymbol{B}=\begin{pmatrix}x_1&x_2&x_3\\x_2&x_4&x_5\\x_3&x_5&x_6\end{pmatrix}$，且$\boldsymbol{AB}=\boldsymbol{BA}$，则：

$$\boldsymbol{B}=\begin{pmatrix}4x_4-x_5-3x_6&-2x_4&0\\-2x_4&x_4&x_5\\0&x_5&x_6\end{pmatrix}$$

$$=\begin{pmatrix}4x_4&-2x_4&0\\-2x_4&x_4&0\\0&0&0\end{pmatrix}+\begin{pmatrix}-x_5&0&0\\0&0&x_5\\0&x_5&0\end{pmatrix}+\begin{pmatrix}-3x_6&0&0\\0&0&0\\0&0&x_6\end{pmatrix}$$

$$=x_4\begin{pmatrix}4&-2&0\\-2&1&0\\0&0&0\end{pmatrix}+x_5\begin{pmatrix}-1&0&0\\0&0&1\\0&1&0\end{pmatrix}+x_6\begin{pmatrix}-3&0&0\\0&0&0\\0&0&1\end{pmatrix}$$

$$=x_4(4\boldsymbol{E}_{11}-2\boldsymbol{E}_{12}-2\boldsymbol{E}_{21}+\boldsymbol{E}_{22})+x_5(-\boldsymbol{E}_{11}+\boldsymbol{E}_{23}+\boldsymbol{E}_{32})+x_6(-3\boldsymbol{E}_{11}+\boldsymbol{E}_{33})$$

易知$4\boldsymbol{E}_{11}-2\boldsymbol{E}_{12}-2\boldsymbol{E}_{21}+\boldsymbol{E}_{22},-\boldsymbol{E}_{11}+\boldsymbol{E}_{23}+\boldsymbol{E}_{32},-3\boldsymbol{E}_{11}+\boldsymbol{E}_{33}$线性无关，即为$V$的一组基，且$\dim V=3$。

<u>例 6</u>（四川大学，2019）设$\boldsymbol{A}=\begin{pmatrix}1&1&1\\1&1&1\\1&1&1\end{pmatrix}$，求一个正交矩阵$\boldsymbol{T}$使得$\boldsymbol{T}^{-1}\boldsymbol{AT}$为对角

矩阵。

解：由$\boldsymbol{A}$的特征多项式$|\lambda\boldsymbol{E}-\boldsymbol{A}|=\lambda^2(\lambda-3)$可得$\lambda_1=0$（二重），$\lambda_2=3$。

解$(\lambda_1\boldsymbol{E}-\boldsymbol{A})\boldsymbol{x}=\boldsymbol{0}$得对应特征向量$\boldsymbol{\alpha}_1=(1,0,-1)^{\mathrm{T}},\boldsymbol{\alpha}_2=(0,1,-1)^{\mathrm{T}}$，将特征向量正交化得$\boldsymbol{\beta}_1=(1,0,-1)^{\mathrm{T}},\boldsymbol{\beta}_2=(1,-2,1)^{\mathrm{T}}$，单位化得：

$$\boldsymbol{\gamma}_1=\frac{1}{\sqrt{2}}(1,0,-1)^{\mathrm{T}},\boldsymbol{\gamma}_2=\frac{1}{\sqrt{6}}(1,-2,1)^{\mathrm{T}}$$

解$(\lambda_2\boldsymbol{E}-\boldsymbol{A})\boldsymbol{x}=\boldsymbol{0}$得对应特征向量$\boldsymbol{\alpha}_3=(1,1,1)^{\mathrm{T}}$，单位化得$\boldsymbol{\gamma}_3=\frac{1}{\sqrt{3}}(1,1,1)^{\mathrm{T}}$。

令$\boldsymbol{T}=(\boldsymbol{\alpha}_1,\boldsymbol{\alpha}_2,\boldsymbol{\alpha}_3)$，则$\boldsymbol{T}$为正交矩阵，且$\boldsymbol{T}^{-1}\boldsymbol{A}\boldsymbol{T}=\mathrm{diag}\{0,0,3\}$。

<u>例 7</u>（北京师范大学，2024）已知$\boldsymbol{\alpha}_1,\boldsymbol{\alpha}_2,\boldsymbol{\alpha}_3$为欧氏空间$\mathbf{R}^3$的一组基，其度量矩阵为$\boldsymbol{A}=\begin{pmatrix}1&-1&0\\-1&2&0\\0&0&3\end{pmatrix}$，向量$\boldsymbol{\beta}=\boldsymbol{\alpha}_1+2\boldsymbol{\alpha}_2+3\boldsymbol{\alpha}_3$，求$\boldsymbol{\beta}$的长度。

解：由题可知$\begin{pmatrix}\boldsymbol{\alpha}_1\\\boldsymbol{\alpha}_2\\\boldsymbol{\alpha}_3\end{pmatrix}(\boldsymbol{\alpha}_1,\boldsymbol{\alpha}_2,\boldsymbol{\alpha}_3)=\boldsymbol{A}$，又$\boldsymbol{\beta}=(\boldsymbol{\alpha}_1,\boldsymbol{\alpha}_2,\boldsymbol{\alpha}_3)\begin{pmatrix}1\\2\\3\end{pmatrix}$，则：

$$(\boldsymbol{\beta},\boldsymbol{\beta})=\boldsymbol{\beta}^{\mathrm{T}}\boldsymbol{\beta}=(1,2,3)\begin{pmatrix}\boldsymbol{\alpha}_1\\\boldsymbol{\alpha}_2\\\boldsymbol{\alpha}_3\end{pmatrix}(\boldsymbol{\alpha}_1,\boldsymbol{\alpha}_2,\boldsymbol{\alpha}_3)\begin{pmatrix}1\\2\\3\end{pmatrix}=(1,2,3)\boldsymbol{A}\begin{pmatrix}1\\2\\3\end{pmatrix}=32$$

从而$|\boldsymbol{\beta}|=\sqrt{(\boldsymbol{\beta},\boldsymbol{\beta})}=4\sqrt{2}$。

<u>例 8</u>（北京邮电大学，2024；西安工程大学，2021）设实二次型：

$$f(x_1,x_2,x_3)=ax_1^2+2x_2^2-2x_3^2+2bx_1x_3$$

其中$b>0$，其矩阵的特征值之和为 1，特征值之积为- 12。

（1）求a,b的值；

（2）求正交变换$\boldsymbol{X}=\boldsymbol{PY}$，把上述二次型$f(x_1,x_2,x_3)$化为标准形。

解:（1）由题可知二次型的矩阵为:

$$A=\begin{pmatrix} a & 0 & b \\ 0 & 2 & 0 \\ b & 0 & -2 \end{pmatrix}$$

设A的特征值为$\lambda_1,\lambda_2,\lambda_3$，则$\lambda_1+\lambda_2+\lambda_3=a+2-2=1$，$\lambda_1\lambda_2\lambda_3=|A|=-12$，又$b>0$，从而$a=1$，$b=2$。

（2）由$|\lambda E-A|=(\lambda-2)^2(\lambda+3)$可得$A$的特征值$\lambda_1=2$（二重），$\lambda_2=-3$。

解$(\lambda_1 E-A)x=0$可得特征向量$\alpha_1=(0,1,0)^{\mathrm{T}}$，$\alpha_2=(2,0,1)^{\mathrm{T}}$，正交化可得$\beta_1=(0,1,0)^{\mathrm{T}}$，$\beta_2=(2,0,1)^{\mathrm{T}}$，单位化可得：

$$\gamma_1=(0,1,0)^{\mathrm{T}},\ \gamma_2=\frac{1}{\sqrt{5}}(2,0,1)^{\mathrm{T}}$$

解$(\lambda_2 E-A)x=0$可得特征向量$\alpha_3=(1,0,-2)^{\mathrm{T}}$，单位化可得：

$$\gamma_3=\frac{1}{\sqrt{5}}(1,0,-2)^{\mathrm{T}}$$

令$P=(\gamma_1,\gamma_2,\gamma_3)$，则$P$是正交矩阵，从而$X=PY$为正交变换，使得：

$$P^{\mathrm{T}}AP=\mathrm{diag}\{2,2,-3\}$$

例 9（南京航空航天大学，2018）设 3 阶实对称矩阵A的各行元素之和为零，二次型$f(X)=X^{\mathrm{T}}AX$经过正交变换$X=PY$化为$6y_2^2+6y_3^2$，其中：

$$X=(x_1,x_2,x_3)^{\mathrm{T}},\ Y=(y_1,y_2,y_3)^{\mathrm{T}}$$

（1）求矩阵A的全部特征向量；

（2）求正交矩阵P；

（3）求矩阵A。

解：（1）由矩阵A的各行元素之和为零，知 0 为A的一个特征值，$\alpha_1=(1,1,1)^{\mathrm{T}}$为其对应的特征向量。又二次型经过正交变换化为$6y_2^2+6y_3^2$，则 6 为$A$的一个二重特征值，故$A$的特征值为 0,6,6。

（2）由$\boldsymbol{A}$为实对称矩阵，知$\boldsymbol{A}$可对角化，从而存在正交矩阵$\boldsymbol{P}$使得：

$$\boldsymbol{P}^{-1}\boldsymbol{A}\boldsymbol{P}=\mathrm{diag}\{0,6,6\}$$

设特征值6对应的特征向量为$\boldsymbol{\beta}$，则$(\boldsymbol{\beta},\boldsymbol{\alpha}_1)=0$，解之可得：

$$\boldsymbol{\beta}_2=(-1,1,0)^{\mathrm{T}},\ \boldsymbol{\beta}_3=(-1,0,1)^{\mathrm{T}}$$

正交单位化可得：

$$\gamma_2=\frac{1}{\sqrt{2}}(-1,1,0)^{\mathrm{T}},\ \gamma_3=\frac{1}{\sqrt{6}}(-1,-1,2)^{\mathrm{T}}$$

同时有：

$$\gamma_1=\frac{1}{\sqrt{3}}(1,1,1)^{\mathrm{T}}$$

则$\gamma_1,\gamma_2,\gamma_3$为正交单位向量。

令$\boldsymbol{P}=(\gamma_1,\gamma_2,\gamma_3)$，则$\boldsymbol{P}$为正交矩阵。

（3）由（1）（2）可知：

$$\boldsymbol{A}=\boldsymbol{P}\begin{pmatrix}0&&\\&6&\\&&6\end{pmatrix}\boldsymbol{P}^{-1}=\begin{pmatrix}4&-2&-2\\-2&4&-2\\-2&-2&4\end{pmatrix}$$

例 10（云南大学，2020）设V是欧氏空间，存在$\boldsymbol{\eta}\in\mathbf{R}^n$（$\boldsymbol{\eta}$是单位向量），对任意$\boldsymbol{\xi}\in\mathbf{R}^n$，有$\sigma(\boldsymbol{\xi})=\boldsymbol{\xi}-2(\boldsymbol{\eta},\boldsymbol{\xi})\boldsymbol{\eta}$，则

（1）σ是第二类正交变换；

（2）对于任意$\boldsymbol{u},\boldsymbol{v}\in\mathbf{R}^n$，存在对称变换$\varphi$使得$\varphi(\boldsymbol{u})=\boldsymbol{v}$。

证明：（1）对于任意$\boldsymbol{\alpha},\boldsymbol{\beta}\in V$，有：

$$\begin{aligned}(\sigma(\boldsymbol{\alpha}),\sigma(\boldsymbol{\beta}))&=(\boldsymbol{\alpha}-2(\boldsymbol{\eta},\boldsymbol{\alpha})\boldsymbol{\eta},\boldsymbol{\beta}-2(\boldsymbol{\eta},\boldsymbol{\beta})\boldsymbol{\eta})\\&=(\boldsymbol{\alpha},\boldsymbol{\beta})-4(\boldsymbol{\eta},\boldsymbol{\alpha})(\boldsymbol{\eta},\boldsymbol{\beta})+4(\boldsymbol{\eta},\boldsymbol{\alpha})(\boldsymbol{\eta},\boldsymbol{\beta})(\boldsymbol{\eta},\boldsymbol{\eta})=(\boldsymbol{\alpha},\boldsymbol{\beta})\end{aligned}$$

从而σ是V上的正交变换。

将$\boldsymbol{\eta}$扩充为V的一组标准正交基$\boldsymbol{\eta}_1,\boldsymbol{\eta}_2,\cdots,\boldsymbol{\eta}_n$，其中$\boldsymbol{\eta}_1=\boldsymbol{\eta}$，令$\sigma$在$\boldsymbol{\eta}_1,\boldsymbol{\eta}_2,\cdots,\boldsymbol{\eta}_n$下的矩阵为$\boldsymbol{A}$。

由题可知$\sigma(\boldsymbol{\eta}_i)=\begin{cases}-\boldsymbol{\eta}_i, i=1\\ \boldsymbol{\eta}_i, i=2,\cdots,n\end{cases}$，则$\boldsymbol{A}=\begin{pmatrix}-1 & \boldsymbol{O}\\ \boldsymbol{O} & \boldsymbol{E}_{n-1}\end{pmatrix}$，从而$|\boldsymbol{A}|=-1$，即$\sigma$是第二类正交变换。

（2）对于任意$\boldsymbol{u},\boldsymbol{v}\in\mathbf{R}^n$，$\boldsymbol{\eta}=\dfrac{\boldsymbol{u}-\boldsymbol{v}}{|\boldsymbol{u}-\boldsymbol{v}|}$为单位向量，从而有：

$$(\sigma(\boldsymbol{u}),\boldsymbol{v})=\left(\boldsymbol{u}-2\left(\boldsymbol{u},\frac{\boldsymbol{u}-\boldsymbol{v}}{|\boldsymbol{u}-\boldsymbol{v}|}\right)\frac{\boldsymbol{u}-\boldsymbol{v}}{|\boldsymbol{u}-\boldsymbol{v}|},\boldsymbol{v}\right)=(\boldsymbol{u},\boldsymbol{v})-\frac{2(\boldsymbol{u},\boldsymbol{u}-\boldsymbol{v})}{|\boldsymbol{u}-\boldsymbol{v}|^2}(\boldsymbol{u}-\boldsymbol{v},\boldsymbol{v})$$

$$(\sigma(\boldsymbol{v}),\boldsymbol{u})=\left(\boldsymbol{v}-2\left(\boldsymbol{v},\frac{\boldsymbol{u}-\boldsymbol{v}}{|\boldsymbol{u}-\boldsymbol{v}|}\right)\frac{\boldsymbol{u}-\boldsymbol{v}}{|\boldsymbol{u}-\boldsymbol{v}|},\boldsymbol{u}\right)=(\boldsymbol{v},\boldsymbol{u})-\frac{2(\boldsymbol{v},\boldsymbol{u}-\boldsymbol{v})}{|\boldsymbol{u}-\boldsymbol{v}|^2}(\boldsymbol{u}-\boldsymbol{v},\boldsymbol{u})$$

$$\sigma(\boldsymbol{u})=\boldsymbol{u}-2\left(\boldsymbol{u},\frac{\boldsymbol{u}-\boldsymbol{v}}{|\boldsymbol{u}-\boldsymbol{v}|}\right)\frac{\boldsymbol{u}-\boldsymbol{v}}{|\boldsymbol{u}-\boldsymbol{v}|}=\boldsymbol{u}-\frac{2}{|\boldsymbol{u}-\boldsymbol{v}|^2}(\boldsymbol{u},\boldsymbol{u}-\boldsymbol{v})(\boldsymbol{u}-\boldsymbol{v})$$

$$=\boldsymbol{u}-\frac{2[(\boldsymbol{u},\boldsymbol{u})-(\boldsymbol{u},\boldsymbol{v})](\boldsymbol{u}-\boldsymbol{v})}{(\boldsymbol{u},\boldsymbol{u})+(\boldsymbol{v},\boldsymbol{v})-2(\boldsymbol{u},\boldsymbol{v})}$$

$$=\frac{(\boldsymbol{u},\boldsymbol{u})\boldsymbol{u}+(\boldsymbol{v},\boldsymbol{v})\boldsymbol{u}-2(\boldsymbol{u},\boldsymbol{v})\boldsymbol{u}-2[(\boldsymbol{u},\boldsymbol{u})-(\boldsymbol{u},\boldsymbol{v})](\boldsymbol{u}-\boldsymbol{v})}{(\boldsymbol{u},\boldsymbol{u})+(\boldsymbol{v},\boldsymbol{v})-2(\boldsymbol{u},\boldsymbol{v})}$$

$$=\frac{(\boldsymbol{u},\boldsymbol{u})\boldsymbol{v}+(\boldsymbol{v},\boldsymbol{v})\boldsymbol{v}-2(\boldsymbol{u},\boldsymbol{v})\boldsymbol{v}}{(\boldsymbol{u},\boldsymbol{u})+(\boldsymbol{v},\boldsymbol{v})-2(\boldsymbol{u},\boldsymbol{v})}=\boldsymbol{v}$$

即$(\sigma(\boldsymbol{u}),\boldsymbol{v})=(\boldsymbol{u},\sigma(\boldsymbol{v}))$，则$\sigma$是对称变换，且故存在对称变换$\varphi=\sigma$使得$\varphi(\boldsymbol{u})=\boldsymbol{v}$。

<u>例 11</u>（长安大学，2023）设$\boldsymbol{\alpha}_1,\boldsymbol{\alpha}_2,\cdots,\boldsymbol{\alpha}_s$是欧氏空间$V$的正交向量组，则

（1）$\boldsymbol{\alpha}_1,\boldsymbol{\alpha}_2,\cdots,\boldsymbol{\alpha}_s$线性无关；

（2）若$\boldsymbol{\alpha}_1,\boldsymbol{\alpha}_2,\cdots,\boldsymbol{\alpha}_s,\boldsymbol{\beta}$线性相关，且$(\boldsymbol{\beta},\boldsymbol{\alpha}_i)=0$，$i=1,2,\cdots,s$，则$\boldsymbol{\beta}=\boldsymbol{0}$。

证明：（1）设$k_1\boldsymbol{\alpha}_1+k_2\boldsymbol{\alpha}_2+\cdots+k_s\boldsymbol{\alpha}_s=\boldsymbol{0}$，式子两边与$\boldsymbol{\alpha}_1$做内积，则：

$$k_1(\boldsymbol{\alpha}_1,\boldsymbol{\alpha}_1)+k_2(\boldsymbol{\alpha}_2,\boldsymbol{\alpha}_1)+\cdots+k_s(\boldsymbol{\alpha}_s,\boldsymbol{\alpha}_1)=(\boldsymbol{0},\boldsymbol{\alpha}_1)=0$$

又 $\boldsymbol{\alpha}_1,\boldsymbol{\alpha}_2,\cdots,\boldsymbol{\alpha}_s$ 两两相互正交，则 $k_1(\boldsymbol{\alpha}_1,\boldsymbol{\alpha}_1)=0$，而 $(\boldsymbol{\alpha}_1,\boldsymbol{\alpha}_1)\neq 0$，从而 $k_1=0$。同理可得 $k_2=\cdots=k_s=0$，故 $\boldsymbol{\alpha}_1,\boldsymbol{\alpha}_2,\cdots,\boldsymbol{\alpha}_s$ 线性无关。

（2）由 $\boldsymbol{\alpha}_1,\boldsymbol{\alpha}_2,\cdots,\boldsymbol{\alpha}_s,\boldsymbol{\beta}$ 线性相关，知存在不全为零的数 $k_1,k_2,\cdots,k_s,k$ 使得：

$$k_1\boldsymbol{\alpha}_1+k_2\boldsymbol{\alpha}_2+\cdots+k_s\boldsymbol{\alpha}_s+k\boldsymbol{\beta}=\mathbf{0}$$

若 $k=0$，则 $k_1\boldsymbol{\alpha}_1+k_2\boldsymbol{\alpha}_2+\cdots+k_s\boldsymbol{\alpha}_s=\mathbf{0}$，而 $\boldsymbol{\alpha}_1,\boldsymbol{\alpha}_2,\cdots,\boldsymbol{\alpha}_s$ 线性无关，从而：

$$k_1=\cdots=k_s=0$$

矛盾。故 $k\neq 0$，即 $\boldsymbol{\beta}=-\dfrac{k_1}{k}\boldsymbol{\alpha}_1-\dfrac{k_2}{k}\boldsymbol{\alpha}_2-\cdots-\dfrac{k_s}{k}\boldsymbol{\alpha}_s$。

又 $(\boldsymbol{\beta},\boldsymbol{\alpha}_i)=0$，则：

$$(\boldsymbol{\beta},\boldsymbol{\alpha}_i)=-\frac{k_1}{k}(\boldsymbol{\alpha}_1,\boldsymbol{\alpha}_i)-\cdots-\frac{k_i}{k}(\boldsymbol{\alpha}_i,\boldsymbol{\alpha}_i)-\cdots-\frac{k_s}{k}(\boldsymbol{\alpha}_s,\boldsymbol{\alpha}_i)$$

从而 $k_i=0$，$i=1,2,\cdots,s$，即 $\boldsymbol{\beta}=\mathbf{0}$。

例 12（陕西师范大学、中南大学，2023）设 V_1，V_2 为 n 维欧氏空间 V 的子空间，且 V_1 的维数小于 V_2 的维数，则 V_2 中必有非零向量正交于 V_1 的一切向量。

证明：在欧氏空间中，

$$\begin{aligned}\dim(V_1^{\perp}\cap V_2)&=\dim V_1^{\perp}+\dim V_2-\dim(V_1^{\perp}+V_2)\\&=n-\dim V_1+\dim V_2-\dim(V_1^{\perp}+V_2)\\&\geqslant \dim V_2-\dim V_1\end{aligned}$$

则存在 $\boldsymbol{\alpha}\in V_1^{\perp}\cap V_2$，$\boldsymbol{\alpha}\neq\mathbf{0}$，使得 $\forall\boldsymbol{\beta}\in V_1$，有 $(\boldsymbol{\alpha},\boldsymbol{\beta})=0$。

例 13（西南交通大学，2023）设 V 为 n 维欧氏空间，对任意 $\boldsymbol{\alpha},\boldsymbol{\beta}\in V$，内积记为 $(\boldsymbol{\alpha},\boldsymbol{\beta})$，$\sigma$ 是 V 的一个正交变换，令：

$$V_1=\{\boldsymbol{\alpha}\in V\mid\sigma(\boldsymbol{\alpha})=\boldsymbol{\alpha}\}，V_2=\{\boldsymbol{\alpha}-\sigma(\boldsymbol{\alpha})\mid\boldsymbol{\alpha}\in V\}$$

则 V_1，V_2 为 V 的子空间，且 $V=V_1\oplus V_2$。

证明：对于任意$\boldsymbol{\alpha},\boldsymbol{\beta}\in V_1$，$k\in\mathbf{R}$，则：

$$\sigma(\boldsymbol{\alpha}+\boldsymbol{\beta})=\boldsymbol{\alpha}+\boldsymbol{\beta}=\sigma(\boldsymbol{\alpha})+\sigma(\boldsymbol{\beta})\text{，}\sigma(k\boldsymbol{\alpha})=k\boldsymbol{\alpha}=k\sigma(\boldsymbol{\alpha})$$

则V_1为V的子空间。同理V_2为V的子空间。

（方法一）由题知，对于任意$\boldsymbol{\alpha}\in V_1\cap V_2$，$\boldsymbol{\alpha}\in V_1$，$\boldsymbol{\alpha}\in V_2$，从而$\boldsymbol{\alpha}=\sigma(\boldsymbol{\alpha})$，且存在$\boldsymbol{\beta}\in V$，使得$\boldsymbol{\alpha}=\boldsymbol{\beta}-\sigma(\boldsymbol{\beta})$，进一步：

$$(\boldsymbol{\alpha},\boldsymbol{\alpha})=(\boldsymbol{\alpha},\boldsymbol{\beta}-\sigma(\boldsymbol{\beta}))=(\boldsymbol{\alpha},\boldsymbol{\beta})-(\boldsymbol{\alpha},\sigma(\boldsymbol{\beta}))=(\boldsymbol{\alpha},\boldsymbol{\beta})-(\sigma(\boldsymbol{\alpha}),\sigma(\boldsymbol{\beta}))=0$$

即$\boldsymbol{\alpha}=\mathbf{0}$，则$V_1\cap V_2=\{\mathbf{0}\}$。

又$V_1=(\varepsilon-\sigma)^{-1}(\mathbf{0})$，$V_2=(\varepsilon-\sigma)(V)$，其中$\varepsilon$为恒等变换，则$\dim V_1+\dim V_2=n$，进而$\dim(V_1+V_2)=\dim V$，故$V=V_1\oplus V_2$。

（方法二）由题意知，对于任意$\boldsymbol{\beta}\in V_2$，存在$\boldsymbol{x}\in V$，使得$\boldsymbol{\beta}=\boldsymbol{x}-\sigma(\boldsymbol{x})$。

对于任意$\boldsymbol{\alpha}\in V_1$，$\sigma(\boldsymbol{\alpha})=\boldsymbol{\alpha}$，则有：

$$\begin{aligned}(\boldsymbol{\beta},\boldsymbol{\alpha})&=(\boldsymbol{x}-\sigma(\boldsymbol{x}),\boldsymbol{\alpha})=(\sigma^{-1}(\boldsymbol{x})-\boldsymbol{x},\sigma^{-1}(\boldsymbol{\alpha}))\\&=(\sigma^{-1}(\boldsymbol{x}),\sigma^{-1}(\boldsymbol{\alpha}))-(\boldsymbol{x},\sigma^{-1}(\boldsymbol{\alpha}))\\&=(\boldsymbol{x},\boldsymbol{\alpha})-(\boldsymbol{x},\sigma^{-1}(\boldsymbol{\alpha}))\\&=(\boldsymbol{x},\boldsymbol{\alpha})-(\boldsymbol{x},\boldsymbol{\alpha})=0\end{aligned}$$

则$V_1\perp V_2$。

若$\boldsymbol{\gamma}\perp V_2$，则由任意$\boldsymbol{x}\in V$，有$\boldsymbol{x}-\sigma(\boldsymbol{x})\in V_2$，故$(\boldsymbol{\gamma},\boldsymbol{x}-\sigma(\boldsymbol{x}))=0$。

特别地，对$\boldsymbol{x}=\boldsymbol{\gamma}$，有$(\boldsymbol{\gamma},\boldsymbol{\gamma}-\sigma(\boldsymbol{\gamma}))=0$，即$(\boldsymbol{\gamma},\boldsymbol{\gamma})-(\boldsymbol{\gamma},\boldsymbol{\sigma}(\boldsymbol{\gamma}))=0$，故：

$$(\boldsymbol{\sigma}(\boldsymbol{\gamma})-\boldsymbol{\gamma},\sigma(\boldsymbol{\gamma})-\boldsymbol{\gamma})=(\sigma(\boldsymbol{\gamma}),\sigma(\boldsymbol{\gamma}))-2(\sigma(\boldsymbol{\gamma}),\boldsymbol{\gamma})+(\boldsymbol{\gamma},\boldsymbol{\gamma})=2(\boldsymbol{\gamma},\boldsymbol{\gamma})-2(\sigma(\boldsymbol{\gamma}),\boldsymbol{\gamma})=0$$

即$\sigma(\boldsymbol{\gamma})=\boldsymbol{\gamma}$，故$\boldsymbol{\gamma}\in V_1$，即$V_1=V_2^{\perp}$，从而$V=V_1\oplus V_2$。

例 14（成都理工大学，2021）设V是n维欧氏空间，$\boldsymbol{\alpha}\neq\mathbf{0}$是$V$中一个固定向量，则

（1）$V_1=\{\boldsymbol{x}\mid(\boldsymbol{x},\boldsymbol{\alpha})=0,\boldsymbol{x}\in V\}$是$V$的一个子空间；

（2）V_1的维数等于$n-1$。

证明:（1）由$\mathbf{0}\in V_1$，知$V_1\neq\phi$。对于任意$\boldsymbol{\beta}_1,\boldsymbol{\beta}_2\in V_1$，$k_1,k_2\in\mathbf{R}$，有:

$$(k_1\boldsymbol{\beta}_1+k_2\boldsymbol{\beta}_2,\boldsymbol{\alpha})=k_1(\boldsymbol{\beta}_1,\boldsymbol{\alpha})+k_2(\boldsymbol{\beta}_2,\boldsymbol{\alpha})=0$$

从而$k_1\boldsymbol{\beta}_1+k_2\boldsymbol{\beta}_2\in V_1$，即$V_1$是$V$的一个子空间。

（2）令$\boldsymbol{\alpha}=\boldsymbol{\alpha}_1$，将$\boldsymbol{\alpha}_1$扩充为$V$的一组正交基$\boldsymbol{\alpha}_1,\boldsymbol{\alpha}_2,\cdots,\boldsymbol{\alpha}_n$，则$V_1=L(\boldsymbol{\alpha}_2,\cdots,\boldsymbol{\alpha}_n)$，故$\dim V_1=n-1$。

例 15（长安大学，2021）设欧氏空间V中的线性变换σ称为反对称的，若对于任意$\boldsymbol{\alpha},\boldsymbol{\beta}\in V$，$(\sigma(\boldsymbol{\alpha}),\boldsymbol{\beta})=-(\boldsymbol{\alpha},\sigma(\boldsymbol{\beta}))$，则

（1）若λ是σ的特征值，则$\lambda=0$；

（2）σ是反对称的充要条件为σ在标准正交基下的矩阵是反对称矩阵；

（3）若V_1是反对称线性变换σ的不变子空间，则V_1的正交补$V_1^{\perp}$也是σ的不变子空间。

证明:（1）设$\sigma(\boldsymbol{\alpha})=\lambda\boldsymbol{\alpha},\boldsymbol{\alpha}\neq\mathbf{0},\lambda\in\boldsymbol{R}$，则$(\sigma(\boldsymbol{\alpha}),\boldsymbol{\alpha})=(\lambda\boldsymbol{\alpha},\boldsymbol{\alpha})=\lambda(\boldsymbol{\alpha},\boldsymbol{\alpha})$。

又$(\sigma(\boldsymbol{\alpha}),\boldsymbol{\alpha})=-(\boldsymbol{\alpha},\sigma(\boldsymbol{\alpha}))=-(\boldsymbol{\alpha},\lambda\boldsymbol{\alpha})=-\lambda(\boldsymbol{\alpha},\boldsymbol{\alpha})$，且$(\boldsymbol{\alpha},\boldsymbol{\alpha})\neq0$，则$\lambda=0$。

（2）设$\boldsymbol{\varepsilon}_1,\boldsymbol{\varepsilon}_2,\cdots,\boldsymbol{\varepsilon}_n$为$V$的一组标准正交基，且:

$$\sigma(\boldsymbol{\varepsilon}_1,\boldsymbol{\varepsilon}_2,\cdots,\boldsymbol{\varepsilon}_n)=(\boldsymbol{\varepsilon}_1,\boldsymbol{\varepsilon}_2,\cdots,\boldsymbol{\varepsilon}_n)\boldsymbol{A}$$

σ为反对称的，则$\sigma(\boldsymbol{\varepsilon}_i)=a_{1i}\boldsymbol{\varepsilon}_1+a_{2i}\boldsymbol{\varepsilon}_2+\cdots+a_{ni}\boldsymbol{\varepsilon}_n$，$i=1,2,\cdots,n$，从而$(\sigma(\boldsymbol{\varepsilon}_i),\boldsymbol{\varepsilon}_j)=a_{ij}$，$(\boldsymbol{\varepsilon}_i,\sigma(\boldsymbol{\varepsilon}_j))=a_{ji}$，即$(\sigma(\boldsymbol{\varepsilon}_i),\boldsymbol{\varepsilon}_j)=-(\boldsymbol{\varepsilon}_i,\sigma(\boldsymbol{\varepsilon}_j))$，$a_{ij}=-a_{ji}$，且$a_{ij}=0$（$i=j$），故:

$$\sigma(\boldsymbol{\varepsilon}_1,\boldsymbol{\varepsilon}_2,\cdots,\boldsymbol{\varepsilon}_n)=(\boldsymbol{\varepsilon}_1,\boldsymbol{\varepsilon}_2,\cdots,\boldsymbol{\varepsilon}_n)\begin{pmatrix}0&a_{12}&\cdots&a_{1n}\\-a_{12}&0&\cdots&a_{2n}\\\vdots&\vdots&&\vdots\\-a_{1n}&-a_{2n}&\cdots&0\end{pmatrix}$$

即σ在$\boldsymbol{\varepsilon}_1,\boldsymbol{\varepsilon}_2,\cdots,\boldsymbol{\varepsilon}_n$下的矩阵是反对称矩阵。

反之，设$\sigma(\boldsymbol{\varepsilon}_1,\boldsymbol{\varepsilon}_2,\cdots,\boldsymbol{\varepsilon}_n)=(\boldsymbol{\varepsilon}_1,\boldsymbol{\varepsilon}_2,\cdots,\boldsymbol{\varepsilon}_n)\boldsymbol{A}$，其中：

$$\boldsymbol{A}=\begin{pmatrix}0 & a_{12} & \cdots & a_{1n}\\ -a_{12} & 0 & \cdots & a_{2n}\\ \vdots & \vdots & & \vdots\\ -a_{1n} & -a_{2n} & \cdots & 0\end{pmatrix}$$

则$(\sigma(\boldsymbol{\varepsilon}_i),\boldsymbol{\varepsilon}_j)=-(\boldsymbol{\varepsilon}_i,\sigma(\boldsymbol{\varepsilon}_j))$。

对于任意$\boldsymbol{\alpha},\boldsymbol{\beta}\in V$，令$\boldsymbol{\alpha}=k_1\boldsymbol{\varepsilon}_1+k_2\boldsymbol{\varepsilon}_2+\cdots+k_n\boldsymbol{\varepsilon}_n$，$\boldsymbol{\beta}=l_1\boldsymbol{\varepsilon}_1+l_2\boldsymbol{\varepsilon}_2+\cdots+l_n\boldsymbol{\varepsilon}_n$，则$(\sigma(\boldsymbol{\alpha}),$

$$(\boldsymbol{\beta}))=(k_1\sigma(\boldsymbol{\varepsilon}_1)+k_2\sigma(\boldsymbol{\varepsilon}_2)+\cdots+k_n(\sigma\boldsymbol{\varepsilon}_n),l_1\boldsymbol{\varepsilon}_1+l_2\boldsymbol{\varepsilon}_2+\cdots+l_n\boldsymbol{\varepsilon}_n)=\sum_{i,j=1}^{n}k_il_j(\sigma(\boldsymbol{\varepsilon}_i),\boldsymbol{\varepsilon}_j)$$

$$(\boldsymbol{\alpha},\sigma(\boldsymbol{\beta}))=(k_1\boldsymbol{\varepsilon}_1+k_2\boldsymbol{\varepsilon}_2+\cdots+k_n\boldsymbol{\varepsilon}_n,l_1\sigma(\boldsymbol{\varepsilon}_1)+l_2\sigma(\boldsymbol{\varepsilon}_2)+\cdots+l_n\sigma(\boldsymbol{\varepsilon}_n))=\sum_{i,j=1}^{n}k_il_j(\boldsymbol{\varepsilon}_i,\sigma(\boldsymbol{\varepsilon}_j))$$

从而$(\sigma(\boldsymbol{\alpha}),\boldsymbol{\beta})=-(\boldsymbol{\alpha},\sigma(\boldsymbol{\beta}))$，即$\sigma$是反对称的。

（3）若V_1是σ的不变子空间，对于任意$\boldsymbol{\alpha}\in V_1$，则$\sigma(\boldsymbol{\alpha})\in V_1$，对于任意$\boldsymbol{\beta}\in V_1^{\perp}$，则$(\sigma(\boldsymbol{\alpha}),\boldsymbol{\beta})=0$。又$\sigma$是反对称线性变换，则$(\sigma(\boldsymbol{\alpha}),\boldsymbol{\beta})=-(\boldsymbol{\alpha},\sigma(\boldsymbol{\beta}))=0$，即$\sigma(\boldsymbol{\beta})\in V_1^{\perp}$。由$\boldsymbol{\beta}$的任意性，知$V_1$的正交补$V_1^{\perp}$也是$\sigma$的不变子空间。

例 16（西安交通大学，2023）已知$\boldsymbol{A},\boldsymbol{B}$为$n$阶实对称矩阵，则

（1）$\boldsymbol{AB}-\boldsymbol{BA}$的特征值为 0 或纯虚数；

（2）$\operatorname{tr}((\boldsymbol{AB})^2)\leqslant\operatorname{tr}(\boldsymbol{A}^2\boldsymbol{B}^2)$，$\operatorname{tr}\boldsymbol{M}$表示矩阵$\boldsymbol{M}$的迹。

证明:（1）由$\boldsymbol{A},\boldsymbol{B}$为$n$阶实对称矩阵，知：

$$(\boldsymbol{AB}-\boldsymbol{BA})^{\mathrm{T}}=\boldsymbol{B}^{\mathrm{T}}\boldsymbol{A}^{\mathrm{T}}-\boldsymbol{A}^{\mathrm{T}}\boldsymbol{B}^{\mathrm{T}}=-(\boldsymbol{AB}-\boldsymbol{BA})$$

则$\boldsymbol{AB}-\boldsymbol{BA}$为反对称矩阵。

设$\boldsymbol{\xi}$是$\boldsymbol{AB}-\boldsymbol{BA}$属于$\lambda$的特征向量，则$(\boldsymbol{AB}-\boldsymbol{BA})\boldsymbol{\xi}=\lambda\boldsymbol{\xi}$，从而:

$$\lambda\overline{\boldsymbol{\xi}}^{\mathrm{T}}\boldsymbol{\xi}=\overline{\boldsymbol{\xi}}^{\mathrm{T}}(\lambda\boldsymbol{\xi})=\overline{\boldsymbol{\xi}}^{\mathrm{T}}(\boldsymbol{AB}-\boldsymbol{BA})\boldsymbol{\xi}=-\overline{\boldsymbol{\xi}}^{\mathrm{T}}(\boldsymbol{AB}-\boldsymbol{BA})^{\mathrm{T}}\boldsymbol{\xi}$$

$$=-(\overline{(AB-BA)\xi})^{\mathrm{T}}\xi=-\bar{\lambda}\bar{\xi}^{\mathrm{T}}\xi$$

从而$\lambda=-\bar{\lambda}$。令$\lambda=a+bi$，代入上式有$a=-a$，则$a=0$，即$\lambda=bi$，故$\boldsymbol{AB}-\boldsymbol{BA}$的特征值为0或纯虚数。

（2）由（1）可知，$(\boldsymbol{AB}-\boldsymbol{BA})^2$的特征值为非正实数，则$\mathrm{tr}\,(\boldsymbol{AB}-\boldsymbol{BA})^2\leqslant 0$，从而：

$$\mathrm{tr}\,(\boldsymbol{ABAB}-\boldsymbol{ABBA}-\boldsymbol{BAAB}+\boldsymbol{BABA})\leqslant 0$$

又：

$$\mathrm{tr}\left((\boldsymbol{AB})^2\right)=\mathrm{tr}\left((\boldsymbol{ABA})\boldsymbol{B}\right)=\mathrm{tr}\left(\boldsymbol{B}(\boldsymbol{ABA})\right)=\mathrm{tr}\left((\boldsymbol{BA})^2\right)$$

$$\mathrm{tr}\,((\boldsymbol{ABB})\boldsymbol{A})=\mathrm{tr}\,(\boldsymbol{AABB})=\mathrm{tr}\,(\boldsymbol{A}^2\boldsymbol{B}^2)$$

$$\mathrm{tr}\,(\boldsymbol{B}(\boldsymbol{AAB}))=\mathrm{tr}\,(\boldsymbol{AABB})=\mathrm{tr}\,(\boldsymbol{A}^2\boldsymbol{B}^2)$$

则$\mathrm{tr}\,((\boldsymbol{AB})^2+(\boldsymbol{BA})^2-2\boldsymbol{A}^2\boldsymbol{B}^2)\leqslant 0$，从而$\mathrm{tr}\left(2(\boldsymbol{AB})^2\right)\leqslant \mathrm{tr}\,(2\boldsymbol{A}^2\boldsymbol{B}^2)$，即：

$$\mathrm{tr}\,(\boldsymbol{AB})^2\leqslant \mathrm{tr}\,(\boldsymbol{A}^2\boldsymbol{B}^2)$$

例 17（北京工业大学，2020）设$\boldsymbol{X}_0$是n维欧氏空间V的非零向量，$0\neq k\in\mathbf{R}$，定义变换$\tau(\boldsymbol{X})=\boldsymbol{X}+k(\boldsymbol{X},\boldsymbol{X}_0)\boldsymbol{X}_0$，$\forall\boldsymbol{X}\in V$，其中$(*,*)$表示$V$上的内积，则：

（1）τ是V上的线性变换；

（2）τ是V上的一个对称变换；

（3）τ为V上的正交变换的充要条件为$k=-\dfrac{2}{(\boldsymbol{X}_0,\boldsymbol{X}_0)}$。

证明：（1）对于任意$\boldsymbol{X},\boldsymbol{Y}\in V$，$0\neq k\in\mathbf{R}$，有：

$$\begin{aligned}\tau(\boldsymbol{X}+\boldsymbol{Y})&=(\boldsymbol{X}+\boldsymbol{Y})+k\,(\boldsymbol{X}+\boldsymbol{Y},\boldsymbol{X}_0)\boldsymbol{X}_0\\&=\boldsymbol{X}+k(\boldsymbol{X},\boldsymbol{X}_0)\boldsymbol{X}_0+\boldsymbol{Y}+k(\boldsymbol{Y},\boldsymbol{X}_0)\boldsymbol{X}_0=\tau(\boldsymbol{X})+\tau(\boldsymbol{Y})\end{aligned}$$

$$\tau(lX)=(lX)+k(lX,X_0)X_0=l\left[X+k(X,X_0)X_0\right]=l\tau(X)$$

从而τ是V上的线性变换。

（2）设$\varepsilon_1,\cdots,\varepsilon_n$是$V$的一组标准正交基，令$X_0=a_1\varepsilon_1+a_2\varepsilon_2+\cdots+a_n\varepsilon_n$，其中$a_1,\cdots,a_n$是$n$个不全为零的实数，则：

$$\tau(\varepsilon_i)=\varepsilon_i+k(\varepsilon_i,a_1\varepsilon_1+\cdots+a_n\varepsilon_n)X_0=\varepsilon_i+ka_i(\varepsilon_i,a_1\varepsilon_1+\cdots+a_n\varepsilon_n)$$

$$=ka_ia_1\varepsilon_1+\cdots+ka_ia_{i-1}\varepsilon_{i-1}+(ka_i^2+1)\varepsilon_i+ka_ia_{i+1}\varepsilon_{i+1}+\cdots+ka_ia_n\varepsilon_n$$

其中$i=1,2,\cdots,n$，从而有：

$$\tau(\varepsilon_1,\cdots,\varepsilon_n)=(\varepsilon_1,\cdots,\varepsilon_n)A=(\varepsilon_1,\cdots,\varepsilon_n)\begin{pmatrix}ka_1^2+1 & ka_2a_1 & \cdots & ka_na_1\\ ka_1a_2 & ka_2^2+1 & \cdots & ka_na_2\\ \vdots & \vdots & & \vdots\\ ka_1a_n & ka_2a_n & \cdots & ka_n^2+1\end{pmatrix}$$

即τ在$\varepsilon_1,\cdots,\varepsilon_n$下的矩阵$A$为对称矩阵，故$\tau$是$V$上的一个对称变换。

（3）由题可知，τ为正交变换的充要条件是τ在标准正交基$\varepsilon_1,\cdots,\varepsilon_n$下的矩阵$A$是正交的，即$A^{\mathrm{T}}A=E$。

记$X_0=(a_1,a_2,\cdots,a_n)^{\mathrm{T}}$，则$A=E+kX_0X_0^{\mathrm{T}}$，从而：

$$A^{\mathrm{T}}A=(E+kX_0X_0^{\mathrm{T}})^{\mathrm{T}}(E+kX_0X_0^{\mathrm{T}})=E$$

即$E+2kX_0X_0^{\mathrm{T}}+k^2X_0^{\mathrm{T}}X_0X_0X_0^{\mathrm{T}}=E$。

由$k\neq0$，知$k=-\dfrac{2}{X_0^{\mathrm{T}}X_0}=-\dfrac{2}{a_1^2+a_2^2+\cdots+a_n^2}=-\dfrac{2}{(X_0,X_0)}$。

例 18（中山大学，2019）设V是n维欧氏空间，$\alpha_1,\alpha_2,\beta_1,\beta_2\in V$，且有$|\alpha_1|=|\beta_1|$，$|\alpha_2|=|\beta_2|$及$(\alpha_1,\alpha_2)=(\beta_1,\beta_2)$，则存在$V$上的一个正交变换$\sigma$使得$\sigma(\alpha_1)=\beta_1$，$\sigma(\alpha_2)=\beta_2$。

证明：分别对α_1,α_2与β_1,β_2进行正交单位化可得：

$$\varepsilon_1=\frac{\alpha_1}{|\alpha_1|},\ \varepsilon_2=\frac{\alpha_2-\dfrac{(\alpha_2,\alpha_1)}{(\alpha_1,\alpha_1)}\alpha_1}{\left|\alpha_2-\dfrac{(\alpha_2,\alpha_1)}{(\alpha_1,\alpha_1)}\alpha_1\right|},\ \eta_1=\frac{\beta_1}{|\beta_1|},\ \eta_2=\frac{\beta_2-\dfrac{(\beta_2,\beta_1)}{(\beta_1,\beta_1)}\beta_1}{\left|\beta_2-\dfrac{(\beta_2,\beta_1)}{(\beta_1,\beta_1)}\beta_1\right|}$$

由$|\alpha_1|=|\beta_1|$，$|\alpha_2|=|\beta_2|$，$(\alpha_1,\alpha_2)=(\beta_1,\beta_2)$，知上式可以写成：

$$\begin{cases}\varepsilon_1=a\alpha_1\\ \varepsilon_2=b\alpha_1+c\alpha_2\end{cases},\ \begin{cases}\eta_1=a\beta_1\\ \eta_2=b\beta_1+c\beta_2\end{cases}$$

其中$a,c\neq 0$，将$\varepsilon_1,\varepsilon_2$与$\eta_1,\eta_2$扩充为$V$的标准正交基$\varepsilon_1,\varepsilon_2,\cdots,\varepsilon_n$与$\eta_1,\eta_2,\cdots,\eta_n$，定义：

$$\sigma:V\to V,\sigma(\varepsilon_i)=\eta_i,i=1,2,\cdots,n$$

则σ是V上的正交变换，且有$\sigma(\alpha_i)=\beta_i$，$i=1,2$。

例 19（福州大学，2023）设A为3阶实对称矩阵，且A的秩为2，$\lambda_1=\lambda_2=2$，λ_1,λ_2对应的特征向量分别为$\alpha_1=(1,1,0)^{\mathrm{T}}$，$\alpha_2=(2,1,1)^{\mathrm{T}}$，求另一个特征值和对应的特征向量，并求矩阵$A$。

解：由A为实对称矩阵，知A可对角化。又A的秩为2，则另一个特征值为0。

设0对应的特征向量为α_3，则有$(\alpha_3,\alpha_1)=0$，$(\alpha_3,\alpha_2)=0$，从而$\alpha_3=(-1,1,1)^{\mathrm{T}}$。

令$P=(\alpha_1,\alpha_2,\alpha_3)$，则$A=P\operatorname{diag}\{2,2,0\}P^{-1}$，从而：

$$A=\begin{pmatrix}1&2&-1\\1&1&1\\0&1&1\end{pmatrix}\begin{pmatrix}2&0&0\\0&2&0\\0&0&0\end{pmatrix}\begin{pmatrix}1&2&-1\\1&1&1\\0&1&1\end{pmatrix}^{-1}=\frac{1}{3}\begin{pmatrix}4&2&2\\2&4&-2\\2&-2&4\end{pmatrix}$$

参考文献

[1] 北京大学数学系前代数小组 . 高等代数 [M].5 版 . 北京：高等教育出版社，2019.

[2] 张禾瑞，郝炳新 . 高等代数 [M].5 版 . 北京：高等教育出版社，2007.

[3] 李志慧，李永明 . 高等代数中的典型问题与方法 [M].2 版 . 北京：科学出版社，2016.

[4] 马建荣，刘三阳 . 线性代数选讲 [M]. 北京：电子工业出版社，2011.

[5] 刘洪星 . 考研高等代数辅导：精选名校真题 [M]. 北京：机械工业出版社，2013.

[6] 吴水艳 . 高等代数选讲 [M]. 西安：西安电子科技大学出版社，2019.